MUSÉE BOTANIQUE

DE

M. BENJAMIN DELESSERT.

Paris. — Imprimerie SCHNEIDER ET LANGRAND,
rue d'Erfurth, 1

MUSÉE BOTANIQUE

DE

M. BENJAMIN DELESSERT.

NOTICES

SUR LES COLLECTIONS DE PLANTES ET LA BIBLIOTHÈQUE

qui le composent,

CONTENANT EN OUTRE

DES DOCUMENTS SUR LES PRINCIPAUX HERBIERS D'EUROPE

Et l'exposé des Voyages entrepris dans l'intérêt de la Botanique

PAR A. LASÈGUE.

L'accueil du maître, une bibliothèque riche, des collections que l'on aurait vainement cherchées, même dans les établissements publics, y attiraient les amis de l'étude.

CUVIER, *Éloge de sir Joseph Banks.*

PARIS,

LIBRAIRIE DE FORTIN, MASSON ET Cie,

1, PLACE DE L'ÉCOLE-DE-MÉDECINE

MÊME MAISON CHEZ L. MICHELSEN, A LEIPZIG.

Janvier 1843

1844

M. Benjamin Delessert, en mettant généreusement à la disposition des personnes occupées de recherches sur les plantes ses riches collections botaniques, leur a donné une publicité toute profitable à la science.

L'ouvrage que j'ai entrepris empruntera, je pense, à cette circonstance même un intérêt plus particulier.

J'ai voulu surtout faire connaître les différentes collections de plantes, sous le rapport de leur origine et de leur provenance, et en même temps la bibliothèque botanique du musée de M. Delessert.

J'ai joint à cet exposé des indications recueillies, au même point de vue, sur les principaux herbiers qui existent en Europe, et des notices sur les expéditions et les voyages qui ont donné lieu à des explorations botaniques.

On verra avec plus de détail, dans l'introduction de cet ouvrage, le plan et la méthode que j'ai adoptés.

Des livres et des publications de toute sorte m'ont fourni une grande partie des documents que j'ai rassemblés. Je n'ai mentionné qu'un très-petit nombre de ces ouvrages, leur citation complète étant d'une grande difficulté et ne pouvant offrir d'ailleurs qu'un médiocre intérêt.

Beaucoup de savants et de voyageurs de divers pays ont bien voulu me transmettre des renseignements précieux et d'utiles informations dont je me suis empressé de faire usage. Je prie toutes ces personnes d'agréer l'expression de ma gratitude pour l'assistance qu'elles m'ont directement prêtée.

Mon livre devra à leurs communications bienveillantes ce caractère de certitude et d'authenticité qu'on demande à des ouvrages de cette nature, et qui seul en fait tout le mérite.

Paris, 1er janvier 1845

A. Lasègue,

Conservateur des collections botaniques
de M. Benjamin Delessert.

TABLE DES MATIÈRES.

Ire Partie. Collections générales — Herbier de M Benjamin Delessert.

IIe Partie. Herbiers d'Europe. — Voyages botaniques.

IIIe Partie. Bibliothèque botanique de M. Benjamin Delessert

PREMIÈRE PARTIE.

COLLECTIONS GÉNÉRALES.

HERBIERS DE M. BENJAMIN DELESSERT.

MUSÉE BOTANIQUE

DE M. BENJAMIN DELESSERT.

I.

INTRODUCTION.

Notre intention avait été d'abord de faire connaître, dans une notice courte, mais complète, les collections botaniques de M. Benjamin Delessert, c'est-à-dire les herbiers et la bibliothèque dont la réunion forme ce que nous appelons son *Musée botanique*. Nous voulions indiquer seulement l'origine des principales collections conservées dans ce riche musée, et faciliter par là aux botanistes des recherches et des comparaisons dont les sciences naturelles ne sauraient se passer. Nous étions d'autant plus porté à entreprendre ce travail, qu'il nous semblait devoir acquérir, en dehors même de sa spécialité, un degré d'utilité générale qu'il n'aurait pas eu, appliqué à un cabinet d'une moins grande importance.

M. Benjamin Delessert, animé par le même sentiment qui lui a fait réunir ces précieuses richesses, a désiré voir s'étendre davantage le cercle où nous nous étions renfermé. Il a pensé qu'il y aurait profit à rassembler dans un même livre des informations éparses, toujours difficiles, souvent impossibles à retrouver, et qu'il serait utile de donner, avec l'histoire de toutes ses collections, une idée des principaux herbiers qui existent ailleurs, en y ajoutant l'exposé des voyages les plus importants entrepris dans l'intérêt de la science.

C'est d'après ces indications que nous avons coordonné les différentes parties de notre travail. Quelques explications préliminaires le feront mieux saisir encore.

Les découvertes nouvelles, à mesure qu'elles entrent dans le domaine des sciences, exercent une grande influence sur leur marche et sur leurs progrès; c'est ce qui arrive en botanique, lorsqu'aux plantes déjà étudiées viennent s'ajouter d'autres plantes jusque-là inconnues, soit que ces découvertes apportent des modifications aux idées adoptées, ou donnent lieu à des applications inattendues, soit qu'elles fournissent de nouveaux éléments aux méthodes de classification ; et, à cet égard, raconter l'accroissement et les phases successives d'une collection où ces végétaux trouvent une place assurée, et qui se fait remarquer par le nombre, le choix et la variété des objets qu'elle renferme, c'est contribuer pour une part à l'histoire de la science elle-même.

On sait qu'une foule de collections de plantes appartenant à des établissements publics ou à des particuliers, contiennent des matériaux utiles et quelquefois indispensables à consulter. Leur dispersion n'est pas sans inconvénient pour le botaniste, qui souvent ignore où il pourrait trouver l'explication d'un fait ou la confirmation d'une idée. Nous nous sommes livré à des recherches sur les endroits où sont déposés les herbiers que recommande principalement la célébrité scientifique de leurs anciens possesseurs, et nous nous sommes procuré le plus de renseignements qu'il nous a été possible sur les herbiers publics et sur les collections particulières qui se trouvent aujourd'hui en Europe.

Il nous a paru, en même temps, qu'il serait curieux de juger des progrès de la botanique sous le point de vue de l'accroissement des plantes connues, et nous avons établi, par des chiffres comparatifs, le tableau de cet accroissement à dater d'une époque remarquable, celle de Linné, dont les travaux ont constitué un grand point de départ et une ère nouvelle pour la botanique. Mais il ne suffisait pas d'énoncer ces augmentations, il fallait encore remonter aux moyens par lesquels elles se sont produites, et réunir aux notices sur les collections elles-mêmes celle des explorations auxquelles on en est redevable. Nous avons donc tracé l'historique non-seulement des voyages qui ont fourni au musée de M. Benjamin Delessert ses nombreuses collections, mais encore d'une grande partie de tous ceux au succès desquels la botanique s'est trouvée intéressée. Pour résumer toutes ces données, au moins quant aux herbiers de M. Delessert, nous avons dressé un tableau géographique dont la disposition permet de saisir les détails et l'ensemble des explorations faites par chacun des botanistes qui ont fourni leur part à cette grande collection et de comparer la marche suivie par les explorations avec les résultats qu'elles ont procurés.

A une époque où une impulsion forte est donnée aux études en tout genre, la botanique ne pouvait manquer d'être entraînée dans le mouvement. Si les voyages, sans lesquels cette science ne saurait prendre aucune extension, lui ont fourni, dans ces derniers temps surtout, de précieux matériaux, ils ne lui ont pas toujours prêté leur assistance, ni rendu tous les services qu'ils auraient pu lui rendre. D'abord, et pendant une longue suite d'années, on voit des expéditions lointaines entreprises soit par des gouvernements, soit par des particuliers, remplir leurs missions politiques ou commerciales sans songer à en faire profiter l'histoire naturelle ; plus tard, des hommes de science, étrangers au commerce et aux affaires, sont reçus à bord des bâtiments, et, transportés dans des régions éloignées, ils reviennent chargés des productions qu'ils y ont recueillies ; bientôt enfin les gouvernements s'associant tout à fait au mouvement des esprits, font plus encore que de tirer parti de ces occasions incertaines de voyage ; ils arment des vaisseaux dans un but purement scientifique, et appellent ainsi les savants à de nouvelles découvertes dans l'histoire naturelle, comme dans la physique et la géographie. Tant de voyages lointains n'enrichissent pas seulement les établissements publics ; ils augmentent encore les collections particulières, et parmi celles qui ont le plus profité de la répartition de ces richesses, on peut placer au premier rang le cabinet botanique de M. Benjamin Delessert. L'histoire de ce cabinet, telle que nous l'avons conçue, a pour objet d'abord de faire connaître un établissement fondé sur une base large, qui s'associe et concourt avec force aux progrès de la botanique, et, ensuite, de présenter le tableau des documents souvent très-rares ou uniques qu'il contient et qu'il serait impossible d'apprécier exactement à la simple inspection. Mais, ainsi entendu, ce travail n'était pas sans quelques difficultés. La nature des produits que renferme le cabinet botanique de M. Delessert ne permettait pas d'en dresser le catalogue comme on le ferait d'objets de curiosité dont chacun se prête à une description plus ou moins développée. La collection se compose d'une quantité considérable de plantes et d'une grande bibliothèque botanique : donner l'énumération des plantes prises une à une, c'était rentrer dans le cadre des ouvrages destinés particulièrement à décrire les végétaux connus; le catalogue complet des livres, œuvre isolée et de longue haleine, ne pouvait être abordé que dans un ouvrage tout spécial et purement bibliographique. Au milieu de ces difficultés nous croyons avoir fait, pour la description des herbiers, ce qui convient le mieux au but que nous nous proposons d'atteindre et que nous venons d'indiquer. Quant à la bibliothèque, nous avons cherché à donner une idée de son importance, à indiquer les principales ressources qu'elle présente pour l'étude et à faire voir jusqu'à quel point se sont multipliées les publications sur les diverses branches de la botanique depuis des temps assez anciens jusqu'à nos jours.

Indépendamment de l'intérêt que peuvent offrir aux botanistes les différents détails que nous donnons sur les herbiers, nous pensons que la partie historique des voyages pourra fournir quelques enseignements à ce point particulier de la science que l'on désigne sous le nom de *Géographie botanique.*

Cette branche de la botanique est de création assez nouvelle. Pendant longtemps les botanistes livrés à la recherche des végétaux et occupés de leur classification ont négligé l'étude et l'indication de la patrie des plantes. Cependant il se mêlait à cette étude, prise dans une certaine étendue, des considérations de physique générale, dignes d'être méditées, et qui enfin ont été aperçues. On a donc voulu, dans ces derniers temps, regarder les plantes sous ce point de vue particulier; on les a envisagées comme soumises à l'influence non-seulement du sol dans lequel elles puisent leur nourriture, mais encore à l'action des agents physiques extérieurs qui peuvent hâter ou arrêter leur accroissement ou même altérer leurs formes. On a observé le mode de dissémination et d'association des végétaux sur le globe, leur répartition territoriale, etc.; et par suite des recherches faites en vue de ces principes, la géographie botanique s'est trouvée établie sur des données qu'une masse de faits nouveaux doit rendre de plus en plus positives. Renfermant l'énumération des nombreux herbiers de M. Delessert, la liste des voyageurs qui les ont recueillis, l'indication des localités que ces voyageurs ont parcourues, et enfin des informations sur les explorateurs qui se sont livrés à la recherche des productions naturelles, notre livre, nous l'espérons, permettra d'apprécier ce que les découvertes nouvelles peuvent ajouter à nos connaissances, et, considérés sous le rapport géographique, ces renseignements, déjà utiles pour savoir ce qui a été fait, le seront encore pour savoir ce qui reste à faire.

En résumé, notre travail présentera plus particulièrement :

L'origine et les accroissements du musée botanique de M. Benjamin Delessert;

La note de tous les herbiers que renferme ce musée;

L'indication de toutes les personnes et les itinéraires des voyageurs-botanistes qui ont contribué à enrichir la collection de plantes ;

Un tableau géographique rapprochant méthodiquement les noms de toutes ces personnes et les localités d'où proviennent les plantes ;

Des notions sur tous les grands herbiers connus et l'indication des lieux où ils sont conservés ;

L'historique des expéditions et des voyages entrepris dans l'intérêt de la botanique, indépendamment de ceux qui se rapportent à l'herbier de M. Delessert ;

Une liste générale de tous les voyageurs-botanistes classés par grandes régions de pays ;

Et enfin des détails étendus sur la bibliothèque botanique et sur quelques-uns des principaux ouvrages qui en font partie.

II.

DES MUSÉES

ET CABINETS D'HISTOIRE NATURELLE.

UTILITÉ DES COLLECTIONS.

L'histoire naturelle, comme on le comprend, ne repose que sur l'observation d'objets matériels précis et déterminés. Ces objets, épars sur toute la surface de la terre, sont placés dans des conditions d'existence différentes les unes des autres, qui en rendent la recherche souvent difficile et laborieuse. On s'étonne des résultats obtenus par les efforts d'un petit nombre d'hommes, ouvriers actifs et intelligents, qui vont sans cesse interrogeant la nature et rassemblant, à force de soins et de peines, les produits variés de sa création. Et là, cependant, ne s'arrête point la mission du naturaliste, d'autres travaux réclament sa sollicitude, travaux immenses s'ils étaient dévolus seulement à quelques hommes; mais combien la tâche est allégée quand chacun apporte son tribut à la masse et met en commun le fruit de ses recherches personnelles, celui-ci affrontant tous les périls pour se procurer les matériaux que, plus sédentaire et non moins utile, celui-là doit mettre en œuvre.

Mais pour qu'ils fussent profitables au plus grand nombre, pour que tous les observateurs pussent être appelés à leur examen, il fallait disposer d'une telle façon les objets ainsi recueillis, qu'il devînt possible de les consulter à volonté, sans grand déplacement, et de les étudier, au besoin, dans le repos et le silence. C'est alors que l'on dut songer à les réunir, à en accroître la quantité par tous les moyens possibles et à veiller à leur conservation. De là l'idée et la formation de ces collections dont l'importance varie et auxquelles on a donné les noms de musées et de cabinets d'histoire naturelle.

La nécessité des collections pour l'étude des sciences est bien démontrée ; leur utilité est grande, car elles rassemblent dans un même lieu une foule de documents et de matériaux qu'elles sauvent ainsi d'une dispersion qui serait leur perte ; elles fournissent les moyens de remonter aux sources pour certains ouvrages publiés avec ces matériaux ; elles offrent en outre des éléments pour des publications nouvelles et présentent aux voyageurs une sorte d'encouragement en assurant une destination honorable et un avenir utile aux produits de leurs explorations. Mais tous ces bienfaits qui ne peuvent résulter que d'une sorte de publicité donnée aux collections disparaissent entièrement, et les collections ne rendent aucun service si les personnes qui les possèdent ne les recueillent que par vanité et pour leur satisfaction personnelle, si elles les tiennent soigneusement renfermées et les dérobent à la vue et à l'examen des visiteurs sérieux. La suite de notre ouvrage montrera que telle n'est pas la pensée de M. Delessert, que ses collections, réunies pour l'usage de tous, sont constamment ouvertes à tous, et que ses galeries servent comme de centre de réunion à des savants dont il se plaît à faciliter les travaux ; renouvelant ainsi de nos jours l'exemple donné, au commencement de ce siècle, par le célèbre sir Joseph Banks.

MUSÉES PARTICULIERS D'HISTOIRE NATURELLE.

Nous avons vu quels services rendent aux sciences les musées sans le secours desquels tout progrès serait impossible Ceux des auteurs anciens qui consacrèrent leurs veilles à l'observation des choses naturelles n'eurent à leur disposition que des collections imparfaites ou manquèrent même de ce moyen précieux d'étude et de comparaison. Rien n'indique, non plus, qu'ils aient travaillé sur des matériaux qui fussent leur propriété. Les musées que des particuliers possédèrent plus tard et dans lesquels les productions de la nature ne tenaient qu'un rang secondaire, paraissent avoir été disposés moins pour l'instruction de l'esprit que pour le plaisir des yeux. Ce n'est guère que vers le seizième siècle qu'on voit se former des collections appartenant, pour la plupart, à des hommes savants qui, à cette époque, s'appliquaient à l'étude de l'histoire naturelle.

Conrad Gesner, de Zurich, mort en 1565, est le premier qui ait réuni en assez grand nombre des objets d'histoire naturelle de manière à en composer un muséum.

Léonard Thurneisser, né à Bâle, après avoir voyagé en Ecosse, en Espagne, dans le Levant, en Italie, etc., revint en Allemagne où l'électeur de Brandebourg le nomma son médecin, vers l'année 1570. On le cite comme le premier qui, dans ce pays, ait formé une collection de curiosités naturelles.

Michel Mercati, naturaliste et médecin, né en Toscane, nommé en 1567, intendant du Jardin des Plantes du Vatican, s'occupa de rassembler les productions de la nature et en particulier celles du règne minéral dont il parvint à établir une collection très-curieuse.

François Calceolari, naturaliste et pharmacien de Vérone, recueillit une grande quantité de plantes, de minéraux, d'animaux, de drogues, de pétrifications et autres raretés naturelles. Son petit-fils en publia la description en 1622, avec de bonnes figures.

Ferrante Imperato, Napolitain, livré dès sa jeunesse à l'étude des sciences naturelles, avait disposé un cabinet de minéraux, dans lequel on trouvait aussi des animaux et des plantes

Pierre Borel, collecteur habile de raretés naturelles et artificielles, publia, en 1635, le catalogue de son musée

John Tradescant, naturaliste et voyageur hollandais qui, fixé en Angleterre, reçut, en 1629, le titre de jardinier du roi, fonda, le premier, dans sa patrie adoptive, un muséum dans lequel il avait rassemblé ce qu'on connaissait de plus remarquable, non-seulement en minéraux, oiseaux, poissons, coquilles, insectes, fruits, etc., mais encore en instruments de guerre, habillements, ustensiles, monnaies et médailles. Tradescant parcourut plusieurs pays de l'Europe afin de perfectionner ses connaissances en histoire naturelle, et de se procurer des échantillons de tout ce qui lui paraissait rare ou curieux. Ses nombreuses collections attirèrent l'attention publique et furent visitées par divers seigneurs de l'époque, la famille royale, elle-même, enrichit de ses dons ce musée surnommé l'arche de Tradescant (Tradescant's hark). Augmentées par les soins de Tradescant le fils (1), qui avait suivi l'exemple de son père, ces collections devinrent en 1662 la propriété de l'antiquaire Elias Ashmole; plus tard elles se trouvèrent comprises dans la donation que fit celui-ci à l'université d'Oxford, de son cabinet d'histoire et d'antiquité, et concoururent à fonder le musée qui, encore aujourd'hui, porte injustement le nom de musée Ashmoléen.

Vers la fin du dix-septième siècle, Petiver, apothicaire à Londres avait réuni un grand nombre d'objets d'histoire naturelle. Il s'était procuré avec beaucoup de soin tout ce qui appartenoit à son pays. Quant aux productions exotiques, il engageait les capitaines et les chirurgiens de vaisseaux à lui rapporter tout ce qu'ils jugeraient propre à enrichir son muséum. Il donnait à ces personnes des listes imprimées et des indications sur les objets qui devaient attirer le plus leur

(1) John Tradescant fils publia, en 1656, le catalogue de ce musée, ainsi que celui du jardin que son père possédait à Lambeth, près de Londres, et dans lequel il avait introduit, un des premiers en Angleterre, la culture des plantes exotiques

attention, ainsi que les instructions nécessaires pour conserver ce qu'elles pourraient recueillir. Il fonda, par ce moyen, une des plus belles collections connues de son temps.

Woodward, médecin et naturaliste anglais, possédait un cabinet, composé principalement de fossiles, et dont le catalogue a été imprimé à Londres en 1758.

Les collections de ces deux derniers naturalistes, Petiver et Woodvard, réunies, avec celles de William Courten, au grand cabinet d'histoire naturelle de sir Hans Sloane, contribuèrent à accroître la juste célébrité que celui ci s'était acquise par ses immenses collections.

Hans Sloane avait commencé, de bonne heure, à rassembler une grande quantité de curiosités et d'objets d'histoire naturelle. Les collections qu'il rapporta, en 1689, de quelques îles des Antilles (les Barbades, Nevis, Saint-Christophe), et surtout de la Jamaïque où il séjourna plus d'une année, augmentèrent considérablement son muséum, mais il n'obtint réellement de l'importance qu'en 1702, époque où il s'enrichit du précieux cabinet de William Courten.

Les collections de sir Hans Sloane, qui prirent ensuite un plus grand accroissement, ne sont point sorties d'Angleterre Elles ont servi, en 1753, à former l'institution nationale connue, à Londres, sous le nom de British Muséum (1).

(1) Désirant que ces collections fussent conservées entières et servissent constamment au public, sir Hans Sloane ordonna, par une disposition testamentaire, que son muséum, qu'il déclarait lui avoir coûté plus de 50,000 livres sterling, fût offert au parlement anglais pour la somme de 20,000 livres seulement. Si cette offre n'était pas acceptée, on devait faire la même proposition à certaines académies étrangères qu'il désignait, et sur leur refus il laissait à ses exécuteurs testamentaires le droit de disposer des collections de la manière qu'ils jugeraient la plus convenable. Sir Hans Sloane mourut au commencement de l'année 1753, et l'offre faite au parlement fut acceptée sans hésitation.

Le cabinet de Sloane renfermait un choix de curiosités artificielles, des médailles, des ustensiles de diverses époques, des camées, des préparations anatomiques, des coquilles, des insectes, des minéraux, etc., et 300 volumes de plantes sèches, contenant des échantillons recueillis par

On peut encore citer le cabinet d'Albert Séba, droguiste à Amsterdam, mort en 1736. Séba fit plusieurs voyages dans les deux Indes, y forma un choix d'objets d'histoire naturelle, et revint s'établir à Amsterdam. Cette précieuse collection ayant été achetée par Pierre le Grand, Séba en prépara une nouvelle, plus riche encore et qui malheureusement fut vendue à l'enchère et dispersée après sa mort. L'ouvrage dans lequel il donne la description de son cabinet est bien connu des naturalistes.

Zannichelli (Jean-Jérôme), naturaliste de Modène, forma, en 1702, un muséum d'histoire naturelle et fit plusieurs voyages afin de collecter différents objets et entre autres des fossiles.

Gronovius (Jean-Frédéric), le même qui, en 1739, publia avec Linné, alors en Hollande, la *Flora Virginica*, d'après les plantes de Clayton, prit à Leyde, où il remplissait une des premières magistratures, le goût de ses concitoyens pour les collections d'histoire naturelle. Son musée se composait de minéraux et de végétaux qu'il communiquait avec empressement à toutes les personnes qui désiraient en faire usage.

Pour le temps où ils existaient, ces sortes de musées et quelques autres que nous n'avons pas mentionnés étaient assurément remarquables et ne manquaient pas d'un certain intérêt ; mais, soit que le goût des plantes fût moins répandu alors qu'il ne l'est aujourd'hui, soit que les voyageurs négligeassent, dans leurs expéditions lointaines, de recueillir des végétaux, aucun de ces musées ne paraît avoir été disposé particulièrement en vue de la botanique ; ils se composaient, presque tous, de fossiles, de minéraux et principalement de curiosités plus ou moins singulières. Le muséum si connu de sir Joseph Banks, formé à Londres vers la fin du dix-huitième

Sloane lui-même, en Europe, dans l'île de Madère et en Amérique, et d'autres par le docteur Merret, par Plukenet, Petiver, etc siècle, répondait à un autre ordre d'idées : il était plus spécialement consacré aux plantes, et sir Joseph Banks y avait ajouté une bibliothèque botanique, la plus riche et la plus complète, peut-être, qui existât à cette époque. On sait que ce cabinet fait maintenant partie du British Muséum, à Londres.

III.

PROGRÈS DE LA BOTANIQUE.

L'agriculture, les arts, l'économie domestique, doivent aux sciences naturelles une foule d'applications importantes que l'expérience et de nouveaux moyens d'étude tendent sans cesse à perfectionner. Les végétaux y contribuent pour une bonne part, et cela depuis longtemps, car il faudrait remonter bien haut pour trouver le premier ouvrage où la botanique essaya de devenir une science. Indépendamment du charme que procure leur aspect, les plantes durent fixer l'attention au plus haut degré dès que l'on put entrevoir la possibilité de les faire servir aux usages de la vie. De grands génies ne dédaignèrent pas d'en faire l'objet de leurs méditations. Il est vrai que la plupart des auteurs anciens qui ont écrit sur les plantes, sans en excepter Théophraste, Dioscoride, Pline, n'eurent en vue que l'application de la botanique à l'art de guérir et encore ne nous ont-ils transmis à cet égard que des notions vagues et incertaines. Entraînés par un excès de confiance dans les vertus des *Simples*, ils semblent les offrir comme uniques remèdes à tous les maux et à toutes les infirmités qui affligent l'espèce humaine. Ne voyons-nous pas, en 1655, dans l'*Histoire générale des plantes*, traduction de Jean Desmoulins, plus de deux cents colonnes in-folio, consacrées à un *Indice* où sont décrites les vertus des plantes. « Afin, dit le libraire au lecteur, que tu puisses plus commodément recueillir les agréables fruicts de cet Indice, il t'enseignera l'utilité de tous les Simples, et comme tu dois en user, les appropriant à toutes les parties du corps humain. Tu y trouveras aussi tous les accidens et les maladies qui peuvent survenir ausdites parties méthodiquement disposez, passans en nombre mille et cinq cens, sans y préconter cent ou deux cens remèdes divers, bien souvent appropriez en une mesme maladie. Bref, je peux t'asseurer que tu y pourras trouver de quinze à seize mille médicamens esprouvez et approuvez des plus Doctes, tant anciens que modernes Médecins et Simplicistes. »

Certes, il est difficile de faire une part plus large à la botanique médicale ; mais les moyens précis d'analyse que vint à fournir la chimie organique et l'étude plus rationnelle des végétaux, ne tardèrent pas à faire justice d'un grand nombre de propriétés qu'on leur attribuait. L'examen sérieux et philosophique de la structure des plantes, du jeu de leurs diverses parties et du concours de chacune d'elles à l'action de la végétation, ouvrit ensuite une nouvelle voie à l'observation et aux expériences. La route une fois tracée, des explorateurs pleins de zèle et d'intelligence se mirent bientôt à la parcourir. Nous le voyons encore aujourd'hui : en même temps que des observateurs profonds livrés à l'examen physiologique des plantes étudient leur nature, les fonctions de leurs organes, les lois qui président à leur existence ; d'autres se bornant à des considérations d'un ordre inférieur, mais qui prennent leur place dans l'ensemble de la science, envisagent les plantes sous leurs rapports extérieurs et s'attachent à faire connaître les localités les plus variées qu'elles affectionnent.

soit qu'elles recherchent le soleil de la plaine ou l'ombrage des forêts, soit qu'elles se plaisent sur les montagnes ou dans le sein des eaux ; des notions, des informations du plus grand intérêt nous sont fournies par des voyageurs intrépides, qui vont parcourant les contrées les plus éloignées, les lieux les plus inaccessibles. Les collections qu'ils en rapportent nous permettent d'observer les formes variées de la végétation sous des latitudes et des climats différents, de découvrir les modifications que peuvent apporter à l'accroissement des plantes, et les terrains et la constitution physique des pays ; et c'est ainsi que journellement, à l'aide de ces matériaux et sous des mains habiles, s'élève et se consolide le grand édifice de la science.

STATISTIQUE DES VÉGÉTAUX.

Espèces.

Les voyages et les recherches botaniques ne pouvaient manquer d'amener de nouvelles découvertes et d'accroître le nombre des végétaux connus. Ce nombre en effet s'est augmenté d'une manière considérable, surtout depuis quelques années.

Sans remonter à l'époque où Théophraste ne connaissait pas beaucoup plus de 500 plantes, ou Dioscoride, 400 ans après, en indiquait environ 700 ; Linné n'a décrit, dans tous ses ouvrages, que 8,551 espèces, savoir : 7,728 phanérogames et 823 cryptogames. La première édition de son *Species plantarum*, publiée en 1753, en mentionne seulement 5,938, dont 616 appartiennent à la cryptogamie.

En 1546, Lonicer indique	879 plantes.
En 1570, Lobel. .	2,191
En 1587, Daléchamp . .	2,751

Le *Phytopinax* de Gaspard Bauhin, qui parut en 1596, 157 années avant le *Species* de Linné, et qui renferme le catalogue de toutes les richesses végétales connues à cette époque, en fait monter le nombre à 6,000.

Tournefort en 1694, comptait	.	10,146 espèces.
Ray en 1704.	. . .	18,655

Ces chiffres sont bien au-dessus des évaluations faites par les botanistes antérieurs à Bauhin ; mais alors la moindre variation de forme qu'éprouvait une plante, suffisait pour la faire regarder comme une espèce particulière. Les idées de Linné vinrent, plus tard, modifier ces principes ; dans l'application de son système il établissait des distinctions plus nettes entre les espèces, et il fut ainsi amené à réduire de beaucoup le nombre des plantes mentionnées, bien avant lui, par les deux célèbres botanistes Tournefort et Ray

En comparant ces résultats avec ceux obtenus de nos jours, on voit combien la botanique s'est enrichie par les découvertes nouvelles.

Le *Synopsis plantarum* de Persoon, qui a paru de 1805 à 1807, comprend près de 20,000 espèces, sans compter les cryptogames qu'on pouvait évaluer alors à 6,000.

En 1824, M. Steudel, dans son *Nomenclator botanicus*, comptait 39,684 phanérogames et 10,965 cryptogames, ce qui fait un total de 50,649 espèces.

Le nombre des plantes recueillies depuis ce temps dans des contrées inconnues jusqu'alors aux botanistes, ou à peine visitées, et particulièrement dans les Indes orientales et dans les deux Amériques ; l'étude plus approfondie d'une grande quantité d'échantillons renfermés dans les herbiers, et dont on ne tenait aucun compte, a singulièrement grossi le chiffre que nous venons de donner. Une seconde édition de l'ouvrage de M. Steudel porte, sans y comprendre les cryptogames, le nombre des espèces connues et décrites en 1841, à 78,000, ce qui est presque le double du chiffre des phanérogames mentionné par le même auteur dix-sept années auparavant. On peut maintenant compter 80,000 plantes phanérogames et

13,000 cryptogames. Ainsi le nombre des espèces s'est accru de 89,000 depuis l'apparition du premier *Species* de Linné. Leur chiffre total actuel, évalué à 95,000 environ, représente quinze fois les phanérogames et vingt-quatre fois les cryptogames de Linné, ou seize fois la totalité de ses espèces en 1753.

Les plantes décrites par Linné, à cette époque, paraissent bien peu nombreuses (elles s'élèvent à 5,938), si l'on considère qu'aujourd'hui la famille des *Composées* ou *Synanthérées* renferme à elle seule près de 9,500 plantes, ce qui dépasse de beaucoup le nombre d'espèces que l'on comptait, du temps de Linné, dans tout le règne végétal (1).

Le tableau suivant résume, pour plus de clarté, les chiffres que nous venons d'exposer pour montrer l'accroissement graduel des espèces, à partir de Linné.

TABLEAU

DE L'ACCROISSEMENT DES ESPÈCES.

AUTEURS	ANNÉES	NOMBRE DES ESPÈCES		TOTAL	OBSERVATIONS
		PHANÉROG.	CRYPTOG.		
LINNÉ. . .	1753	5,323	615	5,938	
PERSOON .	1807	19,949	6,000	25,949	
STEUDEL .	1824	39,684	10,965	50,649	
ID. . .	1841	78,000	13,000	91,000	
	1844	80,000	15,000	95,000	

(1) Un fait assez singulier, et sur lequel nous nous arrêterons un instant, c'est que la proportion de la famille des *Composées* avec la totalité du règne végétal n'a pas cessé d'être la même, c'est-à-dire à peu près du dixième. On s'en aperçoit à dater de Tournefort. Linné, dans ses ou-

Le défaut de catalogue complet des 95,000 espèces de plantes actuellement connues ne permet pas de donner avec certitude le tableau numérique de leur répartition entre les quatre grandes classes par lesquelles on divise le règne végétal; mais si l'on voulait s'en tenir à un calcul approximatif, il nous semble qu'on pourrait ainsi établir cette répartition :

Phanérogames.	Dicotylédones	64,600	80,000
	Monocotylédones	15,400	
Cryptogames	Vasculaires	4,500	15,000
	Cellulaires	10,500	
			95,000

Dans ce tableau le rapport des plantes phanérogames aux plantes cryptogames (les premières l'emportant de plus de cinq fois en étendue sur les autres), s'éloignerait du chiffre posé, en 1814, par M. Robert Brown, qui établissait la proportion générale de ces deux grandes divisions, déduite des matériaux alors publiés, comme étant près de 7 à 2. Quant au rapport établi également par M. Robert Brown entre les dicotylédones et les monocotylédones, il ne serait pas changé aujourd'hui et se trouverait encore comme 9 à 2. Selon nous, la proportion entre les plantes cellulaires et les plantes vasculaires pourrait être formulée actuellement comme 5 est à 2.

Si la répartition que nous venons d'indiquer était reconnue exacte, elle pourrait fournir l'énoncé d'une règle générale que nous empruntons à M. De Candolle, en modifiant cependant ses chiffres ; c'est-à-dire que sur 1,000 espèces de plantes, ou, en d'autres termes, en supposant le nombre to-

vrages qui contiennent environ 8,500 espèces, a caractérisé 785 *Composées*; en 1809 on comptait sur 27,000 espèces, 2 800 *Composées*. M. De Candolle, dans son grand travail sur cette famille, a décrit, en 1838, 8,523 plantes, dixième environ du total du règne végétal. Aujourd'hui, enfin, que nous evaluons ce total à 95,000, nous voyons encore que le nombre des *Composées* approche du chiffre de 9,500 tal des espèces égal à 1,000, on doit trouver dans ce nombre, d'après notre appréciation, savoir

Phanerogames.	Dicotylédones	680	842
	Monocotylédones	162	
Cryptogames.	Vasculaires	48	158
	Cellulaires	110	
			1,000

Ce qui permet d'établir, à volonté, des calculs comparatifs sur toute quantité quelconque de plantes.

M. De Candolle avait, en 1835, posé d'une manière différente les bases de cette formule; il trouvait alors, toujours sur 1,000 espèces.

Phanerogames	Dicotylédones	636	780
	Monocotylédones	144	
Cryptogames	Vasculaires	65	220
	Cellulaires	155	
			1,000

Les chiffres ne concordent pas avec les nôtres et ne peuvent donner les mêmes résultats, si on les applique au calcul des espèces connues aujourd'hui. Cependant, lorsqu'on y fait attention, on voit que les rapports ne sont pas changés, dans ces deux tableaux, entre les dicotylédones et les monocotylédones, non plus qu'entre les vasculaires et les cellulaires, tandis que la proportion cesse d'être la même entre les deux grandes divisions; en effet, d'après notre calcul, les phanérogames seraient cinq fois plus nombreux en espèces que les cryptogames, et, selon M. De Candolle, ils ne le seraient qu'un peu plus de trois fois

Les espèces phanérogames se sont accrues dans les genres d'une manière irrégulière. Quelques-uns de ces genres ont éprouvé une augmentation considérable, comme on peut le voir dans le tableau suivant, qui contient l'indication, à trois époques différentes, du nombre des espèces appartenant à 32 genres de plantes pris dans diverses familles.

TABLEAU

DE L'ACCROISSEMENT DES ESPÈCES DANS UN CERTAIN NOMBRE DE GENRES DE PLANTES PHANÉROGAMES.

FAMILLES.	GENRES.	Linné. 1753.	Persoon 1807.	1844.
GRAMINÉES	Panicum	20	92	421
	Poa	17	78	279
CYPÉRACÉES	Carex	29	209	439
CUPULIFÉRÉES	Quercus	14	82	196
MORÉES	Ficus	7	96	510
POLYGONÉES	Rumex	22	41	132
PLANTAGINÉES	Plantago	16	66	160
COMPOSÉES	Senecio	26	135	684
	Centaurea	50	137	245
ASCLÉPIADÉES	Stapelia	2	19	105
LABIÉES	Salvia	27	104	.275
VERBÉNACÉES	Verbena	14	19	110
SOLANACÉES	Solanum	23	139	700
SCROFULARINÉES	Veronica	27	63	185
ERICACÉES	Erica	10	269	430
OMBELLIFÈRES	Hydrocotyle	5	31	115
AMPÉLIDÉES	Cissus	1	30	126
LORANTHACÉES	Loranthus	1	43	305
RIBÉSIACÉES	Ribes	8	30	84
RENONCULACÉES	Ranunculus	37	85	280
CRUCIFÈRES	Draba	6	19	112
VIOLARIÉES	Viola	19	55	172
PASSIFLORÉES	Passiflora	24	55	158
MYSEMBRIANTHÉMÉES	Mesembrianthemum	35	86	326
CARYOPHYLLÉES	Silene	27	88	340
MALVACÉES	Hibiscus	20	70	173
HYPÉRICINÉES	Hypericum	22	96	213
EUPHORBIACÉES	Euphorbia	56	156	375
OXALIDÉES	Oxalis	13	102	308
ROSACÉES	Potentilla	22	54	186
PAPILIONACÉES	Astragalus	33	169	515
	Cassia	26	70	309
		659	2816	8798

Il est certain que la quantité des végétaux que les recherches nouvelles introduisent dans les collections, s'accroît d'une manière sensible; de nombreux échantillons de plantes se sont répandus, depuis plusieurs années, parmi les botanistes, aussi les herbiers commencent-ils à prendre une grande extension.

L'herbier de Linné, qui comprenait à peu près toutes les plantes décrites par lui, n'en renfermait pas 8,000.

En 1763, Adanson, énumérant les collections les plus connues et les plus considérables, citait seulement :

en France :

L'herbier de Tournefort, contenant	4,000 espèces;
Celui de Vaillant	9,000 espèces, ou 12,000 variétés;
L'herbier de Jussieu	8,000 espèces, ou 10,000 variétés;
Le sien propre	8,000 espèces, ou 10,000 variétés;

en Angleterre

L'herbier de Sloane	8,000 espèces;
Celui de Sherard	12,000.

On comptait, il y a trente ans, 25,000 plantes dans l'herbier de Willdenow. Aujourd'hui plus d'une collection d'amateurs en contient jusqu'à 8 et 10,000.

Genres.

La progression croissante des genres de plantes, depuis Linné (1), est également digne d'observation et présente, comme les espèces, des phases remarquables.

(1) Avant Linné, alors que les genres n'étaient limités par aucune règle bien fixe, on les voit s'augmenter successivement dans les proportions suivantes :

Tournefort, en	1694, établit	698 genres.
Plumier, en	1703,	794
Boerhaave, en	1710,	811
Vaillant, en	1718,	841
Micheli, en	1729,	935
Houston, en	1733,	950

La première édition de Linné, qui a paru en 1737, contient 935 genres ; en 1762, la deuxième édition du même ouvrage en renfermait 1,239.

Antoine Laurent de Jussieu, dans le *Genera* célèbre qu'il a publié en 1789, expose les caractères de 1,902 genres.

Persoon, dans son *Synopsis plantarum*, qui a paru de 1805 à 1807, porte le nombre des genres, sans y comprendre les cryptogames, à 2,303.

M. Steudel, que nous avons mentionné plus haut, désignait, en 1824, 3,376 genres de phanérogames et 557 genres de cryptogames, ce qui fait un total de 3,933. Sa nouvelle édition (1841) contient en phanérogames, 6,722 genres, ce qui est, à peu près, le double de l'édition précédente, comme il est arrivé pour les espèces. Enfin on peut évaluer à 7,500 le nombre des genres publiés jusqu'à présent (février 1841).

La répartition de ces mêmes genres entre les quatre grandes divisions du règne végétal pourrait être indiquée, à peu près exactement, de la manière suivante :

Phanérogames	Dicotylédones	5,473	6,705
	Monocotylédones	1,232	
Cryptogames.	Vasculaires	332	795
	Cellulaires	463	
			7,500

En cherchant à dresser, pour les genres, la formule que nous avons énoncée pour les espèces, on serait amené à établir que sur 1,000 genres de plantes, on trouve :

Phanérogames.	Dicotylédones	730	895
	Monocotylédones	165	
Cryptogames.	Vasculaires	44	105
	Cellulaires	61	
			1,000

Ces derniers tableaux, comparés aux espèces, ne présentent

plus les mêmes rapports, à l'exception des dicotylédones et des monocotylédones dont la proportion est la même, c'est-à-dire que les premiers sont près de quatre fois et demie plus nombreux que les seconds en genres comme ils le sont en espèces. Les cryptogames cellulaires, qui comptent deux fois plus d'espèces que les vasculaires, ne renferment pas deux fois autant de genres ; ils n'en ont qu'un tiers de plus.

Le tableau suivant montre la progression croissante du nombre total des genres, depuis Linné jusqu'à l'époque actuelle.

TABLEAU

DE L'ACCROISSEMENT DES GENRES.

AUTEURS	Années.	Nombre de Genres		Total.	OBSERVATIONS.
		Phanér.	Cryptog.		
Linné	1737	994	49	1,043	
	1753	1,050	49	1,099	
Reichard	1778	1,292	51	1,343	
A.-L. de Jussieu	1789	1,838	64	1,902	
Persoon	1807	2,308	»	2,308	
Steudel	1824	3,376	557	3,933	
Bartling	1830	4,872	»	4,872	
Endlicher	1841	6,500	786	7,286	
	1844	6,705	795	7,500	

Ce tableau, comme on le voit, remonte plus haut que le précédent, puisqu'il part du premier *Genera* de Linné, publié en 1737, tandis que le premier *Species* est de 1753. Les genres se sont augmentés seulement de 56 dans l'intervalle des seize années écoulées depuis le *Genera* jusqu'au *Species*. De 1737 jusqu'à 1844 (106 années), les genres ont reçu un accroissement de 6,450. Ils ont presque doublé du premier *Genera* de Linné à celui de Jussieu (52 années d'intervalle), et presque quadruplé dans le même espace de temps qui sépare le *Genera* de Jussieu de celui de M. Endlicher (1789-1844). Evalués aujourd'hui à 7,500 ils sont six fois et demie plus considérables qu'ils n'étaient en 1753. Nous avons vu, tout à l'heure, que les espèces s'étaient accrues de seize fois depuis cette même époque.

Voici les chiffres proportionnels de l'accroissement des genres, pris en masse, et à ces trois époques différentes, 1753, 1789 et 1844.

De Linné a Jussieu,	1,73
De Jussieu à Endlicher,	3,83
De Linné à Endlicher,	6,82

Le nombre moyen des espèces phanérogames contenues dans chaque genre, était, savoir :

En 1753	5,06
En 1807 il s'elevait à	9,13
En 1844 on en compte	12,00

Pour donner une idée de l'accroissement des genres, dans un certain nombre de familles, nous avons dressé un tableau qui indique cet accroissement pendant les intervalles de deux périodes de chacune 32 années. Il s'est trouvé, par hasard, que ces deux périodes égales embrassent trois époques marquées par l'apparition d'ouvrages où le nombre des genres est établi d'après des données certaines et qui reposent sur l'autorité de trois noms respectables, ceux de Linné, d'A.-L. de Jussieu et d'Endlicher.

Quelques familles présentent, dans ce tableau, des résultats assez frappants. Ainsi les genres des *Rubiacées* sont trois fois plus forts qu'en 1789 et 11 fois plus qu'en 1737; ceux des *Composées* le sont 13 fois plus ; ils s'étaient seulement doublés en 1789. Linné ne connaissait qu'un genre de *Mélastomacées* ; on en compte 106 en 1844. A cette dernière époque, les 6 genres d'*Orchidées* de 1737, augmentés de 7, en 1789, se trouvent portés à 333, etc.

Nous avons placé les diverses familles non dans leur ordre

naturel, mais en commençant par celles qui présentent le plus petit nombre de genres dans le Linné de 1737.

TABLEAU

MONTRANT L'ACCROISSEMENT DES GENRES DANS UN CERTAIN NOMBRE DE FAMILLES, A TROIS ÉPOQUES DIFFÉRENTES.

INDICATION DES FAMILLES.	NOMBRE DE GENRES MENTIONNÉS DANS			OBSERVATIONS.
	Linné. 1737	Jussieu. 1789	Endlicher. 1841	
Mélastomacées. .	1	9	106	
Proteacées	2	5	42	
Laurinees.	2	6	47	
Aroïdées	3	9	40	
Palmiers	3	13	71	
Cypéracées	4	11	48	
Bignoniacées	4	12	43	
Gentianées	4	13	46	
Saxifragacées. . .	5	9	56	
Polygonées.	5	9	21	
Campanulacées . .	5	13	24	
Orchidées.	6	13	355	
Papaveracées. . . .	7	8	29	
Conifères.	7	9	27	
Tiliacées.	9	19	32	
Malvacees	11	40	93	
Scrofularinées . . .	13	33	154	
Solanacées.	14	19	43	
Euphorbiacées. . .	14	33	134	
Ericacees.	15	23	47	
Apocynacées. . . .	15	29	65	
Renonculacées. . .	16	24	38	
Borraginées.	16	28	56	
Caryophyllees. . . .	17	34	57	
Rubiacees.	21	80	244	
Crucifères.	26	29	141	
Rosacees.	27	48	76	
Graminees.	27	38	249	
Labiées.	32	42	117	
Ombellifères. . .	40	51	210	
Légumineuses. . .	48	98	394	
Composées.	69	151	928	
	188	978	1,033	

Plantes cryptogames.

Les cryptogames étaient fort peu connues au moment de la publication des ouvrages de Linné. Ce n'est que depuis quelques années qu'on en a fait une étude plus particulière et que les voyageurs ont rapporté ces plantes dont ils avaient dédaigné de s'occuper jusqu'alors. Celles qui semblaient échapper aux regards des botanistes par leur exiguïté ont été mieux aperçues quand les recherches se sont dirigées de ce côté, et le nombre des plantes cryptogames s'est accru considérablement en peu de temps.

En 1737	on comptait en cryptogames	49 genres.
En 1753		49
En 1762		50
En 1789		64
En 1824		537
En 1844	on en compte	795

Les espèces décrites au nombre de 615 par Linné, toujours en 1753, étaient, en 1824, évaluées par Steudel à 10,965, c'est-à-dire à un nombre 18 fois plus grand. Le chiffre probable de 15,000, auquel nous avons porté les espèces cryptogames actuellement décrites, serait 24 fois plus fort que celui de Linné en 1753.

Les genres des cryptogames n'ont pas suivi la progression des phanérogames. Ils n'ont pas doublé depuis Linné jusqu'à Jussieu, et sont devenus douze fois plus considérables de Jussieu à Endlicher. Ils n'ont pas varié de 1737 à 1753 et ont eu, depuis cette dernière époque jusqu'à présent, une augmentation de près de 750. Enfin ils sont aujourd'hui seize fois plus considérables qu'ils n'étaient en 1737. Les phanérogames ne le sont qu'un peu plus de six fois et demie

Les chiffres suivants résument les calculs que nous venons d'établir pour les genres :

De Linné à Jussieu	1,30
De Jussieu à Endlicher	12,42
De Linné à Endlicher	16,22

Voici un dernier tableau qui montre l'accroissement des genres dans cinq grandes familles de plantes appartenant à la cryptogamie.

TABLEAU

MONTRANT L'ACCROISSEMENT DES GENRES DANS QUELQUES FAMILLES DE CRYPTOGAMES.

INDICATION DES FAMILLES.	ANNÉES	NOMBRE DE GENRES.	AUTEURS.	OBSERVATIONS.
FOUGÈRES.	1737	9	Linné.	
	1753	12	id.	
	1809	38	Schkuhr.	
	1842	81	Endlicher	
MOUSSES	1737	7	Linné.	
	1753	9	id.	
	1782	23	Hedwig.	
	1842	128	Endlicher	
ALGUES	1737	4	Linne.	
	1753	4	id.	
	1824	101	Agardh.	
	1844	212	Endlicher	
LICHENS.	1737	1	Linné.	
	1753	1	id.	
	1803	23	Acharius.	
	1814	43	id.	
	1842	57	Endlicher	
CHAMPIGNONS.	1737	11	Linné.	
	1753	11	id.	
	1801	71	Persoon	
	1842	274	Endlicher	

Nous ne parlerons pas de l'accroissement des espèces dans les plantes cryptogames, aucun ouvrage complet n'en ayant donné le catalogue jusqu'à présent. Nous dirons seulement que le nombre s'en est accru, dans certains genres, d'une manière surprenante. La famille des algues, dont Linné dans tous ses ouvrages n'a mentionné que 5 genres réunissant 130 espèces, se trouve composée aujourd'hui de 212 genres et 1,303 espèces.

Familles.

Nous donnons, pour compléter cette série de calculs, un tableau destiné à montrer combien se sont augmentées, à mesure que la botanique a fait des progrès, les familles naturelles sur lesquelles reposent les classifications adoptées aujourd'hui.

Le nombre de ces familles, proposé, en 1789, par Jussieu, et qu'il avait fixé à 100, s'est élevé, dans ces derniers temps, à près de 500. Nous ne donnons que comme renseignement le chiffre de Linné qui s'était borné à indiquer seulement une série de familles dans l'ordre qui lui semblait le plus naturel sans en faire, du reste, aucune application.

TABLEAU

DE L'ACCROISSEMENT DES FAMILLES NATURELLES.

ANNÉES.	Nombre de Familles		TOTAL.	OBSERVATIONS.
	Phanérog.	Cryptog.		
1738	54	4	58	Linne.
1759	61	4	65	Bernard de Jussieu, *Jardin de Trianon*
1774	85	7	92	A.-L. de Jussieu, *id.*
1789	95	5	100	Le même, *Genera plantarum.*
1819	150	11	161	De Candolle.
1830	233	22	255	Bartling.
1843	243	37	280	Endlicher.
1844	269	27	296	Ad. Brongniart, *Jardin de Paris.*

Le nombre moyen des genres rentrant dans chaque famille était, à l'époque du *Genera* d'Antoine-Laurent de Jussieu, en 1789, de 19

Il serait, en 1844, de 26

SUR LE NOMBRE TOTAL DES VÉGÉTAUX DU GLOBE.

Nous venons de voir que le nombre des plantes connues aujourd'hui et décrites par les botanistes s'élève à 95,000 environ. Ce nombre paraît devoir aller plus loin encore, mais il serait difficile de déterminer à quelle limite il s'arrêtera, c'est-à-dire quelle peut être la quantité totale des espèces différentes de végétaux répandues sur la surface de la terre. On ne saurait en fixer le chiffre que d'une manière approximative.

Les évaluations varient à mesure que de nouvelles découvertes amènent de nouvelles richesses. Nous ne sommes plus au temps de Linné qui élevait à peine à 10,000 la totalité des plantes composant la flore de notre globe. Aujourd'hui une seule famille, celle des *Composées*, atteint presque ce nombre, puisque, comme nous l'avons vu plus haut, elle renferme à peu près 9,500 espèces.

Adanson, qui évaluait à 18,000 le nombre des plantes connues de son temps (1763), comparant à ce chiffre celui que pourraient fournir les pays encore inexplorés, portait à 25,000 la quantité des espèces à découvrir (1).

(1) Il est curieux de revenir, après un intervalle de quatre-vingts ans, sur ces diverses évaluations. En voici les tableaux tels que les a donnés Adanson dans ses *Familles des Plantes*.

1° Nombre d'espèces connues.

Un seul royaume de l'Europe, tel que la France ou l'Angleterre, produit 3,000 espèces de plantes toutes différentes. . .	3,000
L'Espagne, l'Italie et les pays du nord de l'Europe en ont fourni de plus.	2,000
Le Levant et autres pays orientaux.	2,000
L'Amérique depuis le Canada jusqu'au Mississipi. .	1,000
La terre ferme de l'Amérique, depuis le Mississipi jusqu'à Surinam.	1,000
Les îles de l'Amérique.	1,000
A reporter. . .	10,000

Ses évaluations des espèces étaient, au reste, en rapport avec celles qu'il donnait pour les familles et les genres : « Il reste à faire, dit-il, un grand ouvrage qui, en perfectionnant les connaissances acquises en botanique, ajoute, aux 58 familles que nous connaissons, les 4 ou 5 familles qu'on peut raisonnablement croire qui nous manquent, et aux 1,600 genres les 4 à 600 qui restent à découvrir. »

En 1815, M. Alexandre de Humboldt élevait à 44,000 le chiffre des plantes connues, décrites ou conservées dans les herbiers, dont 6,000 cryptogames.

Report. . .	10,000
Le Brésil et le Pérou	1,000
La côte de Barbarie et une partie de l'Egypte. .	1,000
Le Cap de Bonne-Espérance.	1,000
L'île Ceylan et la côte Malabar . . .	1,000
Les îles Moluques	1,000
Les îles Philippines et la Chine.	1,000
Variétés à ajouter à tout ce nombre d'espèces bien distinctes.	2,000
Total dans lequel on a supprimé les répétitions de plantes qui se rencontrent dans des climats semblables.	18,000

2° *Nombre d'espèces à découvrir*

Tout l'intérieur inconnu de l'Afrique peut fournir au moins 5,000 plantes nouvelles.	5,000
L'intérieur de l'Asie	3,000
L'île de Madagascar.	4,000
Les îles de France, Rodrigue et adjacentes. . . .	1,000
Les montagnes du Pérou. . . .	2,000
Surinam et Cayenne.	2,000
L'Amérique méridionale, depuis le Brésil jusqu'à la Terre de Feu.	4,000
Les îles de la Mer du Sud.	1,000
Enfin les terres australes qui restent à découvrir et qui égaleront vraisemblablement une des quatre parties du monde connu.	3,000
Total	25,000

M. De Candolle évaluait à 120,000 le nombre des végétaux qui existent.

M. Roemer porte ce nombre à trois fois celui des plantes décrites jusqu'à présent, c'est-à-dire de 250 à 300,000 : M. Endlicher adopte le chiffre de 250,000; mais ces dernières évaluations sont vraisemblablement trop élevées, car en ajoutant aux espèces déjà connues le nombre de celles que l'on peut présumer, par comparaison, devoir composer la flore des pays non encore explorés, on n'arrive pas à un total aussi fort que les nombres de MM. Roemer et Endlicher.

Il nous semble qu'un chiffre assez probable serait celui qui porterait ce total de 130 à 150,000.

IV.

DES HERBIERS

ET DE LEUR PRÉPARATION.

Les augmentations successives que nous venons de constater dans la quantité des espèces de plantes connues ne peuvent être que d'un grand secours à la science qui traite des végétaux ; elles permettent, en multipliant les moyens d'étude, de faire un plus grand nombre de comparaisons et d'établir des méthodes et des classifications sur des bases mieux assises

Mais la botanique, qui s'occupe des formes, des organes.

de la structure des plantes, n'existerait pas si l'observateur ne pouvait opérer que sur des végétaux vivants. L'impossibilité de maintenir dans un état permanent de fraîcheur les plantes réservées pour l'étude, a fait rechercher les moyens les plus propres à les conserver, de telle façon qu'elles pussent être consultées à loisir par les botanistes. Le dessin et la peinture ne remplissent qu'imparfaitement ce but ; on a donc mis en usage quelques procédés particuliers qui enlèvent, il est vrai, à la plante son éclat et sa fraîcheur, mais qui ont l'avantage de conserver intacts et sa forme et ses organes.

Peu de personnes ignorent qu'on arrive à ce résultat par une opération bien simple qui consiste à étaler avec soin chaque échantillon entre des cahiers de papier non collé, auxquels on fait subir une légère pression et qu'on renouvelle de temps en temps jusqu'à ce que les plantes soient suffisamment sèches. On sait aussi qu'on a donné le nom d'*Herbier* à toute collection ou assemblage de plantes desséchées qui peuvent être classées de manière à en faciliter la recherche et l'étude.

Quelques personnes, au lieu du procédé que nous venons d'indiquer, proposent de placer les plantes, lorsqu'elles sont fraîches, entre plusieurs feuilles de papier brouillard et de promener sur ces papiers, avec précaution, un fer chaud, jusqu'à ce que l'humidité soit dissipée ; d'autres les soumettent, pendant un temps convenable, à la chaleur douce d'un four : mais ces deux modes de dessiccation ont l'inconvénient de noircir les plantes et de les rendre cassantes.

Il y a longtemps qu'on a mis en usage un procédé qui dessèche les plantes et leur conserve, à ce qu'on assure, leur forme et leur couleur naturelle. Il s'agit de les recouvrir d'un sablon fin que l'on expose au soleil ou à une chaleur douce.

Une fois préparés, les échantillons de plantes ne sont malheureusement point à l'abri de la destruction. Plusieurs petits animaux, qui ne ménagent pas davantage les collections de zoologie, les bois, les livres, etc., s'attaquent aux plantes sèches. Les parties charnues d'un grand nombre de végétaux, celles plus tendres de quelques autres, offrent un appât a certains insectes dont les larves font des ravages incessants dans les herbiers. L'action de ces petits êtres est puissante, et ce n'est pas sans une peine profonde que le botaniste qui parcourt ses collections s'aperçoit que des échantillons de plantes souvent très-rares se trouvent complétement réduits en poussière.

Plusieurs moyens ont été indiqués pour remédier à cet inconvenient. On a proposé de tuer les larves des insectes en soumettant les paquets de plantes à une température de 75° cent Mais ce procédé, fort douteux dans ses résultats, ne nous semble pas sans danger pour les plantes, qui ne pourraient que se détériorer par l'action d'une aussi grande chaleur. M. Perrottet, qui a récolté un grand nombre d'échantillons sous les climats brûlants du Sénégal et de l'Inde, employait, pour dessécher ses plantes, une méthode qui lui a donné des résultats satisfaisants. Après avoir placé ses échantillons entre des feuilles de papier comme pour le séchage ordinaire, il les réunissait par petit nombre de manière à former des paquets de peu d'épaisseur, qu'il ficelait et qu'il exposait séparément à l'action directe des rayons solaires Il les rentrait le soir, les soumettait, les uns sur les autres, à une légère pression, et recommençait le lendemain jusqu'à ce qu'il eût obtenu la parfaite dessiccation des plantes.

Ce procédé amène-t-il réellement la destruction des insectes et de leurs larves? La chaleur seule du soleil, même des tropiques, suffirait-elle pour produire ce résultat? Nous n'oserions l'assurer, quoique les plantes de M. Perrottet nous aient toujours semblé dans un bon état de conservation. Dans tous les cas, le procédé de M. Perrottet, bien préférable à celui qui consiste à employer la chaleur d'un four, nous a paru bon à faire connaître, parce qu'il est plus expéditif que celui dont on se sert communément. Il dispense, en effet, pendant que dure la dessiccation des plantes, de changer le papier qui les renferme, opération fastidieuse et qui occasionne une grande perte de temps, surtout au voyageur botaniste appelé sans cesse à de nouvelles herborisations.

Quelques personnes, pour arriver également à purger les herbiers des insectes qui les rongent, recommandent d'exposer les plantes pendant plusieurs heures à la vapeur du soufre, ou de répandre dans les paquets du camphre pulvérisé, du poivre ou quelque aromate qui éloigne les insectes. D'autres méthodes sont encore indiquées, mais qui ne remplissent leur but que d'une manière imparfaite. Le moyen le plus généralement employé maintenant consiste à imbiber les plantes, lorsqu'elles ont été desséchées, d'une solution alcoolique de sublimé corrosif. Cette préparation est des plus simples, mais l'emploi du sublimé n'est pas sans danger et exige quelques précautions de prudence pour se garantir de son atteinte. Ce procédé est dû à sir J.-E. Smith qui l'a fait connaître en 1805. Il eut le premier l'idée d'en faire usage après avoir essayé longtemps et vainement différentes huiles, telles que celles de cajeput, de lavande, etc.

Une collection disposée en herbier et pouvant rassembler des échantillons de plantes de divers pays, susceptibles d'être consultés en tous lieux et à tous les instants, présente les moyens d'étude les plus simples. Peut-être l'état de dessiccation de la plante apporte-t-il quelque difficulté à l'anatomie et à l'analyse minutieuse de certains organes dont l'exiguïté extrême, dans un grand nombre de végétaux, ne se prête déjà qu'avec peine à l'observation, même quand les échantillons sont fraîchement recueillis ; mais, à part cet inconvénient, qui n'en est pas un cependant pour le botaniste exercé, une plante sèche ne perd rien de sa forme et de son aspect général. Ses organes, les différentes parties dont elle se compose occupent encore leur même place comme dans la plante vivante. Par là se conservent les échantillons qui ont servi aux descriptions des auteurs, types invariables offerts sans cesse à l'examen et à la comparaison, par là, aussi, se trouvent facilités les dons et échanges de plantes que se font les botanistes et par lesquels s'établit et s'entretient, souvent entre des personnes qui ne se sont jamais vues, le commerce le plus amical et le plus durable. Douce liaison à l'abri des passions des hommes et que viennent bien rarement troubler la jalousie, l'ambition ou l'amour-propre!

Des plantes ainsi desséchées, et privées de vie, n'ont aucun charme pour l'homme du monde, étranger à la connaissance des végétaux, mais qu'elles rappellent d'agréables souvenirs à celui qui les a recueillies vivantes, qui les a admirées isolément, qui a pu contempler l'harmonie de leurs masses dans l'ensemble de la végétation! Que d'intérêt elles présentent au botaniste lors même qu'il ne les voit que dans l'herbier et encore dégagées de tout prestige! Mais pour lui l'éclat des fleurs, l'élégance de leurs formes, la suavité de leur odeur ne sont que des agréments accessoires, il les sacrifie sans peine aux compensations que lui apporte la science qu'il aime. Aucun temps, aucune saison n'enlèvent rien à ses jouissances. Il se plaît au milieu de ces végétaux épars autour de lui et qui n'offrent plus guère aux yeux que des restes flétris et décolorés Qui ne sait, d'ailleurs, qu'un herbier n'a pas la prétention de reproduire l'aspect d'une végétation animée, et qu'il ne saurait parvenir à conserver aux plantes ni cette fraîcheur qu'elles retirent d'un sol humide, ni ces mille couleurs qu'imprime un soleil chaud aux fleurs éclatantes des tropiques.

— —

V.

DES VOYAGES BOTANIQUES.

Si la botanique a pu acquérir une importance et une utilité qu'on ne saurait lui contester, c'est surtout à cause des applications que l'homme en a faites à ses besoins ou à ses plaisirs, et les voyages des naturalistes ont grandement contribué à ce résultat. Ne nous ont-ils pas rapporté avec les végétaux qui nous fournissent tant de substances alimentaires, et ces bois qui concourent au luxe de nos ameublements, et ces fleurs brillantes, ornements de nos jardins, et ces plantes que sait utiliser l'art de la teinture ou auxquelles nous demandons du soulagement dans nos maladies? Mais la botanique n'a pas seulement pour objet la recherche des plantes utiles ou agréables; tout ce qui compose le domaine de la végétation est de son ressort. Aussi, dès qu'il foule une terre encore inconnue ou peu explorée, le voyageur s'empare-t-il de toutes les productions naturelles qu'il rencontre; il les rassemble et les conserve avec soin pour les soumettre à l'appréciation de la science. Et c'est là tout ce qu'il peut faire. Que deviendrait-il s'il lui fallait se livrer à l'étude d'une plante au moment même où il la recueille? où trouverait-il les livres qui le guideraient, les herbiers qu'il devrait consulter, ressources scientifiques que rien ne peut suppléer? est-ce d'ailleurs, accablé de fatigues, au milieu des forêts, de solitudes à peine accessibles, qu'il aurait le temps et la liberté d'esprit nécessaires à un tel travail?

Par les observations et les recherches qu'elle demande, la botanique veut encore être traitée loin du bruit et des agitations du monde, et cette exigence ne s'accorde pas avec les inquiétudes et les embarras qu'entraînent de périlleuses excursions ; car la mission du voyageur, toute pacifique qu'elle soit, n'est exempte ni de tourments ni de dangers. Que nos vœux les suivent donc dans leur marche ces explorateurs intrépides, naturalistes ardents que l'amour de la science arrache aux douceurs d'une vie tranquille et qui vont, bravant les fatigues et les périls, se hasarder au milieu de régions inconnues, s'exposer aux rigueurs impitoyables d'un climat meurtrier ! Quel intérêt ne doit pas nous inspirer la triste fin réservée trop de fois à ces dévouements courageux qui n'ont pas toujours en perspective un peu de gloire pour récompense. Échappés aux mille dangers qui les environnent, n'ont-ils pas à craindre encore, comme on en voit tant d'exemples, qu'un événement imprévu ne leur fasse perdre en quelques heures le fruit de plusieurs années de travaux et de peines.

Ruiz, un des auteurs de la *Flora Peruviana*, venait d'explorer les hauteurs des Cordillères et des Andes ; rien n'avait échappé à ses investigations laborieuses et pénibles. Toutes ses collections étaient rassemblées ; elles renfermaient des objets appartenant aux diverses branches de l'histoire naturelle. Mais un incendie éclate dans la ville de Macora où il s'était rendu ; les productions naturelles qu'il avait recueillies, le journal de son voyage, les dessins et les descriptions de plus de six cents plantes comparées avec celles de Linné, de Murray, de Plumier, de Jacquin, tout est consumé ; la ville elle-même est réduite en cendres. Peut-être même, sans les secours que lui prodiguèrent deux de ses serviteurs, l'intrépide botaniste, dans son empressement à sauver tous ces objets, fût-il devenu la proie des flammes.

Avec quelle douleur M. Gaudichaud, lors du naufrage de la corvette *l'Uranie* aux îles Malouines, ne dut il pas contempler l'herbier qu'il rapportait, objet de sa prédilection, envahi en grande partie par les eaux de la mer et retiré plusieurs jours après, du fond de la cale, dans l'état le plus déplorable.

Le malheureux Bertero, Adolphe Steinheil, ne sont-ils pas encore tombés victimes de leur ardeur pour la science, périssant, l'un d'une mort inconnue (1) dans le cours de ses nombreuses explorations, et l'autre atteint de la fièvre jaune avant d'avoir pu mettre le pied sur une terre où l'entraînait l'espoir de quelque découverte botanique.

Dirons-nous encore la fin lamentable de David Douglas, de ce naturaliste distingué qui a visité la Colombie, la Californie, les îles Sandwich, etc.? Une destinée affreuse l'attendait dans ces derniers parages. Il parcourait, en juillet 1834, l'île d'Hawaii, la principale des Sandwich, lorsque tout à coup, le sol venant à céder sous ses pieds, il est précipité dans une de ces excavations que pratiquent les naturels pour prendre les animaux féroces. Un taureau sauvage venait d'y tomber, et Douglas périt bientôt sous les coups de l'animal furieux. Son chien fidèle fut retrouvé non loin du lieu fatal où l'infortuné voyageur avait perdu la vie

(1) Le bâtiment qui ramenait Bertero de Tahiti au Chili n'arriva pas à sa destination, et le sort de ce botaniste est resté jusqu'à présent un mystère. Nous entrerons, plus bas, dans quelques détails sur cet événement.

VI.

DES HERBIERS-TYPES.

On sait que les caractères sur lesquels les botanistes établissent des distinctions entre les différentes espèces de végétaux, reposent sur certains organes de la plante, sur les diverses modifications que ces organes éprouvent, soit dans leur forme, soit dans leur situation, et que le botaniste s'empare, du reste, de tous les signes qui peuvent donner l'idée la plus exacte de la forme et de la manière d'être de la plante qu'il veut décrire. Mais le langage ne se prête pas toujours aisément à l'expression de ces diverses circonstances, surtout quand il s'agit de plantes dont les formes rentrent dans la catégorie ordinaire et ne présentent rien de saillant. La difficulté n'existerait pas, s'il était vrai, comme le pense un naturaliste anglais, à propos de végétaux d'un ordre inférieur et d'une extrême ténuité, que les formes de certains organes ne varient que pour aider l'homme dans les déterminations qu'il peut avoir à faire des différentes espèces, et que chacune d'elles porte avec soi le signe qui doit la faire distinguer de toutes les autres

Les caractères assignés par les botanistes aux végétaux, soit pour les classer, soit pour les différencier les uns des autres, ont, pour la plupart, une grande persistance, et l'on peut, en général, les étudier et les observer longtemps après que la plante est desséchée ; aussi les herbiers particuliers des auteurs qui ont écrit sur la botanique et qui ont fait usage des plantes qu'ils possédaient, offrent-ils l'intérêt le plus grand Une plante nommée et étiquetée par l'auteur qui l'a étudiée et décrite présente, lorsqu'il s'agit de la comparer avec un autre échantillon présumé semblable, plus de certitude que la description la plus soignée et même la meilleure figure. C'est pour cela que les botanistes qui se livrent à quelque travail sur les plantes tiennent fortement à voir les collections propres des auteurs pour lever leurs doutes. Mais que de fois ils sont obligés de renoncer à ce moyen de comparaison par la dispersion des herbiers qu'ils auraient besoin de consulter, par l'éloignement où ils se trouvent eux-mêmes des lieux où sont conservés ces herbiers ! Pour remédier, autant que possible, à cet inconvénient, le professeur Schultes avait proposé, il y a déjà quelque temps, d'établir, dans tous les lieux où la botanique est cultivée avec ardeur, des herbiers tout particuliers composés seulement de plantes qui auraient été d'abord soigneusement et exactement comparées avec les collections originales des botanistes célèbres, tels que Linné, Thunberg, Pallas, Vahl, Desfontaines, Ruiz, Pavon, Willdenow, etc. On pourrait encore, selon lui, former un herbier complet des espèces linnéennes qu'il ne serait pas difficile de réunir maintenant, et cet herbier serait comparé avec celui de Linné par un botaniste capable. Au moyen de ces copies fidèles d'herbiers importants qu'on multiplierait autant que possible, les botanistes de chaque pays se trouveraient à même, dans les cas douteux, de déterminer avec précision quelle plante le grand botaniste suédois avait en vue quand il signale telle ou telle espèce (1).

De son côté le docteur Steudel, dans le but de faire arriver à la connaissance de tous ceux qui s'occupent de botanique

(1) Ce travail a déjà été fait pour l'herbier de sir Joseph Banks, à Londres. M. Dryander a comparé les plantes de cet herbier avec les échantillons authentiques de Linné, qui se trouvaient en la possession de sir James Edward Smith Des échanges respectifs de plantes eurent lieu en même temps entre les propriétaires de ces deux herbiers.

tant de publications éparses, avait proposé de former une union de tous les botanistes du monde, et par ce moyen une sorte de tribunal botanique. Il voulait qu'il s'établît des relations constantes et intimes entre toutes les sociétés de botanique et tous les botanistes; qu'il fût formé un herbier normal et qu'aucun ouvrage ne fût cité et aucune plante regardée comme bien connue si l'union ne les avait pas approuvés; cette association aurait en outre publié un journal général de botanique.

Nous n'examinerons pas les difficultés que pourraient entraîner ces deux projets, ni leur degré d'utilité. Il est douteux, dans le premier cas, que les botanistes voulussent ajouter aux copies d'herbiers que propose le professeur Schultes, la même confiance qu'ils auraient pour les originaux. Quant au projet du docteur Steudel, il ne nous paraît pas déraisonnable; mais malheureusement l'impossibilité de constituer un pareil tribunal, d'assujettir tous les botanistes à l'examen, à la révision, à la critique ou à la condamnation de leurs travaux rend son idée tout à fait impraticable. En prenant les choses comme elles sont actuellement, ceux qui s'occupent de botanique savent très-bien que, sans compter les herbiers particuliers des savants qui se sont le plus livrés à cette science, ils peuvent puiser les renseignements les plus précieux dans de grandes collections publiques, telles que celles de Paris, de Londres, de Vienne, de Berlin, etc., et dans plusieurs herbiers particuliers.

Nous consacrerons un article spécial à ces diverses collections, après les notices qui vont suivre sur les grands et riches herbiers qui font partie du musée botanique de M. Benjamin Delessert.

VII.

MUSÉE BOTANIQUE

DE M. BENJAMIN DELESSERT.

Les collections trop généralisées ne peuvent rendre de grands services aux diverses sciences qu'elles embrassent. Composées d'objets fort disparates, elles joignent au faible avantage de réunir un peu de chaque chose, l'inconvénient de ne rien compléter. Dans le désir d'être sérieusement utile, M. Benjamin Delessert a voulu créer un musée purement botanique, et du moment qu'il en a eu la pensée il a toujours marché dans cette voie (1). Les collections quelles qu'elles soient ne s'amassent qu'avec un long temps et une longue

(1) M Delessert possède, il est vrai, un cabinet de conchyliologie auquel on ne saurait en comparer aucun autre pour la beauté et pour le nombre des échantillons. M. Delessert avait commencé, il y a longtemps, à réunir quelques coquilles curieuses; il en recueillit dans ses différents voyages avec M. Étienne Delessert son frère, mais dans ces derniers temps il donna une plus grande importance à son cabinet en achetant, outre un grand nombre de coquilles des diverses parties du monde, la collection de Dufresne composée de 8,200 individus bien nommés et classés, celle de Lamarck qui faisait partie du muséum du prince Masséna qui l'avait beaucoup augmentée et qui se composait, au moment où Lamarck la vendit, de 13 288 espèces et de 50,000 coquilles au moins; enfin M Delessert vient d'ajouter a son cabinet la collection

persévérance et M. Delessert n'a rien épargné pour que les siennes atteignissent le but qu'il s'est proposé.

Formé dans le silence, sans éclat, sans ostentation, le cabinet, ou plutôt le musée botanique de M. Benjamin Delessert est peu connu de la généralité du public ; mais une foule de savants et d'amateurs studieux viennent journellement consulter les riches collections qu'il renferme, et il est devenu, depuis longtemps, le rendez-vous des notabilités botaniques de tous les pays.

C'est en 1788 que M. Étienne Delessert, membre de la société d'histoire naturelle d'Édimbourg, frère aîné de M. Benjamin Delessert, commença à réunir en herbiers les plantes provenant de ses voyages en France, en Suisse, en Hollande, en Allemagne, en Danemark et aux États-Unis, ainsi qu'en Écosse et en Angleterre. Il ajouta à ses collections d'autres plantes qu'il reçut du Japon, de l'Inde, du Cap et de Ceylan. Avec son goût pour la botanique ses collections n'auraient pas tardé à prendre de l'accroissement, mais le 29 septembre 1794, à l'âge de 23 ans, M. Étienne Delessert mourait atteint par la fièvre jaune, à New-York, laissant de vifs regrets à tous ceux qui l'avaient connu et qui avaient pu apprécier son zèle, son dévouement et ses excellentes qualités.

Dès sa jeunesse M. Benjamin Delessert s'était aussi occupé de botanique. Il avait accompagné son frère dans ses voyages en France, en Suisse, en Angleterre et en Écosse, recueillant tous les végétaux intéressants de ces pays. On les retrouve encore dans ses herbiers

M. Benjamin Delessert avait puisé le goût qui le portait vers l'étude des plantes dans les lettres de Jean-Jacques Rous-

de M. Teissier, renommée pour le bel état de conservation et la fraicheur des échantillons

La galerie conchyliologique de M. Delessert est tout à fait distincte et séparée de son musée botanique, et ce dernier est toujours de sa part l'objet d'une prédilection toute particulière seau sur la botanique, dans ces lettres charmantes où l'aridité de la science disparaît sous les agréments du style, et qu'on croirait, tant l'auteur a su se renfermer dans les choses les plus fondamentales, écrites d'hier, quoique 70 années au moins nous séparent de l'époque où elles ont été rédigées. Un motif touchant ramenait sans cesse M. Delessert vers leur lecture. C'est à sa mère qu'étaient adressées ces lettres, à madame Delessert que Rousseau se plaisait à nommer par amitié sa *cousine*. La *petite*, comme il la désigne dans sa première lettre, la *petite*, pour laquelle il traçait ses leçons, était la sœur de M. Benjamin Delessert. Madame Delessert avait voulu inspirer à sa fille, bien jeune encore, le goût de la botanique. « Votre « idée, lui écrit Rousseau, d'amuser un peu la vivacité de vo- « tre fille et de l'exercer à l'attention sur des objets agréa- « bles et variés comme les plantes, me paraît excellente, « mais je n'aurais jamais osé vous la proposer de peur de « faire le Monsieur Josse. Puisqu'elle vient de vous, je l'ap- « prouve de tout mon cœur, et j'y concourrai de même. »

La *petite*, devenue depuis madame Gautier, a conservé toute sa vie le souvenir de Rousseau. Il y a peu d'années que cette dame, d'un cœur excellent, d'une bienveillance extrême, vivait auprès de ses frères, faisant encore, à un âge avancé, l'agrément de la société, par le bon ton et par le charme de ses manières.

La famille de M. Delessert conserve précieusement un herbier que J.-J. Rousseau avait fait pour madame Gautier. Cet herbier est préparé avec un soin tout particulier. Chaque échantillon parfaitement desséché se trouve fixé, au moyen de petites bandelettes dorées, sur des feuilles de papier bordées d'un cadre rouge, et les noms des plantes, écrits en français et en latin, y sont tracés de la main même de Rousseau.

La botanique était devenue, dans la dernière partie de la vie de Rousseau, son occupation favorite. Il s'était prêté avec une grâce charmante à donner des leçons a mademoiselle Delessert. « Amateur passionné de l'étude de la nature, écrivait le docteur J.-E. Smith en 1786 (1), et de Linné qu'il regardait comme le meilleur interprète de ses ouvrages, Rousseau fut toujours vivement attaché aux personnes qu'il savait partager son goût La dame aimable et remplie d'excellentes qualités à qui ses lettres sur la botanique ont été adressées (madame Delessert) est d'accord avec moi sur ce point et a gardé la plus haute vénération pour sa mémoire. Je me suis hasardé à lui demander son opinion sur quelques actions inexplicables de la vie de Rousseau, et particulièrement sur ces accès de misanthropie et ces défiances continuelles qui ont rempli d'amertume ses derniers jours. Sans nier que ces choses ne reposassent sur quelque fondement, madame Delessert me parut croire qu'il fallait cependant en attribuer la plus grande partie à une aberration d'esprit qui devait le rendre plus digne de pitié que de blâme. Sa charmante fille, ajoute le docteur Smith, me montra une collection que Rousseau avait préparée pour elle, de plantes sèches proprement collées sur du petit papier, et accompagnées des noms linnéens et de quelques notes. »

C'est ce même docteur Smith (depuis sir James Edward) qui a dédié à J.-J. Rousseau une plante recueillie par Commerson à l'île de France, et qui porte le nom généralement admis de *Roussæa simplex*. Déjà Linné, avec qui correspondait Rousseau, lui avait consacré un genre que Linné fils publia, par méprise, sous le nom de *Russelia*, et qui a été supprimé et changé en celui de *Vahlia*, le genre *Russelia* ayant été créé précédemment par Jacquin.

On conçoit, d'après tous ces détails, combien devait être vif le penchant qui entraînait M. Benjamin Delessert, jeune encore, vers la botanique, « vers cette douce et charmante étude, pour citer encore Rousseau, qui remplit d'intéres-

(1) Dans la relation de son voyage sur le continent (*Sketch of a tour*, etc.)

santes observations sur la nature ces vides du temps que les autres consacrent à l'oisiveté ou à pis. » M. Delessert, mis en possession des herbiers de son frère Étienne, auxquels il joignit les siens propres, résolut de compléter, autant que possible, ses collections de plantes, de former une bibliothèque destinée entièrement et spécialement à recevoir les ouvrages écrits sur la botanique, dans toutes les langues, et de donner à cet assemblage le plus grand degré d'utilité possible en mettant le tout à la disposition des hommes studieux qui s'occupent de cette partie de l'histoire naturelle.

Les premiers matériaux réunis par M. Benjamin Delessert se sont successivement accrus, et plusieurs galeries dépendant d'un même local sont aujourd'hui affectées les unes aux herbiers, les autres aux livres.

En 1817, M. Achille Richard, actuellement professeur de botanique à la faculté de médecine de Paris, fut chargé du soin de ces collections. Elles n'avaient pas alors atteint le degré d'importance qu'elles ont maintenant, et peu de personnes cherchaient à profiter des ressources que cet établissement pouvait leur offrir.

M. Guillemin, l'un des auteurs de la Flore de Sénégambie, et qui, en 1820, avait été adjoint à M. Achille Richard, le remplaça définitivement au 1er janvier 1827. M. Richard venait d'être nommé aide de botanique au Muséum d'histoire naturelle de Paris. Guillemin remplit les fonctions de conservateur des collections de M. Delessert jusqu'en janvier 1842, où la mort vint l'enlever à la science

Nous nous proposons, nous que l amitié et une confraternité de travail au musée botanique de M. Delessert unissaient depuis dix années à Guillemin, de consacrer, dans la suite de cet ouvrage, quelques lignes à sa mémoire.

Nous allons parcourir maintenant les galeries de M. Delessert, nous arrêtant d'abord à l'herbier, et jetant un coup d'œil sur toutes les collections qui le composent.

VIII.

GALERIES DE BOTANIQUE

DE M. DELESSERT.

DISPOSITION ET CLASSIFICATION DE L'HERBIER.

Une collection de plantes qui remonte à une époque éloignée, qui reçoit de toutes parts des augmentations, et à laquelle sont venus principalement se réunir d'anciens herbiers disposés de diverses manières, ne saurait avoir dans toutes ses parties cet aspect uniforme qu'il est facile de donner à une collection naissante. L'herbier de M. Delessert présente donc des anomalies inévitables, soit dans la nature et la teinte du papier qui renferme les plantes, soit dans la préparation des plantes mêmes; mais, sans nul inconvénient pour l'étude, ces anomalies ont l'avantage de conserver à certains échantillons le caractère particulier qu'ils tirent de leur origine, et d'offrir, pour d'autres, cet intérêt qui s'attache, d'ordinaire, aux objets qui ont appartenu à d'anciens et illustres savants.

On a adopté pour les plantes de l'herbier de M. Delessert, à mesure qu'elles arrivent, un mode d'arrangement suivi avec une uniformité constante depuis plusieurs années. Chaque échantillon se trouve placé dans une feuille double de papier gris-blanc, un peu fort, lisse et collé, et du format in-folio Les plus anciennes plantes ne sont fixées par aucun lien, les autres, c'est-à-dire celles introduites récemment dans l'herbier, sont retenues sur une feuille simple de papier blanc au moyen de bandelettes étroites attachées avec de petites épingles, et cette feuille est placée elle-même dans une feuille double. Le système d'épinglage est bien préférable à celui employé autrefois par quelques personnes qui collaient la plante tout entière ou qui la cousaient par ses bords sur la feuille de papier même. Ces deux procédés ont l'inconvénient de fixer invariablement la plante sur le papier ou de ne la laisser voir que d'un seul côté, ce qui n'arrive pas dans l'épinglage qui permet pour les besoins de l'étude de détacher l'échantillon et de l'examiner sous toutes ses faces.

Chaque échantillon est accompagné dans l'herbier d'une ou de plusieurs étiquettes indiquant, autant que possible, le nom de la plante et quelques-uns de ses synonymes, sa patrie, le nom du voyageur qui l'a recueillie, l'époque où elle a été reçue et donnant en outre quelquefois les notes ou rectifications des botanistes qui l'ont particulièrement étudiée.

On a pris pour base de la classification adoptée pour toutes les plantes de l'herbier la méthode linnéenne, telle qu'elle a été disposée par Sprengel dans son *Systema vegetabilium*, dont l'ordre a été suivi avec la plus grande exactitude : les numéros des genres et ceux des espèces mentionnés dans cet ouvrage sont ceux donnés aux genres et aux espèces de la collection de M. Delessert, de manière que la table de l'ouvrage de Sprengel sert de catalogue à l'herbier, et comme ces numéros d'ordre sont eux-mêmes répétés sur chacune des feuilles qui enveloppent les plantes, on arrive très-promptement et avec une grande facilité à trouver le genre et même l'espèce dont on a besoin. Un catalogue manuscrit, séparé et tenu au courant, renvoie aux genres qui ne se trouvent pas dans le *Systema* de Sprengel, soit qu'ils y aient été omis, soit qu'ils aient été créés depuis la publication de ce livre dont le dernier volume a paru en 1828. Ces genres supplémentaires rapprochés, au moyen de numéros *bis*, *ter*, etc., de ceux avec lesquels ils ont le plus d'affinité, peuvent donc s'augmenter indéfiniment sans que leur recherche en devienne jamais plus embarrassante.

Les plantes sont renfermées dans des caisses légères en bois blanc de la longueur et de la largeur du papier qui sert d'enveloppe aux échantillons. Une petite portion de l'herbier, non renfermée dans des boîtes, se trouve réunie en paquets. Ce dernier mode est adopté par quelques personnes, mais peut-être a-t-il l'inconvénient, plus que l'autre, en donnant accès à la poussière, de faciliter l'introduction des insectes dans les plantes.

Une étiquette collée avec soin sur chaque boîte ou attachée à chaque paquet indique extérieurement les numéros des genres qui y sont contenus.

Quoique, lorsqu'il s'agit de chercher un objet, toute classification est bonne qui le fait trouver promptement, il en est cependant de plus ou moins rationnelles. La classification linnéenne est préférable à l'ordre alphabétique qui remplirait pourtant le même but, mais une autre méthode l'emporte encore sur toutes les autres, c'est la méthode naturelle, c'est-à-dire celle qui tend à rapprocher, à grouper ensemble les êtres qui présentent le plus d'analogie entre eux et dont la série ne se trouve point interrompue par des anomalies trop sensibles. C'est d'après cette méthode qu'eût été disposé l'herbier de M. Delessert, si, à l'époque où il a été remis en ordre, il avait été possible de prendre pour guide un autre auteur que Sprengel. Mais il n'y avait pas alors d'ouvrage complet qui décrivît toutes les espèces de plantes connues, classées selon les principes de la méthode naturelle. Le grand travail de M. De Candolle, son *Prodromus*, était peu avancé, et plusieurs années s'écouleront encore avant qu'il soit achevé.

Les échantillons de l'herbier n'ont été soumis à aucune des préparations que nous avons indiquées plus haut pour garantir les plantes du ravage des insectes. On s'en est dispensé depuis l'origine, et maintenant le nombre des plantes de la collection est si considérable, que cette opération entraînerait de grands inconvénients, et serait d'ailleurs presque impraticable. Beaucoup d'échantillons, au reste, sont naturellement renouvelés par l'introduction fréquente dans l'herbier de plantes plus récemment recueillies et qui se trouvent, par conséquent, dans un bon état de conservation.

Toutes ces plantes, produits de végétations si diverses, sont réunies, à l'exception de quelques collections particulières que nous indiquerons plus tard, en un vaste herbier général. Autrefois cet herbier était subdivisé en un grand herbier assez considérable et en plusieurs herbiers particuliers et isolés renfermant en quantité plus ou moins nombreuse des plantes propres à certaines localités, telles que seraient celles de l'île Bourbon, de Saint-Domingue, de la Guyane, de la Nouvelle-Hollande, etc. Ces herbiers particuliers peuvent être utiles quelquefois en abrégeant des recherches longues dans un herbier général riche en espèces, mais la difficulté d'en dresser des catalogues complets, l'embarras qu'éprouvent à compulser tant de collections séparées, et les auteurs de monographies qui ont besoin de voir les plantes de tous les pays, et les personnes qui veulent chercher une plante dont la localité est indéterminée ou douteuse, ont fait prendre le parti de réunir à peu près tout en un seul herbier Des étiquettes jointes à chaque échantillon donnent d'ailleurs toutes les indications possibles, quant à l'origine de la plante et au lieu d'ou elle provient. Aussi dans certains cas, les recherches se trouvent-elles singulièrement facilitées

NOMBRE DES PLANTES DE L'HERBIER.

On ne saurait guère donner, au juste, une énumération du nombre total des espèces de plantes que renferme l'herbier de M. Delessert. Si l'on compte aujourd'hui environ 95,000 végétaux connus et décrits, leur réunion complète dans une seule collection est impossible. Il est telle plante rare dont on ne connaît qu'un seul exemplaire ; d'autres ne sont représentées que par un petit nombre d'échantillons qui peuvent même ne pas se trouver dans les plus grands herbiers. Les collections de M. Delessert, toutes riches qu'elles soient, ne possèdent pas la totalité des plantes connues; mais, d'après les calculs auxquels nous nous sommes livré, nous croyons pouvoir dire que l'herbier renferme approximativement 86,000 espèces de plantes représentées par 250,000 échantillons.

Plusieurs galeries sont consacrées à l'herbier et disposées en même temps pour l'étude. Les plantes en boîtes ou en paquets sont placées sur des tablettes et dans des casiers dressés dans ces galeries. Toute la collection n'occupe pas moins de 1,750 boîtes ainsi divisées :

Herbier général.	Phanérogamie	1,332	1,453
	Cryptogamie	121	
Herbiers particuliers			201
Herbiers de plantes doubles ou indéterminées.			96
			1,750

COLLECTION DE FRUITS ET DE GRAINES.

Dans une autre salle et comme complément des herbiers, se trouve une vaste collection de fruits et de graines dont une partie a été étiquetée de la main de MM. Gärtner fils, De Candolle, Correa de Serra, Gaudichaud, Guillemin, Perrottet, Decaisne et par d'autres botanistes et carpologistes. Des armoires vitrées renferment les fruits d'une grande dimension; plus de 400 espèces différentes y sont rassemblées, les uns, parmi ces fruits, ayant acquis une certaine célébrité, les autres renommés par leur emploi ou par leur usage dans l'alimentation des peuples; ceux-ci remarquables par les produits qu'on en retire, ceux-là par la singularité de leur forme. Ainsi se distinguent, entre tous les autres, les fruits du nelumbo, plante autrefois sacrée en Égypte, ceux du baobab, de cet arbre presque aussi vieux que le monde; les noix du *Thevetia Ahouaï* qui, agitées avec force, produisent un bruit des plus éclatants ; le fruit du *Phytelephas*, surnommé ivoire végétal à cause de sa blancheur et de sa dureté; plusieurs échantillons du cotonnier, et entre autres la variété de couleur rousse qui sert à la fabrication de l'étoffe connue sous le nom de nankin; les fruits curieux de deux espèces d'*Uncaria*, ceux du *Martynia*, du *Couratari Guyanensis*, de divers *Bombax*, etc., etc.

Indépendamment des fruits contenus dans les armoires vitrées, trois meubles garnis de 102 tiroirs renferment les graines de petite dimension. Leur nombre s'élève à peu près à 6,000. D'autres tiroirs contiennent quelques échantillons de bois qui pourraient être employés dans les arts ou l'économie domestique et qui viennent du Brésil, de Saint-Domingue, de Cuba, etc.

OBJETS DE CURIOSITÉ.

Divers objets de curiosité rapportés de contrées lointaines sont encore exposés dans la même galerie. Le plus grand nombre se compose de produits végétaux. Plusieurs proviennent des divers voyages d'exploration faits dans ces derniers temps.

IX.

NOTICES

SUR LES DIFFÉRENTS HERBIERS

FORMANT LE FOND DE LA COLLECTION DE M. DELESSERT.

L'herbier, qui, chaque jour, s'augmente et tend à se compléter, renferme, ainsi que nous l'avons vu, un nombre immense de végétaux de toutes les parties du monde. L'Europe comme l'Asie, l'Amérique comme l'Afrique et l'Océanie, ont fourni chacune leur tribut, soit par les dons particuliers de personnes amies de la science, soit par des achats fréquemment repétés.

Nous commençons l'énumération des divers herbiers de M. Delessert par ceux qui peuvent être regardés comme ayant formé la base de la grande collection générale.

COLLECTIONS LEMONNIER.

M. Benjamin Delessert fit, en 1803, l'acquisition des collections de M. Lemonnier, de Versailles. On sait que M. Lemonnier (Louis-Guillaume), associé de l'Institut, reçut ses premières leçons de botanique de Bernard de Jussieu, et remplaça, en 1758, Antoine de Jussieu dans la chaire de botanique du Jardin des Plantes. Il avait fait partie, comme naturaliste, de l'expédition envoyée, en 1739, dans le midi de la

France, pour y prolonger la méridienne de l'Observatoire de Paris. Il aimait la botanique avec passion, et il prit encore plus de goût pour cette science lorsque, nommé premier médecin du roi Louis XV, il alla résider à Versailles. C'est dans ce même temps qu'il se fit suppléer au Jardin du Roi par Antoine-Laurent de Jussieu. Il employa plusieurs fois son crédit et la faveur dont il jouissait à la cour et à l'Académie pour faciliter à différents naturalistes les moyens d'entreprendre des voyages dans l'intérêt de la botanique. Ainsi par ses soins Michaux visita la Perse, Aublet et Richard fils Cayenne, Desfontaines l'Atlas, de la Billardière le Liban.

M. Lemonnier avait fait plusieurs courses botaniques, avec Linné et Antoine et Bernard de Jussieu ; en 1745, il visitait la forêt de Fontainebleau avec ces trois célèbres naturalistes. Plus tard, en 1775, il fit des herborisations avec Jean-Jacques Rousseau. Dans les moments de loisir que lui laissaient ses fonctions, il cultivait lui-même des plantes dont il faisait venir les graines de toutes les parties du monde. Pendant plus de cinquante ans il s'occupa de naturaliser en France des végétaux utiles. Il a rendu de grands services à l'agriculture et à la botanique. Cette dernière ne fut pas ingrate envers lui ; elle apporta quelque adoucissement à ses peines quand la révolution vint le frapper. A l'époque où il mourut (2 septembre 1799), son herbier était regardé comme un des plus riches de France.

Les collections de M. Lemonnier, achetées par M. Delessert, se composaient d'un herbier général et de plusieurs herbiers particuliers que nous mentionnerons avec quelques détails.

HERBIER GÉNÉRAL DE M. LEMONNIER.

Cet herbier renfermait plus de 10,000 plantes recueillies par M. Lemonnier, ou provenant d'envois qui lui avaient été faits par diverses personnes.

HERBIERS PARTICULIERS DE M. LEMONNIER.

Commerson.

Plantes de son voyage autour du monde

Commerson avait été désigné, en 1766, pour accompagner, comme naturaliste, M. de Bougainville. Ce navigateur célèbre était chargé de se rendre aux Malouines pour faire la remise de ces îles au gouvernement espagnol qui les revendiquait. Il devait effectuer son retour en traversant l'océan Pacifique et faisant le tour du globe.

M. de Bougainville appareilla de la rade de Brest le 5 décembre 1766. Il se rendit d'abord directement à Montevideo, et en partit le 27 février 1767, pour aller aux îles Malouines. Il retourna de là vers la côte du Brésil et revint à Montevideo où il fit un long séjour, en attendant une saison plus favorable pour naviguer dans les mers australes. Il sortit enfin de la rivière de la Plata le 14 novembre 1767, et entra dans l'océan Pacifique par le détroit de Magellan. Il découvrit un groupe d'îles qu'il nomma archipel Dangereux, eut connaissance des îles de la Société, relâcha à Tahiti du 5 au 15 avril 1768, continua sa route vers l'ouest, et découvrit l'archipel des Navigateurs.

Remontant dans l'est et doublant la Nouvelle-Guinée par son extrémité orientale, il louvoie le long de la côte à laquelle il a donné le nom de Louisiade. Le 25 juin il atteint le cap de la Délivrance, fait route au nord, et découvre l'île de Bouka, entre celle des Arsacides et la Nouvelle-Irlande. Arrivé à cette dernière terre, il mouille dans le port Carteret, y séjourne dix-huit jours, remet à la voile et reconnaît toute la côte nord de la Nouvelle-Irlande; il va ensuite chercher les îles des Anachorètes, et, après avoir doublé la pointe occidentale de la Nouvelle-Guinée, il relâche à Bouro.

De là, passant par le détroit de Bouton et celui de Salayer,

M. de Bougainville alla longer la côte nord de Java. Il arriva le 28 septembre à Batavia où il relâcha; se rendit ensuite à l'île de France, et rentrait à Saint-Malo le 16 mars 1769.

Ainsi, dans l'espace des deux années employées à ce voyage, Commerson avait visité les côtes du Brésil, Buenos-Ayres, les terres Magellaniques, les îles de Tahiti, de Bouro, de Java, etc. Il resta ensuite plusieurs années dans les îles de France et de Bourbon, et se rendit deux fois à Madagascar. Son long séjour dans le détroit de Magellan lui procura les moyens de collecter une multitude de plantes très-rares, comme celles qu'il recueillit à Java et à Madagascar. Pendant cinq années qu'il résida à l'île de France, protégé par le gouverneur, M. Poivre il fit de fréquentes excursions dans l'intérieur ainsi qu'à Bourbon, dont le sol fertile lui offrait constamment des richesses nouvelles.

Les plantes provenant des divers voyages de Commerson, et qui étaient entrées dans l'herbier de M Lemonnier, s'élevaient à plus de 3,000. Plusieurs caisses de plantes, entre autres celles recueillies à Tahiti, furent malheureusement perdues pendant la traversée.

M de la Billardière.

Herbier de Syrie

M. de la Billardière partit chargé d'une mission du gouvernement que lui avait fait obtenir M. Lemonnier. Il allait parcourir une portion de l'Asie Mineure pour reconnaître les plantes dont les médecins grecs et arabes ne nous ont laissé que des descriptions incomplètes. Le 19 novembre 1786, il quitte Paris et se rend à Marseille, où il s'embarque pour l'île de Chypre. De là il passe en Syrie alors que la peste et la guerre ravageaient ce pays, et ne peut faire qu'un court séjour à Alep. Il visite, dans ses herborisations, le Dgebel-Cher, les environs de Damas, les montagnes qui avoisinent les bourgs de Zaale et d'El Hadet, et enfin le mont Liban. Après avoir passé deux ans en Asie, M. de la Billardière revint en France par l'île de Candie, la Sardaigne et la Corse.

L'herbier dont il s'agit, et qui contient environ 1,000 plantes, renferme les types des espèces décrites par M. de la Billardière lui-même, dans les quatre décades de ses *Icones plantarum Syriæ rariorum*, publiées de 1791 à 1812.

Un grand nombre de plantes inédites et dans un parfait état de conservation faisaient également partie de cet herbier.

M. Desfontaines

Herbier de Barbarie

M. Desfontaines (René-Louiche), devenu membre de l'Académie des sciences et professeur de botanique au Muséum d'histoire naturelle de Paris, avait eu la pensée d'explorer, sous le rapport botanique, la côte de Barbarie, depuis les frontières de Tripoli jusqu'à celles de Maroc, c'est-à-dire les pays d'Alger et de Tunis. Le plan de ce voyage ayant été approuvé et agréé par l'Académie des sciences, M. Desfontaines s'embarque à Marseille le 16 août 1783, et arrive le 25 à Tunis. Il parcourt aussitôt les environs de cette ville. Une occasion se présente de pénétrer plus avant; il part de Tunis le 25 décembre 1783, avec le bey qui marchait à la tête de son camp et se rendait dans le Biledulgerid, à 160 lieues de Tunis, pour percevoir les tributs annuels des Arabes qui habitent les parties méridionales du royaume. M. Desfontaines visite Kairouan (la plus grande ville du royaume après Tunis), et ses environs jusqu'à Cafsa, sur les bords du désert, ville distante de Tunis d'environ 70 lieues, et où l'on campa pendant quatre jours. Quelques heures après Cafsa on entra dans le désert et l'on se rendit à Tozer. Vers la fin de février l'armée quitte le Biledulgerid pour revenir à Cafsa en suivant la route qu'elle avait déjà parcourue, visitant les ruines de

Sfaitla et de Sbibah, et se dirigeant sur la ville frontière de Keff (ou El-Kief) M. Desfontaines revint à Tunis le 8 avril 1784.

Étant passé à Alger, le savant professeur projette bientôt un nouveau voyage vers Tremecen Il venait de trouver, comme à Tunis, l'occasion de se réunir à une expedition chargée, cette fois encore, d'aller lever les tributs. Il part d'Alger le 4 mai, et va camper dans les plaines de la Metidja, a environ une lieue et demie de Blidah. Il explore les environs de Tremecen et de Mascara et revient à Alger; il avait fait pendant le cours de ce voyage plus de trois cents lieues dans un pays qui offre des dangers de toute sorte.

Vers le commencement de juillet notre voyageur entreprend de visiter la côte de Tunis, dans un espace d'environ 80 lieues, jusqu'à Sfax sur le bord septentrional du golfe de Cabès. La botanique gagna beaucoup à ce voyage qui eut lieu par Sousah, une des grandes villes de la régence, éloignée de Tunis d'environ 34 lieues, par Monastir, Africa ou El-Mahadia et El-Gem. De Sfax aux limites de la régence de Tripoli on compte environ 40 lieues; M. Desfontaines ne franchit point cet espace, et il était de retour à Alger le 18 août.

Au mois de septembre et apres avoir visité au loin les environs d'Alger, M. Desfontaines veut encore entreprendre une autre exploration. Profitant d'une caravane qui se rendait à Constantine, il côtoie les bords de la rade d'Alger, descend dans la plaine de la Metidja qu'il traverse à l'extremité orientale, et commence le lendemain à monter l'Atlas. Il arrive, après avoir parcouru un pays difficile et par le défilé nommé la Porte-de-Fer, dans une contrée appelée Magenah, et à l'est sur le territoire de Constantine qui en est séparé par une petite chaîne de montagnes. M. Desfontaines fut très-bien reçu par le bey de Constantine qui lui donna toutes les facilités possibles pour parcourir les belles plaines de cette province. Apres avoir traversé deux fois la Séibouse, riviere considérable qui coule vers l'ouest, il atteint une plaine de qui a sept lieues de largeur et au bout de laquelle se trouve la ville de Bone. Il rencontre dans cette ville l'abbé Poiret qui déjà avait exploré plusieurs points de l'ancienne Numidie. Ces deux savants se lièrent d'amitié et leurs courses devinrent communes. Ils parcoururent ensemble les plaines situées au delà de l'ancienne Hippone, le long de la rivière de Séibouse, et, dirigeant leur route vers les bords de la mer, ils herborisèrent au Cap-Rose, à l'ancien Bastion de France; et, après avoir traversé d'assez vastes forêts et visité la Mazoule, le pays des Zulmis, ils se rendirent à la Calle, s'y arrêtèrent quinze jours, et retournèrent à Bone, où M. Desfontaines s'embarqua pour Marseille. Il arriva à Paris en 1783.

M. Desfontaines eut le bonheur d'être protégé dans ses excursions par le consul français, et la confiance qu'il sut inspirer aux beys qui gouvernaient les régences lui obtint, comme nous l'avons vu, les sûretés nécessaires pour ses voyages; il put de cette manière visiter sans crainte des provinces où les étrangers ne pénétraient qu'au risque des plus grands périls. « Il herborisait toujours, dit M. De Candolle dans la notice qu'il a consacrée à M. Desfontaines, il herborisait toujours accompagné d'une escorte, ou tout au moins d'un garde turc qui, armé d'un fusil, devait le défendre contre les attaques des Maures. Quoiqu'il sentît l'utilité de cette protection, elle lui était souvent à charge, et je lui ai entendu plus d'une fois raconter, avec un naïf sentiment d'effroi, les craintes où il était sans cesse que la moindre impolitesse d'un Maure ne fût soudainement punie d'un coup de fusil par ce garde vigilant qui aurait cru par cela faire une simple preuve d'empressement. »

M. Desfontaines a décrit dans sa *Flora atlantica* environ 1,600 plantes, parmi lesquelles 300 espèces nouvelles, provenant de ses herborisations dans les régences de Tunis et d'Alger.

Le voyage, qui avait permis à M. Desfontaines d'étudier la végétation d'un grand nombre de palmiers, amena la publication du beau mémoire sur l'organisation des monocotylédons, qu'il présenta à l'Institut en 1796. Il y démontrait les différences si caractéristiques qui existent dans la structure et le mode d'accroissement des deux grandes classes naturelles de végétaux ligneux appartenant à la phanérogamie les monocotylédonés et les dicotylédonés. Ainsi cette division primordiale se trouvait confirmée par l'observation de M. Desfontaines qui fait concorder avec l'organisation intérieure de la plante les caractères tirés jusqu'alors de ses seuls cotylédons, et qui permet, à l'inspection de la coupe transversale d'une tige, de reconnaître facilement à laquelle de ces deux grandes classes elle doit appartenir.

M. Desfontaines avait été l'élève et était devenu, malgré la différence des âges, l'ami intime de M. Lemonnier. Il lui succéda dans la place de professeur de botanique au Jardin du Roi.

L'herbier du voyage de M. Desfontaines, que possède M Delessert, contient 600 plantes. Cet herbier, qui peut être considéré comme un double des échantillons-types décrits dans la *Flora atlantica*, avait été donné à M Lemonnier avant la publication de cet ouvrage. Son auteur a bien voulu les revoir toutes en 1828 et 1829, et dénommer celles qui pouvaient offrir quelque ambiguïté.

Ces plantes n'ont pas été réunies à l'herbier général de M Delessert. Elles sont conservées à part.

André Michaux.

Herbiers de Perse et de l'Amérique septentrionale

Le voyage en Perse, entrepris sous les auspices de M Lemonnier, fut la première expédition d'André Michaux. Ce laborieux voyageur avait formé le projet d'aller dans des contrées peu connues, d'en rapporter les productions et de les acclimater parmi nous. M. Lemonnier, qui prenait à Michaux l'intérêt le plus tendre, saisit une occasion qui se présentait, et il obtint que ce botaniste accompagnerait le consul de France en Perse. Ce consul n'était autre que M. Rousseau, neveu de Jean-Jacques Rousseau, ne à Ispahan, et qui venait d'arriver à Paris. Ils partirent en 1782. Le 30 mars de cette année, Michaux débarquait à Alexandrette. Il visitait ensuite les environs d'Alep et faisait des courses dans les montagnes. Il se rendit d'Alep à Bagdad, où il arriva après quarante jours de marche à travers le désert, quitta le consul et se dirigea vers Bassora, où il séjourna quelques mois qu'il employa à l'étude de la langue persane et à prendre connaissance du pays Michaux, qui avait voulu entrer en Perse par Abouchcr, port du golfe Persique, fut pris par les Arabes, qui lui enlevèrent tout ce qu'il possédait et le laissèrent sans ressources. Il trouva le moyen d'arriver à Schiras ; il y resta quelque temps et se rendit à Ispahan. Pendant deux années il parcourut la Perse depuis la mer des Indes jusqu'à la mer Caspienne. Sa passion pour la botanique ne se démentit pas au milieu des difficultés d'un tel voyage. Dans une excursion qu'il fit en bateau sur le Tigre, il regrette de n'avoir pu aller herboriser sur un coteau voisin. « Les Arabes m'avaient pris mes souliers, dit-il, et le sol était si brûlant, qu'il m'était impossible de poser les pieds ailleurs que dans les endroits couverts d'eau. »

Michaux revint à Paris, en 1785, avec un herbier considérable et des collections de graines. Il repartit le 29 septembre suivant pour se rendre dans l'Amérique septentrionale. Il était chargé par le gouvernement de parcourir les États-Unis, d'y recueillir des graines et des plants d'arbres et arbustes, d'en établir une espèce d'entrepôt au voisinage de New-York, et de les faire passer ensuite en France. Il arriva à New-York le 15 novembre et y resta quelque temps. Bientôt commencèrent ses voyages dans l'intérieur de cette contrée Aucun botaniste n'a plus que lui exploré l'Amérique septentrionale qu'il a parcourue depuis la baie d'Hudson jusqu'à la Floride et depuis le Canada jusqu'au Mississipi.

Il se rendit d'abord dans la Caroline du Sud et s'établit à Charleston, point central où il se proposait de revenir à chaque excursion qu'il terminerait. Il avait formé dans le New-Jersey, près la ville de New-York, un jardin destiné à recevoir les graines et les jeunes plants qu'il rapporterait de ses voyages. Il en établit un second à quelques lieues de Charleston. A l'aide de ces pépinières, il trouva moyen d'envoyer en France plus de soixante mille pieds d'arbres et quarante caisses de graines.

En avril 1787, Michaux quitte la ville de Charleston pour entreprendre son premier voyage aux monts Alleghany. Il était de retour le 1er juillet, par la Savannah qu'il avait descendue jusqu'à Augusta. Le 16 juillet il s'embarque pour Philadelphie et de là se rend par New-York au jardin qu'il avait établi dans le New-Jersey. Revenu dans le mois d'août à Charleston, il y reste jusqu'en février 1788, s'embarque pour Sainte-Augustine et explore pendant le printemps la Floride orientale. Il fait ensuite une seconde excursion aux sources de la Savannah, afin d'y prendre des racines et des graines des plantes les plus remarquables qu'il avait découvertes précédemment dans ces localités. A la fin de décembre il revenait à Charleston avec une grande collection d'arbres vivants, de racines et de graines. Il passa le reste de l'hiver dans les îles Bahama, d'où il rapporta 860 pieds d'arbres ou arbustes.

Après différentes excursions, dont une entre autres dans une portion des montagnes de la Caroline du Nord, il résolut de visiter les montagnes de la Virginie. Il pénétra dans cet État et arriva à Washington Court-House, première ville que l'on trouve sur la côte occidentale des montagnes, en sortant de la Caroline du Nord. Après avoir continué sa course le long de la vallée de Virginie, et passé par Frédérick dans le Maryland, et par Lancaster en Pensylvanie, il revint à Philadelphie le 21 juillet, et à New-York le 30. En août et septembre, il retourna à Charleston par Baltimore, Alexandria, Richmond et Wilmington, et visita de nouveau les montagnes qu'il avait explorées l'été précédent. Ce voyage lui procura 2,500 pieds de jeunes arbres, ainsi que des arbustes et d'autres plantes.

En mars 1792, Michaux vendit son jardin de Charleston et se rendant par eau à Philadelphie, il herborise dans le New-Jersey et aux environs de New-York jusqu'à la fin de mai. Au commencement de juin il prend passage dans un bâtiment pour Albany, où il arrive le 14 juin, ayant récolté quelques plantes sur sa route à West-Point, Poughkeepsie, etc., le 20, il s'embarquait à Whitehall, explorait les deux rives du lac Champlain, et se trouvait à Montréal le 30 juin, et à Québec le 16 juillet. Il consacra le reste de la saison à l'examen de la région entre Québec et la baie d'Hudson dont il observa, le premier, la botanique. Il quitte Québec dans le mois d'octobre, et il revenait une seconde fois à Philadelphie au commencement de décembre.

En juillet 1793, Michaux part pour le Kentucky afin d'explorer les États occidentaux qu'aucun botaniste n'avait encore visités. Il traverse les monts Alleghany, descend l'Ohio jusqu'à Louisville dans le Kentucky, traverse cet État et la partie ouest de la Virginie, et revient encore, après avoir fait ce voyage, a Philadelphie, qu'il quitte de nouveau en 1794, pour entreprendre une autre excursion dans les États méridionaux.

Le 19 avril 1795, notre infatigable voyageur se remet en route. Dans les premiers jours de mai il redescendait Doe-River et le Holston jusqu'à Knoxville dans le Tennessee. De là, traversant les Cumberland-Mountains et un désert de 120 milles d'étendue, il arriva à Louisville le 20 juillet. En août, il remonte le Wabash jusqu'à Vincennes, traverse le pays jusqu'à l'Illinois-River, et consacre les mois de septembre, octobre et novembre, à des herborisations le long du cours de l'Illinois, du Mississipi, de la partie inférieure de l'Ohio et dans les pays renfermés entre ces rivières. En décembre, il descend le Missisipi dans un petit bateau jusqu'à l'embouchure de l'Ohio, remonte cette rivière et le Cumberland jusqu'à Clarksville, où il s'arrête le 16 janvier 1796, après un voyage périlleux et dans une saison des plus mauvaises. Il se rend de nouveau à Louisville, part pour la Caroline à la fin de février, traverse les Iron-Mountains, dans la Caroline du Nord, et arrive à Charleston en avril.

Au mois d'août, Michaux s'embarqua pour Amsterdam sur l'*Ophir*. Ce bâtiment fit naufrage sur les côtes de Hollande, le 10 octobre. Michaux était attaché à une vergue, et il avait perdu connaissance lorsqu'on le transporta dans un village voisin. Ses caisses placées à fond de cale purent être heureusement retirées du vaisseau. Michaux resta plus d'un mois dans le village, occupé à sécher ses plantes qui avaient été mouillées par l'eau de la mer. Il arriva à Paris le 23 décembre 1796.

Quoique l'herbier de M. Delessert ne renferme qu'une petite portion des plantes recueillies par Michaux, nous avons pensé qu'on lirait avec intérêt l'analyse abrégée de ses différents voyages dans l'Amérique septentrionale. Une partie de ces renseignements nous a été fournie par une notice de M. Asa Gray insérée dans le 1er vol. du *London journal of botany*, notice faite d'après les journaux mêmes de voyage de Michaux qui ont été communiqués à M. Asa Gray.

Nous avons vu que le but principal des voyages de Michaux était de recueillir des objets et de rassembler des informations utiles à la culture. en même temps qu'il remplissait cette mission avec ardeur, ce zélé naturaliste ne négligeait pas les plantes qui intéressaient, uniquement la botanique, et celles, entre autres, qu'il rapporta de Perse, quoique peu nombreuses, ne laissent pas que d'être très-remarquables.

Michaux, de retour en France, préparait les matériaux de sa *Flora borealis americana*, lorsqu'on lui proposa d'accompagner le capitaine Baudin, qui commandait une expédition dirigée sur la Nouvelle-Hollande. Ne pouvant retourner en

Amérique comme il l'aurait désiré, Michaux accepta cette proposition et partit avec le capitaine Baudin le 27 vendémiaire an IX. Pendant la traversée il herborise à Ténériffe. Arrivé à l'île de France le 25 ventôse, il y reste six mois, parcourant l'île dans toutes les directions et passant souvent plusieurs jours dans les bois, seul avec un nègre. Pendant ce temps, Michaux avait pris sur Madagascar des informations qui lui donnaient le plus grand désir de visiter cette île, et profitant d'une condition qu'il avait mise à son voyage, et qui lui laissait la liberté, une fois arrivé à l'île de France, de ne pas aller plus loin s'il le jugeait convenable, il se sépara du capitaine Baudin et partit à la fin de prairial. Il aborda sur la côte orientale de l'île de Madagascar, la parcourut l'espace de vingt lieues, et s'établit à Tamatave. Sa santé ne fut point altérée pendant quatre mois qu'il y resta, mais au commencement de frimaire an XI, comme il se disposait à partir pour le centre de l'île, il fut atteint de la fièvre du pays, qui l'emporta au second accès

HERBIERS DES BURMANN

M. Delessert se procura à Amsterdam plusieurs herbiers parmi lesquels ceux des Burmann, c'est-à-dire toutes les collections botaniques qui avaient appartenu à Jean Burmann et à Nicolas Laurent Burmann son fils. Nous citerons particulièrement, entre autres plantes dépendant de ces collections, l'herbier de l'Inde formé par Hermann, Pryon, Kleinhoff, etc., l'herbier du Cap et un autre herbier renfermant les plantes de l'île de Ceylan, trois collections dans lesquelles on trouve les plantes qui ont servi de types aux trois ouvrages suivants publiés par les deux Burmann, savoir : *Thesaurus zeylanicus*, *Decades* et *Flora indica*

Le *Thesaurus zeylanicus* de Jean Burmann, publié en 1737, a été rédigé, avec l'assistance de Linné, encore assez jeune, en partie sur des échantillons de plantes rapportées par le docteur Paul Hermann, un des botanistes les plus distingués du dix-septième siècle, qui fut envoyé en 1670 à Ceylan aux frais de la compagnie des Indes hollandaises, pour y décrire toutes les plantes et tous les aromates qui croissaient dans cette île. Hermann y resta jusqu'en 1677. La collection de ces plantes, maintenant en la possession de M. Delessert, est reliée en un fort volume in-folio. Chaque échantillon collé sur une feuille de papier est chargé d'annotations manuscrites.

Le même Jean Burmann a publié en 1738-1739 ses *Decades rariorum africanarum plantarum* sur des plantes et des dessins qui provenaient des collections d'Oldenland, de Hartog et d'Hermann et de celles de Witsen, bourgmestre d'Amsterdam, bien connu par son goût pour la botanique.

En 1768 Nicolas-Laurent Burmann publia sa *Flora indica*, ouvrage disposé selon le système linnéen, et qui renferme les descriptions de près de 1,500 espèces de plantes, dans lesquelles se trouvent confondues plusieurs espèces du Cap. Nicolas Laurent Burmann avait puisé les matériaux de cette Flore dans les collections de son père et dans celles de Garcin.

La collection Burmann montant à plus de 20,000 plantes, a été intercalée dans le grand herbier général de M. Delessert, à l'exception des trois herbiers de l'Inde, du Cap et de Ceylan. Malgré leur ancienneté, ces plantes se trouvent dans un état de conservation parfaite. Outre les échantillons-types dont nous venons de parler, la collection Burmann renferme des plantes envoyées par Allioni, Breyn, Schmidel, Van Royen, Houttuyn, etc.

Un petit herbier assez curieux provient également des Burmann : c'est une collection de plantes de la Laponie, récoltées et envoyées par Linné, lui-même, à l'un des Burmann (1), et dont quelques-unes portent des annotations de

(1) On sait que Jean Burmann, élève de Boerhaave, et promoteur ex-

la main de Linné, espèce d'herbier-type de la *Flora lapponica* qu'il a publiée en 1737.

Un petit choix de plantes de Suisse, envoyées à Burmann et étiquetées par le célèbre Haller, a été intercalé dans l'herbier général de M. Delessert.

Les plus célèbres botanistes de nos jours ont consulté les herbiers des Burmann, afin d'y reconnaître les types d'un grand nombre de plantes décrites par Linné et par les auteurs de son époque.

HERBIER DU JAPON, DE THUNBERG.

Au nombre des herbiers dont M. Delessert avait fait l'acquisition à Amsterdam, se trouvait une collection de plantes du Japon provenant de Thunberg.

Le désir qu'avait ce célèbre botaniste d'étendre ses connaissances en histoire naturelle dans un pays peu exploré, le décida à entreprendre un voyage au Japon. Entré au service de la compagnie hollandaise des Indes, il s'était embarqué pour le cap de Bonne-Espérance en 1771, y était resté trois années, et de là s'était rendu à Batavia; il quittait cette ville le 20 juin 1775 pour s'embarquer sur le bâtiment qui devait le transporter au Japon. Il venait d'être nommé premier chirurgien du vaisseau amiral envoyé dans ce pays par la compagnie hollandaise, et le commandant de l'expédition avait reçu toutes les instructions et les ordres capables de favoriser les travaux de Thunberg, qui était même chargé de l'accompagner, comme médecin de légation, à la cour de l'empereur où il devait aller en ambassade. Outre les fonctions de l'emploi que lui donnait la compagnie des Indes, Thunberg avait contracté, en Hollande, l'engagement de rassembler, dans les

trêmement zélé de la botanique, accueillit de la manière la plus amicale Linné, qui lui avait été recommandé par Boerhaave, et que ce fut chez lui que l'illustre Suédois passa l'hiver de 1735.

contrées lointaines qu'il allait parcourir, la plus grande quantité de graines pour le jardin botanique d'Amsterdam et pour différentes personnes de distinction de Hollande.

Thunberg arriva dans le mois d'août au port de Nagasaki sur la côte occidentale de l'île de Kiou-Siou ; en raison de son grade de chirurgien et de ses connaissances en médecine qui lui donnèrent plus d'une fois l'occasion d'être utile à quelques interprètes, il obtint du gouverneur une permission jusqu'alors refusée aux Européens, celle de parcourir les environs de la ville de Nagasaki pour y ramasser des plantes et des graines ; mais cette faveur lui fut retirée peu de temps après. Il finit par obtenir cependant une autorisation nouvelle, mais si tard, qu'il ne put en profiter qu'au mois de février Heureusement que plusieurs interprètes s'étaient rendus ses élèves en médecine et en chirurgie ; ils traitaient, même en ville, et sous sa direction, les malades de Thunberg qui leur demandait, pour prix de ses leçons journalières, toutes les plantes et les graines qu'ils pourraient recueillir sur les collines du voisinage.

Le 7 février 1776, Thunberg commença ses premières excursions botaniques dans les environs de Nagasaki d'après sa nouvelle permission ; mais ses courses lui devinrent assez coûteuses. Accompagné d'une suite nombreuse d'interprètes, d officiers et d'esclaves, il était tenu, à la fin de chaque herborisation, de conduire toutes ces personnes à l'auberge et de leur offrir des rafraîchissements, selon l'usage du pays. Mais, comme il le dit lui-même dans la relation de son voyage, il n'avait pas la complaisance de modérer son pas sur le leur, et il fallait qu'ils le suivissent sur les collines et à travers les montagnes. Ces promenades eurent lieu régulièrement une fois et souvent deux fois la semaine, jusqu'au départ de l'ambassadeur hollandais pour la cour de l'empereur.

Thunberg visita également l'île de Desima, dans laquelle se trouve relégué le comptoir hollandais, et fut obligé, deux mois après, de se rendre à l'île de Papenberg où le bâtiment qui l'avait amené devait achever sa cargaison On permit à l'équipage hollandais pendant son séjour dans cet endroit de visiter plusieurs petites îles des environs, et Thunberg en profita pour recueillir toutes les plantes qu'il put se procurer. Ce ne fut pas sans peine qu'il y parvint, car, escorté par plusieurs barques japonaises, il ne pouvait s'arrêter un peu de temps dans un endroit qu'il ne vît aussitôt une de ces barques se détacher pour l'observer de près. Ses herborisations dans le cours de son voyage auraient été peu fructueuses, s'il n'avait mis à profit les bonnes dispositions des interprètes dont il se servait et qui lui procurèrent un grand nombre de plantes rares et curieuses, surtout de celles qui croissent dans l'intérieur du pays dont l'accès est interdit aux étrangers.

Le 4 mars 1776, Thunberg quitte l'île de Desima pour se rendre, à la suite de l'ambassadeur hollandais, à Yedo, ville capitale du Japon, sur la côte sud-ouest de l'île de Niphon, traversant, dans l'île de Kiou-Siou, Sanga, capitale de la province de Fizen, la province de Tsikousen et la ville de Kokura. Le 11 mars, une chaloupe japonaise transporta les voyageurs à Simonoseki dans l'île de Niphon, d'où ils se rendirent à Fiogo et de ce port à Osaka et à Miako. Thunberg avait espéré que ce pays, si rarement visité par les Européens, lui offrirait un grand nombre de plantes neuves et intéressantes, mais à cet égard il se trompait, car dans toutes les provinces qu'il avait traversées, ainsi qu'à l'endroit où il se trouvait alors, les champs étaient cultivés avec tant de soin et tellement purgés de ce que l'on appelle mauvaises herbes, qu'il ne restait rien à glaner pour un botaniste.

L'expédition quitta Miako le 14 avril, passa à travers les pays d'Oumi et d'Isé, et arriva à la montagne de Fousi (Fousi-Yama), la plus haute peut-être du Japon. Thunberg en examina la végétation jusqu'au sommet. Le 28 avril, l'ambassadeur hollandais arrivait à Yedo. Ce voyage avait duré trente-quatre jours. Thunberg repartit de Yedo le 25 mai et un mois après, il était revenu, par le même chemin, à Nagasaki.

La Flore du Japon, que Thunberg a publiée, à son retour (en 1784), contient environ 1,000 espèces.

HERBIER DE VENTENAT.

En l'année 1809, M. Delessert fit l'acquisition de l'herbier de Ventenat (Etienne-Pierre), auteur du *Choix de plantes*, du *Jardin de Cels*, et du magnifique ouvrage du *Jardin de la Malmaison*. Cet herbier, qui remplissait cent quarante boîtes, a été intercalé dans l'herbier général. La plus grande partie des plantes qui le composaient est nommée avec une grande exactitude. On y trouve non-seulement les échantillons-types qui ont servi aux ouvrages de Ventenat, mais encore une immense quantité de plantes provenant de ses relations et de son active correspondance avec les principaux botanistes de l'Europe, tels que Swartz, Vahl, Schrader, Cavanilles, Bosc, Delile, Balbis, Villars, etc.

Cette grande collection comprenait en outre deux portefeuilles de plantes envoyées du Brésil à l'impératrice Joséphine et données par elle-même à Ventenat.

HERBIERS DE PALISOT DE BEAUVOIS.

En 1820, M. Delessert se procura les collections faites par Palisot de Beauvois dans un point de la Guinée supérieure, et dans quelques parties des États-Unis de l'Amérique septentrionale.

Les pays d'Oware et de Benin n'avaient encore été visités par aucun naturaliste, lorsque l'occasion d'entreprendre un voyage dans ces contrées s'offrit à Palisot de Beauvois. Le prétendu fils d'un roi nègre, de la côte d'Afrique, avait été amené en France en 1786 et il devait s'en retourner peu de temps après dans sa patrie. Palisot de Beauvois résolut de l'accompagner et il partit, à ses frais, pour le royaume d'Oware. Il y arriva dans le mois de novembre, après avoir relâché à Lisbonne, à Chamah, comptoir hollandais sur la Côte-d'Or, entre le cap des Trois-Pointes et le cap Corse; à Koto, comptoir danois de la même côte sur le fleuve Volta; à Amokou, comptoir français, et à Juida. Partout il faisait des récoltes et profitait avec soin de tous les vaisseaux qu'il rencontrait pour adresser les produits de ses recherches à M. de Jussieu.

Le pays d'Oware, ou Awerri, ainsi nommé par les Européens, situé sur la côte occidentale de l'Afrique équatoriale, est borné au nord par le royaume de Benin, et au sud par celui de Calbar. Ses habitants se désignent eux-mêmes sous le nom de Jackeris.

Arrivé dans ce pays, l'insalubrité du climat réduisit Palisot de Beauvois à un état de langueur déplorable, mais il ne perdit pas courage et, tant que ses forces le lui permirent, il parcourut le pays, recueillant tout ce qui s'offrait d'intéressant pour l'histoire naturelle. Après avoir fait un voyage à Azaton, premier entrepôt du royaume de Benin, il en fit un second à Benin même, où il séjourna quelque temps et fut accueilli par le roi. Revenu à Oware, Palisot de Beauvois en partit par une autre route pour Bono-Pozzo, dernière place du royaume du côté du désert.

Cependant ses forces diminuaient de jour en jour, et il se trouva enfin dans une situation tellement critique, qu'un de ses amis ne trouva d'autre moyen de le sauver que de l'embarquer de force sur un vaisseau négrier qui se rendait au Cap-Français, à Saint-Domingue. Palisot de Beauvois y débarqua le 28 juin 1788, dans un grand état de faiblesse. Il se rétablit peu à peu et voulait se fixer à Saint-Domingue; il étudia cette île et la parcourut en tous sens avec ardeur.

Au mois d'octobre 1791, lors des événements de Saint-Domingue, il fut envoyé à Philadelphie dans un but politique; il y résida pendant près de deux ans et revint à Saint-Domingue à l'époque de l'incendie du Cap où toutes ses collections furent perdues. Obligé de se réfugier à Philadelphie, il y trouva, non sans peine, quelques moyens d'existence et se mit à faire des courses scientifiques. Ses premières excursions eurent lieu dans les provinces du sud-ouest, parmi les Criks (Creeks) et les Cherokis ; ses collections dans tous les genres furent très-riches, mais il eut encore le malheur de les perdre par suite du naufrage du vaisseau sur lequel il les avait embarquées.

Alors que Palisot de Beauvois put revenir en France, il se hâta d'emporter le peu qui lui restait de ses collections et débarqua à Bordeaux au mois d'août 1798

Les plantes provenant de son voyage en Afrique ont été décrites dans la belle *Flore d'Oware et de Benin*, que Palisot de Beauvois a publiée en 1804-1807. Il y donne les figures coloriées de 120 plantes dont les dessins ont été faits sur les échantillons mêmes qu'il a rapportés et qui sont conservés à part dans le musée de M. Delessert

L'herbier de Palisot de Beauvois, outre ses plantes d'Oware et d'Amérique, comprenait un choix de cryptogames et de graminées nommées par lui et des échantillons qu'il avait reçus de différents botanistes.

HERBIER DE THUILLIER.

En 1827, le fond des collections de Thuillier fut acquis par M. Delessert. Thuillier était mort en 1822. Ce n'était qu'un simple jardinier sans instruction, mais doué d'une grande intelligence Il faisait le trafic des plantes et se chargeait de préparer des collections de celles des environs de Paris. Il y comprenait toutes les espèces décrites dans sa *Flore* et les livrait ainsi aux amateurs.

Un herbier complet, et séparé, de ces plantes de Paris, se trouve en la possession de M Delessert Il a été consulté avec intérêt par les auteurs des flores parisiennes qui sont venus après Thuillier.

Le reste de ses collections se composait d'une grande quantité de plantes exotiques qui lui avaient été données par MM. Richard et de Jussieu et par divers voyageurs. Ces plantes ont été revues par M. Desvaux qui les a en grande partie étiquetées.

HERBIERS DE M. A.-B. LAMBERT DE LONDRES.

Les collections que nous venons de rappeler formèrent la base importante du grand herbier de M. Delessert De nouvelles acquisitions sont venues depuis et viennent encore fréquemment s'y ajouter. Et ici nous devons mentionner les achats faits en 1842, lors de la vente du cabinet botanique de M Aylmer-Bourke Lambert, à Londres, d'un grand nombre d'herbiers particuliers qui, tous, ont été réunis à l'herbier général de M. Delessert. Nous citerons entre autres un herbier de Roxburgh, collection assez considérable de plantes de l'archipel Indien et de l'Inde continentale, de l'Afrique méridionale, etc., les plantes du voyage du capitaine Beechey, celles recueillies par Masson au cap de Bonne-Espérance, des herbiers considérables de la Nouvelle-Hollande de White, de MM Lhotsky et Drummond, etc., etc.

Nous allons entrer dans l'historique des autres herbiers qui composent la grande collection de plantes de M. Delessert, mais sans suivre aucunement l'ordre des acquisitions. Les notices que nous donnerons sur les botanistes-voyageurs et sur leurs itinéraires feront connaître d'une manière plus méthodique et plus rationnelle, et les diverses collections du musée de M. Delessert, et les localités variées ou les plantes ont été recueillies.

X.

EXPÉDITIONS ET VOYAGES

DONT LES COLLECTIONS BOTANIQUES SONT CONSERVÉES DANS L'HERBIER DE M. DELESSERT.

Il est indispensable, si l'on veut avoir la série complète des voyages dont les plantes sont entrées dans les collections de M. Delessert, de se reporter au chapitre précédent, qui déjà renferme des détails sur un certain nombre de ces voyages. Nous aurons soin, au reste, de les rappeler en note dans le présent chapitre, et d'y renvoyer à chacun des endroits où leur place est marquée géographiquement.

L'impossibilité de scinder les itinéraires des botanistes qui ont visité successivement des contrées différentes est cause que quelques-uns n'ont pu être classés d'une manière rigoureuse dans les divisions géographiques que nous avons tracées ; mais le tableau qui doit suivre notre historique des herbiers de M. Delessert remédiera à cet inconvénient par sa forme et par sa disposition.

Nous avons partagé en deux sections les notices sur les collections qui font l'objet de ce chapitre ; l'une de ces sections est consacrée aux voyages et aux expéditions maritimes qui en général embrassent une vaste étendue et un grand nombre de pays, et qui ne peuvent guère être rangés que par dates ; la seconde section renferme les voyages entrepris dans des localités particulières et déterminées.

EXPÉDITIONS ET VOYAGES GÉNÉRAUX.

M. de la Billardière.

Voyage à la recherche de la Pérouse

M. Delessert ne possédait, comme venant des différents voyages de M. de la Billardière, que ses plantes de Syrie, dont nous avons parlé plus haut (page 56). M. Webb, un des auteurs de la *Flore des Canaries*, a bien voulu faire don au musée de M. Delessert de plusieurs centaines d'espèces choisies dans les collections de M. de la Billardière devenues la propriété de M. Webb. Ces plantes ont été recueillies pendant le voyage à la recherche de la Pérouse. Leur nombre s'en est augmenté par suite des acquisitions faites par M. Delessert à la vente des herbiers de M. Lambert, à Londres.

M. de la Billardière était parti à la fin de septembre 1791 comme naturaliste de l'expédition envoyée à la recherche de la Pérouse, et pour laquelle on avait armé les navires *la Recherche* et *l'Espérance* sous le commandement du capitaine de vaisseau d'Entrecasteaux, déjà connu par ses campagnes dans les mers orientales. Le premier de ces vaisseaux, monté par le chef de l'expédition, reçut à son bord, avec M. de la Billardière, MM. Deschamps et Louis Ventenat, naturalistes, ce dernier faisant les fonctions d'aumônier, et le jardinier Lahaie. M. Riche, autre naturaliste, était embarqué sur *l'Espérance*. M de la Billardière aborde, le 13 octobre, à Sainte-Croix de Ténériffe, en parcourt les environs et visite le Pic, relâche, le 17 janvier 1792, au cap de Bonne-Espérance, y fait diverses excursions dans les montagnes, et se dirige ensuite vers la Nouvelle-Hollande. Le 21 mars, l'expédition mouille dans la baie des Tempêtes, sur la Terre de Diémen, où M. de la Billardière continue ses recherches botaniques, et deux mois après, elle met à la voile pour la Nouvelle Calédonie, dont on allait reconnaître la côte sud-ouest. Elle y arrive en juin, de là elle se rend dans l'archipel des Moluques. M. de la Billardière herborise à Amboine. Des excursions fréquentes pendant près de deux mois de séjour dans cette île augmentèrent considérablement ses collections d'histoire naturelle. Il eut occasion, dans une de ses courses, de voir le tombeau de Rumphius. Ce monument, d'une grande simplicité, était entouré du *Panax fruticosum*, joli arbuste d'une odeur agréable, et que Rumphius a décrit et figuré dans son *Herbarium amboinense*. Depuis ce célèbre naturaliste, Amboine n'avait été visité par aucune personne versée dans l'histoire naturelle.

Ramené à la terre de Leeuwin, dans le sud-ouest de la Nouvelle-Hollande, M. de la Billardière fait diverses excursions sur les terres voisines, et continuant à longer la côte il revient vers la Terre de Diémen, dont il explore également l'intérieur. Continuant sa route, il mouille à Tongatabou, une des îles des Amis. C'est de cette île qu'il fit embarquer de jeunes plants de ces fruits remarquables que produit l'*Artocarpus incisa* connu sous le nom d'*Arbre à pain*. On les transporta à l'île de France et à Cayenne, et dans la plupart des Antilles où cet arbre est encore cultivé. Il en envoya en même temps quelques-uns au Jardin des Plantes de Paris.

Les fruits de l'arbre à pain sont globuleux et à peu près de la grosseur de la tête d'un homme. Quelques-uns pèsent, dit-on, de 80 à 100 livres. Les graines sont contenues dans une pulpe charnue; elles sont à peu près de la grosseur d'une châtaigne et assez difficiles à digérer. Il existe une variété de cet arbre privée de graines; la pulpe en est fondante, très nourrissante, d'un goût assez agréable et d'une digestion facile.

L'arbre à pain produit pendant huit mois de l'année des fruits qui se succèdent et qui offrent un aliment aussi sain qu'abondant. On prétend qu'un homme pourrait se nourrir pendant une année entière avec les fruits de deux ou trois de ces arbres dont la culture est des plus simples. Les habitants savent tirer parti de cet arbre précieux. Du suc laiteux qu'ils en retirent, ils préparent une glu excellente pour prendre les oiseaux. Avec son bois ils construisent leurs maisons et leurs bateaux. Ils tissent les fibres de son écorce intérieure et s'en font des vêtements. Ils se servent, en guise d'amadou, des chatons mâles desséchés, et les feuilles, qui ont à peu près un pied et demi de longueur et une largeur de 8 à 10 pouces, quelques-uns disent qu'elles atteignent jusqu'à trois pieds de long sur un pied et demi de large leur servent à faire des nattes ou à envelopper leurs aliments.

Après s'être approché de l'île de l'Observatoire et avoir mouillé à la Nouvelle-Calédonie, où M de la Billardière emploie un séjour de près de trois semaines à des excursions dans les montagnes et à des observations d'histoire naturelle, l'expédition quitte ce pays et arrive à Waygiou, île du Grand-Océan equinoxial, au nord-est de la Nouvelle-Guinée. Il en parcourt les forêts, y tue plusieurs oiseaux rares, et recueille une riche collection de plantes nouvelles. Il étudie ensuite la végétation de l'île de Bouro dans l'archipel de la Sonde Il descend à terre dans le détroit de Bouton et y trouve une grande quantité de végétaux qu'il n'avait pas encore rencontrés ailleurs. Il visite ensuite Sourabaya, un des principaux établissements hollandais, dans l'île de Java, et Samarang, situé aussi dans les possessions hollandaises de Java, et revient par l'île de France dans sa patrie, où il arrive le 12 mars 1796.

Victime d'une trahison, M. de la Billardière, avait été dépouillé de toutes ses collections et livré, avec plusieurs de ses compagnons, aux Hollandais, qui alors étaient en guerre avec la France (février 1794). C'est ainsi que de Sourabaya il fut conduit à Samarang comme prisonnier de guerre, avec sept de ses compagnons, parmi lesquels se trouvaient MM. Riche et Ventenat. M de la Billardière obtint ensuite d'être transporté à Batavia, où il profita du depart d'une flotte hollandaise et s'embarqua pour l'Ile de France

Ses collections d'histoire naturelle avaient été vendues avec les vaisseaux de l'expédition et transportées en Angleterre. Le gouvernement français les fit réclamer, et, grâce aux sollicitations puissantes de sir Joseph Banks, président de la société royale de Londres, elles furent rendues à M. de la Billardière. Sir Joseph Banks les renvoya en France et poussa même la délicatesse jusqu'à éviter de les regarder ; il aurait craint, écrivait-il à M. de Jussieu, d'enlever une seule idée botanique à un homme qui était allé les conquérir au péril de sa vie.

M. de la Billardière rassembla dans son voyage un herbier de plus de 4,000 plantes. Celles qu'il a recueillies dans la Nouvelle-Hollande ont été décrites particulièrement dans son bel ouvrage (*Novæ-Hollandiæ plantarum specimen*) publié en 1804-1806, et il a ajouté plus tard à ce travail une petite flore de la Nouvelle-Calédonie (*Sertum Austro-Caledonicum*), qui a paru en 1824-1825, et où il décrit et figure 80 espèces de plantes trouvées dans cette contrée presque inconnue aux botanistes.

Le jardinier Lahaie faisait partie, comme nous l'avons vu, de l'expédition envoyée à la recherche de la Pérouse. Il revint en France en 1797 avec de nombreuses collections de plantes vivantes, beaucoup de graines et un herbier considérable ; l'herbier de Ventenat que possède M. Delessert renferme un certain nombre des plantes de Lahaie.

M. Gaudichaud.

Voyage de *l'Uranie*.

Malgré l'état de sa santé toujours chancelante, nous voyons M. Gaudichaud affronter les fatigues et les tourments de trois longues expéditions.

Son premier voyage a lieu pendant les années 1817 à 1820. Embarqué sur la corvette *l'Uranie*, qui devait, sous le commandement de M. le capitaine Louis de Freycinet, se livrer à des explorations dans l'hémisphère austral et recueillir des faits relatifs à la physique du globe, M. Gaudichaud a concouru avec ardeur aux travaux scientifiques qui ont signalé cette grande expédition.

La corvette *l'Uranie* appareille au port de Toulon le 17 septembre 1817. Le 6 octobre on arrive devant Gibraltar, où une relâche de quelques instants procure à M. Gaudichaud une première récolte de plantes ; il ramasse quelques algues sur les côtes de Ténériffe, mais il ne peut pénétrer dans cette île. La corvette reste près de deux mois dans la baie de Rio de Janeiro, elle gagne ensuite le cap de Bonne-Espérance, qu'elle quitte le 5 avril ; elle se rend ensuite à Port-Louis, dans l'île de France, et à l'île Bourbon. Le 2 août on quitte la rade de Saint-Paul pour celle de Dampier, dans l'île Dirck-Hartighs, à l'ouest de la baie des Chiens-Marins. On visite ensuite deux des îles de la Sonde : Timor et Ombay ; l'île Pising, une des Moluques, les îles des Papous, dans la Nouvelle-Guinée et les îles Rawak et Waygiou. Le 17 mars 1819 on mouille à l'île de Guam, capitale des Mariannes. Un séjour de plusieurs mois dans cet archipel permet à M. Gaudichaud de réunir de nombreuses collections et d'étudier toute la végétation des îles Guam, Rotta et Tinian. L'expédition arrive ensuite à Owhyhi, à Mowi, à Woahou, dans les Sandwich. En novembre, elle gagne la Polynésie australe, les îles Howe et le port Jackson (Nouvelle-Galles du Sud). Le 27 novembre, M. Gaudichaud commence une excursion au delà des Montagnes-Bleues, dans les plaines immenses de Bathurst et de Macquarie. C'est le 12 février 1820 que l'expédition atteignit les Malouines, et deux jours après arrivait le funeste événement qui termina si malheureusement une aussi belle entreprise. *L'Uranie* avait donné sur le sommet d'une roche inconnue, et on fut obligé, pour sauver l'équipage, de faire échouer le navire sur l'île Conti. De toutes les plantes recueillies avant le naufrage, celles de Gibraltar, de Ténériffe, de Rio de Janeiro et de la Nouvelle-Galles du Sud sont les seules qui n'aient pas été submergées; elles montent à 1,500 espèces. M. Gaudichaud en a sauvé environ 2,500. Depuis ce temps les îles Malouines et Rio de Janeiro lui en fournirent à une seconde relâche 175. Il y en eut donc en tout 1,675 qui n'éprouvèrent aucune altération ; ce qui, réuni aux 2,500 sauvées du naufrage, fait un total de 4,175 espèces.

Un navire américain, devenu la propriété des Français, et qu'on nomma *la Physicienne*, recueillit tout ce que la mer avait épargné dans ce naufrage *La Physicienne* vint d'abord à Montevideo, puis à Rio de Janeiro ; le 13 septembre elle remit sous voile ; cinquante-six jours après, elle entra dans la Manche, et de Cherbourg, où l'on relâcha le 10 novembre, on vint enfin désarmer au Havre après trois ans et deux mois de navigation

Les herbiers que M. Gaudichaud a rapportés sont riches, surtout en fougères, qui ont été publiées et figurées, en partie, avec un grand nombre d'autres plantes, dans la botanique du *Voyage de l'Uranie* et *la Physicienne*

Toutes les plantes de M. Gaudichaud présentent d'autant plus d'intérêt que la plupart des pays que l'expédition a visités, n'étaient connus que d'une manière imparfaite, M. Gaudichaud avait, en outre, recueilli à l'île de France, pendant un séjour de trois mois, les collections les plus nombreuses et les plus belles de tout le voyage. Elles comptaient presque autant de fougères et de cryptogames, en général, les algues exceptées, qu'en avaient fourni toutes ses autres relâches. Il avait encore ajouté à ses herbiers une partie des collections faites par M. Jules Néraud, alors habitant de l'île de France, et notamment des plantes nouvelles qu'il avait recueillies pendant un séjour de plusieurs années dans l'île. M. Néraud avait généreusement offert toutes ces richesses à M. Gaudichaud ; la science devait en profiter. Elles ont été perdues avec celles récoltées par M. Gaudichaud lui-même à l'île Bourbon, dans le naufrage aux îles Malouines que nous avons mentionné plus haut.

Voyage de l'Herminie.

De 1831 à 1833, M. Gaudichaud va tenter, sur la frégate *l'Herminie*, les hasards d'une seconde navigation. Parti de France en décembre 1830, il était en 1832 à Rio de Janeiro, où il avait été forcé de revenir après un court séjour sur les côtes du Chili et du Pérou. Ses collections se composaient alors de plantes recueillies à Toulon avant le départ, à Carthagène, à Rio de Janeiro, à Valparaiso et à Coquimbo, au Chili, à Callao et à San-Lorenzo, au Pérou, à Sainte-Catherine, à Santos et dans plusieurs autres provinces de l'intérieur du Brésil, telles que Matto-Grosso, San-Paulo, etc.

Après avoir touché au Brésil, M. Gaudichaud s'était transporté sur les côtes du Chili et du Pérou, où il devait débarquer pour explorer le pays, et surtout pour étudier l'histoire naturelle des arbres qui fournissent les diverses sortes de *quinquina;* la science comptait sur les résultats d'un voyage entrepris dans un but aussi utile et par un homme d'un tel mérite. Diverses circonstances, indépendantes de la volonté du voyageur, s'opposèrent malheureusement à l'exécution de ce projet.

M. Gaudichaud mit à profit sa longue relâche à Rio de Janeiro. Il s'occupa de recherches sur les plantes médicinales et usuelles des Brésiliens, et s'efforça, en même temps, de compléter les savants travaux de physiologie et d'organogénie qu'il méditait depuis quelques années.

A son retour en France (mai 1833), M. Gaudichaud rapportait 3,000 plantes au moins, recueillies par lui dans ce voyage, et 4,500 autres provenant de l'herbier du Muséum impérial de Rio de Janeiro. Celles-ci lui avaient été données par le directeur du Muséum brésilien, en reconnaissance du service rendu par M. Gaudichaud à l'herbier impérial, qu'il avait revu et classé entièrement. Les plantes offertes à M. Gaudichaud venaient des provinces de Minas-Geraes, Matto-Grosso, San-Paulo, Rio-Grande, etc

Entraîné par son ardeur pour la botanique, et voulant poursuivre ses importants travaux sur l'organographie et la physiologie végétales, M. Gaudichaud s'embarque de nouveau, et fait partie, en 1836 et 1837, de l'équipage de *la Bonite.*

Cette corvette, placée sous le commandement de M. le capitaine Vaillant, devait se rendre successivement au Brésil, aux îles Sandwich et sur plusieurs points des mers de l'Inde et de la Chine. Quoique *la Bonite* ne fût pas destinée à remplir une mission scientifique, le ministre de la marine avait annoncé cependant à l'Académie des sciences que, si elle jugeait utile de profiter de cette circonstance pour faire faire quelques recherches sur les différents points que le bâtiment devait visiter, le commandant et l'état-major de *la Bonite* s'en occuperaient avec soin. L'Académie, qui s'était empressée d'accepter cette proposition, pria M. le ministre de joindre à l'état-major de *la Bonite*, comme plus spécialement chargé des recherches d'histoire naturelle et surtout de phytologie, M. Gaudichaud, qui ne s'est pas borné à cette dernière partie, et qui a souvent aidé les zoologistes dans leurs travaux.

La Bonite, après avoir quitté Toulon le 6 février 1836, se trouvait à Rio de Janeiro le 24 mars; elle met sous voiles le 4 avril, jette l'ancre à Montevideo, double le cap Horn, arrive à Valparaiso le 14 juin, mouille dans le mois de juillet sur les rades de Cobija, de Callao et de Payta, et au commencement d'août sur celle de la Puna, à l'embouchure de la rivière de Guayaquil. En se rendant aux îles Sandwich, elle jette l'ancre dans la baie de Kerakakoa (île Hawaii des Sandwich), arrive le 8 octobre à Honolulu, résidence du roi des Sandwich, et ensuite à Manille et à Macao. Elle reste dix jours au mouillage de Touron en Cochinchine, six jours à celui de Singapour, quelques jours à celui de Malacca et à Poulo-Pinang, ou île du Prince-de-Galles ; mouille dans le

Gange à Diamond's Harbour, à dix lieues au-dessous de Calcutta. Arrivée à Pondichéry le 29 mai, elle en part le 12 juin et mouille à Saint-Denis (île Bourbon). Dans la traversée de Bourbon en France, les officiers font une excursion de quelques heures sur l'île Sainte-Hélène, la corvette restant sous voiles. L'expédition arrive enfin à Brest le 6 novembre 1837.

M. Gaudichaud a rapporté de ce voyage d'immenses collections de plantes, de bois, de fruits, de graines, etc., et de nombreux dessins et notes où sont consignés les principaux résultats de ses observations et de ses expériences. Aux herbiers qu'il a composés lui-même il a joint des échantillons que lui ont offerts à Bourbon M. Richard, directeur du jardin botanique de la colonie; à Lima, M. Adolphe Barrot; à Macao, les pères des missions étrangères; à Calcutta, le savant docteur Wallich. En somme, la collection de plantes desséchées se composait de 3,500 espèces environ, et, en y joignant les 6 à 7,000 espèces, fruits des deux précédents voyages de M. Gaudichaud, il s'ensuit que ce botaniste a rapporté plus de 10,000 espèces, sur lesquelles on n'en compte guère moins de 12 à 1400 nouvelles, ou si incomplétement étudiées, qu'il est besoin de les décrire de nouveau (1).

C'est dans le cours de ce dernier voyage, en janvier 1837, alors qu'il était à Canton, que l'Académie des sciences ayant à nommer un membre dans la section de botanique en remplacement de M. Antoine-Laurent de Jussieu, fit choix de M. Gaudichaud. Certes, si jamais élection fut pure de toute intrigue, dégagée de toute obsession, c'est bien celle qui allait chercher un savant à cinq mille lieues de son pays. M. Gaudichaud n'apprit sa nomination que six mois après qu'elle eut été décidée, et par les *Annales maritimes* qu'il reçut à Bourbon, où il se trouvait dans le mois de juillet suivant.

(1) Rapport fait à l'Académie des sciences sur les résultats scientifiques du voyage de *la Bonite* autour du monde. — Séances des 9 et 16 avril 1838.

Voyage du capitaine Beechey.

Après les plantes de M. Gaudichaud nous citerons d'une manière particulière celles en plus petit nombre, mais également intéressantes, recueillies pendant le voyage du capitaine Beechey à l'océan Pacifique et au détroit de Béring, de 1825 à 1828. Ces plantes ont été collectées par M. Lay, naturaliste, et par quelques officiers de l'expédition, et entre autres par M. Collie.

Le capitaine F.-W. Beechey commandait le navire *le Blossom*, qui devait se rendre au détroit de Béring pour y attendre l'arrivée des deux expéditions sous les ordres, l'une du capitaine Parry et l'autre du capitaine Franklin, et qui étaient allées à la découverte d'un passage nord-ouest de l'océan Atlantique à la mer Pacifique. Le capitaine Beechey devait leur procurer l'assistance et les secours dont l'un ou l'autre pourrait avoir besoin. Comme le bâtiment qu'il commandait traversait dans sa route une partie du globe encore peu explorée, et qu'un certain espace de temps s'écoulerait avant que sa présence fût nécessaire dans le Nord, il devait l'employer à l'exploration de diverses parties de la mer Pacifique.

Le 19 mars 1825, l'expédition mettait à la voile de Spithead, et arrivait le 4 juillet à Rio de Janeiro. Quelques réparations à faire au bâtiment et diverses observations scientifiques prolongèrent assez le séjour de l'expédition à Rio pour que des excursions pussent être faites dans les environs de cette ville : Bota-Fogo, Braganza et le pic élevé du Corcovado furent successivement visités et observés à la fois par le naturaliste, le voyageur et l'artiste. La hauteur du Corcovado, de cette masse de granit qui domine les eaux tranquilles de Bota-Fogo, fut mesurée avec soin, et les calculs lui donnent une élévation de 2,300 pieds (anglais).

Le 13 août, on mit à la voile pour l'océan Pacifique, et le

8 octobre on jetait l'ancre à Talcahuano, port de la Conception. La Conception, Valparaiso, l'île Pitcairn, le groupe des îles Gambier et plusieurs autres îles désignées sous le nom de Coral-islands, furent visitées par l'expédition dans l'intervalle de temps qui s'écoula jusqu'au 26 mars 1826, où on arriva à Tahiti. Un mois après, les voyageurs quittaient cette île pour se rendre aux îles Sandwich. Ils visitaient de cet archipel les îles Woahou et Onihou, et en partaient le 2 juin. Voici l'itinéraire des principaux lieux explorés ensuite par l'expédition dont nous nous occupons : la baie d'Avatcha sur la côte orientale du Kamtchatka, le golfe de Kotzebue; dans la Nouvelle-Californie, San-Francisco et la baie de Monte-Rey; en Chine, les environs de Macao, la grande Lieou-Khicou (île Loo-Choo des Anglais) et Bonin-Sima (juin 1827); au Mexique, dans l'État de Xalisco, San-Blas et Tepic, qui en est éloigné de 15 lieues (de décembre 1827 à février 1828).

Le retour de l'expédition s'effectua par le golfe de Kotzebue, la Californie, San-Blas, le Chili et le Brésil. Elle était rendue en Angleterre en septembre 1828.

Les plantes provenant de ce voyage ont été décrites par MM. Hooker et Walker-Arnott dans un bel ouvrage accompagné de planches, publié en 1841 sous le titre de : *Botany of captain Beechey's voyage*. Elles font partie de l'herbier de M. Delessert, qui possède même quelques-uns des échantillons uniques décrits dans cet ouvrage.

M. Dumont d'Urville.

Voyage de *l'Astrolabe* et de *la Zélée*

Un autre voyage exécuté dans ces derniers temps et remarquable par l'importance de ses résultats mérite également une mention particulière : nous voulons parler du voyage au pôle sud et dans l'Océanie, de *l'Astrolabe* et de *la Zélée*, pendant les années 1837-1840, sous le commandement du capitaine Dumont-d'Urville, de ce même officier qui a péri si malheureusement dans une catastrophe récente arrivée aux portes de Paris. Nous allons tracer l'itinéraire de ces deux corvettes, en indiquant plus particulièrement les points explorés par les botanistes de l'expédition, et surtout par M. le docteur Hombron, chirurgien-major de la marine, membre de l'expédition de *l'Astrolabe*, et qui a bien voulu donner à M. Delessert une collection des plantes qu'il a recueillies dans ce voyage.

Partie de Toulon le 7 septembre 1837, l'expédition jetait l'ancre le 12 novembre devant la rade de Rio de Janeiro. Un mois après, elle arrivait au port Famine, sur la côte orientale du détroit de Magellan, détroit qui n'avait pas été visité par les Français depuis Bougainville. Le pic de Torn, le port Galan, celui des Français ou de Saint-Nicolas, les bords des vastes et montueuses baies de Bougainville et de Nassau, le havre de Peckett et la baie de Gento-Grande furent examinés sous le rapport botanique pendant un séjour dans ces parages.

L'expédition continue sa route; elle prolonge l'archipel de la Terre de Feu pour en faire le relèvement. Le calme la retient devant les baies de Cook et de Saint-Jean (le 11 janvier 1838), mais bientôt elle se dirige vers le sud-est, et perd la terre de vue. En repassant devant le port Famine, l'expédition y avait laissé des dépêches pour France; elles avaient été placées dans une boîte, laquelle était attachée à un poteau et exposée de manière à ce que, de loin et du canal de Magellan, on pût lire ces mots: *Post-office* (1). Ces lettres sont toutes arrivées à leur destination.

(1) La première idée d'un bureau de poste de ce genre est due à un capitaine américain et remonte à 1833. Ce n'était d'abord qu'une bouteille qui faisait l'office de boîte aux lettres; plus tard on y avait ajouté un poteau avec une inscription, et enfin un capitaine anglais substitua, en 1837, un baril à la bouteille. La boîte que M. Dumont d'Urville suspendit à un poteau, sans supprimer cependant le baril, était bien conditionnée et doublée de zinc intérieurement.

Le 15 janvier, l'expédition rencontra pour la première fois des glaces isolées, et ne tarda pas à se trouver entourée de hautes montagnes flottantes, énormes amas de glaces, avec leurs baies et leurs golfes profonds, dans lesquels elle s'engagea et dont elle eut beaucoup de peine à se tirer. Le 7 mars elle sort du canal qui sépare la terre de la Trinité des îles Shetland, se dirigeant sur la Conception au Chili. Elle y reste quarante jours, pendant lesquels des courses aux environs de Talcahuano et le long du fleuve Biobio enrichirent les collections d'histoire naturelle. L'expédition entre ensuite dans le groupe des îles Gambier ou mieux Manga-Réva, où elle est reçue avec des démonstrations de joie par les habitants, regardés autrefois comme les plus féroces de l'Océanie et convertis maintenant à la foi catholique par les missionnaires. Le 24 août, l'expédition pénètre dans l'archipel des Marquises, et deux jours après dans la baie d'Anna-Maria (île Nouka-Hiva). On explore avec soin les montagnes de la baie et ses profonds ravins. Arrivé à Tahiti, M. Hombron fait l'ascension de la plus haute montagne de cette île ; il explore ensuite la côte et le récif qui défend les abords du village de Matavaï du côté du sud. Entrée dans l'archipel des Navigateurs, après avoir reconnu la pointe orientale de l'île Opoulou, l'expédition se dirige vers un mouillage qui porte le nom de baie d'Apia. Le temps de la relâche est employé à parcourir les bois fort étendus du littoral et les principales hauteurs du pays. Quelques heures de mouillage sur la côte de l'île basse Lefouga, dans le groupe d'Hapaï (archipel de Tonga), dans un endroit appelé Koula, et plusieurs jours de relâche sur l'île Obalaou, archipel de Viti, sur l'île Saint-Georges, une des îles Salomon, et l'île Tsis (groupe d'Hogoleu, archipel des Carolines), permettent d'ajouter de nouveaux produits aux collections botaniques.

Le 1er janvier 1839, on laisse tomber l'ancre à Umata, dans l'île Guam, archipel des Mariannes, et les naturalistes s'empressent d'explorer les montagnes du pays, visitées avant eux par M. Gaudichaud Le 24 janvier le commandant, profitant du calme qui retient les corvettes très-près de la côte est de Mindanao, une des îles Philippines, fait mettre des embarcations à la mer avec ordre de les diriger à la côte pour y faire quelques recherches scientifiques, sans toutefois s'éloigner hors de la vue des signaux. Ces recherches eussent été plus fructueuses si des embarcations de pirates montées par des forces supérieures n'eussent forcé les naturalistes à s'éloigner quelques heures après leur arrivée sur cette plage.

A Ternate, une des îles Moluques, le pic est visité par M. Hombron non sans de grandes fatigues. A Amboine il fait plusieurs excursions étendues dans la chaîne des montagnes boisées qui recouvrent cette île. L'expédition se rendit ensuite dans les baies Raffles et Essington, sur la côte nord de la Nouvelle-Hollande; de là aux îles d'Arrou, visitées pour la première fois par des navires français; dans la baie Triton, beau et vaste golfe formé par les inégales tortuosités de la côte sud de la Nouvelle-Guinée; au cap Salatan, à l'extrémité méridionale de l'île Bornéo; par le canal de Banca à Singapour, dont on explora les grandes forêts; à Samboangan, pointe sud-ouest de Mindanao. Dans ces diverses localités, la botanique et les autres branches de l'histoire naturelle eurent à choisir parmi d'abondantes richesses. Obligés de suivre de près toute la côte de Bornéo à l'est, des recherches faites à marée basse dans les forêts vaseuses de ces singuliers parages ne furent pas sans profit pour les collections, non plus que diverses courses faites lors d'un mouillage dans la baie Raja-Bassa, canton de Lampoong, détroit de la Sonde, sur Sumatra, et à Hobart-Town.

Le 1er janvier 1840, l'expédition retourne dans les glaces; elle découvre la terre Adélie. Le 17 février elle revient à Hobart-Town. Le 7 mars elle arrive aux îles Auckland, où les récoltes sont abondantes. L'ascension du principal pic qui domine la baie de Sarah's-Bosom, au travers des forêts vierges, est une des circonstances les plus remarquables du séjour de l'expédition dans cette partie de l'Océanie.

L'expédition suit la côte de Tavaï-Pounammou ou Nouvelle-Zélande du Sud, et pénètre dans la rade d'Otago. Des explorations sur les rivages et dans les montagnes remplissent l'intervalle de temps passé dans cette rade. On visite la baie des Iles, la petite île de Toud, dans le détroit de Torres, et les récifs qui l'environnent. Après une courte relâche à Coupang (sur Timor), puis à Bourbon et Sainte-Hélène, l'expédition arrive enfin à Toulon le 5 septembre 1840, après trente-huit mois d'absence.

On voit par ce rapide itinéraire que les récoltes botaniques dans la zone torride ont été faites de l'est à l'ouest dans une étendue de 127 degrés, c'est-à-dire depuis les îles Gambier jusqu'à Singapour. Le point le plus sud dans cette zone a été Manga-Réva, et le plus nord Guam.

Voyages de M. Perrottet.

Nommer M. Perrottet, c'est citer un des botanistes les plus laborieux. Il fit d'abord partie de l'expédition du capitaine Philibert, qui allait explorer les côtes de la Chine et les îles Philippines. M. Perrottet était chargé, dans l'intérêt de l'horticulture et des progrès de la botanique, d'introduire dans les colonies françaises de Bourbon et de Cayenne les végétaux utiles qu'on pourrait y faire réussir. Le 1er janvier 1819, il s'embarquait à Rochefort sur la gabare *le Rhône*, placée avec *la Durance* sous les ordres du capitaine Philibert, et arrivait le 1er février à Cayenne. Un mois après, il partait pour les mers d'Asie. Le 10 avril, il relâchait à Praya, port de l'une des îles du Cap-Vert, et le 26 juin, il atteignait l'île Bourbon. Sourabaya, sur la côte nord est de l'île de Java, Samboangan, dans le détroit de Basilan, lui procurent des récoltes abondantes. Le 22 décembre, il est à Cavite, ville de l'île de Manille, qu'il explore dans tous les sens. Le but de l'expédition du capitaine Philibert étant rempli, la division, après avoir séjourné à Manille jusqu'au 17 mars 1820, fit son retour en passant par le détroit de la Sonde, et vint mouiller à Bourbon le 5 mai. Là, les deux bâtiments se séparèrent. *Le Rhône*, sur lequel était embarqué M. Perrottet, se rendit à Madagascar ; de là à Cayenne, où il arriva le 10 août 1820. M. Perrottet avait déposé sur sa route à Bourbon et à Cayenne un grand nombre de plantes vivantes et de graines qu'il avait recueillies dans ses diverses excursions ; et il était de retour à Paris le 1er août 1821, ramenant quatre-vingt-cinq caisses qui renfermaient 158 espèces de végétaux vivants, composées de 534 individus, et des graines de toute sorte, sans compter les plantes sèches, les bois, les fruits, les minéraux et les animaux qui faisaient également partie de ses collections.

M. Perrottet a doté l'herbier de M. Delessert de plantes rares et intéressantes, que dans son ardeur infatigable et au milieu des travaux que lui imposaient son titre et ses fonctions de botaniste-agriculteur de la marine, il a rapportées de ses divers voyages. Ses nombreuses herborisations ont procuré à la science une grande quantité d'espèces rares ou nouvelles.

En 1824, M. Perrottet fut envoyé à la Guadeloupe par M. le ministre de la marine afin d'importer au Sénégal le nopal et la cochenille sylvestre. Cette mission accomplie, il fut nommé directeur des cultures du gouvernement dans la colonie du Sénégal. Pendant un séjour de cinq années (1824-1829) dans ce pays où le retenaient ses fonctions, M. Perrottet en étudia avec soin la végétation, et forma une collection considérable de plantes. M. Leprieur, employé à la même époque comme pharmacien de la marine à Saint-Louis, et dont nous rappelons plus bas les travaux, se joignit à M. Perrottet. Tous deux réunirent à leurs nombreux matériaux les notes et les observations les plus utiles afin de les faire servir à la publication d'une *Flore*, qui devait, sinon être complète, au moins ajouter grandement aux connaissances que l'on possédait déjà sur la botanique de la Sénégambie. A l'aide des collections de ces deux botanistes et de celles de M. Heudelot, botaniste-voyageur que nous mentionnerons également plus bas, un bel herbier de plantes de la Sénégambie s'est trouvé formé en quelques années, et les généreux encouragements de M. Benjamin Delessert, les ressources de ses herbiers et de sa bibliothèque, et diverses communications officieuses de plusieurs botanistes qui possédaient des plantes rares, soit de la Guinée, soit de la Sénégambie, permirent d'entreprendre la publication de la *Flore* de cette partie de l'Afrique. Le premier volume, qui a paru, de 1830 à 1833, sous le titre de *Floræ Senegambiæ tentamen*, a été rédigé par M. Perrottet en commun avec MM. Guillemin et Achille Richard, le départ de M. Leprieur pour la Guyane française ne lui ayant pas permis de concourir, comme il se le proposait, à la rédaction de cet ouvrage. Le volume publié est de format in-4° et renferme 72 planches gravées sur pierre avec beaucoup de soin.

M. Perrottet avait préludé à ce grand travail par des courses nombreuses faites dans la Sénégambie à différentes époques et dans des saisons différentes.

Arrivé dans la colonie du Sénégal en 1824, il s'établit d'abord à Richard-Tol, dans le pays de Ouâlo, où se trouvait le jardin de naturalisation fondé par le gouvernement, et ensuite à Saint-Louis, dans l'île de ce nom ; il y séjourna jusqu'en avril 1825. Il explora avec soin les pays environnants, et principalement le bas du fleuve Sénégal aux environs de Gandiole, les îles de Babaghé, de Sor, de Safal, les environs de Laybar et de Gandon, et resta quelques jours à Lam-Sar et aux Fours-à-Chaux.

En avril 1825, M. Perrottet trouve l'occasion de se rendre à Podor, grand village du Fouta-Toro, et revient par le lac de N'gher ou Panié-Foul, rapportant une grande quantité de plantes nouvelles. A partir de cette époque jusqu'en 1829, M. Perrottet eut la facilité de se livrer à ses recherches botaniques, aux herborisations qu'il affectionnait tant. Il a envoyé des plantes de plusieurs localités remarquables, telles que les hauteurs sablonneuses de Kouma et de N'Dombo, près de Richard-Tol, celles de Bilor et de Kollel, près de Daghana, les plaines de N'Ghianghé et de Ghieuleuss, situées derrière l'établissement agricole de Faf. Il ne négligea pas la rive droite du fleuve fréquentée par les Maures et connue sous le nom de Sahara.

M. Perrottet, revenu à Saint-Louis, se disposait à rentrer en Europe. Avant son retour, il voulut compléter ses excursions, et fit, pendant les mois de mars et d'avril 1829, un voyage au fleuve de la Gambie et à celui de la Casamance. Il se rendit d'abord à Gorée, île dépendante de Saint-Louis, et de là se mit en route pour la presqu'île du Cap-Vert, où il parcourut les environs de Kann, Kounoun, Rufisk, jusqu'au village de Bargny. Il explora également les environs si riches sous le rapport de la végétation de Joal, grand village du royaume de Baol, et surtout d'Albréda, sur la rive droite de la Gambie, où les Français ont établi un comptoir. M Perrottet se dirigea ensuite vers les bords de la Casamance, et remonta ce fleuve jusqu'au poste portugais de Zékinchor, dans le pays des Mandingues. Un mois après son retour à Saint-Louis, il s'embarquait pour revenir en France.

Envoyé en 1834 à Pondichéry, avec le titre de botaniste-agriculteur du gouvernement, M. Perrottet séjourne dans cette ville pendant près de six ans, et consacre plus d'une année à des herborisations au milieu des Nil-Gherry, petit groupe de montagnes dans les Indes orientales. Le peu d'étendue de ces montagnes lui ayant permis d'en parcourir toutes les parties et à toutes les époques de l'année, il y recueille environ 1,500 espèces formant la presque totalité des végétaux qui s'y rencontrent. Il visite également, pendant son séjour dans l'Inde, la côte de Malabar, Bombay, et Pounah, et rapporte à son retour des plantes de l'île Sainte-Hélène.

Si nous ajoutons à toutes ces explorations de M. Perrottet les produits de nouvelles recherches à la Martinique en 1841, où il fut envoyé pour examiner les procédés employés dans cette colonie pour l'éducation des vers à soie, et où il donna encore tous ses moments de loisir à la botanique, nous trouvons qu'il est peu de voyageurs qu'on puisse mettre en parallèle avec lui. Peu de naturalistes, en effet, ont été à même de visiter pendant un temps assez long autant de contrées diverses et de pays aussi remarquables et souvent les moins connus sous le rapport de leur végétation.

Indépendamment de ses herbiers et de plusieurs plantes qu'il a découvertes et qui présentent des faits nouveaux d'un grand intérêt pour la science, M. Perrottet a rapporté de ses voyages des collections zoologiques, des notes variées sur les productions et les cultures des pays qu'il a traversés, et il s'est livré avec une grande persévérance, dans l'Inde surtout, à des observations barométriques et thermométriques.

En récapitulant les divers herbiers qui proviennent de M. Perrottet, et qui ne contiennent pas moins de 8,000 espèces, nous trouvons qu'ils renferment des plantes des pays suivants :

1° Bourbon et Ile de France, recueillies de mai à octobre 1819, et en 1820 et 1839 ;

2° Ile de Java, octobre 1819 ;

3° Mandanao, Manille et autres Philippines, novembre, décembre 1819, janvier, février 1820 ;

4° Madagascar, juin 1820 ;

5° Cayenne et rives de la Mana, septembre 1820, mai 1821 ;

6° Guadeloupe et Martinique, juillet 1824, mars, septembre 1841 ;

7° Sénégal et Sénégambie, années 1824-1829 ;

8° Environs de Pondichéry, 1834-1839 ;

9° Nil-Gherry, côte Malabar, Bombay, Pounah, 1837-1839 ;

10° Ile de Sainte-Hélène, novembre 1839.

M. Perrottet n'a pas borné là ses excursions lointaines Dans le mois d'octobre 1842 il s'embarqua de nouveau à Marseille pour se rendre à Pondichéry par l'Égypte. Arrivé à Aden, et quoique malade, il herborise, pendant le seul jour où il y reste, dans la partie située en face de la rade. Il a parcouru l'île de Salsette, près de Bombay. De cette dernière ville,

M. Perrottet s'en rendu à Calicut, ou il s'est trouvé transporté en sept jours sur un patamar, petit bateau de cabotage. Les bords de la rivière qui descend des Gates lui ont procuré de belles plantes. De là il est allé revoir les Nil-Gherry ; mais il gelait très-fort à Outa-Kamound à l'époque où il s'y trouvait (janvier 1843), et la floraison des plantes était complétement arrêtée. En mars 1843, M Perrottet était à Pondichéry ; il annonçait l'envoi en Europe des plantes qu'il venait de recueillir dans son voyage.

HERBIER SIEBER.

Différents herbiers de Sieber, de Prague appartiennent encore aux collections de M Delessert. Outre un voyage qu'il fit à l'île de Crète, dans l'archipel de la Grèce, Sieber a séjourné quelque temps à l'île de France, à la Nouvelle-Hollande, au cap de Bonne-Espérance, à la Martinique, à la Trinité, en Égypte, etc. Son excursion dans l'île de Crète date de 1817. Il a visité cette île dans tous les sens et en a exploré les points les plus élevés.

M. Sieber, parti de Marseille en août 1822, débarqua à l'île de France le 22 décembre, et y séjourna jusqu'au 8 avril 1823, se rendant à Botany-Bay, où il arriva le 1er juin. Il partit de la Nouvelle-Hollande, où il était resté sept mois, et qu'il avait parcourue dans tous les sens jusqu'aux Montagnes-Bleues, doubla le cap Horn et aborda, le 8 avril 1824, au cap de Bonne-Espérance. Il quitta le Cap le 1er mai pour se rendre en Europe, et se trouvait en Allemagne au commencement du mois d'août, après avoir fait en deux années le tour du monde et ayant passé à terre presque la moitié du temps qu'il a employé à faire son voyage. Avant son départ il avait envoyé plusieurs jeunes gens sur divers points du globe pour recueillir des objets d'histoire naturelle ; savoir : pour la botanique, MM. Helsinberg et Bojer à l'île de France et à Madagascar, Schmidt au

Sénégal, Wrba à Cayenne. Il avait emmené avec lui au cap de Bonne-Espérance et à l'île de France M. Zeyher.

De juillet à septembre 1829, M. Sieber a fait un voyage dans les Alpes du Dauphiné, et en a rapporté 180 espèces de plantes qui se trouvent également dans les collections de M. *Delessert* (1).

VOYAGES PARTICULIERS.

EUROPE.

NORVEGE ET SPITZBERG

M. le docteur Martins.

Au milieu des herbiers, la plupart assez considérables, que nous nous proposons d'énumérer, il en est un d'une moindre importance, dont la place dans notre cadre géographique est indiquée ici ; collection modeste, mais qui n'offre pas moins quelque intérêt sous le rapport de la géographie botanique. Les plantes qui la composent ont été rapportées par M. le docteur Charles Martins, botaniste de l'expédition scientifique envoyée dans le Nord par le ministre de la marine.

Embarqué au Havre le 13 juin 1838 sur la corvette *la Recherche*, M. Martins arrive le 27 à Drontheim, l'ancienne capitale de la Norvége, où la corvette reçut à bord plusieurs savants suédois, norvégiens et danois, désignés par leur gou-

(1) Voyez, pour compléter la série des voyages généraux, l'article *Commerson*, dans le chapitre précédent, page 55.

vernement pour faire partie de l'expédition, et au nombre desquels se trouvait, comme botaniste, M. Vahl fils. Le docteur Martins employa quelques jours à explorer les environs de la ville et à visiter plusieurs points du littoral, tels que Hildringen, Bodoe, Tromsoe et Kaafiord ; il put, de cette manière, étudier les changements que présente la végétation quand on se dirige du Sud au Nord. Il herborisa dans plusieurs lieux de relâche, d'abord à Hammerfest, petite ville située à l'extrémité de la péninsule scandinave, dans la province appelée le Finmark occidental, et ensuite au cap Nord, extrémité de l'Europe continentale, à Bell-Sound, à la baie de la Madeleine et au Spitzberg. Le 12 août, *la Recherche* revenait à Hammerfest. C'est alors que la commission se divisa : quelques membres franchirent la chaîne des Alpes scandinaves, et retournèrent en France par Stockholm et Copenhague ; d'autres revinrent directement avec la corvette.

Un an plus tard, M. Martins s'embarquait pour une nouvelle exploration dans le Nord. En juin 1839, la même corvette mouillait devant Thorshavn, capitale de l'archipel de Feroë. Plusieurs îles furent visitées successivement par M. Martins, et huit mois après il rentrait en France. Il avait séjourné de nouveau au Spitzberg et dans la baie de la Madeleine avec M. Vahl fils, et traversé la Laponie et la Suède en société avec son ami M. Auguste Bravais, officier de marine, distingué par ses connaissances non-seulement en botanique, mais encore en physique et en astronomie, et qui avait fait partie des deux expéditions.

M. Martins a rapporté de sa double exploration 650 espèces de plantes, dont 59 phanérogames recueillies à Bell-Sound et à la baie de la Madeleine.

Le nombre total des plantes trouvées au Spitzberg lors de ces expéditions et pendant un voyage du professeur Keilhau s'élève à 215.

LAPONIE.

Linné.

Nous avons mentionné précédemment (page 66) une petite collection de plantes récoltées en Laponie par Linné lui-même, et faisant partie de l'herbier de M. Delessert.

En 1731, l'Académie des sciences d'Upsal, sur la proposition de Celsius et de Rudbeck, chargea Linné de parcourir la Laponie pour y rechercher les productions des trois règnes de la nature. Linné quitte Upsal le 12 mai 1732, jour anniversaire de sa naissance (il venait d'atteindre sa vingt-cinquième année). Il emportait, entre autres objets, son *Ornithologie* manuscrite, la *Flora Uplandica* et les *Characteres generici*. Son portefeuille contenait un passe-port du gouverneur d'Upsal et une recommandation de l'Académie des sciences.

Linné se dirige vers Gefle (Gevalie) au travers de la province nord-est de Norrland, le long du golfe de Botnie. De là il voulait se rendre au nord-ouest jusqu'à la province plus méridionale de la Laponie, appelée Umea-Lappmark. L'hiver durait encore, et plusieurs personnes conseillèrent à Linné de ne pas s'exposer dans ce pays, et d'attendre le retour de l'été ; mais Linné était trop impatient de faire quelques nouvelles découvertes et de parcourir ces contrées, qui n'avaient guère été visitées avant lui. Après avoir attendu quelques jours à Hernosand, ville principale de l'Angermanland, sur le golfe de Botnie, il commence ses excursions à pied et voyage seul au milieu de la province d'Umea-Lappmark. Son attention se porte à la fois sur les arbres, les herbes, les animaux, les minéraux, etc., sans être arrêté ni par l'inclémence de la température, ni par le manque de provisions et d'abri, non plus que par les difficultés que lui opposent les marécages et les forêts, et les rivières grossies et rapides comme des torrents. Linne continue son voyage dans les autres provinces de Laponie, au travers de Pitea et Lulea-Lappmark, et s'arrête dans les villes de Pitea, de Lulea, de Quicksok, etc. Le 6 juillet, il gravissait le Wallavari, haute montagne dans le district de Lulea. Il décrit ainsi, dans la relation de son voyage, les sensations qu'il éprouva durant cette excursion. « Lorsque j'atteignis cette montagne, il me sembla que j'entrais dans un nouveau monde ; et quand je fus arrivé au sommet je pouvais à peine me rendre compte si j'étais en Asie ou en Afrique, tant le sol la situation et chaque plante étaient étranges pour moi. J'étais donc, alors, et pour la première fois, sur les Alpes ! Des montagnes de neige m'environnaient de tous côtés. Toutes les plantes rares que j'avais précédemment rencontrées et qui m'avaient, de temps en temps, procuré un si grand plaisir, se retrouvaient ici comme en miniature, et, la plupart, dans une telle profusion, que je ne pouvais revenir de mon étonnement. » Ces promenades pénibles n'étaient pas non plus sans danger : « Nos vêtements, dit encore Linné, au retour d'une autre excursion dans les montagnes, nos vêtements, complétement mouillés et trempés de sueur, par suite de la chaleur que nous avions éprouvée au commencement de notre voyage, se trouvèrent bientôt gelés sur nos épaules par le froid Nous nous déterminâmes à chercher quelque hutte de Lapon afin de nous y réfugier. Nous fûmes obligés, dans cette intention, de descendre un coteau dont la pente était si escarpée et si roide, que, ne pouvant m'y tenir droit, je me couchai sur le dos et me laissai glisser jusqu'au bas où j'arrivai avec la rapidité d'une flèche, encore m'avait-il fallu éviter les larges torrents de neige qui se trouvaient sur mon chemin et souvent très-près de moi. »

Ayant ainsi exploré les parties intérieures des provinces de la Laponie, Linné se dirige vers les montagnes alpines qui séparent la Norvege de la Suede et s'étendent depuis la mer Glaciale jusqu'à la province méridionale de Warmeland Il revient à Lulea le 14 août, épuisé de fatigue.

Ce voyage au travers de la Laponie fut le premier et le plus pénible des six voyages différents qu'entreprit Linné.

Arrivé à Lulea, et après un repos de quelques jours, Linné se remet en route. Il venait de visiter les provinces occidentales du golfe de Botnie et il allait se diriger vers les districts méridionaux par Tornea, dans la Finlande. Le 3 août il atteignait cette ville, se rendait bientôt après à Kimi, pour entrer ensuite dans l'Oestergoetland (Gothie orientale). Poursuivant son voyage le long de la côte au travers de l'Oestergoetland et de la Finlande, il visite Ulea, Carleby, Wasa, et Abo où il reste quatre jours, se rend à l'île d'Oeland et arrive à Upsal le 10 octobre 1732, ayant parcouru, dans l'espace de temps employé à son voyage, 633 milles suédois (environ 3,798 milles anglais)

RUSSIE.

SAINT-PÉTERSBOURG

MM. Fischer et Sanson.

En 1836, M. Fischer, directeur du jardin impérial de botanique à Saint-Pétersbourg, a enrichi l'herbier de plantes de la Russie d'Europe. M. Sanson y a joint une petite collection de plantes des environs de Saint-Pétersbourg.

CRIMÉE.

M le docteur Léveillé.

L'expédition scientifique exécutée en 1837 sous les auspices de M. le prince Anatole de Demidoff a procuré à l'herbier de M. Delessert des plantes de la Crimée qu'a bien voulu lui donner M. le docteur Léveillé, qui faisait partie de cette expédition. La section à laquelle ce botaniste était attaché quitta

Paris dans le mois de juin, et le 10 août, après avoir visité Munich, Vienne, la Hongrie, la Valachie, la Moldavie, la Bessarabie, Odessa et ses environs, elle arrivait par le bateau à vapeur *Pierre-le-Grand* à Ialta, petite et nouvelle ville située sur les bords de la mer à la partie méridionale de la Crimée. Cette ville, par la facilité des communications, devint le centre des diverses excursions des voyageurs, et ils purent, à différentes époques, visiter cette belle chaîne de montagnes qui s'étend dans l'espace de trente-six lieues de l'est à l'ouest de la Crimée, et forme la partie la plus pittoresque et la plus riche en végétaux que l'on puisse trouver; elle offre des rochers arides, des forêts et des pics assez élevés, notamment le Tchadir-Dagh ou montagne de la Tente, qui, d'après des mesures récentes, a 1,540 mètres d'élévation au-dessus du niveau de la mer. Le docteur Léveillé parcourut les steppes qui environnent les principales villes, comme Sevastopol, Simpheropol, Eupatorie (Koslov), Théodosie (Caffa), Soudak, Balaclava, etc., espaces immenses, fatigants à explorer à cause de l'uniformité de leur végétation, et qui n'offraient qu'un très-petit nombre de plantes, celles que l'ardeur du soleil avait respectées étant devenues la pâture des troupeaux.

Après avoir coupé la Crimée dans toutes les directions, depuis Eupatorie jusqu'à Théodosie, et depuis le couvent de Saint-Georges jusqu'à Karasou-Bazar, nos voyageurs gagnèrent la flèche d'Arabat, les bords du Sivach (ou mer Putride) et d'Azof, et de là traversèrent l'ancien royaume de Pont jusqu'à Kertch. Tout ce pays est représenté par une vaste steppe dont la végétation est la même qu'en Crimée. Ils passèrent enfin le détroit de Iéni-Kalch et visitèrent Taman, remarquable par ses nombreux volcans de boue, ses coquilles fossiles très-curieuses, et par le *Centaurea solstitialis*, qui y prend un développement si gigantesque qu'il forme le principal combustible de ce pays.

La végétation, qui était à peu près accomplie à l'arrivée de l'expédition, n'a pas permis au docteur Léveillé de récolter un grand nombre de plantes. La partie cryptogamique, sauf les mousses et les lichens, ne lui a cependant pas manqué ; il a plus que doublé le nombre des algues que l'on connaissait dans la mer Noire, et il a trouvé plusieurs champignons nouveaux.

Après avoir visité Taman, l'expédition revint sur ses pas ; elle se trouvait à Ialta le 28 septembre. De là elle se rendit à Odessa, d'où la peste qui venait de se déclarer chassa nos voyageurs le 4 octobre, et les obligea d'effectuer leur retour par Constantinople, l'Asie Mineure, etc. Ils arrivèrent à Marseille le 5 décembre.

FRANCE.

L'herbier général est riche en plantes de France : un grand nombre faisaient partie des collections achetées par M. Delessert ; d'autres proviennent de diverses personnes qui ont bien voulu augmenter ou compléter cette série de plantes par des échantillons qu'elles ont recueillis dans leurs voyages ou dans leurs promenades botaniques ; nous citerons, sous ce rapport, les personnes dont les noms suivent :

Région du Nord.

Normandie : MM. Chauvin, René Lenormand (hydrophytes et lichens) ; ces dernières collections choisies dans l'herbier de M. Lenormand et dans celui de Delise qui lui a été réuni.

Environs de Paris : Guillemin, Maire, E. Cosson, E. Germain, A. Weddell (1).

Champagne ; *Aube :* S. Des Étangs.

(1) Pour les plantes de Thuillier, *environs de Paris*, voyez page 72.

Région de l'Est.

Vosges *environs de Bruyères et de Plombières* : docteur Montagne.

Bourgogne ; *environs de Mâcon* . Jules Parseval ; *Avallon* : Firmin Baudo ; *Saint-Gengou* (Saône-et-Loire) : Pâris.

Lyonnais : Aunier, de Lyon ; *environs de Lyon* : docteur Montagne.

Dauphiné : Aunier ; *Alpes dauphinoises* Victor Bally, Marius Barnéoud.

Région du Sud.

Midi de la France : Achille Richard, Delile, Requien.

Provence : Maire, Perreymond (principalement pour le canton de *Fréjus*), Marius Barnéoud, de Toulon (*région chaude et maritime*) ; *environs de Toulon* : docteur Montagne ; *Basses-Alpes* : E. Cosson, E. Germain.

Languedoc ; *Montpellier* : Auguste de Saint-Hilaire, Maire ; *Lozère* : Boivin ; *Aude, environs de Limoux*, Naudin.

Roussillon ; *Pyrénées orientales* : Ramond, vicomte de Villiers du Terrage, pair de France, docteur Montagne, Maire, P. Duchartre, Naudin ; *Pyrénées centrales* : Maire, P. Duchartre.

Comté de Foix ; *Arriége : mont Llaurenti, Quérigut, mont Ventayolle* : Naudin.

Région de l'Ouest.

Poitiers : L. R et C. Tulasne.

Bretagne : E. Cosson, E. Germain . docteur Montagne et Gilgencrantz (plantes marines) ; *Lorient et Saint-Pol de Léon*, Méry-Vincent (plantes marines)

Sarthe : Goupil.

Région du Centre

MORVAN : Firmin Baudo.

AUVERGNE : Maire : *montagnes de l'Auvergne* (*Puy-de-Dôme*, *Mont-Dore* et *Cantal*), Marius Barnéoud.

CORSE

MM. Thomas, Maire et de Forestier

Les plantes de Corse proviennent de Thomas, et de MM. Maire et de Forestier.

M. le vicomte A. de Forestier a fait deux voyages botaniques dans cette île en 1837 et 1841. Il a séjourné à Ajaccio et herborisé dans les environs de cette ville, et au mont Coscione, ainsi qu'à Bonifacio, où il a fait des excursions jusqu'à Porto-Vecchio et Monnacia. Il visita ensuite les îles Lavezzio, Cavallo et la Piana, et se rendit à Guagno, dont il explora les montagnes environnantes.

SUISSE

MM. Thomas, Seringe, Parseval, et Schimper

Thomas a envoyé des plantes de toutes les parties de la Suisse (1).

M. Seringe, de Berne, a donné un choix d'espèces des Alpes helvétiques. On sait que M. Seringe a publié des collections desséchées de plantes de Chamouny et des montagnes avoisinant le Mont-Blanc.

M. Jules Parseval a recueilli quelques plantes en Suisse.

M. W.-P. Schimper a formé une collection de plantes parmi lesquelles un grand nombre de mousses, du canton des Grisons où il est allé faire un voyage en 1838.

(1) Pour les plantes de Haller, voyez page 67.

FAULHORN

MM Bravais et Martins.

En juillet et août 1841, MM. Bravais et Martins se trouvaient sur le Faulhorn, montagne du canton de Berne, dont le sommet s'élève à 2,683 mètres au-dessus du niveau de la mer. Ils ont rapporté toutes les plantes phanérogames, au nombre de 130, qu'ils ont trouvées sur le cône terminal de cette montagne, et environ 50 cryptogames qui en complètent, ou à peu près, la flore générale.

Les résultats de cette herborisation, dans une localité dont le climat se rapproche beaucoup de celui du Spitzberg, offrent quelque intérêt par le parallèle qu'ils permettent de faire de la végétation de ces deux points si éloignés l'un de l'autre. Nous avons vu déjà que MM Bravais et Martins ont visité le Spitzberg en 1838 et 1839.

M. Bravais est retourné au Faulhorn en 1842, et y a encore découvert quelques espèces qui avaient échappé à ses recherches en 1841. MM. Martins et Bravais se proposent de retourner sur ce sommet en 1844 pour s'assurer si des plantes nouvelles s'y sont naturalisées, et faire quelques observations sur le rayonnement nocturne des végétaux alpins, et sur les conditions météorologiques de leur existence

AUTRICHE.

M. Schultz.

Les plantes rares et critiques de France et d'Allemagne, de M. le docteur F.-G. Schultz, se trouvent dans l'herbier de M. Delessert.

On sait que, vers 1836, une publication fut commencée sous le titre de *Flora Galliæ et Germaniæ exsiccata*, ayant pour but de faire connaître les espèces nouvelles dues aux recherches des savants allemands.

Docteurs Welwitsch et Noë.

M le docteur Frédéric Welwitsch a donné, en 1839, un choix de plantes par lui recueillies aux environs de Vienne.

A ces plantes sont venues s'ajouter les collections de M. le docteur F.-G. Noé, de la Hongrie, du royaume d'Illyrie, etc., et dans lesquelles se trouvent, entre autres, des échantillons appartenant aux localités suivantes :

Fiume et Porto Re, dans le littoral hongrois ; îles Veglia, Cherso et Ossero dans le cercle d'Istrie, Monte-Maggiore, etc.

PORTUGAL ET ESPAGNE.

MM. Hoffmansegg et Link.

M. le comte de Hoffmansegg avait déjà fait un court séjour en Portugal, en 1793, lorsqu'il songea à retourner dans le pays pour recueillir les matériaux nécessaires à une flore et une faune lusitaniques qu'il projetait. Il s'associa, à cet effet, M. Henri-Frédéric Link, professeur de botanique et de chimie à l'université de Rostock, et se chargea de toutes les dépenses que pouvait entraîner cette expédition.

MM. Hoffmansegg et Link quittèrent l'Allemagne en 1797, à bord d'un navire qui, de Hambourg, faisait voile pour Lisbonne ; mais, forcés par des vents contraires de relâcher près de Douvres et ayant passé de là à Calais, ce ne fut qu'après avoir traversé toute la France et l'Espagne qu'ils arrivèrent en Portugal vers le printemps de 1798. Ils visitèrent les environs de Lisbonne et se rendirent dans les provinces septentrionales du royaume. Leur route les conduisit, entre autres lieux, à Coimbre, où ils firent la connaissance du professeur de botanique Brotero. Ils s'avancèrent ensuite vers la ville de Porto, traversèrent la province d'Entre-Douro-e-Minho jusqu'au sommet de la Serra de Gerez, descendirent dans la profonde vallée du Douro et gravirent la Serra d'Estrella. Revenus a Lisbonne en août 1798, ils quittent cette capitale, se dirigent vers la province d'Alem-Tejo et gagnent la Serra de Monchique. Le printemps de 1799 est employé à traverser le royaume d'Algarve dans toute sa longueur, depuis le cap Saint-Vincent jusqu'à la Guadiana, en suivant le bord de la mer. Ils revinrent à Lisbonne par la ville d'Evora.

M. Link, obligé de se trouver à Rostock, quitta le Portugal et s'en retourna par l'Angleterre. A Londres, il compara les plantes portugaises avec l'herbier de sir Joseph Banks. M. le comte de Hoffmansegg, resté seul, continua ses excursions botaniques. Il se rendit, dans l'été de 1799, au Monte-Junto, à Santarem, à Portalegre, etc.; et revenu à Lisbonne en repartit en décembre pour retourner dans les provinces septentrionales où il voulait recueillir des plantes cryptogames. Il s'arrêta dans la vaste forêt de pins près de Marinha-Grande, visita le couvent situé à peu de distance de Coimbre sur la montagne élevée de Busaco, dont les environs abondent en mousses et en champignons, et il arriva de nouveau à la Serra d'Estrella. Il parcourut ensuite, dans différentes directions, la province de Tras-os-Montes, explora encore la Serra d'Estrella, pénétra jusqu'à la rivière du Minho, revint à Lisbonne en septembre 1800, et, après avoir séjourné quelque temps dans cette ville, il en partit et revint par mer à Hambourg au mois d'août 1801.

M Webb

M. Webb était en Espagne en 1826. Arrivé a Barcelone vers le milieu du mois de mars, il parcourt les environs de cette ville, herborise deux fois sur le Mont-Serrat et à Manresa. Rendu à Tarragone, il visite les montagnes voisines de cette ville et se dirige sur Tortosa en passant par le Col de Balaguer et à Valence par Castellon et Murviedro (l'ancienne Sagonte). Il s'embarque ensuite pour Denia et arrive le

1er juillet à Alicante et à la fin du même mois à Malaga Il se rend à Alhama, retourne sur ses pas et s'arrête pendant deux jours sur les hautes cimes de la Sierra Tejada où sa récolte de plantes fut des plus abondantes. Le 20 août il arrivait à Grenade. Comme la saison était très-avancée, il ne crut pas devoir monter la Sierra Nevada, la chaîne la plus élevée de la Péninsule Ibérique ; il en parcourut seulement la base et s'établit à moitié chemin du sommet Après une excursion dans la riche plaine de Grenade, à Almeria, M. Webb revient à Malaga et se met en route pour Gibraltar Il y reste un mois, va à Cadix en suivant la côte, et de là à Séville et à Cordoue. Différentes excursions à Xeres, San-Lucar, dans les îles du Guadalquivir, etc., ont lieu à son retour à Cadix et à Gibraltar, où il commence à s'occuper du voyage en Afrique que nous mentionnerons plus tard.

Revenu à Gibraltar, après ce voyage, M Webb s'embarque le 29 juin pour Lisbonne ; il y arrive après deux jours de navigation Il en visite rapidement les environs, s'établit à Cintra, se rend à Caldas da Rainha, à Coimbre, à Oporto, et de là à Guimaraens et à Braga. De ce dernier lieu, il se dirigea vers la Serra de Gerez ; cette nouvelle excursion présentait quelque danger à cause de la position de cette montagne sur les frontières de l'Espagne et du Portugal. C'était dans ce pays qu'on avait jeté Brotero dans une prison, les mains et les pieds garrottés, comme espion espagnol ; MM. de Hoffmansegg et Link avaient reçu la bastonnade dans ce même pays. M. Webb partit bien armé ; il avait obtenu du gouverneur un soldat pour l'accompagner dans les montagnes, et des lettres pour différentes personnes. Il fit ce voyage sans encombre, mais il ne trouva que très-peu de plantes sur le Gerez. D'Oporto, et avant de quitter le pays, M. Webb voulut voir le fameux district de Peso da Regoa où se récolte le vin que nous appelons de Porto, parce que c'est dans cette ville qu'on l'embarque pour l'expédier Il s'y rendit par Penafiel et Amarante, et, passant le Douro, il se dirigea sur Lamego et se rendit ensuite à Viseu, où, après différentes courses, il regagna Lisbonne par Thomar et Santarem. Il y passa le reste de l'hiver et le printemps, faisant journellement des excursions botaniques et géologiques à Oeiras, Arrabida, Monchique, jusqu'au 2 mai 1828, où il s'embarqua pour Madère.

M. Durieu de Maison-Neuve.

Asturies.

M. Durieu, officier français, a parcouru, pendant l'été de 1835, la chaîne alpine des Asturies, depuis les environs de Santander jusque vers le sommet de Cangas de Tineo, presque sur les confins de la Galice.

Ses plantes ont été nommées par M. J. Gay, avec le soin et l'exactitude qui caractérisent cet habile botaniste.

M. Edmond Boissier.

Royaume de Grenade.

M. Edmond Boissier, membre de la société de physique et d'histoire naturelle de Genève, a fait un voyage dans la province de l'Espagne la moins visitée et peut-être la plus intéressante de la Péninsule. Il a exploré, en 1837, et pendant plusieurs mois, la partie occidentale du royaume de Grenade depuis Calpe et Ronda jusqu'à Grenade, ainsi que les monts Alpuxarras et la Sierra Nevada. Il a préparé un fort beau choix de ses plantes, qu'il a donné à l'herbier de M. Delessert. Le produit de ses herborisations est décrit dans un ouvrage remarquable, accompagné de planches dessinées avec beaucoup d'art et de goût, et que M. Boissier a intitulé : *Voyage botanique dans le midi de l'Espagne.*

M. le docteur Welwitsch

Lisbonne

M. le docteur Welwitsch a envoyé des plantes recueillies par lui dans quelques parties du Portugal.

Le docteur Welwitsch est un des voyageurs d'une société dont nous croyons devoir faire connaître ici et le but et l'utilité scientifiques.

Cette association, connue sous le nom d'*Unio itineraria*, est établie à Esslingen, royaume de Wurtemberg, et placée sous le patronage du roi. Elle envoie à grands frais des collecteurs dans les parties du monde les plus intéressantes, ou les moins connues, pour y recueillir des objets d'histoire naturelle, et surtout des plantes. L'idée première de cette société est due à quelques botanistes du royaume de Wurtemberg qui, en 1825, se cotisèrent pour envoyer dans le Tyrol méridional un botaniste qui devait leur rapporter toutes les plantes qu'il y trouverait. Un jeune pharmacien, M. Fleischer, s'offrit pour faire ce voyage, dont les résultats surpassèrent tout ce qu'on s'en était promis. Plus de 500 espèces de plantes, formant une masse de 15,000 échantillons, furent recueillies et très-bien desséchées par les soins de M. Fleischer. La réussite de cette entreprise particulière fit concevoir à MM. les professeurs Steudel et Hochstetter le plan de former une société permanente qui, selon ses moyens pécuniaires, enverrait chaque année un ou plusieurs naturalistes dans des pays peu explorés encore sous le rapport des sciences naturelles, et il est résulté de cette idée des collections intéressantes que des efforts particuliers n'auraient pu rassembler qu'avec peine.

L'*Unio* est soutenue par les souscriptions volontaires de personnes amies de la science ou d'amateurs dont le nombre est illimité et qui peuvent être introduits dans la société à la seule condition de souscrire, pour une somme déterminée, à une ou plusieurs portions des objets recueillis ou à recueillir dans tel ou tel voyage.

Les herbiers que forment les collecteurs sont envoyés au siége de la société ; les plantes y sont étudiées et nommées par des naturalistes capables, et distribuées ensuite aux différents souscripteurs suivant la part que chacun y a prise.

M. Benjamin Delessert figure, depuis plusieurs années, parmi les souscripteurs de la société.

Le docteur Welwitsch, voyageur de l'*Unio*, s'est trouvé en Portugal pendant les années 1839 et 1840. Il a parcouru les environs de Lisbonne et les parties de l'Estramadure voisines de cette ville, en deçà et au delà du Tage. Nous citerons plus particulièrement, à la droite de ce fleuve, les plantes de Cintra, de Collares, de la petite ville de Mafra, de la Serra de Monchique, de Monsanto, de Cruz de Oliveira, Alcantara, etc., et, à gauche du fleuve, Almada, Aldea-Gallega, Setubal, Coina, la Serra de Arrabida, les environs de Cezimbra, Azeitao, etc.

MM. Guthnick et Hochstetter fils

D'autres plantes du Portugal sont encore entrées dans l'herbier de M. Delessert. Elles ont été recueillies, il y a quelques années, par les deux botanistes que nous venons de nommer et qui sont aussi attachés, comme voyageurs, à la société d'Esslingen.

MM. Reuter et Colmeiro

Nouvelle et Vieille-Castilles

Le pays étudié sous le point de vue botanique par M. Reuter, en 1841, comprend la partie nord de la Nouvelle-Castille, depuis l'extrémité de la Manche, vers la Guardia, jusqu'aux montagnes de Tolède à l'ouest, et à celles du Guadarrama au nord de Madrid

Les plantes phanérogames qu'il a recueillies ou observées sont au nombre d'environ 1,250. Elles ont été récoltées principalement, savoir dans la Nouvelle Castille, aux environs de Madrid, Aranjuez, et près de Colmenar-Viejo, Miraflores, San-Rafael, la Granja, l'Escurial, Ocaña (Sierra de Guadarrama), San-Pablo (Sierra de Toledo) et dans la Vieille-Castille, à la rivière de Tormes près de Naval-Peral (Sierra de Gredos), dans les montagnes d'Avila, etc.

Le docteur don Miguel Colmeiro, professeur au jardin botanique de Barcelone a donné à l'herbier des plantes recueillies dans les environs de Madrid (Guadarrama, Escurial, Ribas, etc.).

M. Fauché

Cadix

Une collection de plantes de Cadix a été offerte par la veuve de M. Fauché au nom de son mari, inspecteur général du service de santé, qui, avant sa mort, les avait choisies dans son propre herbier et les destinait au musée de M. Delessert.

Les relations que M. Fauché entretenait avec une foule de jeunes naturalistes attachés au service de pharmacie des armées lui avaient procuré un herbier assez considérable.

M. Chaubard a revu et nommé tous les échantillons des plantes de Cadix qui sont entrés dans la collection de M. Delessert.

ITALIE.

MM. Richard, comte Jaubert, Splitgerber.

M. Achille Richard, professeur de botanique à la Faculté de médecine de Paris, M. le comte Jaubert, M. Splitgerber, ont donné des plantes provenant de leurs divers voyages en Italie.

M. Maire, M. Guebhard

M. Maire a ajouté à l'herbier d'Italie des plantes de Rome, Naples, Florence, Gênes et Nice, qu'il a recueillies en 1829.

M. Guebhard a donné également quelques plantes de Naples.

MM. Tenore, Gussone et Parlatore.

M. le chevalier Michel Tenore, auteur de la *Flora napolitana*, a envoyé, pour l'herbier de M. Delessert, plusieurs collections choisies de plantes de Naples et du royaume des Deux-Siciles Réunis aux plantes du même royaume, reçues de M. Gussone, ces échantillons, déterminés avec soin, permettent d'étudier la plupart des espèces litigieuses décrites par ces deux botanistes.

Les plantes plus particulières à la Sicile sont dues à M. Philippe Parlatore, jeune naturaliste, maintenant professeur de botanique et de physiologie végétale au muséum de physique et d'histoire naturelle de Florence.

GRECE

Expédition de Morée.

Les plantes de la Grèce qui se trouvent dans l'herbier de M. Delessert proviennent de l'expédition scientifique de Morée. On se rappelle que sous le ministère de M. de Martignac une commission fut chargée de se rendre dans le Péloponèse, d'explorer ce pays et d'y recueillir des matériaux de toute nature pour la publication d'un ouvrage du genre de celui de la commission d'Égypte Des ingénieurs-géographes, des zoologistes, des minéralogistes, des géologues, un botaniste (M. Despréaux , firent partie de la commission, que l'on partagea en trois sections indépendantes les unes des autres. La première, celle des sciences physiques, comprenant la botanique qui nous occupera seulement, fut placée sous la direction de M. le colonel Bory de Saint-Vincent. Toutes trois se trouvaient réunies à Toulon dans les derniers jours de janvier 1829 L'expédition s'embarqua le 10 février ; le 3 mars, elle jetait l'ancre à Navarin. Nous ne chercherons pas à faire connaître tous les endroits parcourus dans cette contrée célèbre pour en tracer la flore particulière ; leur énumération, dégagée des remarques et des investigations historiques ou scientifiques auxquelles la plupart ont donné lieu, ne pourrait présenter qu'un intérêt médiocre. Les localités propres à chaque espèce de plantes se trouvent d'ailleurs indiquées dans la *partie botanique* du voyage publiée par M. Bory de Saint-Vincent et M. Chaubard.

On débuta par une course à Modon et à l'île Sapience, une et la plus grande des Œnusses de l'antiquité, au vallon de la Djalova et au cap Coryphasium. On fit ensuite une excursion par le plateau de Koubeh à Gargaliano, Philiatra (l'antique Arène), Arcadia (Cyparissia) et Paulitza (ancienne Phigalie). D'Arcadia la commission se rendit au bassin de la Pirnatza, visita le lieu où fut l'antique Messène, dont les monts environnants sont très-riches en productions naturelles, et arriva à Androussa. On était alors dans le mois de mai 1829. La première partie de ce mois fut employée au complément de l'exploration de la région littorale, et on expédia à Paris les récoltes faites jusqu'alors. Ayant tout disposé pour de nouvelles excursions, la section se remit en route dans la matinée du 20. M. Despréaux, botaniste de l'expédition, partit avec des instructions pour visiter les rivages de la Péninsule, depuis Coron jusqu'à Napoli de Romanie. Diverses causes l'ayant détourné de la route qui lui était tracée, nous suivrons le chef de la section dans sa marche avec les autres membres qui l'accompagnaient. M. Bory se rendit, entre autres lieux, à Coron (l'antique Coroné), à Nisi et au canton de Zarnate (Gerénie), l'un des plus curieux et peut-être le mieux cultivé de l'univers, sans excepter aucun endroit de la Chine et du Japon. « Les soins qu'on prend de ce qu'on y cultive, dit M. le colonel Bory, sont si minutieux, qu'il n'y existe peut-être pas un caillou de la grosseur d'une aveline parmi les champs. Le botaniste peut se dispenser de visiter ce lieu, où l'homme arrache tout ce qu'il n'a pas semé, et ne souffre point un brin d'herbe qui ne lui soit de quelque rapport (1). » Il fit ensuite une ascension au Taygète, dont le sommet est élevé de 2,408 mètres au-dessus du niveau des golfes de Messénie et de Laconie, sur lesquels la vue plonge à droite et à gauche. Aucun voyageur n'avait encore été tenté de prendre la même route et ne s'était élevé au faîte de cette montagne célèbre.

Nos savants explorateurs, continuant leur voyage, se dirigèrent par les ruines de Thuria, vers les sources du Pamissus, et, prenant par le bassin de Tripolitza, en Arcadie, et par la Sarandapotamos et Sélasie, en Laconie, ils se trouvèrent sur l'emplacement même de Sparte, où on s'établit pendant quelques jours.

Dans la matinée du 1er juillet 1829, la section se mit en route pour reconnaître l'embouchure de l'Eurotas, et visiter le canton d'Hélos. Ce fut en le parcourant que, fatigués par une insomnie cruelle, qui avait duré deux ou trois fois vingt-quatre heures, insomnie causée par les piqûres d'une espèce de cousin qui s'introduisit par myriades dans les tentes sans qu'il fût possible de les en chasser, les membres de la section et quelques autres Français attachés à son service furent forcés de suspendre leurs travaux. Les émanations malfaisantes des endroits marécageux qu'ils avaient traversés et la privation de sommeil devaient amener des accidents sérieux. La fièvre s'empara du plus grand nombre, et ils s'arrêtèrent à

(1) Thunberg avait fait la même remarque lors de son voyage dans plusieurs provinces du Japon. Voyez au chapitre précédent, page 69

Monembasie, ou Napoli de Malvoisie, dont le nom rappelle le souvenir de riches vignobles, longtemps en grande réputation dans toute l'Europe. M. Bory fut surpris de ne pas rencontrer un pied de vigne dans le pays, et put s'assurer que sur les coteaux qu'on disait en être couverts il ne se trouve pas seulement de terre qui produise un brin d'herbe.

Dans la malheureuse position où se trouvaient les compagnons de voyage de M. Bory, celui-ci, qui était encore en assez bonne santé, se décida à partir seul pour Napoli de Romanie, qui était le port le plus voisin de ceux où il pouvait aller réclamer du secours. Il eut le bonheur d'y rencontrer M. Zuccarini, médecin philhellène, qui partit immédiatement pour Monembasie. Ses soins intelligents sauvèrent tous les malades; ils furent transportés à Napoli, mais leur santé était altérée d'une manière déplorable, et chacun d'eux fut autorisé à retourner en France dès qu'ils pourraient supporter la fatigue du voyage. M. Bory visita plusieurs points qui lui restaient à connaître. Toutes les Cyclades qui font partie du royaume de Grèce furent successivement explorées par lui, ainsi que plusieurs des écueils de cet archipel, les îles du golfe Saronique, l'Argolie et quelques parties de l'Attique. S'étant rendu à Navarin, il revint seul en France, sur le même bâtiment qui avait transporté la commission, et dans la nuit du 1er janvier 1830 il arrivait à Marseille, après un an de séjour passé dans des explorations presque continuelles, et employé à des observations et à des recherches scientifiques telles que les comportait la spécialité de la section qu'il avait dirigée.

Le nombre des plantes recueillies pendant cette expédition était de 1,550. La 2e édition de la Flore de MM. Chaubard et Bory en décrit 1,821. L'excédant provient d'envois faits par des voyageurs, tels que MM. Dœnser, Gittard et Guérin, qui, ayant visité la Grèce après l'expédition scientifique, ont voulu contribuer à en compléter la flore, et se sont empressés de communiquer les produits de leurs herborisations.

Les plantes de Morée entrées dans l herbier de M Delessert ont été, pour le plus grand nombre, données par M. Bory de Saint-Vincent, et toutes préalablement et soigneusement étiquetées ; les autres proviennent de M. Despréaux, qui a envoyé des échantillons recueillis par lui dans les excursions qu'il fit en Morée pendant une partie du séjour de la commission scientifique.

ASIE.

RUSSIE D'ASIE.

DAOURIE ET SIBERIE

Patrin.

Outre des plantes de la Daourie et de la Sibérie, données par M. Fischer en 1836, on trouve dans les collections de M. Delessert un herbier de plantes recueillies par Patrin dans la Sibérie.

Ce minéralogiste célèbre se trouvait en Russie, où il avait fait la connaissance de Pallas, lorsqu'il conçut le projet de visiter la Sibérie pour en recueillir les minéraux et les plantes. Il demanda au gouvernement russe et reçut l'autorisation de pénétrer dans cette immense contrée, s'engageant à envoyer à Saint-Pétersbourg un double de chacun des objets qu'il recueillerait. Patrin entreprit ce voyage à ses frais; seulement, on lui donna un grade militaire pour faciliter le but de son voyage. Pendant dix années, de 1777 à la fin de 1787, il parcourut les immenses chaînes de montagnes de l'Asie boréale, depuis les monts Ourals jusqu'aux rives du fleuve Amour, aux limites de la Tartarie chinoise, sans être arrêté par les dangers, par les privations, les maladies et les difficultés d'une pareille entreprise. Près de 700 espèces de plantes provenant de ce voyage sont entrées dans les collections de M. Delessert en 1819.

CAUCASE ET GÉORGIE

M. Hohenacker.

M. R.-F. Hohenacker, voyageur de la société d'Esslingen, a recueilli, en 1832 et 1833, des plantes dans la Géorgie caucasienne, frontière de la Perse, aux environs de Schuscha, sur les rives du fleuve Gandjah dans le district de ce nom, à Élisavetpol, etc.

En 1842 et 1843 le même collecteur envoyait de nouvelles plantes recueillies par lui aux monts Bech-Tau, aux rives du fleuve Terek près du fort Dariela, sur les bords des rivières Kouma et Podkouma, etc., dans le Caucase, et en Géorgie dans les provinces de Kakhethi et de Somkhethi, etc.

TURQUIE D'ASIE, ARABIE ET PERSE.

M. Théodore Kotschy.

En 1841, M. Th. Kotschy, de Vienne, se trouvait dans la Turquie d'Asie.

De mars à juin il herborisait à Alep et sur le Djebel-Nabas; en juillet et août, dans le Kourdistan, aux environs d'Amadiah, aux bords du fleuve Zab (ancien Lycus); et dans le mois de septembre, à Mossoul et dans les îles du Tigre.

M. Kotschy avait envoyé précédemment un herbier de plantes d'Égypte, du Taurus et de Nubie.

Ce naturaliste avait été adjoint comme botaniste à une expédition de géologues autrichiens, envoyée en Égypte. Il arriva en Grèce dans l'année 1836 avec l'expédition; de là il se rendit au Caire, et, après un court séjour en Syrie, il passa deux des mois d'été les plus favorables dans la chaîne si peu connue du Taurus.

Il y recueillit un grand nombre de plantes, dont la plupart, assez rares ou peu connues, ne se trouvaient que dans quelques herbiers.

Expédition du colonel Chesney

C'est ici le lieu de mentionner un petit herbier de plantes provenant de l'expédition commandée par le colonel Chesney, et qui avait pour but d'étudier la navigation de l'Euphrate, et de déterminer les stations les plus convenables pour le service des bateaux à vapeur que les Anglais voulaient établir sur ce fleuve. Le colonel Chesney avait préludé à cette opération par un premier voyage d'exploration en janvier 1831. L'expédition nouvelle, partie de Malte en mars 1835, se dirigeant sur Chypre et sur Baïrout, avait nécessité le transport d'un matériel considérable jusqu'à l'Euphrate. Des machines devaient servir à monter deux bateaux à vapeur en fer, parfaitement organisés, placés en pièces à bord du bâtiment qui emmenait les personnes engagées dans l'expédition. Ces deux bateaux portaient à l'avance des noms significatifs : l'un était *l'Euphrate* et l'autre *le Tigre*. Le dépôt des matériaux et équipages fut établi à Port-William, petit ouvrage de campagne, ainsi nommé par les Anglais, sur la rive droite du fleuve, à environ deux lieues au-dessous de Bir, et dont on voyait encore les restes il y a quelques années 160 mulets, 841 chameaux, des chevaux et des bœufs furent employés au transport des fardeaux. Malheureusement, la saison des pluies arriva au milieu de ces travaux ; la chaudière du *Tigre* se trouva submergée, on y attela 100 bœufs pour la retirer de l'eau, et cette opération dura plusieurs semaines. Huit hommes perdirent la vie par suite des fatigues extraordinaires qu'on eut à endurer. Enfin les deux bateaux, lancés en septembre, commencèrent leur descente le 16 mars 1836. *L'Eu-*

phrate marchait en tête, et remonta jusqu'à Bir, aux acclamations des habitants accourus en foule sur le rivage. Pendant la descente, on se livrait aux sondes et aux relèvements. Le 21 mai un ouragan occasionna un triste événement. Au milieu de l'obscurité, *le Tigre* heurta avec force contre terre; par différents chocs qu'il essuya, le bâtiment s'ouvrit, et bientôt après il sombra. Le colonel Chesney put heureusement se diriger à la nage droit vers le bord, où il retrouva plusieurs des officiers et matelots, mais la perte de ce jour ne s'éleva pas à moins de 21 hommes. *L'Euphrate* continua seul le voyage; il atteignit successivement Korna, au confluent de l'Euphrate et du Tigre, et Bassora, d'où il gagna Aboucher en quatre jours. Le colonel Chesney remonta alors d'Aboucher à Bagdad, et mit 104 heures à faire ce trajet.

Les étiquettes de quelques-unes des plantes récoltées dans cette expédition, et qui font partie de l'herbier de M. Delessert, les indiquent comme trouvées dans les localités suivantes : Port-William, mars 1836; village de Gorlak; embouchure du Sedjour; château de Sedjimkala, bord mésopotamien; Bamboudseh, avril 1836, etc.

Voyage de Bové.

Bové faisait partie, au moment où la mort l'a enlevé, de l'expédition scientifique envoyée en Algérie sous le commandement du colonel Bory de Saint-Vincent. Il avait été employé, comme jardinier, au Muséum d'histoire naturelle de Paris, et puis nommé directeur des cultures d'Ibrahim-Pacha, au Caire. Sa perte a été doublement regrettable, car Bové s'était montré jardinier habile autant que collecteur infatigable. Il a rapporté un grand nombre de plantes à la suite d'un voyage qu'il avait entrepris en Égypte, en Syrie, en Palestine et dans les deux Arabies; près de 300 espèces ont été recueillies par lui au Sinaï. Nous donnons ici l'indication rapide des lieux qu'il a visités.

Débarqué à Alexandrie le 10 avril 1829, il en part quelques jours après pour se rendre au Caire, où il séjourne pendant 19 mois. Il étudie la végétation des environs de ce pays, visite plusieurs jardins, et se rend, au mois de novembre, dans la province de Fayoum.

Chargé par Ibrahim-Pacha de faire un voyage dans l'Arabie-Heureuse, pour y prendre des graines et des plants de café qu'on voulait essayer de naturaliser au Caire, il part le 1er décembre 1830, et prend la route d'Yark, au nord du Caire. Le 4 décembre il arrivait à Suez ; il y reste plusieurs jours et y fait quelques herborisations Après avoir parcouru les environs de Gadehhea, de Yembo et d'El-Bohor, dans le désert, il arrive à Djeddah et fait quelques excursions dans l'intérieur de l'Yemen. Il revient au Caire après une absence de six mois.

Décidé à entreprendre un voyage au Sinaï et en Palestine, il quitte le Vieux-Caire le 27 avril 1832, et, prenant la route qu'avaient suivie les Israélites, il arrive le 2 mai à Suez, après avoir fait la veille une riche récolte de plantes dans de grandes plaines de sable qu'il avait traversées. Il se rend, deux jours après, de Suez à Tor, où il reste trois semaines, qu'il emploie à parcourir les environs, à cinq lieues à la ronde. Le 1er juin, au matin, après avoir traversé des vallées, des plaines, des montagnes, il entrait dans la plaine du Sinaï. Il visite les sommets du Sinaï et de Sainte-Catherine, et il augmente ses collections de plantes par des herborisations dans les déserts environnants. Le 18 juin il part pour Suez, où il reste dix-huit jours, attendant les chameaux qui devaient le transporter en Palestine. Parti de Suez pour Gaza, il arrivait à cette ville le 15 juillet, et employait plusieurs jours à en visiter les environs Il se dirige ensuite vers Jérusalem, où il reste trois semaines, et explore les bords du Jourdain et de la mer Morte Le mont Carmel, Kaffa, Nazareth, Tabarieh, sont les endroits principaux rencontrés par Bové le long de sa route jusqu'à Damas, où il arrivait le 20 septembre. Parti le 30, il prend le chemin de Balbek, continue ses recoltes de plantes, et reste plusieurs jours à Baïrout. Enfin, le 15 decembre, après un voyage de huit mois, il rentrait au Caire par Saint-Jean d'Acre, Jaffa et Gaza

M Schimper

M. Guillaume Schimper, voyageur de la société d'Esslingen, se trouvait en Égypte dans le courant de l'année 1834. Du Caire, il se rend au mont Sinaï, traverse Suez, se dirige dans l'Arabie-Pétrée et s'arrête à Tor. Il prend pour son point central le couvent de Sainte-Catherine, sur le Sinaï, et herborise dans les montagnes et les vallées environnantes.

En décembre 1836, la société d'Esslingen recevait un nouvel envoi de plantes, recueillies également par M. Schimper dans l'Hedjaz, près de Djeddah et dans les environs de la Mecque.

M Léon de Laborde.

Mont Sinaï.

Nous venons de voir que M. Schimper, établi au couvent de Sainte-Catherine sur le mont Sinaï, avait compris dans sa collection de plantes celles trouvées par lui dans cette localité. Déjà M. Léon de Laborde, connu par son voyage scientifique et archéologique dans l'Arabie-Pétrée, avait rapporté quelques plantes de ce même pays; les herbiers alors n'en renfermaient qu'un petit nombre. Le voyage de M. de Laborde n'avait pas été entrepris dans un but botanique; il a recueilli seulement sur le mont Sinaï ou dans le désert qui l'environne, 83 espèces de plantes qui font partie de l'herbier de M. Delessert. C'est un souvenir auquel donnent plus de prix encore les liens d'amitié qui unissent M. Léon de Laborde à M. Benjamin Delessert M. Delile, bien familiarisé avec la végétation de ce pays, puisqu'il a étudié la flore d'une contrée voisine lors de l'expédition d'Égypte, a décrit les plantes de M. de Laborde à la suite de la relation du voyage de ce dernier. Sept espèces nouvelles en font partie, ainsi qu'un genre nouveau que M. Delile lui a dédié sous le nom de *Leobordea*

M Wellsted

Cent plantes environ, récoltées par M. le lieutenant de vaisseau Wellsted (J. Raymond), dans les déserts du mont Sinaï et à Akaba, ainsi que quelques espèces trouvées par le même dans un voyage du Sinaï à l'Yemen, sont venues depuis (en 1842) s'ajouter au petit herbier rapporté par M. Léon de Laborde.

M. Wellsted avait déjà concouru, en 1833, sous les ordres du lieutenant Haynes, à un relèvement des côtes de la mer Rouge. Quelques plantes ont été recueillies dans cette expédition, qui, après avoir touché à Mascate, arriva au cap Isolette, et ensuite à Morebat et à Maculah. De cette dernière ville, M. Wellsted fit un voyage à Sahar, capitale du district de ce nom, et se dirigea vers Aden. Là il se mit en route avec une caravane pour la ville de Lahadj, dans le pays d'Aden, et résidence du sultan.

Quelques plantes récoltées à Aden, entrées dans l'herbier en 1842, proviennent de M. Ralph.

Aucher-Éloy

Les collections de ce voyageur-botaniste, enlevé trop tôt à la science, méritent une mention particulière. Il a rapporté une grande quantité de plantes de diverses localités de l'Orient, et ces plantes il les a recueillies au milieu des privations, des périls de toute nature, accablé par les souffrances et les maladies les plus graves Établi avec sa famille à Constantinople dès 1830, c'est de ce point central qu'il entreprit plusieurs voyages, résolu qu'il était à recueillir les matériaux nécessaires pour une flore de l'Orient.

En novembre 1830 il part pour l'Égypte. A Alexandrie il fait la connaissance de M. Gustave Coquebert de Montbret, que son goût pour l'histoire naturelle avait aussi attiré dans ce pays. Tous deux allèrent jusqu'aux ruines de Thèbes et revinrent ensemble au Caire. M. de Montbret retourna en Europe par l'Italie, et Aucher-Éloy se dirigea par Suez sur le mont Sinaï, et de là à Jérusalem par Gaza, en Syrie, en Chypre et à Stancho, et ne revint à Constantinople qu'au mois d'octobre 1831.

En 1832 il se rend à Smyrne, à Rhodes et au delà sur les côtes voisines de l'Asie-Mineure. L'année suivante il parcourt les environs de Constantinople et de Brousse, et en particulier le mont Olympe, accompagné, cette fois encore, de M. Coquebert de Montbret qui était revenu en Orient.

De deux voyages que fit M. Aucher-Éloy en 1834 et 1835, l'un l'amena à visiter, avec M. de Montbret, Nicomédie, Césarée, Antioche, Alep, et à se rendre en Arménie et à Erzeroum, par Malatia et le Haut-Euphrate. Dans l'autre, Aucher-Éloy retourna, seul, par Brousse, Koutaïeh, la chaîne du Taurus et Adana à Alep. Il termina par Bagdad, Ispahan, Téhéran, Tabriz et Trebisonde, d'où il s'embarqua, en novembre 1835, pour Constantinople.

Ces voyages réitérés n'avaient point abattu l'ardeur d'Aucher-Éloy. Son zèle infatigable ne reculait devant aucune difficulté. Il voulait visiter la Grèce et les côtes de la Turquie d'Europe et retourner en Perse. Rien ne put le dissuader d'entreprendre ces nouvelles excursions. A peine de retour de Syra, d'Athènes, de l'île d Eubée, de la Thessalie, du mont Athos, il se remet en route, visite le nord de l'Anatolie et l'Arménie, Tabriz, le Ghilan et ses côtes sur la mer Caspienne. Il retourne à Ispahan, se dirige sur Schiraz et Abouchir, traverse la province du Laristan pour s'embarquer à Bender-Abbassy. Arrivé à Mascate et quoique accablé par les fièvres, il pénétra jusqu'à la contrée des Wahabites. Il voulait pousser plus loin ses explorations, mais il en fut empêché par la maladie. De retour à Ispahan, il y mourait le 6 octobre 1838 et terminait, loin de sa famille, une existence dont les dernières années avaient été tout entières consacrées à l'étude de la botanique et à la recherche des plantes.

M. le comte Jaubert a publié, en 1843, les *Relations de voyages en Orient d'Aucher-Éloy*. C'est d'après cet ouvrage intéressant que nous avons tracé la marche de ce naturaliste dans les divers pays où il a été herboriser. Les plantes provenant de ces voyages font partie des collections de M. Delessert.

M. le comte Jaubert.

Au printemps de 1839, M. le comte Jaubert mit à exécution le projet qu'il avait formé d'un voyage en Asie-Mineure. Occupé jusqu'alors, et en particulier, de la flore méditerranéenne, il voulait poursuivre ses recherches vers l'Orient. A une époque antérieure, il avait parcouru successivement et à plusieurs reprises, d'abord avec Jacquemont, et puis seul, le midi de la France, les Alpes, les Pyrénées, l'Autriche et l'Italie.

Accompagné de M. Saul qui devait le seconder dans ses courses botaniques et réuni à M. Charles Texier, si connu par ses travaux archéologiques en Asie-Mineure et qui partait alors pour sa quatrième tournée, M. le comte Jaubert explore la portion de l'Asie-Mineure qui comprend Smyrne et Ephèse, la vallée du Méandre, Geyra et le mont Cadmus, dans l'ancienne Carie, l'ancienne Phrygie, la chaîne de l'Olympe de Bithynie, Brousse, Nicée, Nicomédie et Constantinople.

M Edmond Boissier

Les plantes recueillies par M Edmond Boissier, dans son

voyage en Orient, sont en ce moment l'objet d'une publication particulière. C'est le 16 mars 1842 que M. Boissier part de Trieste, et après six jours de navigation il arrive à Athènes ayant relâché à Corfou où il trouve plusieurs espèces intéressantes. Il fait à Athènes des herborisations au milieu des localités les plus riches, à la baie de Phalère et dans plusieurs des gorges de l'Hymète et dans le mois d'avril une excursion en Morée, visitant Corinthe, Argos, le plateau de l'Arcadie et Tripolitza, d'où il se rend à Sparte. De retour à Athènes, et pendant les premiers jours de mai, M. Boissier fait une nouvelle excursion à travers le mont Cithéron, à Thèbes, puis à Chalcis dans l'Eubée. D'Athènes il se rend par l'île de Syra à Smyrne où il emploie toute la fin de mai à herboriser dans les environs dont les montagnes surtout lui offrirent une grande quantité d'espèces nouvelles. Dans les premiers jours de juin, faisant partie d'une caravane assez nombreuse munie de tentes et de provisions de bouche, il se met en route pour visiter l'intérieur du pays. Il se rend à l'ancienne Ephèse (Aia-Salouk) et débouche dans la vallée du Méandre. Il remonte ce fleuve et s'arrête huit jours à Aïdin ou Guzel-Hissar situé près de l'ancienne Tralles. Quittant le fleuve pour suivre un de ses affluents, il s'élève dans les plateaux qui appartiennent à la Carie et où est située Geyra, l'ancienne Aphrodisias. Son séjour dans ce village lui permet de faire l'ascension du pic le plus occidental de Cadmus, couvert de neige encore à cette époque, il arrive ensuite dans le vaste plateau de la Carie septentrionale. De Degnizli, où il s'était établi quelques jours, M. Boissier se rend à Hierapolis, célèbre par ses sources chaudes ; il va camper deux ou trois jours sur les hauteurs du Tmolus, et poursuit ses recherches botaniques sur les sommités les plus occidentales et les plus hautes de cette montagne, se dirige vers Sart, l'antique Sardes, qui n'est plus qu'un moulin ; arrive à Magnésie, et était de retour le 10 juillet à Smyrne.

Peu de jours après cette exploration, le bateau à vapeur transporte M. Boissier à Constantinople ; il herborise à Brousse et sur le mont Olympe, dans la région supérieure duquel il s'arrête pendant huit jours. Il examine avec soin la végétation de cette montagne et trouve plusieurs espèces qui avaient échappé aux botanistes déjà assez nombreux qui l'ont parcourue avant lui. Le 29 août il quitte Constantinople, aborde après vingt-quatre heures de navigation à Kustendjé sur les bords de la mer Noire, et revient par la Hongrie, Vienne et Munich, faisant en route une excursion de quelques jours dans les montagnes du Banat autour des bains si pittoresques de Mehadia.

M. C. Pinard

Plantes de la Carie.

Collection de 250 espèces recueillies, en 1843, par M. Pinard, dans la partie de l'Anatolie connue autrefois sous le nom de Carie.

Toutes les plantes ont été déterminées avec soin par M. Edmond Boissier.

M. le lieutenant Roe.

Nous indiquerons ici un petit herbier du lieutenant Roe, de plantes du golfe Persique, recueillies principalement sur la côte orientale, à Bender-Boucher ou Aboucher (1).

INDES-ORIENTALES

HERBIERS DE LA COMPAGNIE DES INDES.

Nous croyons devoir mentionner avec détail une collec-

(1) Voyez, comme complément de cette serie de voyages, ceux que nous avons mentionnés dans le chapitre qui précède, savoir :

Pour la Syrie, M de la Billardière, page 58 ; et pour la Perse, André Michaux, page 60.

tion des plus importantes. Il s'agit des herbiers donnés à M. Delessert par la compagnie anglaise des Indes-Orientales.

On sait le vif intérêt que cette compagnie a porté de tout temps à la botanique et combien elle a encouragé la culture et l'étude des plantes de l'Inde, et surtout des végétaux utiles. Son jardin botanique, situé sur la rive droite du Hougly, a quelques milles au-dessus de la ville de Calcutta, au Bengale, et dont la fondation remonte à l'année 1768, est remarquable par son étendue (5 milles de circonférence) et par la quantité considérable de jardiniers et ouvriers que cet établissement occupe, et dont on porte le nombre à plus de 300. C'est par les soins actifs et éclairés de M. le docteur Wallich, appelé à sa surintendance, que ce jardin a reçu un accroissement et qu'il a été mis sur un pied qui le placent hors de comparaison avec tout autre établissement de ce genre. Employé dans l'Inde, dès l'année 1807, comme chirurgien de l'établissement danois de Serampour, dans le Bengale, le docteur Wallich se lia bientôt avec le docteur Roxburgh, surintendant du jardin botanique de Calcutta. Au commencement de 1815 et après le départ pour l'Europe du docteur Hamilton, qui avait succédé au docteur Roxburgh, M. Wallich fut nommé provisoirement directeur du jardin de Calcutta et confirmé bientôt après dans cette charge.

En même temps que d'autres jardins, créés comme succursales dans plusieurs parties de l'Inde, entretenaient des correspondances suivies avec le jardin de Calcutta, des botanistes-collecteurs, envoyés aux frais de la compagnie, exploraient diverses contrées de l'Inde et envoyaient à Calcutta avec des plantes desséchées d'autres plantes vivantes pour être cultivées dans le jardin même. C'est ainsi que se trouvèrent rassemblées des collections de plantes des montagnes et vallées du Silhet, entre les fleuves d'Araam et de Sourmah, visitées par Francisco de Sylva, Guillaume Gomez et Henri Bruce; du Kamaon, par Robert Blinkworth; de Tavoy et de la côte de Tenasserim, par Guillaume Gomez, de Sirynagor, par Kamroop, qui avait aussi parcouru les plateaux elevés de Gossainthaın.

Outre ces collections, de nombreux échantillons existaient, recueillis par Heyne dans la Péninsule, par Noton dans les Nil-Gherry, par Morcrooft dans les montagnes les plus élevées qui bornent l'Inde au nord ; dans la chaîne de l'Himalaya par le docteur Royle, dans le Sirmore par M. S. Webb et le docteur Govan, dans le Silhet et Chittagong par Bruce, dans le Pandua par Smith et dans le Pinang par Porter.

Une autre coopération non moins profitable fut acquise en même temps à la compagnie ; c'était celle de personnes distinguées, amies de la science, habitant diverses parties de l'Inde et qui voulaient bien envoyer à Calcutta les produits végétaux les plus intéressants de leurs localités. Nous citerons ici, d'après l'indication du docteur Wallich, les noms et les services de sir Stamford Raffles et William Jack, qui ont fourni des plantes de Poulo-Pinang (île du Prince de Galles), Singapour et Bencoulen, de MM. E. Gardner et Robert Stuart, résidents au Népaul, de sir Robert Colquhoun, à Kamaon, du docteur Carey, du major-général Hardwicke, de M. J. F. Royle, intendant du jardin botanique de Seharempour, du docteur Govan, des capitaines Webb et Gérard (1) et de M. J.-S. Gérard, des montagnes de l'Hindoustan occidental et de l'Himalaya.

La réunion de tant d'efforts ne pouvait manquer d'accroître le nombre des plantes conservées dans l'herbier et celui des végétaux indigènes cultivés dans le jardin.

Pendant ce temps le docteur Wallich ne restait point oisif. En 1820 il entreprit un voyage botanique dans le Népaul et parcourut les plaines et les montagnes de ce pays. Il visita Singapour et Pinang, dont peu de botanistes avaient jus-

(1) Le capitaine Gerard, explorant les montagnes de l'Himalaya pour les mesurer, est arrive à 19,600 pieds, 400 pieds plus haut que n'etait monte M. Alexandre de Humboldt dans les Andes.

qu'alors étudié la végétation. Envoyé en 1825 pour inspecter les forêts de bois de construction des provinces occidentales de l'Hindoustan, il profita de cette occasion favorable pour examiner et recueillir les plantes du royaume d'Aoudh (Oude), de la province de Rohilcund, de la vallée de Deyrah, etc.

En 1826 et 1827, le docteur Wallich fit une excursion importante à Ava (empire Birman). Il accompagnait une mission que le gouverneur général de l'Inde envoyait à la cour d'Ava, après la réduction de l'empire Birman par les troupes anglaises. Il s'agissait de conclure un traité de commerce. La mission quitta Rangoun le 1er septembre 1826 et atteignit le 15 la ville de Prome. Arrivée à Pugan, elle y reste quelques jours, passe le confluent des rivières Kyenduen et Iraouaddy, continue sa marche et arrive le 30 à la capitale qu'elle quitte le 12 décembre ; elle était revenue à Calcutta dans le mois de février 1827, par Rangoun et par le nouvel établissement d'Amherst. M. le docteur Wallich s'arrêta à son retour dans ce dernier lieu pour faire des recherches sur les ressources que pouvaient procurer les forêts de ce pays et celles des districts voisins. Le nombre de plantes qu'il avait recueillies quand la mission le laissa à Amherst, se montait à 16,000 dont 500 et plus paraissaient nouvelles et non décrites. Il rapporta à Calcutta près de 18,000 échantillons, parmi lesquels beaucoup de plantes vivantes pour le jardin botanique. Pendant son séjour à Ava, le docteur Wallich avait obtenu du gouvernement la permission de faire des recherches botaniques sur les montagnes situées à environ vingt milles de la capitale, et dont quelques-unes s'élèvent à trois ou quatre mille pieds au-dessus du niveau de la mer. Il passa huit jours dans ces montagnes et y recueillit les plus belles plantes de sa collection. Il se dirigea ensuite vers les territoires que venait d'acquérir la compagnie, sur les côtes de Martaban et de Tenasserim.

Ces contrées si étendues et si fertiles ajoutèrent des richesses botaniques immenses et nouvelles à celles que possédait déjà la compagnie, et, réunies aux herbiers de Calcutta, on put évaluer à 8 ou 9,000 espèces et à une quantité considérable de doubles le nombre total des plantes rassemblées par les soins de M. Wallich depuis plusieurs années. Le muséum de la compagnie à Londres reçut successivement un grand nombre de plantes choisies dans ces collections. On en envoya également qui furent déposées dans les herbiers de sir Joseph Banks, de sir J.-E. Smith, de Lambert et dans plusieurs autres herbiers particuliers en Europe. Un certain nombre de ces plantes ont été décrites dans les ouvrages des professeurs De Candolle et Hooker, du docteur Greville, dans les *Botanical Magazine* et *Botanical Register*, etc., aussi bien que par le docteur Wallich lui-même dans la *Flora indica* de Roxburgh, les *Asiatic researches*, les *Transactions of the Linnean society of London* et le *Tentamen Floræ Nepalensis* où quelques-unes se trouvent figurées.

Des herbiers aussi nombreux, dans un climat aussi chaud que celui de l'Inde, exigeaient de grands soins, et ce n'est pas sans difficulté que l'on peut y conserver les plantes séchées. « Outre les ravages fréquents des coléoptères, lisons-nous dans une notice sur le jardin de Calcutta, les fourmis, dans ces contrées brûlantes, dévoreraient bientôt et les échantillons et le papier qui les renferme. Le seul moyen de les soustraire aux attaques de ces redoutables insectes est donc d'isoler de tous côtés les caisses de plantes en les plaçant au milieu de vases remplis d'eau ; et la chaleur excessive y rend l'évaporation si rapide, que lorsque M. Wallich avait ainsi disposé ses plantes, un Indien était constamment occupé à remplacer l'eau qui s'évaporait, jusqu'à ce que la fraîcheur du soir lui permît de remettre au lendemain la continuation de cette pénible tâche. »

En 1828, le docteur Wallich, que l'état de sa santé avait forcé de revenir en Europe, arrivait en Angleterre avec toutes ses collections qu'il venait remettre à la compagnie des Indes. Sur la proposition du docteur Wallich et afin que le monde savant pût profiter du résultat de tant d'efforts et de travaux, la compagnie l'autorisa à partager entre quelques musées publics et particuliers et les principaux botanistes de l'Europe et de l'Amérique, les doubles de tous ces herbiers, dont le nombre était très-considérable (1).

La compagnie des Indes-Orientales, qui voulait contribuer plus encore à faciliter l'étude et à étendre les connaissances que l'on possédait sur la flore de cette contrée, ne borna pas aux collections du docteur Wallich l'acte de noble libéralité qui lui attirait la reconnaissance des amis de la botanique. Le musée de la compagnie, à Londres, renfermait les collections considérables faites par les soins éclairés et bienveillants des personnes que nous avons citées plus haut, collections qui étaient le résultat d'un demi-siècle de travaux, et qui avaient entraîné des dépenses énormes. Le docteur Wallich obtint sans peine de la compagnie que les doubles de ce grand herbier seraient réunis aux siens propres et distribués aux mêmes personnes en même temps et de la même manière

Les collections déposées au muséum de la compagnie se composaient :

1° D'un herbier d'espèces recueillies principalement dans les Circars, par le docteur Patrick Russel, mais dont les échantillons étaient uniques ;

2° D'un herbier considérable de la péninsule de l'Inde, réuni par les soins de plusieurs botanistes et, selon toute apparence, par les docteurs Klein et Heyne, et par le docteur Rottler. Cet herbier renfermait beaucoup d'échantillons doubles,

3° D'un très-grand herbier de feu Francis Hamilton (auparavant Buchanan), de diverses parties de l'Hindoustan. Le nombre des doubles en était très-peu considérable;

(1) La société médico-botanique de Londres reçut des duplicata de toutes les plantes médicinales qui faisaient partie de l'herbier général de la compagnie.

4° D'un petit herbier de feu le docteur Roxburgh, sans doubles ;

5° D'un herbier de plantes récoltées par Georges Finlayson, chirurgien et naturaliste de la mission qui fut envoyée à Siam et à la Cochinchine par le gouvernement du Bengale en 1821. Cet herbier ne renferme qu'un petit nombre de doubles ;

6° D'une autre collection très-considérable de plantes recueillies en diverses parties de la péninsule de l'Inde, par M. le docteur Robert Wight, aide-chirurgien, ancien directeur du jardin botanique de Madras. Cette collection contient une grande quantité de doubles ;

7° Enfin de plusieurs herbiers que le docteur Wallich avait fait parvenir au muséum de la compagnie à Londres et qui renfermaient également beaucoup d'échantillons doubles.

Le 12 avril 1830, M. Benjamin Delessert annonçait à l'Académie des sciences la détermination prise par la compagnie des Indes, au sujet de ces divers herbiers. « Il est difficile, ajoutait-il en terminant, de se faire une idée de l'étendue et de la richesse de ces collections, mais l'on doit s'empresser de rendre un témoignage éclatant à la libéralité avec laquelle la compagnie des Indes anglaises a voulu faire jouir les savants étrangers de ses trésors. Cet acte de munificence et d'intérêt pour les progrès de la botanique est bien digne d'être apprécié par tous les amis des sciences, et j'ai pensé que l'Académie l'apprendrait avec plaisir. »

La distribution des doubles nombreux de tous ces herbiers une fois convenue et bien arrêtée, il ne s'agissait plus que de procéder avec ordre à leur répartition. Un vaste appartement loué à Londres reçut toutes les collections, et le travail commencé dans le courant de l'année 1828 était à peine achevé en 1832. Plusieurs botanistes éminents, MM. Robert Brown, Kunth, Hooker, Graham et Lindley, Alph. De Candolle, Walker-Arnott, Prescott et Georges Bentham voulurent bien concourir à cette opération laborieuse. En même temps on réservait à divers botanistes quelques-unes des familles de plantes les plus nombreuses et les plus intéressantes dont ils s'engageaient à leur choix à faire la monographie.

Ainsi, entre autres familles, M. Bentham prenait les Caryophyllées, les Labiées, les Scrofularinées, etc. ;

M. Robert Brown, les Rubiacées, Graminées ;

M. Kunth, les Bombacées, Malvacées ;

M. Lindley, les Rosacées, Orchidées ;

M. de Martius, Amarantacées, Palmiers ;

M. De Candolle, Ombellifères, Composées ;

M. Adolphe Brongniart, Célastrinées, Rhamnées,

M. Adrien de Jussieu, Malpighiacées, Rutacées, etc.

Afin de donner un plus grand degré d'utilité aux belles collections que faisait ainsi distribuer la compagnie, le docteur Wallich, profondément versé dans la connaissance de la botanique de l'Inde, entreprit de faire le catalogue complet des espèces renfermées dans tous les herbiers, et de ranger ces espèces sous une série non interrompue de numéros. Ce catalogue, commencé le 1er décembre 1828, porte pour titre : *A numerical List of dried specimens of plants, in the East-India company's museum, collected under the superintendence of doctor Wallich of the company's botanic Garden at Calcutta.* Il donne avec les noms générique et spécifique de chaque plante ses synonymes, pris dans les différents herbiers de l'Inde, l'indication des diverses localités ou elle a été recueillie, le nom du botaniste qui l'a trouvée ou déterminée. 279 pages grand in folio à double colonne sont consacrées à ce catalogue, qui atteste à la fois et les connaissances et la prodigieuse activité du docteur Wallich. Écrit entièrement de sa main, il a été lithographié, pour être remis aux personnes entre lesquelles la répartition des plantes avait été faite. Chacun des échantillons distribués est accompagné du numéro qui lui correspond dans le catalogue, de manière à faciliter les recherches et les vérifications dans l'une ou l'autre des collections distribuées sans avoir besoin de recourir, au moins quant au plus grand nombre, à l'herbier particulier réservé pour la compagnie. Le dernier numéro que porte le catalogue est 8,200.

Le tableau suivant pourra donner une idée du nombre des espèces appartenant à quelques-unes des principales familles de plantes

Acotylédones.

Mousses.	112
Lycopodes.	37
Fougères.	483
Familles diverses. .	57
	689

Monocotylédones.

Graminées.	121
Cypéracées. . . .	284
Liliacées.	33
Orchidées.	221
Scitaminées. . . .	96
Diverses.	163
	918

Dicotylédones.

Apétales et achlamydées.

Pipéracées.	30
Urticées.	65
Amentacées. . . .	46
Euphorbiacées. . .	320
Conifères. . . .	27
Chénopodées. . . .	22
Polygonées. . . .	53
Bégoniacées. . . .	22
Diverses. . . .	156
	741

Monopétales

Scrofularinées. . .	119
Verbénacées. . . .	166
Labiées. . .	199
Borraginées. . . .	41
Acanthacées . .	297
Convolvulacées. . .	126
Gentianées. . . .	50
Composées. . .	421
Cucurbitacées. .	66
Campanulacées. .	25
Diverses. .	1,148
	2,658

Polypétales.

Sapindacées. . .	84
Ampélidées. . .	168
Crucifères. .	25
Renonculacées. . .	57
Ombellifères. . .	61
Capparidées. . .	54
Anonacées. . .	81
Laurinées. . .	8[illegible]
Mélastomacées. .	62
Myrtacées. . . .	137
Tiliacées. . . .	64
Malvacées. . .	158
Rosacées.	81
Légumineuses. .	759
Diverses.	1,256
	5,124

Résumé général.

Acotylédones.			689
Monocotylédones.			918
Dicotylédones	Apétales.	741	6,523
	Monopétales.	2,658	
	Polypétales.	3,124	
Indéterminées ou douteuses			70
	Total.		8,200

M Benjamin Delessert se trouvait un des premiers sur la liste des personnes qui devaient prendre part à la distribution de ces plantes Dès le 9 septembre 1829, MM. les président et vice-président de la compagnie des Indes lui annonçaient l'envoi d'une portion des échantillons qui lui étaient destinés. D'autres envois lui furent encore adressés successivement, et aujourd'hui le nombre des espèces entrées dans l'herbier de M Delessert par suite de cette répartition peut être évalué de 4 à 5,000. C'est une des collections les plus considérables. On comprend que si ce chiffre n'égale pas celui de la collection générale, c'est que les espèces qui étaient uniques, ou dont il n'existait qu'un petit nombre d'échantillons, n'ont pu être distribuées. Cet herbier forme dans le musée de M. Delessert une collection à part, rangée suivant l'ordre des numéros du catalogue, ce qui permet de trouver promptement la plante que l'on cherche.

La collection qui, après toutes les distributions faites, restait au Muséum de la compagnie des Indes, était magnifique. Elle contenait environ 1,500 genres de plantes, et 8,500 espèces représentées par près de 80,000 échantillons (1). La compagnie mit le comble à toutes ses générosités en offrant

(1) Le papier seul dans lequel cette collection était conservée n'a pas coûté moins de 250 livres sterling

ce grand et riche herbier à la société linnéenne de Londres. Nous croyons devoir transcrire ici la lettre adressée à ce sujet par la cour des directeurs au vicomte Stanley, président de la société linnéenne

Hôtel de la compagnie des Indes, 19 juin 1832

« Milord,

« La cour des directeurs de la compagnie des Indes a, pendant les quatre dernières années, fait distribuer dans ce pays et en Europe, à certaines institutions et à certaines personnes qui s'intéressent aux progrès de la science, 7 à 8,000 espèces de plantes collectées dans l'Inde, pendant une longue suite d'années, par de célèbres naturalistes au service de la compagnie.

« Le but pour lequel les originaux de ces collections avaient été déposés chez le docteur Wallich, à Londres, ayant été atteint, la cour des directeurs a pensé que cette collection pouvait faire un supplément digne d'être présenté au Muséum de la société linnéenne de Londres qui, déjà, possède l'herbier de Linné. Nous avons donc l'honneur, à la sollicitation de la cour des directeurs et au nom de la compagnie des Indes, d'offrir à la société linnéenne, par votre entremise, la collection dont il s'agit. Si le conseil de la société veut bien accepter l'offre de la cour, les instructions nécessaires seront données au docteur Wallich afin que la collection soit transférée dans le lieu que le conseil désignera pour la recevoir.

« Nous avons l'honneur, etc.

« *Signé* John G. Ravenshaw.
C. Marjoribanks. »

La société linnéenne s'empressa d'accepter l'offre qui lui était si généreusement faite, et voici dans quels termes elle en exprima sa reconnaissance à la cour des directeurs :

« Le conseil de la société linnéenne, après avoir pris connaissance de la lettre adressée à son président par la cour des directeurs de la compagnie des Indes, dans laquelle l'honorable cour a bien voulu offrir à la société la nombreuse collection de plantes sèches conservée dans le muséum de la compagnie, s'empresse de lui exprimer combien il apprécie l'honneur distingué qu'elle confère à la société par cet acte de libéralité sans exemple.

« Le conseil, au nom de la société, accepte avec les sentiments d'une profonde gratitude la collection qui lui est ainsi offerte, et donne à la cour l'assurance que cette collection sera considérée comme un dépôt dont il devra faire profiter la science.

« Le conseil ne peut se dispenser d'exprimer son admiration du zèle éclairé que manifeste l'honorable cour des directeurs en étendant les avantages qu'on peut retirer de ses collections d'histoire naturelle, par la distribution libérale d'échantillons qu'elle a faite au monde scientifique et par la preuve de munificence qu'elle nous donne en plaçant les fruits des travaux de Kœnig, Roxburgh, Rottler, Russel, Klein, Hamilton, Heyne, Wight, Finlayson et Wallich parmi ceux de l'immortel Linné.

« La compagnie des Indes, en prenant sous son patronage ces naturalistes distingués qui ont cultivé la science en Asie, autant à leur propre gloire qu'à l'honneur du service auquel ils appartenaient, et par l'emploi généreux qu'elle a fait des riches matériaux restés en sa possession, a profondément ému d'admiration et de respect les membres des institutions scientifiques d'Europe et d'Amérique, et le conseil de la société linnéenne se rend ici l'interprète de la reconnaissance générale pour les grands services que l'honorable compagnie a ainsi rendus à la cause de la science.

« Un exemple de désintéressement a été donné par la compagnie ; déjà il a réfléchi et il continuera de réfléchir un honneur mérité sur elle et sur le pays, en même temps qu'il ne peut manquer de répandre partout l'esprit d'émulation si utile aux progrès des sciences.

« Londres, 25 juin 1832

« Signé STANLEY

A.-B. LAMBERT.	G. BENTHAM
W.-G. MATON	W. NICHOLL
R. BROWN.	R.-H. SOLLY
E. FORSTER.	W. YARRELL.
T. HARDWICKE.	F. BOOTT. »

Quelques-uns des botanistes que nous avons cités dans la relation qui précède méritent d'être mentionnés d'une manière plus particulière.

Docteurs Klein, Heyne et Rottler.

Les docteurs Klein et Heyne, et le missionnaire danois docteur Rottler, ont principalement exploré la partie méridionale de la presqu'île.

Les côtes de Coromandel et d'Orissa ont été parcourues par le docteur Heyne ainsi que par le docteur Kœnig et par les missionnaires danois établis à Tranquebar, dans le Karnate.

Docteur Hamilton.

Le docteur Hamilton a contribué grandement, par un séjour de plus de vingt années dans l'Inde, à accroître les connaissances que l'on possède sur la botanique de cette contrée. Attaché au service de la compagnie du Bengale, il résida pendant l'année 1795 à la cour d'Ava, année qu'il employa à parcourir les îles Andaman, ainsi qu'une grande portion des royaumes de Pégou et d'Ava. Les plantes qu'il récolta dans ce voyage furent transmises avec une partie des dessins à la cour des directeurs de la compagnie des Indes et données à sir Joseph Banks. Le docteur Hamilton déposa dans la bibliothèque de la compagnie des copies d'un grand nombre de ces dessins. De 1796 à 1798, il résida à Luckhipour au sud-est du Bengale et dans l'ancien royaume de Tripura. Occupé à décrire les poissons de ce pays, il ne put faire aucune herborisation, mais il prit des notes et rédigea plusieurs descriptions de plantes qu'il remit également à la bibliothèque de la compagnie.

Dans le printemps de 1798 il visita le district de Chittagong, qui, avec celui de Kamilla, formait la principale partie de l'ancien royaume de Tripura. Les plantes de ce voyage furent transmises à sir Joseph Banks, chez qui le docteur Hamilton les retrouva en 1806

Peu après son retour de Chittagong, il fut envoyé à Barin pour, près de Calcutta ; il recueillit dans cette localité, pour le docteur Roxburgh, les plantes qui lui semblèrent les plus rares et qu'il trouva principalement pendant plusieurs voyages qu'il fit au travers des grandes forêts qui couvrent les îles formées par les branches du Gange.

Pendant l'année 1800, le docteur Hamilton fut employé par le marquis de Wellesley, gouverneur général de l'Inde, pour examiner l'état du pays soumis auparavant au pouvoir du sultan Tippoo et de la province appelée Malabar par les Européens. Il débarqua à Madras (Chinapatana des natifs), et voyagea au travers du territoire appartenant au nabab d'Arcot et que les Européens nomment le Karnatic ou Karnate, mais qui est le Draveda des Hindous. Il parcourut également les côtes de Chola, Draveda et Andhra, qui forment ce que les Européens désignent sous le nom de Coromandel, nom tout à fait inconnu aux habitants. En quittant Draveda, il entra dans l'ancien territoire hindou, appelé par eux Karnata, mais connu des Européens sous le nom de Mysore ; il examina ensuite la contrée à l'ouest de Chola, que les natifs appellent Chera ou Cheda, mais que les Européens appellent Coimbatour, du nom d'une ville située dans le pays. Il entra, bientôt après, dans la province appelée Malabar par les Européens, et Kerrula et Malayala par les natifs, traversa la province de

Kanara et se rendit à Seringapatam par les parties occidentales et centrales du Mysore. De Seringapatam, il revint à Madras, et son voyage était achevé le 6 juillet 1801. Les plantes qu'il se procura pendant ce voyage, et qui souffrirent beaucoup de la négligence des personnes chargées de les transporter du lieu de débarquement jusqu'à Calcutta, furent données à sir James-Edward Smith avec plusieurs dessins. Ses notes furent déposées à la bibliothèque de la compagnie. Quelques échantillons doubles furent aussi remis à M. A.-B. Lambert.

Peu après son retour, le docteur Hamilton fut envoyé au Népaul avec l'ambassade conduite par le capitaine Knox. S'étant rendu par eau à Patna, il passa au travers de l'ancien territoire de Besala, maintenant appelé Saran (Sarun), et au travers d'une portion de Mithila, aujourd'hui Tirhout, et le 1er avril 1802 il entrait dans le Népaul, où il resta près d'une année, charmé par la variété et la magnificence de ses productions végétales. Il fit de longs séjours d'abord dans le voisinage de Katmandou, capitale du Népaul, et ensuite sur la frontière de ce pays, récoltant des plantes et rédigeant des notes qu'il donna à sir James-Edward Smith, et réservant des échantillons doubles pour l'herbier de M. Lambert.

En 1806, le docteur Hamilton fut chargé par la cour des directeurs de rédiger une description statistique du territoire faisant partie de la présidence de Fort-William et ordinairement appelé Bengale en Europe. Il commença, en 1807, ses opérations, où la botanique ne fut pas négligée, par le district anglais de Dinagepour, formant une partie de l'ancien royaume de Matsiya ; en 1808, il passa dans le district anglais de Rangpour, la Kamroupa des anciens Hindous, et il s'arrêta à Goyalpara. Cet endroit, situé à l'extrémité septentrionale du district montagneux qui borne la plaine gangétique à l'est, lui procura une variété de plantes rares et belles, presque égale à celle du Népaul. Les plantes de ce voyage, réunies à celles d'Ava et de Chittagong, peuvent donner une idée assez exacte de la flore de l'Inde, au delà du Gange, la Chine des Hindous. De 1809 à 1814, il continua ses explorations, visitant successivement la juridiction anglaise de Pourniah, Nathpour sur la frontière des Kiratas ou Ciratas, le district de Boglipour, Mangga, les juridictions de Patna et Gaya, dans l'ancien royaume de Magadha, celle de Shahabad qui forme une grande partie de l'ancien royaume hindou de Kikata, Agra et les rives du Gange et de la Jumnah ou Djemnah, le district de Gorekpour, et enfin l'ancien royaume de Kuru, au centre duquel passe le Gange.

C'est en juin 1810, qu'étant sur les frontières du Népaul, Hamilton fit explorer les monts Himalaya, dans la partie de cette chaîne de montagnes qui est située au delà des sources du fleuve Kosi. Son envoyé lui rapporta quelques plantes curieuses, parmi lesquelles se trouvait une espèce de *Caltha*, qu'Hamilton a nommée *Codua*. Cette plante donne une racine dont les Indiens empoisonnent leurs flèches et que les Gorkhalèses regardent comme le moyen le plus puissant qu'ils possèdent pour repousser les invasions de leurs ennemis, par la facilité avec laquelle ils peuvent empoisonner les eaux.

De retour à Calcutta, le docteur Hamilton succéda au docteur Roxburgh dans la direction du jardin botanique de la compagnie des Indes. En février 1815, il s'embarqua pour l'Europe et présenta, au mois de septembre suivant, toutes ses collections à la cour des directeurs de la compagnie.

M. Georges Finlayson

M. Finlayson avait été attaché comme médecin et naturaliste à la mission envoyée par le gouverneur général du Bengale auprès des cours de Siam et de Cochinchine, afin d'établir des relations de commerce entre ces cours et les établissements anglais de l'Inde. Le 21 novembre 1821, l'expédition fit voile de Calcutta. Après avoir touché aux îles Préparis, Narcoandam et Seyer, dans le golfe du Bengale, elle passa le détroit de Payra, s'arrêta à l'île du Prince de Galles, à Malacca, à Singapour et jeta l'ancre, le 25 mars 1822, dans la rivière de Siam, près de la ville de Paknam. Elle se rend ensuite à Bankok, qu'elle quitte le 11 juillet, arrive dans la baie de Touron (Cochinchine), après avoir fait une excursion dans l'île de Saïgon, et se rend à Hué, capitale de la Cochinchine, où eut lieu la réception de la mission.

Docteur Robert Wight

Le docteur Wight a visité diverses localités de la péninsule de l'Inde, telles que Samolcottah et les Circars, Radjahmandry, Madras, les Nil-Gherry, les montagnes de Dindigoul et Courtallum, et longé toute la côte malabare depuis Trichore jusqu'au cap Comorin. Il a séjourné à Palamcottah de Tinevelly, dans le midi de la péninsule En juin 1836 il visitait l'île de Ceylan avec le colonel Walker.

HERBIERS DU DOCTEUR WIGHT.

M. le docteur Robert Wight, naturaliste attaché à la compagnie des Indes et que nous avons cité plus haut d'une manière particulière, a bien voulu transmettre à M. Delessert, en plusieurs envois, dont le premier remonte au mois d'avril 1832, une collection de plantes de la péninsule de l'Inde, choisies dans l'herbier qu'il avait formé pour son propre usage et pour être communiqué, dans l'occasion, à ses plus intimes amis. Voici comment s'exprime M. le docteur Wight dans une circulaire qui accompagnait le premier envoi :

« Ayant remarqué, depuis mon retour en Europe, les grands avantages qui ont résulté pour la science de la distribution libérale faite aux botanistes, des vastes collections de l'honorable compagnie des Indes-Orientales, j'ai voulu, en imitant, quoique d'une manière moins grande, le noble exemple laissé devant moi par ces généreux protecteurs des sciences naturelles, m'efforcer de rendre mon herbier plus utile en le divisant en plusieurs séries pour le distribuer, ainsi que le fait maintenant l'honorable compagnie sous la direction du plus habile et du plus infatigable naturaliste, le docteur Wallich.

« Dans l'espoir que vous voudrez bien concourir à étendre leur usage, je prends la liberté de vous prier d'accepter ces échantillons, et je crois entrer dans vos intentions en demandant (afin de les rendre encore plus utiles à la science) qu'ils deviennent aussi accessibles que possible à tous les botanistes qui pourraient désirer de les consulter, soit dans le but de leur comparer d'autres échantillons, soit pour faire quelques publications. »

Le vœu exprimé, dans l'intention la plus louable, par M. le docteur Robert Wight est rempli, comme on le voit, puisque ses plantes font partie maintenant d'un herbier ouvert à l'étude et qu'elles sont ainsi offertes sans cesse aux investigations et à l'examen des botanistes.

Nous avons vu plus haut figurer dans les collections de la compagnie des Indes une portion des plantes récoltées par le docteur Wight. Deux années que ce botaniste a passées à Negapatam ont augmenté son herbier déjà considérable. Cet herbier a fourni les principaux matériaux de l'ouvrage que M. Wight a entrepris avec M. Walker-Arnott, sous le titre de *Prodromus floræ peninsulæ Indiæ-Orientalis*, dont le premier volume a été publié en 1834.

La collection distribuée jusqu'à présent à M. Delessert renferme à peu près 1,200 espèces. Des numéros attachés à chaque échantillon correspondent à ceux de l'ouvrage que nous venons de citer, et ces plantes peuvent, par conséquent, être considérées comme des types ayant servi à cet ouvrage. En septembre 1837, le catalogue que M. R. Wight en a dressé lui-même et lithographié s'arrêtait au numéro 2 403, mais beaucoup d'échantillons qu'il ne possédait pas en doubles suffisants n'ont pu être envoyés à M. Delessert. Presque tous les numéros, de 1 à 1,375 du catalogue, ont été décrits dans le tome premier du *Prodromus* de MM. Wight et Walker-Arnott, et de 1,376 à 1,567, et do 1,807 à 1,921, dans une publication de M. Robert Wight intitulée : *Contributions to the botany of India.* Il est probable que M. Wight fera de nouveaux envois de plantes lorsqu'il aura terminé le second volume de son *Prodromus.*

HERBIERS PARTICULIERS DE L'INDE.

Deux herbiers particuliers de Roxburgh et du docteur Heyne, et d'autres collections provenant de M. William Jack, de sir Stamford Raffles et de lady Amherst sont venus, depuis cette époque, accroître l'importance des herbiers de la région de l'Inde, que possédait le musée de M. Delessert.

Docteur William Roxburgh

Le docteur William Roxburgh avait étudié la botanique sous le docteur Hope, professeur à l'université d'Édimbourg; il commença, en 1766, à être attaché à la compagnie des Indes à Madras, et fut employé au service médical et comme botaniste de la compagnie dans le Karnate; il recueillit dans ce pays de grandes collections, et fit dessiner plus de 500 espèces de plantes qu'il envoya à la compagnie des Indes avec des descriptions soigneusement rédigées.

Dans les premiers temps de sa carrière scientifique, il résida dans la péninsule, particulièrement à Samolcottah, où il eut de nombreuses occasions d'examiner la botanique des montagnes avoisinant les Circars. Il s'est livré pendant quelques années à la culture du poivre et de l'indigo dans une des Circars du nord. En 1793, la compagnie des Indes lui confia la surintendance de son jardin botanique de Calcutta.

L'herbier du docteur Roxburgh, maintenant en la possession de M. Delessert, se compose des grandes collections qu'il a faites dans l'Inde continentale, à la côte de Coromandel et à Banda, Amboine et autres îles de l'archipel Indien, et des plantes qu'il a recueillies au cap de Bonne-Espérance. Le mauvais état de sa santé le força de quitter l'Inde en 1814 et d'entreprendre un voyage qu'il voulait borner au Cap et qui l'amena jusqu'à Sainte-Hélène. Il resta dans cette île depuis le 7 juin 1813 jusqu'au 1er mars 1814, trouvant encore le moyen de consacrer quelques instants à la botanique. Obligé de revenir en Angleterre, le docteur Roxburgh est mort en 1814 à Édimbourg.

Docteur Heyne.

Pendant plus de vingt ans et jusqu'en 1813, le docteur Benjamin Heyne, excellent botaniste, a parcouru l'Inde orientale par l'ordre et aux frais de la compagnie des Indes. Il est mort à Wappera près de Madras, le 6 février 1819.

William Jack et sir Stamford Raffles.

M. William Jack était entré jeune encore comme aide-chirurgien au service de la compagnie des Indes, au Bengale, et il s'embarquait pour cette contrée le 29 janvier 1813, âgé seulement de dix-huit ans, et déjà pourvu de connaissances botaniques et médicales très-étendues. Quelques années après, vers la fin de 1818, étant à Calcutta, il rencontra au jardin botanique de cette ville sir Stamford Raffles, gouverneur de Sumatra, qui venait visiter ce jardin. A la suite d'une conversation qu'ils eurent ensemble, il fut décidé que M. Jack accompagnerait à Sumatra sir Stamford Raffles, qui devait lui procurer toutes les facilités possibles pour explorer l'histoire naturelle de cette île. M. Jack se proposait d'en étudier la minéralogie et la botanique, et sir Raffles mettait à sa disposition une riche et scientifique bibliothèque qu'il possédait. Sumatra semblait au jeune botaniste une terre vierge, car quoique les Anglais aient eu autrefois un établissement à Bencoulen, dans la partie occidentale, aucun individu, avant sir Stamford, n'avait pénétré au delà de quelques lieues dans le pays. De 1819 à 1822, M. Jack a visité Poulo-Pinang et Singapour, et ensuite Natal, établissement malais sur la côte occidentale de Sumatra, Tappanouli dans le pays des Battas, Bencoulen, Tello-Delano dans l'île de Nias (Poulo-Nias), possession anglaise, la plus grande de cette chaîne d'îles qui borde la côte occidentale de Sumatra. En juin 1821, M. Jack accomplit la tâche difficile et périlleuse déjà tentée deux fois, mais vainement, par des Européens, d'atteindre le sommet du Gounong-Benko ou montagne du pain de sucre, dans l'intérieur de Bencoulen, et qui s'élève, dit-on, à une hauteur de plus de sept mille pieds.

Sir Stamford Raffles était attaché de cœur à M. Jack. Il l'avait chargé de plusieurs missions et de divers travaux sur l'administration civile du pays. M. Jack considérait comme le plus heureux pour lui le jour qui l'avait rapproché d'un homme tel que sir Raffles. « Il possède, écrivait-il, une énergie de caractère toute particulière qui communique quelque portion de son influence à tout ce qui l'environne, et j'espère profiter beaucoup par moi-même d'une telle fréquentation. »

M. Jack avait été longtemps malade. Il revenait de Java où il avait essayé, mais sans succès, ce que produirait le changement d'air sur sa santé, et, embarqué pour le cap de Bonne-Espérance, il mourut le 15 septembre 1822, avant que le vaisseau ait pu lever l'ancre. Il avait vingt-sept ans seulement. Un monument lui a été élevé dans le jardin botanique de Calcutta par les soins du docteur Wallich, qui depuis a dédié à son ami, sous le nom de *Jackia ornata*, un arbre magnifique dont les fleurs, au milieu d'un feuillage touffu, forment de grandes panicules pendantes. Cet arbre avait été trouvé par M. Wallich, dans une des petites îles qui avoisinent Singapour.

Les plantes qui proviennent de William Jack ont été décrites dans le premier volume de ses *Malayan Miscellanies*, ouvrage très-rare publié à Bencoulen, et qui a été reproduit par sir W.-J. Hooker, dans son *Botanical Journal.*

Quelques années après William Jack, la mort enlevait son ami et son protecteur sir Stamford Raffles, dont tous les instants avaient été consacrés aux sciences et à l'amélioration du sort des indigènes dans l'archipel Indien. En 1816, après avoir été lieutenant-gouverneur de Java et de ses dépendances, il fut envoyé à Bencoulen. Revenu en Angleterre, il retourna à Sumatra avec le titre de lieutenant-gouverneur de Bencoulen, où il arriva en 1818. Ses recherches se sont étendues sur les diverses branches de l'histoire naturelle et de la philosophie, tant à Java qu'à Sumatra. Aucun Européen avant lui n'avait pénétré dans l'intérieur de Sumatra. Il a envoyé des plantes recueillies par lui à Singapour. Sir Raffles a contribué à faire connaître la topographie et l'histoire naturelle des colonies sur lesquelles les Hollandais avaient publié peu de détails. Il avait rassemblé des collections précieuses d'animaux et de plantes, un millier de dessins, des matériaux nombreux pour faire une description des principales îles de la Sonde, un recueil de grammaires, etc. Une partie de ces collections a été perdue par suite de l'incendie du vaisseau qui le ramenait en Europe avec sa famille. Il s'était embarqué en février 1824 à Bencoulen, mais dans la nuit même de son départ, le navire prit feu, et il ne resta aux passagers que le temps de se jeter dans un bateau pour rentrer à Bencoulen. Différents ouvrages publiés par W. Jack, ses notes, ses recherches sur l'histoire naturelle et sur la littérature orientale ont été également perdus dans ce désastre Sir Stamford Raffles est mort le 5 juillet 1826.

C'est à sir Stamford Raffles qu'on doit la découverte de la plante singulière qui porte son nom (*Rafflesia Titan*, de W.

Jack, *Rafflesia Arnoldi*, de Robert Brown). La description que nous ferions ici de cette plante extraordinaire ne pourrait en donner qu'une idée imparfaite. Elle est figurée d'une manière remarquable et d'après les dessins de Francis Bauer à la suite du savant mémoire de M. Robert Brown, dans le treizième volume des *Transactions of the Linnean Society of London*. Cette plante gigantesque semble unique sous le rapport de sa forme et de son mode de fructification comme sous celui de sa dimension, la fleur, quand elle est épanouie, pouvant avoir jusqu'à trois pieds de diamètre. Elle a été trouvée, en 1818, par sir Stamford Raffles dans les forêts de Passoumah-Ulu-Manna, lors de son premier voyage de Bencoulen dans l'intérieur de Sumatra. Il était accompagné d'un naturaliste plein de zèle et de connaissances, le docteur Joseph Arnold. Plusieurs autres espèces appartenant à ce genre ou à la même famille ont été découvertes depuis la publication du *Rafflesia Arnoldi*.

Potts et ladies Amherst

Quoique les collections en soient peu considérables, nous citerons ici, comme jointes aux herbiers de W. Jack et sir Stamford Raffles, d'autres plantes recueillies par Potts à Singapour, Poulo-Pinang et Sumatra, et nous mentionnerons plus particulièrement un petit herbier de plantes récoltées par la comtesse Amherst et lady Sara Amherst sa fille.

Ces deux dames, qui cultivent avec zèle les diverses branches de l'histoire naturelle, et la botanique spécialement, ont résidé près de cinq années dans l'Inde. Elles ont entrepris des voyages longs et pénibles dans les régions élevées de l'ouest et du nord de l'Hindoustan, et sont restées plusieurs semaines dans les montagnes près de l'Himalaya, à une élévation de 10 à 12,000 pieds. Elles sont revenues en Angleterre avec une collection assez nombreuse d'échantillons de plantes recueillies et préparées par elles-mêmes avec le plus grand soin

Le docteur Wallich a dédié aux dames Amherst, sous le nom d'*Amherstia nobilis*, une plante nouvelle d'une admirable beauté. C'est un arbre appartenant à la famille des légumineuses, que M. Wallich a trouvé, en 1827, dans la province de Martaban, et qu'il a décrit et figuré dans ses *Plantæ asiaticæ rariores*

On se rappelle que l'année dernière le duc de Devonshire fit voir à la reine Victoria cette même plante qu'il avait fait venir en Angleterre, et qui lui avait coûté 40,000 francs.

Mistriss Mariott et M. Kelaart.

Quelques plantes de la collection de M. Delessert ont été recueillies par mistriss Mariott, à Trincomalé, sur la côte nord-ouest de l'île de Ceylan.

M. Kelaart (E.-F.), natif de Colombo, capitale de Ceylan, a donné une collection choisie des plantes les plus remarquables qu'il a récoltées dans cette île.

NOUVELLES COLLECTIONS DE PLANTES DE L'INDE.

Pendant les cinq dernières années qui se sont écoulées, d'autres collections ont été faites dans diverses parties de la frontière nord est de l'Inde; elles paraissent devoir être distribuées en Angleterre par le professeur Royle, d'après l'autorisation de la compagnie des Indes.

M. William Griffith, attaché au service civil de Madras, prépare un ouvrage qui portera le titre de *Contributions to the flora of India*, dans lequel doivent entrer les nouvelles collections et d'autres encore provenant de son herbier particulier. Le tout comprendrait environ :

2,500 espèces des monts Kasiya.

2,000 espèces de la province de Tenasserim.

1,000 espèces de la province d'Assam

1,200 espèces du pays des Mismi, dans l'Himalaya.

1,700 espèces des mêmes montagnes, pays de Boutan.

1,000 espèces des environs de Calcutta.

1,200 espèces des monts Naga, à l'extrémité orientale du haut Assam, de la vallée de Houkhong, du district de Mogam et du pays de l'Iraouaddy, entre Mogam et Ava

A ces plantes seront ajoutées les collections faites sous la direction du lieutenant Kittoe, dans les forêts de Cuttak, etc.

Herbier du voyage de M Belanger.

On trouve dans la collection de M. Delessert toutes les plantes du voyage en Perse et aux Indes-Orientales de M. Charles Bélanger. Ce voyage, tel qu'il a été entrepris par M. Bélanger et à l'aide des facilités que lui procurait sa position particulière, ne pouvait manquer d'offrir un haut intérêt. Chargé d'établir à Pondichéry un jardin botanique qui devait servir comme entrepôt des richesses végétales de l'Hindoustan, M. Bélanger partit de Paris le 9 janvier 1825, accompagnant M. le vicomte E. Desbassayns de Richemont, administrateur général des établissements français dans l'Inde, et qui se rendait par terre à sa destination. Après avoir passé par l'Allemagne, la Pologne et la Russie méridionale jusqu'au Don, notre voyageur parcourt une partie de la Circassie, la chaîne élevée du Caucase, et descend, aux premiers jours d'avril, dans la Géorgie. C'est seulement alors qu'il commença ses herborisations. La traversée de l'Europe s'était faite en hiver et avait été sans résultat pour la botanique. Les neiges même dont le Caucase était couvert firent courir de grands dangers aux voyageurs. Arrivé en Géorgie, M. Bélanger fit un court séjour à Tiflis. Il ne récolta, dans la Géorgie et l'Arménie, qu'une centaine de plantes. Parvenu aux frontières de Perse, il continue sa route et visite successivement Érivan, Tauris, Téhéran, Ispahan, Schiras et Abouchor. La zoologie et la botanique étudiées par M. Bélanger pendant son séjour dans cette contrée, promettent des résultats importants quant aux objets recueillis et aussi quant à la géographie botanique de ce pays, peu de voyageurs l'ayant visité dans une étendue aussi grande.

M. Bélanger n'augmenta pas beaucoup ses collections à Tauris, où il fut attaqué d'une fièvre inflammatoire, mais il en fut dédommagé en se rendant à Téhéran ; là il recueillit plus de 300 espèces, obligé toutefois d'herboriser presque au galop, le sabre au côté, le poignard à la ceinture et constamment sur le qui-vive.

Vers la fin de septembre 1825, M. Bélanger, accompagnant toujours M. le vicomte Desbassayns, quitte avec lui la Perse et s'embarque à Aboucher. Mascate, Bombay, la côte de Malabar, où il resta trois mois et qu'il visita dans une grande étendue, et Mahé, un de nos établissements, lui fournirent pendant ce voyage d'amples collections d'histoire naturelle.

En mars 1826, M. Bélanger traverse les Gates occidentales dans leur partie la plus élevée et entre dans le Mysore ; puis, redescendant par les Gates orientales, il arrive à Pondichéry à la fin du même mois, après un voyage qui avait duré un peu plus d'une année.

Une fois établi à Pondichéry, il fait plusieurs excursions dans le Karnate, aux montagnes de Gingy, à Trincomalé dans l'île de Ceylan, sur la côte de Coromandel et à Madras. Il allait recueillir des plantes destinées au jardin de Pondichéry. M. Bélanger explore ensuite le bas Bengale et visite Calcutta et Chandernagor, rassemblant avec ses plantes sèches des échantillons de bois, des graines et des végétaux vivants.

L'histoire naturelle n'a cependant pas seule occupé M. Bélanger dans le cours de ses voyages. Il a rapporté avec ses collections les informations les plus précieuses sur les mœurs des habitants, sur le commerce et l'industrie, et sur l'organisation politique des pays si intéressants et si variés qu'il a parcourus, ainsi que des collections d'armes et de monnaies, des dessins et des notes sur les différents langages usités dans ces pays.

Le Pégou, dont la végétation n'était connue que par le voyage de M. Wallich, le seul naturaliste qui eût exploré ce pays avant M. Bélanger, devait attirer son attention. Le 1er octobre 1827, il s'embarqua sur la gabarre *la Chevrette*, que l'administrateur général mettait à sa disposition pour aller faire des collections botaniques et explorer le Pégou dans les autres branches de l'histoire naturelle. Il visite une seconde fois Madras et se rend à Calcutta, d'où il partit le 2 décembre pour le Pégou. Il y séjourna dix-huit jours, parcourant les bois et les marais ; mais ses explorations ne s'arrêtèrent pas là. En 1828 et à peine rétabli d'une violente hépatite occasionnée par tant de travaux et de fatigues, il s'embarque pour les îles de la Sonde, visite soigneusement Anières, dans le détroit de ce nom, l'île de Poulo-Merak, voisine de Java, puis les environs de Batavia et le district de Buiten-Zorg. Un grand nombre d'oiseaux, d'insectes et de mollusques, et un bel herbier furent les produits de ce voyage. Les fièvres qui n'avaient cessé de le tourmenter pendant plus de trois années, ne lui permettaient pas de rester plus longtemps dans l'Inde. Il quitta ce pays au mois d'octobre 1828. Son retour en France se fit par les îles de France et de Bourbon, où il passa quelques mois, et après de courtes relâches au cap de Bonne-Espérance et à Sainte-Hélène, il arriva à Paris dans les premiers jours de juillet 1829.

M. Bélanger a rapporté de nombreuses collections d'objets d'histoire naturelle dont plus de 17,000 échantillons de plantes bien conservés, représentant 5,400 espèces recueillies, savoir :

En Perse, 726 ; sur les côtes de Canara, Coromandel et Malabar, dans l'intérieur de la péninsule, dans les Gates et au Bengale, 3,000 ; au Pégou, 330, enfin à Java, aux îles de France et de Bourbon, au cap de Bonne-Espérance et à Sainte-Hélène, environ 1,400 espèces

M. Bélanger a commence la publication de son voyage, dont la partie botanique est accompagnée de planches. Il paraît sous ce titre : *Voyage aux Indes-Orientales par le nord de l'Europe, les provinces du Caucase, la Géorgie, l'Arménie et la Perse*, etc.

Voyage de Jacquemont.

Les plantes dont il nous reste à parler reportent nos souvenirs sur un voyageur dont le nom a acquis dans ces derniers temps une certaine célébrité, Victor Jacquemont, naturaliste attaché au Muséum d'histoire naturelle de Paris, mort à Bombay après un séjour de près de quatre années dans l'Inde.

Encouragé par des voyages antérieurs aux États-Unis, à Saint-Domingue, où l'avait entraîné son goût pour la botanique et la géologie, Jacquemont avait conçu le plan d'un voyage en Asie, et ce voyage ayant été approuvé par le Muséum, Jacquemont s'embarque à Brest le 9 août 1828, plein de confiance sur le résultat de son entreprise et conservant une espérance qui ne s'est malheureusement pas réalisée, celle de revoir tous les objets de ses affections comme il les avait déjà trouvés à son retour d'un précédent voyage. Il arrive à Calcutta en mai 1829, ayant relâché à Ténériffe, à Rio de Janeiro, au cap de Bonne-Espérance, à Bourbon et à Pondichéry. Il fut accueilli avec la plus grande bienveillance par lord Bentinck, gouverneur général de l'Inde, et après s'être préparé au voyage qu'il méditait il se mit en route le 6 novembre pour Delhi, passant par Chandernagor. Il arrive à Benarès sur les bords du Gange, d'où il visite la province de Bundelkund, traverse la Jumnah à Kalpi, passe à Agrah, une des villes les plus anciennement nommées dans l'histoire de l'Inde, et est à Delhi en mars 1830. Il quitte cette ville dans le courant du même mois pour faire un voyage sur les versants septentrional et méridional des montagnes de l'Himalaya et dans une partie du Thibet et se dirige d'abord vers Seharempour. Avant d'y arriver, il s'était associé à quelques personnes de Delhi qui avaient bien voulu organiser pour lui une grande partie de chasse qui, d'après ses espérances, devait enrichir considérablement ses collections zoologiques. « Suivis de dix-sept éléphants, écrivait-il, de quatre cents cavaliers et du double de gens à pied, nous parcourûmes, non sans les dévaster un peu, les principautés de Kythul et de Pattialah, étendues jusqu'au désert de Bikanir, et j'eus le regret de ne rapporter de cette fatigante excursion qu'un petit nombre de plantes nouvelles. »

C'est dans la ville de Seharempour, que déjà nous avons eu occasion de nommer, qu'est établi un jardin botanique, succursale du bel établissement de Calcutta, et dirigé par le docteur Royle, l'auteur du magnifique ouvrage sur la flore des montagnes de l'Himalaya. Après quelques jours passés à Seharempour, Jacquemont quitte cette ville, et dans sa route vers les sources de la Jumnah, il fait une herborisation à Mohun dans les premières chaînes de l'Himalaya et parvient à Jumnoutri, ce que les Hindous appellent les sources de la Jumnah, lieu sacré pour eux et où l'avaient guidé, au lieu d'un seul homme que Jacquemont avait demandé, trente-cinq montagnards, population tout entière d'un village et de deux hameaux voisins. Il fait ensuite une ascension sur la cime de Kédar-Kanta, l'une des plus hautes montagnes de l'Himalaya parmi celles qui sont en dehors de la chaîne centrale et pénètre jusqu'au Setledje, le plus grand affluent de l'Indus. Dans toute la partie inférieure de son cours dans les montagnes, on n'a qu'un seul moyen, peu commode et assez dangereux, de traverser cette rivière. C'est à l'aide d'un câble unique, tendu d'un bord à l'autre, et autour duquel est passée une pièce de bois, formée en anneau. Les voyageurs qui se confient à ce pont suspendu d'une nouvelle espèce, accrochent leurs bagages à cet anneau et s'y attachent eux-mêmes.

On les tire du bord opposé pour les y amener. Si le câble rompt, ils sont perdus sans ressource.

Jacquemont séjourne à Kanum, ville principale du Kanawer, dans le Thibet; il fait une excursion au col de Hangarang, limite du Kanawer et du petit Thibet (Ladak), station à laquelle on assigne une hauteur absolue de 4,500 mètres, puis il revient à Delhi le 15 décembre 1830.

Il repart bientôt de cette ville, entre dans le Pendjâb et s'arrête à Lahore. Rundjet-Singh, roi du Pendjâb, prend Jacquemont en affection; grâce à cette circonstance et protégé par des firmans et des escortes que ce prince mit à sa disposition en témoignage d'amitié, Jacquemont put visiter la province et les montagnes de Cachemyr, fermées aux Européens, les mines curieuses de Pindadenkhan et plus tard celles de Mondinougour. De retour à Delhi, vers la fin de 1831, il y réunit toutes les collections qu'il avait formées jusque-là et les expédie par le Gange, sur Chandernagor, où elles devaient être embarquées pour la France.

Le 14 février 1832, Jacquemont se fiant à ses forces et comptant sur sa santé qui lui avait fait supporter de grandes fatigues, partit en se dirigeant vers le sud pour visiter la côte occidentale et la presqu'île de l'Inde, mais il tomba gravement malade à Pounah. A peine guéri, il eut le courage de parcourir l'île de Salsette, dont les miasmes pestilentiels eurent sans doute une fatale influence sur sa constitution déjà affaiblie. Il arriva épuisé à Bombay, et comprenant dès lors la nature et la gravité de sa maladie, il fait son testament avec sang-froid et prend toutes les mesures convenables pour conserver et faire parvenir en Europe tous les manuscrits ou objets qu'il avait avec lui ou qui se trouvaient sur d'autres points de l'Inde. Le 7 décembre 1832 la mort l'enlevait à trente ans, au terme d'une entreprise qu'il avait accomplie avec courage et intelligence, et dont les fruits, heureusement, ne seront perdus ni pour la science ni pour la gloire du voyageur qui les a recueillis

M. Polydore Roux, M. Law

Plantes de Bombay

C'est peut-être à la même époque que mourait aussi à Bombay M. Polydore Roux, conservateur du Musée d'histoire naturelle de Marseille, parti dans le printemps de 1831 pour un voyage scientifique avec M. le baron Hügel. Après avoir visité la Grèce, la Syrie et la Palestine, l'Égypte, la Nubie et l'Arabie, ils avaient atteint Bombay en 1832. Un herbier des plantes de M. Roux, venu de cette ville, se trouve réuni aux herbiers de M. Delessert, ainsi qu'une collection de plantes de la même localité, transmises par M. T.-S. Ralph, et qui proviennent de M. Law, attaché au service civil dans la présidence de Bombay.

Voyage de M. Adolphe Delessert.

M. Adolphe Delessert, neveu de M. Benjamin Delessert, parti en mars 1834 avec M. Perrottet, qui se rendait à Pondichéry, a voulu, quoique la botanique ne l'ait pas occupé exclusivement, que son nom figurât dans les herbiers de M. Benjamin Delessert, et rappelât longtemps le souvenir de son voyage dans l'Inde.

Arrivé à Pondichéry dans le mois de septembre, M Adolphe Delessert fit des excursions aux environs de cette ville, jusqu'au 8 novembre, où il s'embarqua pour aller avec ses chasseurs explorer Poulo-Pinang, Malacca, Singapour et une partie de l'île de Java. Il visita dans cette île Batavia. Revenu à Pondichéry, il songea à faire de nouvelles courses aux environs. La saison n'était plus la même, et il voulait se rendre dans des points plus éloignés pour en rapporter des collections nouvelles. Après Madras, il se dirigea vers Gingy, où, aidé de ses chasseurs, il tua plusieurs animaux remarquables.

De l'île Bourbon où il était allé faire un voyage, M. Adolphe

Delessert commença ses dispositions pour effectuer un projet qu'il avait formé depuis longtemps, celui de visiter le Bengale, et il prit passage sur un navire partant pour Calcutta ; il y arriva à la fin de janvier 1837. Avant de se rendre dans les montagnes des Nil-Gherry, il alla à Chandernagor et ensuite à Seharempour, qui forme, avec les îles Nicobar et Tranquebar, à la côte de Coromandel, la presque totalité des établissements danois dans l'Inde. Son voyage aux Nil-Gherry eut lieu par Madras et par Salem et Madepollam, et il recueillit quelques plantes dans les Shewroy-Hills, district de Salem. Il resta sept mois à Kota-Gherry et s'établit à Outa-Kamound. Son retour en France s'effectua par Calicut, chef-lieu de la province de Malabar, Tellichery, Cannanore, Mangalore, Goa et Bombay, où il arriva le 4 janvier 1839. Il partit de cette dernière ville le 25 février, et revint à Paris par le Caire, Alexandrie, Malte et Marseille. Le 30 avril, il se retrouvait dans sa famille après cinq années d'absence.

M Adolphe Delessert a rapporté de son voyage de nombreuses collections zoologiques très-précieuses . plus de 1,200 mammifères, un nombre considérable d'oiseaux, de reptiles ; une collection de poissons du Gange et des mers de l'Inde, des insectes, des coquilles, des minéraux et des plantes. Quant à ces dernières, il n'en a pas recueilli toujours dans les localités diverses qu'il a parcourues. Occupé surtout à des chasses pénibles et fatigantes, à la recherche des insectes et d'autres animaux dont la préparation et la conservation demandent de grands soins, il n'a pu consacrer que quelques instants à la botanique. Il a rapporté des plantes principalement de Poulo Pinang, Malacca, Batavia, où il a voyagé seul, et des Nil-Gherry, de Pondichéry, des montagnes de Gingy, de l'île Bourbon, etc , et quoique la quantité de ces plantes ne soit pas aussi considérable que celles recueillies par M. Perrottet, elles n'en offrent pas moins beaucoup d'intérêt.

Sous le titre de *Souvenirs d'un voyage dans l'Inde*, M. Adolphe Delessert a publié, en 1843, un volume dans la première partie duquel il donne l'itinéraire et rassemble toutes les circonstances et les particularités de son voyage. La seconde partie est, tout entière, consacrée à l'histoire naturelle et à la description des espèces nouvelles d'animaux qui se trouvaient dans ses collections zoologiques

M. Adolphe Delessert est reparti pour l'Inde en février 1843. Au mois d'août suivant, il était à Calcutta et avait visité Point-de-Galle, dans l'île de Ceylan, Madras, etc.

M Law.

Plantes du Dekkan.

Une autre partie de l'Inde, le royaume du Dekkan, est représentée dans l'herbier de M. Delessert par des plantes transmises par M. T.-S. Ralph, provenant de M. Law, de Bombay, et recueillies principalement à Aureng-Abad, l'ancienne capitale du Dekkan, sur les montagnes d'Ellora, à Mahabuleshwar, etc.

CHINE.

MM. Walker-Arnott et Callery.

En 1836, M. Walker-Arnott a envoyé à M. Delessert quelques plantes de la Chine.

M. Adolphe Brongniart a bien voulu, il y a quelques années (1838), y joindre une collection de plantes provenant de M. Callery, missionnaire français qui a résidé à Macao, le même qui, en février 1843, est reparti chargé par le ministère des affaires étrangères de recueillir des informations sur l'état de la littérature, des sciences, des arts et de l'économie politique dans l'empire chinois.

Ambassade de lord Macartney.

M Webb a offert, de son côté, des plantes de l'herbier de sir Georges Staunton, plantes collectées pendant le séjour en Chine de l'ambassade anglaise, sur laquelle nous donnerons ici quelques détails.

Lord Macartney avait été choisi comme ambassadeur à la cour de Péking pour entretenir les rapports et la bonne harmonie qui existaient entre cette cour et celle de Londres, et étendre les relations de commerce entre les deux peuples. Sir Georges Staunton l'accompagnait comme secrétaire d'ambassade; on avait désigné deux jardiniers-botanistes qui devaient rassembler pendant l'expédition tout ce qui paraîtrait le plus propre à enrichir l'histoire naturelle. L'un de ces jardiniers se nommait Haxton. L'ambassadeur devait non-seulement se rendre en Chine, mais visiter à son choix tous les autres pays de cette partie de l'Asie qu'on peut appeler l'archipel Chinois, et où l'on était à même d'acquérir quelques notions utiles ou importantes.

L'expédition mit à la voile le 26 septembre 1792. Elle arrivait dans la Cochinchine en mai 1793, ayant touché à Madère, Ténériffe, Praya dans l'île de Sant-Iago, Rio de Janeiro, traversé la partie méridionale de la mer Atlantique et de l'Océan indien (îles Tristan-d'Acunha, Saint-Paul et d'Amsterdam) passé le détroit de la Sonde, relâché à Batavia et vu l'île de Poulo-Condor dans le royaume de Kambodje. Elle entrait à Chusan (Tcheou), province de Tche-Kiang, le 1er juillet 1793, en août à Tin-Tsin, sur le Peï-Ho, seconde ville de l'ancienne province de Pe-Tchi-Li, où un des jardiniers-botanistes, retenu par une indisposition, recueillit plus de 100 espèces de plantes. Quelques jours après, l'expédition faisait son entrée à Péking Elle fit un voyage aux frontières septentrionales de la Chine, à la vallée de Gé-Hol ou Je-Ho, maintenant Tching-Te-Tcheou, au delà de la grande muraille, dans la partie de la Mongolie réunie à la grande province de Pe-Tchi-Li. C'est à Gé-Hol que sont situés le palais et le jardin de plaisance que l'empereur de la Chine habite l'été. On recueillit une centaine d'espèces de plantes pendant le voyage de Péking à Gé-Hol.

L'expédition visita également dans les provinces orientales celles de Chan-Toung et de Kiang Nan ; les botanistes de l'expédition y récoltèrent un certain nombre de plantes ainsi que dans les provinces méridionales de Kouang-Si et de Kouang-Toung, et ils s'arrêtèrent à Kouang-Tcheou ou Canton, capitale de cette dernière province, et à Macao. L'expédition était de retour par Sainte-Hélène en septembre 1794.

JAPON.

Pour le voyage de Thunberg, voyez au chapitre précédent, page 67.

AFRIQUE.

ÉGYPTE.

M. Delile.

Plantes de l'expédition d'Égypte

Les plantes recueillies dans cette expédition et décrites par M. Delile proviennent, entre autres, des localités suivantes, savoir : Moyenne-Égypte : Alexandrie, Rosette, Damiette, Mansourah, Salahyeh, le Caire, province de Fayoum ; Haute-Égypte . Thèbes, Erment, Edfou, Syène, îles d'Éléphantine et de Philæ pyramides de Sakkara, etc.|

M. Martins

M. Martins (Jean-Frédéric) a résidé comme négociant à Alexandrie, en Égypte, de 1827 à 1834; il a herborisé aux environs de cette ville, au Caire et à Baïrout, ainsi qu'à Malte. Son fils, M. le docteur Charles Martins, a donné, en 1834, une petite collection de plantes de ces pays.

Docteur Wiest et M. Ralph

La société d'Esslingen a distribué a ses souscripteurs avec les plantes de M. Schimper quelques espèces collectées dans le désert, aux environs du Caire et jusqu'aux Pyramides, pendant les mois de février, mars et avril 1835, par le docteur Wiest, botaniste wurtembourgeois, mort de la peste au Caire.

D'autres plantes reçues par l'entremise de M. Ralph, en 1842, ont été récoltées dans plusieurs localités de la Basse et de la Haute-Égypte. Nous citerons entre autres : 1° les bords du Nil, le Vieux-Caire, les pyramides de Djyzeh ; 2° Kénéh, Thèbes, Karnak, le désert de Qoceyr, etc.

M. Sabatier.

Voyage aux sources du Nil-Blanc

Le Muséum d'histoire naturelle de Paris a donné, en 1843, à l'herbier de M. Delessert, une collection de doubles des plantes envoyées par M. Sabatier et provenant d'un voyage aux sources du Nil ou Fleuve-Blanc (Bahr-el-Abiad). On sait que le Nil est formé par la jonction du Fleuve-Blanc et du Fleuve-Bleu (Bahr-el-Azraq), sur les confins des royaumes de Sennaar et de Dongola.

Une première expédition à la recherche des sources du

Nil Blanc avait été ordonnée par Méhémet-Ali, vice-roi d'Égypte, et opérée sous le commandement du capitaine de frégate Sélim, de novembre 1839 à mars 1840. Cette tentative n'ayant pas procuré les résultats qu'on en attendait, le vice-roi fit exécuter, en 1840-1842, et dans le même but, un second voyage dont la direction scientifique fut confiée à un Français, M. l'ingénieur d'Arnaud, auquel s'associèrent deux de ses compatriotes, M. Louis Sabatier, de Beziers, et M. Thibaut, connu en Égypte sous le nom d'Ibrahim-Effendi, et qui déjà avait été attaché à la première expédition.

Le 23 novembre 1840, l'expédition partit de Khartoum, pointe nord de l'île de Sennaar ; elle était de retour au même lieu le 18 mai 1841 pour se ravitailler, et en repartait encore le 26 septembre pour relever des détails. Elle a parcouru le Fleuve-Blanc sur un développement de 518 lieues et atteint le 4° 42' de latitude N. et le 29° 42' de longitude E. Arrivée à ce point, les îlots et les rochers dont le fleuve se trouvait hérissé (on était dans la saison des basses eaux) empêchèrent les voyageurs d'aller plus avant. Il n'en paraît pas moins résulter de cette seconde tentative que la direction donnée jusqu'ici au Nil-Blanc n'est pas exacte. Les voyageurs ont rapporté beaucoup d'observations, des collections d'histoire naturelle, des vocabulaires, etc. Malheureusement M. d'Arnaud, qui avait réuni de nombreuses collections de plantes, de graines, etc., fit naufrage sur le Nil et ne put sauver que son journal. Les plantes envoyées au Muséum d'histoire naturelle de Paris, et dont quelques-unes font maintenant partie de l'herbier de M. Delessert, proviennent de M. Sabatier qui a également rapporté des observations géographiques intéressantes.

La seconde entreprise tentée par le vice-roi d'Egypte n'ayant pas résolu complétement le problème des sources du Nil, il est question d'une exploration nouvelle, ordonnée par Méhémet-Ali et que dirigerait encore M. d'Arnaud

NUBIE.

M. Figari.

M. Figari, inspecteur du service de santé, au Caire, a donné en 1841, par l'intermédiaire de M. Delile, des plantes qu'il a recueillies lui-même dans le Fazoql.

M. Kotschy.

En 1837, M. Kotschy se dirigea vers la partie méridionale de la Nubie et parcourut les pays de Sennaar et de Fazoql. Les plantes qu'il en a envoyées, réunies à celles du Kordofan et du Darfour, dans la Nigritie, recueillies également par M. Kotschy, forment des collections d'autant plus intéressantes que la botanique de ces régions était presque entièrement inconnue.

ABYSSINIE.

M. Schimper.

M. G. Schimper avait formé le projet de faire un voyage en Abyssinie et de visiter cette contrée si intéressante par sa position géographique et par sa structure physique. Il s'embarque à Suez pour Djeddah, au milieu de novembre 1836, et un mois après il atteint Massouah, ville située dans une petite île de la mer Rouge. C'est là que notre voyageur fut retenu pendant plusieurs semaines par suite d'une querelle survenue à Haley entre deux Français et quelques natifs, querelle qui avait amené la mort d'un des Abyssiniens. M. Schimper n'avait figuré en rien dans cette affaire, mais l'exaspération du peuple était devenue si grande contre les étrangers, qu'il eût été fort dangereux de chercher à pénétrer alors dans le pays.

Ce ne fut que vers le 8 du mois de février 1837 qu'il put se hasarder à entrer dans le territoire d'Arkiko, mais non sans en acheter la permission à un prix très-élevé. Il continue sa route à Haley, mais comme le meurtre avait été commis dans cette ville, il n'était pas prudent d'y séjourner, il s'en éloigne après en avoir encore acheté l'autorisation, et arrive à Adowa, autrefois capitale du royaume de Tigré.

De 1837 à 1840, M. Schimper a herborisé dans ce royaume, d'abord aux environs de la ville d'Adowa, où il a constamment résidé, dans les districts de Memsah, d'Haramat, de Sana, dans les provinces d'Agam, de Modat, de Siré, dans la vallée du Tacazzé. Il a exploré, dans le Samen, les monts Bachit, Aber, Silke et Deggen, et les districts de Schoa et de Woggera.

Ainsi ces collections contiennent avec la principale partie de la végétation de la côte : 1° une flore des environs d'Adowa, indépendamment des plantes de quelques provinces ou districts du Tigré; 2° la végétation des bords et de la vallée du Tacazzé et des villages situés sur les flancs des montagnes; 3° et enfin les plantes de la province du Samen et particulièrement de ses hautes montagnes.

Le nombre des espèces de plantes envoyées par M. Schimper (1) a été évalué de la manière suivante par M. A. Braun (*Flora*, novembre 1843) :

Cryptogames.	Espèces. . . .	97	Espèces nouvelles	34
Phanérogames.	Monocotylédones.	248	—	170
	Dicotylédones. .	905	—	598
		1,250		802

(1) Il paraît que M. Schimper s'est fait une position très-avantageuse auprès du roi Oubie, qui l'a nommé gouverneur d'un district très-étendu. Il donne lui-même ces détails dans une lettre écrite d'Ambasoa en date du 30 juin 1843 : « Je suis maintenant propriétaire d'un vaste pays qui compte une population de plusieurs millions d'habitants, et dans lequel je suis souverain comme un comte d'Empire au moyen âge Mais je suis pauvre

MM les docteurs Quartin-Dillon et Antoine Petit.

Au commencement de l'année 1839, une commission scientifique fut nommée par le gouvernement pour aller explorer l'Abyssinie. Cette commission se composait de M. Lefebvre, lieutenant de la marine royale, chargé de la partie physique et géographique du voyage, et des docteurs Quartin-Dillon et Antoine Petit, le premier pour la botanique et le second pour la zoologie. Arrivés à Adowa vers le mois de juin 1839, nos deux naturalistes employèrent la fin de l'année à explorer cette vaste province où ils recueillirent de belles collections. Un premier envoi fut fait à Paris dans le courant de l'année 1840, par M. Quartin-Dillon, et M. Achille Richard publia (*Annales des sciences naturelles*, novembre 1840) deux *Décades de plantes nouvelles*, faisant partie de ce premier envoi.

Pendant l'année 1840, M. Quartin-Dillon visita les provinces du Samen, le royaume de Gondar et le Siré. En 1841 il revint à Adowa, que la commission avait choisi comme son point central. Après avoir mis en ordre les nouvelles collections recueillies jusqu'alors, MM. Petit et Dillon descendirent au mois d'octobre 1841 dans la grande vallée du Mareb, l'un des principaux fleuves de l'Abyssinie. Mais la saison, bien favorable pour les recherches de l'histoire naturelle, était l'époque où règnent dans ces vallées profondes, humides et brûlantes, ces fièvres si dangereuses pour tous ceux qui s'y exposent. Malgré les représentations des gens du pays, qui cherchaient à dissuader ces deux naturalistes d'exécuter leur projet, ils y persistèrent. Mais en peu de jours ils furent l'un et l'autre attaqués d'une fièvre pernicieuse, à laquelle M. Quartin-Dillon succomba le 22 octobre. M. Petit fut plus

car il n'y a que du blé, des armes et des bestiaux. L'argent y est rare, et je ne veux point m'en procurer en employant des moyens violents, à l'exemple des grands de l'Abyssinie » heureux, il recouvra la santé, mais sa convalescence fut longue et pénible. Après la mort si déplorable de M. Quartin-Dillon, M. Petit continua les collections de botanique commencées par son infortuné compagnon de voyage. Dans le cours de l'année 1842, M. Petit visita les grandes provinces du Lasta, du Schoa et une partie du royaume d'Amhara, dont Gondar est la capitale.

Mais ce voyage devait être funeste à tous les naturalistes de cette malheureuse expédition. Le 3 juin 1843, au moment où MM. Lefebvre et Petit croyaient avoir terminé leurs recherches à deux journées de Gondar, terme de leur voyage, en traversant à la nage le Nil, à peu de distance de sa sortie du grand lac de Tana, M. Petit, soutenu par deux hommes du pays qui l'aidaient à nager, disparaît subitement sous les eaux. On a supposé, et le fait paraît hors de doute, qu'il avait été saisi et entraîné par un crocodile. Ces animaux sont en effet très-communs dans cette partie du Nil, surtout dans les lieux où l'eau est tranquille et profonde, et l'endroit fatalement choisi par M. Petit offrait ce double caractère. Vainement les gens qui l'accompagnaient l'avaient engagé à en préférer un autre, celui-là offrant à leurs yeux une sinistre apparence. L'événement n'a que trop justifié la justesse de leurs appréhensions.

M. Lefebvre est revenu seul en Europe au commencement de 1844, rapportant toutes les collections faites par ses deux compagnons de voyage, collections bien malheureusement précieuses puisqu'elles ont coûté la vie à ceux qui les ont formées.

L'herbier recueilli en Abyssinie par MM. Quartin-Dillon et par M. Antoine Petit se compose d'environ 1,500 espèces, savoir :

Acotylédones .	100
Monocotylédones .	300
Dicotylédones.	1,100

Ce n'est pas exagérer que de dire qu'au moins la moitié de ces espèces sont nouvelles

M. Achille Richard, ami de MM. Quartin Dillon et Petit, se propose de publier très-incessamment les matériaux qu'on doit au zèle et aux travaux de ces deux victimes de la science.

M Henri Salt.

M. Salt continue la série des naturalistes qui ont visité l'Abyssinie.

En 1842, M. Delessert a fait entrer dans son herbier une collection de plantes provenant de ce voyageur, qui est allé deux fois en Abyssinie, d'abord lors de son voyage avec lord Valentia, qu'il suivit aux Indes-Orientales et en Égypte, et ensuite chargé seul d'une mission du gouvernement britannique.

M. Salt, dans son premier voyage, accompagnait en qualité de secrétaire et dessinateur Georges vicomte Valentia, qui voulait profiter des circonstances les plus favorables et de tous les moyens que lui offraient son rang et sa fortune pour étudier plusieurs pays considérables de l'Orient.

Parti du cap Lizard le 20 juin 1802, lord Valentia touche le 29 à Madère, le 20 août à Sainte-Hélène, et deux mois après au cap de Bonne-Espérance. Le 5 novembre il s'embarque de nouveau, et le 1er janvier 1803 il se trouve en vue des îles Nicobar, où il fait une courte station. Enfin quelques jours après, arrivé au continent de l'Inde, il entre dans la rivière Hougly et se rend à Calcutta. Il parcourt ensuite le pays jusqu'à Farakh-Abad, par Patnah, Benarès, Laknau ; revient à Calcutta, visite l'île de Ceylan, la côte de Coromandel, s'arrête à Madras, s'enfonce dans les terres, va à Seringapatam. M. Salt se rend à Arcot et aux chutes du Cauvery.

Pendant son séjour à Calcutta, lord Valentia avait offert de reconnaître gratuitement la côte occidentale de la mer Rouge et de faire des recherches sur l'état où se trouvaient l'Abyssinie et les pays voisins. Il avait fait agréer ce projet au marquis de Wellesley, gouverneur général de l'Inde anglaise, qui entrevoyait la possibilité d'ouvrir des relations de commerce avec l'Abyssinie.

Lord Valentia s'embarque dans ce but à Mangalore le 15 mars 1804 et arrive à Moka le 18 avril. Plusieurs îles voisines de la côte sont reconnues, et entre autres celle qui porte le nom du chef de l'expédition (île Valentia). L'île de Massouah fut le terme de ce premier voyage. Le capitaine du vaisseau que le gouverneur général avait mis à la disposition de lord Valentia apportant quelques obstacles à l'exécution de son projet, lord Valentia part de Massouah le 19 juin, revient à Moka, d'où il fait une excursion à Aden, se rend à la côte de Malabar, voit Bombay et Pounah, et de là passe à Tchintchour. De retour à Bombay, il reprend son expédition projetée; il s'embarque et se rend à Moka. Le 16 janvier il arrive à Massouah, s'en éloigne quelques jours après, arrive à Souakim et en repart pour se porter en avant jusqu'à Salaca et revenir de nouveau à Moka. C'est de cette dernière ville que part M. Salt, se rendant en Abyssinie où l'envoie lord Valentia pour étudier cette contrée qui, pendant le cours d'un siècle, n'avait été visitée que par le voyageur Bruce seulement. Le 20 juin 1805, M. Salt s'embarque, et le 28 il arrive au port de Massouah. Son intention étant de se rendre à Adowa dans le royaume de Tigré, il se dirige vers Arkiko et Dixan, franchissant la montagne de Taranta et recueillant quelques plantes dans ce voyage et pendant un séjour à Dixan. Il arrive à Adowa en passant par Antalow, où se trouvait le roi de Tigré, fait une excursion à Axum, ancienne capitale du royaume de ce nom, en examine les ruines et les inscriptions, et revient à Antalow. Le 10 octobre il quittait cette ville, se disposant à retourner à Massouah. A Arkiko, où il arrive le 7 novembre 1805, M. Salt retrouve lord Valentia. Ici s'arrête la partie du voyage de M. Salt relative à l'Abyssinie. Lord Valentia se rendit en Égypte par la voie de Suez, et après un séjour de plus de quatre mois, il partit d'Alexandrie le 21 juin, et le 26 octobre 1806 il rentrait dans Portsmouth.

A la fin de février de l'année 1809, M. Salt se remit en route pour son deuxième voyage en Abyssinie; il était chargé de porter au roi de ce pays une lettre et des présents de la part du roi d'Angleterre.

Dans le cours de ce voyage, en 1809, il visita les établissements portugais du canal de Mozambique, se rendit à Moka et réussit, en février 1810, à pénétrer en Abyssinie; il fit quelque séjour à Antalow, et au milieu de ses excursions, il pénétra dans l'intérieur jusqu'au Tacazzé En juin de la même année, il revint à Moka et partit le mois suivant pour l'Europe. Forcé, par de violents coups de vent, d'entrer à Bombay, il n'arriva en Angleterre qu'en février de l'année 1811.

EMPIRE DE MAROC.

ROYAUME DE FEZ.

M. Webb

Le 4 avril 1827, M. Webb, qui accompagnait le consul d'Angleterre à Maroc, s'embarque à Gibraltar pour Tanger, où il arrive le même jour. Il y reste jusqu'au 28, occupé à en parcourir les alentours jusqu'au delà du cap Spartel. Différentes causes ayant arrêté la marche du consul et rien ne se décidant sur son voyage, M. Webb, avant de partir pour l'Europe, se rendit à Tétouan. Il obtint, moyennant un cadeau et une visite au pacha, la permission de visiter le pays, accompagné d'un soldat kaid ou capitaine. Sous cette sauvegarde, M. Webb traversa la plaine dans tous les sens et gravit à plusieurs reprises les Dgebel-Dersa et Beni-Osmar, montagnes qui forment les dernières crêtes du petit Atlas. Il en rapporta une belle récolte de plantes dont plusieurs non encore décrites. Revenu à Tanger le 15 juin, il s'embarqua pour retourner à Gibraltar, comme nous l'avons mentionné page 107.

ALGÉRIE.

M. Schimper.

Depuis qu'une partie de l'Afrique est placée sous la domination française, plusieurs botanistes ont fait parvenir des plantes de différents points de ce pays

En 1832, M. Guillaume Schimper, de la société d'Esslingen, envoyait des espèces récoltées par lui aux environs d'Alger et dans les plaines de la Metidja. Ce voyageur s'était trouvé mieux placé que personne pour faire des récoltes abondantes : mêlé avec les Arabes de quelques tribus, il mangeait et buvait avec eux; il avait même obtenu la permission de voir leurs femmes, ce qui, au reste, n'arrivait pas toujours, car il était, au milieu d'autres tribus, l'objet d'une extrême curiosité pour les hommes et du plus grand effroi pour les femmes et les enfants.

M. Adolphe Steinheil.

Ce jeune naturaliste, qu'une mort prématurée a enlevé à la botanique qu'il cultivait avec tant d'ardeur et de science, a herborisé pendant dix-huit mois à Bone où le retenaient ses fonctions de pharmacien militaire. « Steinheil arriva à Bone, (dit M. Decaisne dans la notice qu'il a consacrée à son ami), peu de temps après la conquête de cette place. Rien encore n'y était organisé. La petite maison qu'il habitait, couverte d'une terrasse à la manière orientale, laissait passer de toutes parts la pluie dans la seule pièce qui fût habitable. Souvent alors, pour préparer ses plantes, on le voyait passer la nuit à sécher au feu d'un réchaud le papier trempé dont il avait besoin pour changer les échantillons qu'il avait recueillis peu de jours auparavant. Ses seules distractions, au milieu des nombreuses occupations dont il était chargé, étaient de réunir des *matériaux pour une flore de Barbarie*. Fidèle à ses habitudes, il dessinait, analysait et décrivait tout ce qu'il recueillait. Si l'armée faisait quelque reconnaissance aux environs de la place et qu'il ne fût pas de service ce jour-là, il échangeait son tour de garde, afin de la suivre; car c'était pour lui une occasion d'agrandir le cercle de ses herborisations et d'enrichir son herbier. » Accablé de fatigues et atteint d'une fièvre intermittente qui ne lui laissait aucun repos, Steinheil, bien à regret, sollicita et obtint l'autorisation de revenir en France dans le courant de l'année 1831.

M. Bové.

Les plantes d'Alger, de Constantine, Blidah, Oran, etc., sont dues à M. N. Bové, que nous avons cité déjà pour ses voyages en Arabie. Il a recueilli les plantes d'Algérie pendant son séjour dans ce pays de 1837 à 1839.

Exploration scientifique de l'Algérie.

L'Algérie, déjà visitée, comme nous l'avons vu, par MM. Desfontaines, Steinheil et Bové, a fourni, il y a peu d'années encore, un nouvel aliment aux recherches scientifiques. Nous voulons parler de l'expédition envoyée par le gouvernement français dans nos possessions d'Afrique; on sait que M. le colonel Bory de Saint-Vincent présidait la commission formée d'hommes spéciaux qui devaient rechercher dans les diverses parties accessibles du pays et réunir tout ce qui pouvait intéresser l'histoire et la géographie de la contrée, l'industrie, les sciences et les arts. M. le capitaine Durieu de

Maison-Neuve était chargé particulièrement de la botanique. M. le colonel Bory a pris part aux recherches relatives à l'histoire naturelle. Voué plus spécialement à l'étude des plantes cryptogames et surtout des hydrophytes, il a fouillé les eaux depuis le point le plus oriental de la région de la Calle, frontiere de Tunis, jusqu'à l'ouest d'Oran, tandis que M. Durieu visitait tous les points de l'intérieur. Ainsi la province de Bone, les deux routes de Constantine, les environs de cette ville, le vaste plateau du Chelif, Bougie, l'île déserte de Golite, à vingt lieues environ de la côte, et qui n'a jamais été visitée par aucun naturaliste, les environs d'Alger, le Sahhel, la plaine de la Metidja, Blidah et les pentes de l'Atlas, le col de Teniah, Medea, Cherchel et son pourtour, Mostaghanem, Mascara, Tremecen, la Tafna, enfin tout le pays d'Oran ont été observés soigneusement par ces deux naturalistes, et bien peu de plantes ont échappé à leurs recherches.

Les explorations et les travaux de la commission scientifique ont eu lieu en Algérie de 1840 à 1842.

M. le capitaine Durieu, revenu en France avec la commission scientifique, est retourné en Algérie pour explorer les parties du pays où lui et M. le colonel Bory de Saint-Vincent n'avaient pu pénétrer lorsqu'ils visitèrent ensemble le nord de l'Afrique. M. Durieu va compléter dans ce voyage les travaux qu'il avait commencés avec M. Bory sur le règne végétal et les diverses branches des sciences qui s'y rattachent.

Débarqué à Alger le 18 mars 1844, M. Durieu remit le lendemain ses lettres de recommandation à M. le gouverneur, et en ayant reçu l'assurance que ses recherches seraient puissamment encouragées, il se trouvait, dès le 30 mars, sur la route de la chaîne de l'Atlas. Il parvint à Boufarick et a Blidah, et s'achemina par la base de la chaîne à quelques lieues dans l'est; là il découvrit une magnifique forêt de cèdres dont on ignorait l'existence, malgré sa proximité d'Alger. Le 3 avril, M. Durieu herborisait paisiblement dans des régions ou l'on n'eût pas osé supposer, il y a deux ans, qu'un Européen pût jamais s'aventurer. Il est encore en Algérie, occupé à poursuivre le cours de ses explorations(1).

RÉGENCE DE TRIPOLI

CYRÉNAÏQUE

M. Pachô

Un herbier de la Cyrénaïque qui fait partie des collections de M. Delessert nous fournira l'occasion de dire quelques mots sur le malheureux Pachô qui a recueilli ces plantes.

J.-R. Pachô, né en Piémont, était peintre; il avait été s'établir auprès de son frère, négociant en Égypte. Il fit un voyage d'artiste dans la Basse-Égypte en 1823. Il désirait faire une excursion dans l'ancienne Cyrénaïque, actuellement Barcah, territoire de la Barbarie et dépendance de Tripoli, dont le pacha désigne un bey qui réside à Derne. Pachô entreprit ce voyage à l'époque où la société de géographie avait proposé un prix pour l'exploration de cette contrée. En novembre 1824 il quittait Alexandrie muni d'une lettre de recommandation de Méhémet-Ali pour le pacha de Tripoli. Il visite la Marmarique, le golfe de Bomba, et arrive à Derne; il obtient du bey, gouverneur de Bengazi, l'ordre qu'on le laisse visiter la partie des terres qui s'étend depuis Derne jusqu'à Cyrène. Arrivé à l'ancienne Cyrène, appelée maintenant Grennah par les Arabes son cœur s'émeut à la pensée de la destruction qui l'environne, à la vue des ruines, des statues mutilées et éparses qui recouvrent la place où fut cette antique capitale cyrénéenne.

Il poursuit ses excursions scientifiques, visite Ptolémaïs, au-

(1) Voyez, comme complément de cette section, les Voyages de M. Desfontaines dans les régences de Tunis et d'Alger, chapitre précédent, page 57.

jourd'hui Tolometa, et Taoukrah, ancienne Teuchira, et après avoir examiné les nombreux restes de monuments qu'il rencontre, il arrive à Bengazi, ville et port de mer bâtis sur les ruines de Bérénice, à 58 lieues de Derne et 25 de Tolometa. Entré dans le désert de Barcah, il se dirige vers l'oasis d'Audjelah et vers Maradeh, autre oasis à 30 lieues d'Audjelah, dont la situation lui semblait devoir correspondre avec celle du jardin des Hespérides de Strabon.

Les recherches auxquelles Pachô s'est livré pendant ce voyage intéressent non-seulement la botanique, mais encore l'archéologie, la géographie comparée, l'histoire, les mœurs et les usages des habitants, les procédés de culture. A son retour à Paris, vers la fin de 1825, Pachô obtint le prix proposé par la société de géographie. Cet infortuné, égaré par l'idée des injustices dont il se prétendait la victime, a mis fin à son existence en janvier 1829, alors qu'il était en proie au délire d'une fièvre ardente.

SÉNÉGAMBIE.

M. Leprieur.

Aux plantes de la Sénégambie, envoyées par M. Perrottet, et que déjà nous avons mentionnées (p. 91), nous ajouterons celles rapportées par M. Leprieur, aujourd'hui pharmacien de première classe de la marine à la Guyane française, et qui sont le fruit d'un séjour de plusieurs années au Sénégal.

M. Leprieur, attaché au service de santé de la marine, fut envoyé au Sénégal dans les premiers mois de l'année 1824. Il s'embarqua à Rochefort sur la gabare *le Chameau*, chargée de vivres pour la station de Cadix, d'où elle devait ensuite continuer son voyage pour la côte d'Afrique. Pendant vingt et un jours qu'il séjourna sur la rade de cette ville, il en parcourut à loisir tous les environs. Le bâtiment ayant remis à la mer se trouva, en dix jours, à l'embouchure du Sénégal. Arrivé à Saint-Louis et employé dans cette résidence, M. Leprieur visita avec soin les environs de cette ville. En février 1823 il fit un voyage à Daghana, ou il resta pendant quelque temps et forma des collections de plantes. Dans le cours de l'année 1826, M. Roger, gouverneur de la colonie, ayant mis à exécution le projet de visiter l'intérieur du pays jusqu'au delà de la Gambie et de la Casamance, emmena avec lui M. Leprieur, qui profita de ce long voyage pour se livrer à des recherches d'histoire naturelle. Après avoir traversé le pays de Cayor et s'être arrêté dans les bas-fonds humides de N'Boro, ils atteignirent la presqu'île du Cap-Vert, où sont disséminées de nombreuses oasis. De là ils pénétrèrent chez les Nonnes-Cérères, visitèrent le cap de Naze et les bords de la rivière de Saloum. Ils passèrent quelques jours à Joal, dans le royaume de Baol, village situé dans une position très-riche sous le rapport des productions naturelles ; de là ils se rendirent à Albréda, sur la Gambie, et à Zékinchor, sur la Casamance. Enfin ils poussèrent leur reconnaissance jusqu'au Cap-Rouge et chez les peuplades appelées Mandingues. Le temps ayant manqué à M. Leprieur pour observer complétement le pays, il conçut le projet de s'y rendre de nouveau, projet qu'il mit à exécution en 1827 et 1829. Le voyage qu'il fit en juin 1827 à Albréda, lui fournit l'occasion de ramasser la plupart des plantes de la Gambie. Ce fut au mois de janvier 1829 que d'après l'ordre de M. Jublin, qui commandait alors au Sénégal, et qui mit à la disposition de M. Leprieur des nègres et des chameaux, ce voyageur traversa de nouveau tout le Cayor, arriva aux confins du pays des Nonnes-Cérères et s'arrêta pendant quelques jours aux environs du cap de Naze, où il fit des collections de minéraux et de plantes.

Dans le mois de juillet 1828, M. Leprieur reçut l'ordre de partir pour Bakel, poste situé dans le pays de Galam. Il fit ce voyage sur un bateau à vapeur dont les fréquentes relâches le mirent à portée d'observer la végétation le long du cours du fleuve sur une grande étendue de pays. Arrivé à Bakel, M. Leprieur s'occupait avec empressement d'y faire des récoltes de plantes, lorsque les fièvres vinrent interrompre ses travaux et le forcèrent de quitter ce pays.

En juillet 1829, M. Leprieur arrivait en France ayant été rappelé au port de Brest pour y continuer son service. Il avait recueilli à peu près 1,800 espèces de plantes.

Nous suivrons plus tard ce voyageur dans ses excursions à la Guyane française, où il se rendit dans le courant de l'année 1830.

M. Heudelot.

La flore de la Sénégambie, déjà éclairée par les travaux et les voyages de MM. Perrottet et Leprieur, et par des envois de plantes du Sénégal, faits antérieurement par M. Roussillon, reçut un complément très-précieux par les soins intelligents de M. Heudelot, ancien directeur des cultures royales au Sénégal.

Pendant les années 1835-1837, M. Heudelot a visité la rive gauche du Sénégal, depuis Saint-Louis jusqu'à Galam, ce qui comprend le pays de Ouâlo, Daghana, le Fouta-Toro. Il est allé aux îles du Cap-Vert, a exploré les royaumes de Cayor, de Baol, de Saloum, les bords de la Gambie et de la Casamance, s'est avancé jusqu'au Bondou et aux rives de la Falémé, recueillant dans chacun de ces lieux des plantes rares et remarquables, et ayant le soin d'accompagner chaque échantillon de notes précises, qui pourront servir à la flore de ces contrées. Les bords du Rio-Nunez et du Rio-Pongo, le pays des Landamas, Kakondy, le Fouta-Dialon lui avaient offert d'abondantes récoltes, lorsque la mort est venu l'enlever, jeune encore, à des explorations jusqu'alors fructueuses pour la science.

Les plantes provenant de ces voyages sont restées dans les

collections de M. Delessert avec celles de MM. Perrottet et Leprieur. Les herbiers de ces trois voyageurs forment une collection unique, dont un petit nombre de doubles seulement ont été distribués à quelques botanistes.

M. le docteur Brunner.

M. le docteur Brunner, de Berne, qui a voyagé en Sénégambie, a examiné avec intérêt, dans l'herbier de M. Delessert, les collections de MM. Perrottet, Leprieur et Heudelot. Il a donné, en 1839, un choix de plantes de cette contrée et des îles du Cap-Vert.

En janvier 1838, M. le docteur Brunner arrivait à Saint-Louis du Sénégal. La saison étant déjà bien avancée, il ne tarda pas à faire des excursions pour recueillir ce qu'il pourrait encore trouver. La première de ses courses fut dirigée vers l'île de Sor, achetée par la France pour en exploiter les bois qui la recouvrent. En attendant qu'il pût aller au Cap-Vert, le docteur Brunner visita Gandiole et se rendit à Gorée et à Bathurst ou Sainte-Marie de Gambie. Le 10 mai, il part pour l'île de Sel dans l'archipel du Cap-Vert; différentes herborisations lui procurèrent pendant ce voyage quelques plantes curieuses. Il s'embarqua ensuite pour Boa-Vista et Sant-Iago, et de là pour Lisbonne, s'arrêtant en route à Brava, autre île du Cap-Vert, où M. le docteur Brunner herborisa encore.

GUINÉE SEPTENTRIONALE.

OWARE ET BENIN.

Voyez l'article sur Palisot de Beauvois, dans le chapitre qui précède, p. 70.

CAP DE BONNE-ESPÉRANCE

Francis Masson.

Outre les herbiers du Cap, si nombreux et si remarquables de MM. Ecklon et Zeyher, et de M. Drège, dont nous parlerons tout à l'heure, il existe dans les galeries de botanique de M. Delessert une collection de plantes de la même contrée, recueillies par Francis Masson, jardinier anglais.

En 1772, Aiton, directeur du jardin royal de Kew, qui voulait enrichir cet établissement de plantes nouvelles et curieuses, cherchait un homme intelligent auquel il pût confier quelque exploration botanique, et le cap de Bonne-Espérance avait été choisi comme le lieu qui offrait le plus de chances favorables pour une opération de cette nature. Quoiqu'à cette époque les voyages autour du monde de Banks et Solander eussent donné une sorte de popularité aux efforts entrepris dans l'intérêt des sciences naturelles, l'idée cependant de cette expédition au Cap fut si peu goûtée du public, qu'il n'y eut que Masson seul qui consentit à faire le voyage. Il partit au commencement de 1772, et sa mission eut un tel succès, que diverses nations, encouragées par l'exemple, ne tardèrent pas à entreprendre des expéditions botaniques dans des contrées lointaines.

Masson se trouva au Cap en même temps que Thunberg; il fit avec ce célèbre naturaliste plusieurs courses dans le pays, et entre autres, en mai 1773, une excursion à pied autour des montagnes qui séparent le Cap de la baie False (False-Bay), et en septembre de la même année, il entreprit, avec Thunberg, un voyage dans l'intérieur depuis la ville du Cap jusqu'aux frontières du pays des Cafres, et visitant entre autres localités celles qui suivent et que nous ne faisons que mentionner : Groene-Kloof, la baie de Saldanha, Witte-Klip, Honing-Klip, Pekeniers-kloof, les cantons de Cold et de

Warm-Bokkeveld, Zwellendam, Mossel-Bay, le Lange-Kloof, Zondags-River. Ce voyage dura cinq mois. Il fit encore, avec Thunberg, en septembre 1774, une autre excursion qui les conduisit vers des cantons assez éloignés. Ils visitèrent, passant par Piketberg, le territoire de Roggeveld dans les districts de Tulbagh et de Stellenbosch et revinrent, trois mois après, par le canton de Roodzand.

Masson resta au Cap deux ans et demi, et alors une autre direction fut donnée à ses recherches. On le chargea, en 1776, d'explorer les îles Canaries, les Açores, Madère et une partie des Antilles, et spécialement l'île de Saint Christophe. Il employa cinq années à cette mission, et il revint en Angleterre en 1781. Deux ans après, il fit un voyage en Portugal et à Madère, et retourna au cap de Bonne-Espérance en 1786. Pendant près de dix années qu'il y resta, il se livra à des explorations minutieuses dans le pays Il a introduit en Angleterre un grand nombre d'espèces de *Geranium*, d'*Erica* et de plantes bulbeuses du Cap.

Pendant son premier séjour au Cap, Masson entra en correspondance avec Linné. C'est sur une plante bulbeuse, trouvée par Masson au Cap, qu'a été établi le genre qui lui est dédié sous le nom de *Massonia*. Linné fils fait observer, dans son *Supplementum*, ou ce genre a d'abord été publié, qu'il doit à Masson toutes les plantes des Canaries, décrites dans cet ouvrage.

Masson est mort en 1805 à Montréal, dans le Canada. Il avait été chargé d'explorer les possessions anglaises dans l'Amérique septentrionale et d'en rapporter des plantes ou nouvelles ou qui lui sembleraient intéressantes.

M. Verreaux fils.

Cinquante années plus tard, M. Verreaux fils explorait quelques parties du Cap et envoyait un nombre considérable d'échantillons de plantes. En 1827 et 1829, il a visité entre autres lieux dans le district du Cap, Steenberg, les montagnes d'Hout-Baay ou baie Chapman; sur la côte occidentale, les montagnes de la Table et du Lion, Groene-kloof, etc.; dans le district de Zwellendam, Caledon, au sud-ouest. Il a parcouru en outre les districts de George et d'Uitenhagen.

MM Ecklon et Zeyher.

Plusieurs années consacrées par MM Ecklon et Zeyher, et par M. Drège à des recherches actives dans cette partie de l'Afrique, dont les richesses botaniques semblent inépuisables. ont procuré à ces naturalistes des collections immenses.

M Ecklon, né en Danemark, et qui a séjourné pendant quelque temps au Cap, où il était employé comme pharmacien, s'était réuni à M. Zeyher. Ils ont fait en commun leurs principaux voyages. Une partie des plantes récoltées par ces deux botanistes proviennent de l'intérieur du pays, où n'avait encore pénétré aucun botaniste. M. Zeyher a visité les districts de Worcester, et Clan-William, est resté quelque temps à Olifants-River (rivière de l'Éléphant), localité dont la végétation est remarquable par ses formes, est allé au Zederberg, et de là au Kamiesberg, dans le pays des Namaquas et jusqu'aux bords de l'Orange ou Gariep-River, dans les lieux sauvages habités par les Bosjemanns ou Boschimens. De son côté, M. Ecklon prenait une route opposée. En janvier 1829 il se rendait en bateau à Algoa-Bay. De là il continua son voyage en chariot à travers les districts d'Uitenhagen et d'Albany, le Great-Fish-River (Groote-Vis-River, rivière du Grand-Poisson), et le pays neutre vers la Cafrerie, et se dirigea aussi loin qu'il put le faire sans exposer sa vie à un danger certain. Les résultats de ce voyage botanique furent très-importants. Il trouva de belles plantes le long de sa route et particulièrement sur le Winterhoek, limite en quelque sorte de la flore du Cap, l'autre côté présentant une végétation différente. M Ecklon évaluait à 3,000 espèces le nombre des plantes trouvées par lui dans ce voyage, et la plupart étrangères aux districts qui avoisinent la ville du Cap.

Pour rendre ses recherches encore plus fructueuses, M. Ecklon avait formé le plan de passer une année dans chacun des différents districts. En 1829-1830, il se trouvait dans celui d'Uitenhagen M. Ecklon a dressé la liste des plantes qu'il y a trouvées et les a rangées d'après une classification systématique proposée par Sprengel, qui réduit à 100 le nombre des familles naturelles dans lesquelles il fait entrer toutes les plantes du globe : et telle est la richesse et la variété de la flore de cette partie de la colonie du Cap, qu'à l'exception de 12 familles à peu près, il n'en est pas une qui n'ait au moins un genre croissant dans le district d'Uitenhagen. Le nombre des espèces que M. Ecklon a recueillies dans neuf localités différentes est d'environ 1,640.

De retour au Cap, MM. Ecklon et Zeyher se réunissent et gravissent le Tulbagh, montagne qui a 6,000 pieds d'élévation et où l'on rencontre les formes alpines propres aux genres de plantes du Cap.

Bientôt ils se préparent pour un grand voyage dans l'intérieur. Ils emploient deux années à cette exploration importante

Nous traçons rapidement leur itinéraire. De la ville du Cap (Cape-Town), ils prennent la route de Palun-River, de Caledon, du cap Agulhas et de Zwellendam, restent quelque temps à Gaurits-River pour récolter les plantes propres au district de Karro, visitent la chaîne de Zwarteberg, dans le district de Graaf-Reynet et se rendent ensuite à Uitenhagen et à la baie d'Algoa pour expédier leurs collections à Cape-Town Cette opération terminée, nos voyageurs parcourent les districts les plus intéressants d'Albany et Somerset, et se dirigent par le Great-Fish-River à Konab, à Cat-River et dans la Cafrerie. Continuant leur route, ils atteignent et traversent, non sans de grandes difficultés, la chaîne escarpée des montagnes qui s'étendent latéralement du Stormberg à la mer, et forme la limite de la colonie. Nos intrépides explorateurs se rendent ensuite aux sources de Key-River et dans le pays des Tamboukis. Leurs collections étaient considérables et d'un transport difficile. C'est alors qu'il fut convenu que M. Ecklon se chargerait de les rapporter au Cap et en Europe. Il fit le voyage heureusement et arriva à Hambourg avec 58 caisses de plantes. On évalue à 7 ou 8,000 le nombre des espèces de plantes recueillies dans ce voyage. Plusieurs échantillons sont uniques ou n'ont pu être récoltés qu'en petit nombre.

En 1840, M. Zeyher entreprend une expédition dans l'intérieur et au nord pour y chercher des animaux et des plantes. Ce voyage a été exécuté entièrement aux frais du comte de Derby et par un de ses jardiniers, M. Burke. Celui-ci arriva au Cap le 16 mars. D'Uitenhagen, où s'était rendu de son côté M. Zeyher, ces deux voyageurs se dirigèrent vers le nord, traversant la rivière Orange jusqu'à ce qu'ils eussent atteint presque le 24e degré de latitude ; ils revinrent ensuite au Cap, rapportant avec eux une immense collection d'animaux morts et vivants, de plantes sèches, de graines, de bulbes, etc. Leur voyage aurait pu être poussé plus loin sans la jalousie d'un corps d'émigrants hollandais, établis nouvellement dans le pays où nos voyageurs voulaient passer, et qui, les prenant pour des espions, les empêchèrent obstinément d'aller plus avant. M. Burke s'embarqua avec toutes les collections pour les amener en Europe, dans le mois de juillet 1842. M. Zeyher s'est rendu, depuis, dans le pays des Namaquas, à l'occident, où la végétation est très-différente de celle de l'extrémité orientale de la colonie, qu'il a habitée pendant un grand nombre d'années.

M. Drège.

Les voyages de M. Drège, de 1826 à 1834, se sont etendus non seulement dans l'intérieur de la colonie du Cap, mais encore jusqu'auprès de Port-Natal, dans la Cafrerie, et par conséquent plus loin qu'ait jamais été aucun botaniste. Il fit une ascension sur le point le plus élevé des monts Witteberg, dont la hauteur au-dessus de la mer est de près de 8,000 pieds. Une localité à l'est de Cape-Town, appelée Outnequaland, est le pays qui a procuré à M. Drège la plus grande partie des plantes remarquables de sa collection.

Le nombre des échantillons recueillis par M. Drège dans ses voyages s'élève à près de deux cent mille, qui peuvent renfermer environ 8,000 espèces. Toutes ces collections sont le produit des travaux personnels de M. Drège, qui n'a reçu de son gouvernement aucun secours pour l'aider dans ces explorations si pénibles.

Le professeur Ernest H.-F. Meyer, de Kœnigsberg, a commencé à publier les plantes récoltées par M. Drège, dans un ouvrage intitulé : *Commentaria de plantis Africæ australioris quas collegit, etc., J. F. Drege.*

Pour donner une idée de l'importance de cette collection, nous ferons remarquer que les deux premiers fascicules de l'ouvrage de M. Meyer, publiés en 1835 et 1837, et les seuls qui aient paru jusqu'à présent, contiennent l'énumération de 1,168 espèces de plantes, dont une grande partie nouvelles et appartenant à des genres nouveaux, et que la seule famille des légumineuses a fourni 341 espèces. Le reste est réparti dans 15 autres familles, quelques-unes nombreuses en espèces, telles que les composées, qui en comptent 232, les asclépiadées, 107, les labiées, 72, les lobéliacées, 51.

MM. Ecklon et Zeyher avaient précédemment commencé à donner une liste de leurs plantes, semblable à celle de M. Meyer. Elle a été publiée dans le même temps que les *Commentaria* de M. Meyer, et sous ce titre : *Enumeratio plantarum Africæ australis extratropicæ, etc.* Part. 1, 2, 3. *Hamburgi,* 1835-1837.

La publication de cet écrit, qui devait servir de prodrome à la flore complète de l'Afrique méridionale, a été interrompue

Le nombre des espèces, décrites dans les trois premières livraisons avec des numéros correspondant à ceux des échantillons, est de 2,490, appartenant à 62 familles. Un grand nombre de ces espèces, provenant des mêmes localités et publiées concurremment avec celles recueillies par M. Drège, doivent former nécessairement entre elles de doubles emplois dont la rectification est laissée aux auteurs de monographies à venir. Les espèces décrites, appartenant à la famille des légumineuses, sont un peu plus nombreuses que celles de M. Drège Elles s'élèvent à 561. Voici le nombre d'espèces mentionnées dans quelques autres familles : rubiacées, 45, campanulacées, 82, polygalées, 105, ombellifères, 112, géraniacées, 211.

Sous le titre de *Floræ Africæ australioris illustrationes monographicæ*, M. C.-G. Nées d'Esenbeck a commencé une publication intéressante pour ceux qui possèdent les plantes de MM. Ecklon, Zeyher et Drège, puisque ces plantes se trouveront décrites dans cet ouvrage. Le premier volume contient la famille des graminées. Il renferme les descriptions de 368 espèces de graminées, comprises dans 95 genres.

MM. Krauss, Hottholl et Gueinzius

Nous ne quitterons pas le cap de Bonne-Espérance sans citer M. le docteur Ferdinand Krauss, de Stuttgard, qui a rapporté des plantes de ce pays, récoltées principalement pendant un séjour de 1838 à 1840, qu'il a employé à visiter différentes parties de la colonie, depuis le Cap jusqu'au delà de Port-Natal, traversant les districts du Cap, de Zwellendam, de George, d'Uitenhagen. Ces explorations lui ont procuré de riches collections botaniques et zoologiques qui paraissent renfermer un grand nombre d'espèces nouvelles, quoique provenant de localités parcourues quelques années auparavant par MM. Drège, Ecklon et Zeyher.

Nous mentionnerons à la suite de ces collections, avec un

choix de plantes du cap de Bonne-Espérance, données par l'herbier royal de Berlin, en 1837, d'autres plantes récoltées par MM. Hottholl et Gucingius, et qui sont entrées, en 1843, dans le musée botanique de M. Delessert.

OCÉAN ATLANTIQUE.

ILES AÇORES

MM Guthnik et Hochstetter.

Les plantes de quelques îles de cet archipel ont été recueillies par MM. Guthnik et Hochstetter fils qui, en 1838, ont entrepris à leurs frais un voyage aux Açores.

Leurs plantes proviennent principalement des îles San-Miguel, Terceira, Fayal et Pico.

ILE DE MADÈRE.

M. Webb.

Nous avons vu plus haut que M. Webb, après un voyage dans le royaume de Fez, s'était embarqué à Gibraltar. De nouvelles excursions botaniques et géologiques l'entraînèrent à Lisbonne, à Coimbre, à Oporto, etc. Mais une rencontre qu'il fit de M. Holl, botaniste saxon, qui arrivait de Madère, donna à M. Webb l'envie de parcourir cette île. Le 2 mai 1828, il s'embarque sur un bâtiment de la marine royale portugaise qui se rendait à cette destination. A peine arrivé, il saisit une occasion pour se rendre à Porto-Santo, petite île située à vingt lieues au nord-ouest de Madère. Il rencontra à bord du bateau qui l'y conduisait deux naturalistes distingués, le révérend M. Lowe et le docteur Charles Heineken. Ils restèrent quinze jours à Porto-Santo : M. Heineken ramassant les insectes, les crustacés, les oiseaux : M. Webb et M. Lowe, les plantes auxquelles ce dernier ajoutait les mollusques. M. Lowe a publié, depuis, les mollusques terrestres et une partie des plantes nouvelles ainsi recueillies en commun. A son retour, M. Webb fit plusieurs excursions dans l'île de Madère, qu'il explora dans les points les plus variés, et le 3 septembre il partait pour se rendre aux Canaries.

ILES CANARIES

M. Webb.

Embarqué à bord du paquebot anglais qui va au Brésil, touchant à Ténériffe, M. Webb débarque le 5 septembre sur les rochers noirs du Puerto de la Orotava (île de Ténériffe). La saison était déjà avancée, et ne croyant pas rester longtemps aux îles Canaries, il gravit aussitôt le célèbre pic de Teyde; il se rend ensuite dans les villes de Laguna et de Sainte-Croix (Santa-Cruz). C'est à cette époque qu'il s'adjoignit M. Berthelot, qui résidait à Sainte-Croix et qui, pendant huit ans, avait habité Ténériffe. M. Berthelot devait seconder M. Webb dans ses recherches d'histoire naturelle. Le 21 mai 1829, après avoir mis en ordre les collections de plantes, d'insectes, de mollusques, d'oiseaux et de roches rassemblées dans les courses nombreuses qu'il avait faites depuis son arrivée à Ténériffe, M. Webb s'embarque pour l'île de Lancerote; il n'y arrive qu'après quatre jours de navigation, ayant été forcé de louvoyer constamment à cause des vents alizés. Il parcourt encore le pays dans toutes les directions, et le 15 juillet il se rend dans l'île de Fortaventura, où il ne reste pas plus de quinze jours; tout y avait été brûlé par la chaleur. Le 1er août, il s'embarque pour la Grande-Canarie et y continue ses explorations actives jusqu'à la fin de décembre; alors, chargé de toutes ses récoltes des îles orientales, il s'embarque pour Sainte-Croix de Ténériffe, mettant deux jours et deux nuits pour accomplir ce petit trajet. Il passe plus de deux mois à Sainte-Croix, occupé à mettre en ordre ses collections qui ne remplissaient pas moins de 32 caisses, et se disposa à visiter Palma, Gomera et l'île de Fer. Il se rendit en effet à la première de ces îles, où il fit quelques récoltes botaniques, mais il fut obligé de renoncer à visiter Gomera et l'île de Fer, à cause d'une fièvre épidémique qui s'était déclarée à Gomera, ce qui aurait entraîné à son retour une quarantaine qu'il voulait éviter. Deux années bien remplies s'étaient écoulées depuis l'arrivée de M. Webb aux îles Canaries; le 15 août il se met en route pour Gibraltar et débarque à Alboran. Arrivé à Oran, il y passe dix jours, visite Alger et s'arrête enfin à Villefranche, près de Nice.

M Despréaux.

Les plantes de M. le docteur J.-M. Despréaux, qui, dans l'herbier de M. Delessert, ont été jointes à celles de M. Webb, complètent, ou à peu près, la flore des îles Canaries. M. Despréaux a parcouru ces îles et la côte d'Afrique pendant six ans. Il a séjourné longtemps dans la Grande-Canarie, et fait quelques relâches sur d'autres points de l'archipel. En 1835, il avait parcouru les îles de Ténériffe, Fortaventura, Lancerote, l'île de Fer et Gomera. Il était à la Havane en 1841, d'où il se rendit au Mexique. En novembre 1842, il se trouvait dans la plaine de Toluca, au sommet des Andes de Mexico. Il y était arrivé après avoir séjourné quelque temps à Vera-Cruz. Il avait récolté de belles plantes à Mexico et devait commencer ses explorations dans les montagnes, mais il est mort avant d'avoir fait aucun envoi en France.

ILE DE TRISTAN-D'ACUNHA

M Roussel de Vauzème

Quelques plantes de cette île peu explorée de l'Océan-Atlantique méridional ont été rapportées, en 1835, par M. Roussel de Vauzème.

MER DES INDES.

ILE DE SOCOTORA

M. Wellsted.

Aux plantes de l'Arabie de M. Wellsted, que nous avons mentionnées à la page 122, se trouvaient réunies celles qu'il a rapportées de Socotora, la plus grande des îles africaines dans la mer des Indes après Madagascar, et située à l'extrémité orientale de l'Afrique, à l'entrée du détroit de Bab-el-Mandeb. M. Wellsted en a visité et parcouru l'intérieur en 1834, ainsi que les environs de Tamarida, ville principale et résidence du gouverneur de Socotora.

MADAGASCAR.

M Goudot.

L'herbier possède des collections importantes, envoyées par M. Goudot, qui réside à Madagascar, et dont le premier voyage dans ce pays remonte à l'année 1829 Ce sont des plantes recueillies par lui à Tamatave, ancien établissement français sur la côte orientale de cette île, et chez les Ambanivoules, dans la chaîne des hautes montagnes qui s'étendent du nord au sud de l'île, à 20 ou 25 lieues de Tamatave. Il a herborisé, en 1832, dans les environs de la petite rivière de Manaarez, qui prend sa source dans les montagnes des Ambanivoules, ainsi que sur les bords et dans les épaisses forêts qui suivent le cours d'Yvondrou, rivière qui sépare le territoire des Bétanimènes de celui des Ambanivoules En juillet 1835, il recueillait quelques plantes dans une baie que le capitaine Owen, dans son dernier voyage, regarde comme une des plus belles du monde, celle de Diego Suarez, sur la côte nord-est de Madagascar C'est dans cette localité que M. Goudot a trouvé une plante peu connue, figurée dans le tome 3 des *Icones selectæ* de M. Benjamin Delessert, l'*Ouvirandra fenestralis*, remarquable par la configuration singulière de ses feuilles qui, dénuées de parenchyme, laissent à découvert un réseau d'une grande régularité, imitant les mailles d'une dentelle. Cette plante croît dans l'eau, et ses feuilles à jour, portées par de longs pétioles, flottent à sa surface. Ses racines sont, dit-on, bonnes à manger.

Le dernier envoi de M Goudot, reçu en 1842, se composait de plantes de Tannanarivou, capitale de la province d'Émirne.

MM Bernier et Perville.

M Bernier a envoyé en 1835 des plantes qu'il a récoltées dans les pays au nord de Madagascar.

M Pervillé (Auguste), ancien jardinier attaché au Muséum d'histoire naturelle de Paris, et actuellement fixé à Bourbon, s'est mis en route vers 1837 dans le but de visiter et les îles Seychelles et les parties nord et nord-ouest de Madagascar, et principalement l'île de Nos-Béh, dans le canal de Mozambique. Il a fait parvenir des plantes de son voyage au Muséum, qui a bien voulu en détacher une petite collection pour l'herbier de M. Delessert.

Ferdinand Noronha.

Les plantes de l'île de Madagascar dont nous venons d'indiquer les diverses origines sont venues s'ajouter aux plantes, fort rares d'ailleurs dans les collections et en petit nombre, provenant du docteur Noronha, et qui, depuis longtemps, font partie des herbiers de M. Delessert.

Le docteur Ferdinand Noronha était un naturaliste espagnol qui entreprit un voyage botanique a Manille, où il recueillit un grand nombre de plantes De là il se rendit à Java, et obtint du gouverneur général Alting la permission de visiter l'intérieur de l'île. C'est pour reconnaître ce service et en témoignage de sa gratitude, que le docteur Noronha dédia un genre de plante au gouverneur Alting sous le nom d'*Altingia excelsa*, nom qui malheureusement n'a pu être conservé, la plante qu'il désignait ayant été reconnue, depuis, appartenir au genre *Liquidambar*, de Linné. Cette plante est un grand arbre qu'on rencontre dans les forêts à l'ouest de Java et qui fournit le suc résineux, connu sous le nom de *Rosa-Malla*.

Désirant revenir dans sa patrie et publier le résultat de ses recherches botaniques, Noronha s'embarqua pour l'île de France, où il arriva, mais il y mourut bientôt après, en 1787, des suites d'une maladie qu'il avait contractée à Madagascar. Il s'est occupé des plantes de cette dernière île et a herborisé particulièrement à Foulpoint, village et chef-lieu du pays des Bestimmessaras, autrefois principal établissement des Français dans l'île.

Le docteur Noronha avait légué ses dessins et ses manuscrits à M. Charpentier Cossigny, qui les remit à l'Académie des sciences. Ils furent confiés, pour les publier, à M. de la Billardière, que ses voyages et ses travaux empêchèrent de se charger de ce soin.

Toutes nombreuses qu'elles soient en échantillons de plantes, les diverses collections que nous venons de mentionner ne représentent sans doute pas encore la flore complète de Madagascar, de ce pays que Commerson annonçait comme la terre de promission pour les naturalistes, et si riche, ajoutait il, que Linné y trouverait de quoi faire dix éditions de son *Système de la nature*.

ILE CALÉGA.

M Auguste Leduc.

Caléga, située au nord est de Madagascar et au sud-est des Seychelles, a été étudiée, quant a sa flore, par M. Auguste

Leduc. Pendant un séjour de plus de douze années dans cette île, M. Leduc a pu l'observer complétement ; il a présenté à M. Delessert, en 1839, une collection des plantes qu'il y a recueillies et préparées lui-même.

ILE DE FRANCE.

MM. Néraud, Martin et Hardwicke.

M. Jules Néraud a profité d'un long séjour dans cette île pour se livrer à des explorations botaniques. Cinq années de recherches, dirigées sur tous les points, lui ont procuré un herbier de plus de 800 espèces.

M. Martin était élève du Jardin des Plantes de Paris, lorsque le gouvernement l'envoya en 1788 à l'île de France avec une collection de graines diverses. On le chargea ensuite d'aller à Mahé, sur la côte de Malabar, pour y prendre le poivrier cultivé.

Martin s'est occupé particulièrement de la culture des arbres à épiceries à Cayenne, où il a résidé comme directeur des jardins et pépinières coloniales dans la Guyane française.

M. le général Hardwicke a recueilli un grand nombre de plantes à l'île de France.

ILE BOURBON

MM. Richard et Bory de Saint-Vincent

M. Richard, qui dirige le jardin colonial de Bourbon, a observé avec soin la flore de cette île. Il a adressé à M. Delessert plusieurs collections de plantes, et son dernier envoi, en 1837, se composait d'un choix de fougères de Bourbon.

Les herbiers de Ventenat et de Palisot de Beauvois, qui font partie des collections de M. Delessert, renferment encore des plantes des îles de France et de Bourbon, provenant de M. Bory de Saint-Vincent, qui les avait recueillies en 1801 et 1802 dans son voyage aux quatre îles des mers d'Afrique.

AMÉRIQUE.

AMÉRIQUE SEPTENTRIONALE.

NOUVELLE-BRETAGNE

M. de la Pilaye

M. de la Pilaye a fait diverses excursions en 1819 et 1820 à l'île de Terre-Neuve et dans quelques îles et baies voisines : Miquelon, Saint-Pierre, etc.

ÉTATS-UNIS.

Docteur Richardson.

Le docteur John Richardson a fait partie, comme naturaliste, du voyage à la mer Polaire, exécuté en 1819-1822 par le capitaine John Franklin. Le gouvernement anglais avait placé sous le commandement de cet officier une expédition qui, partant des bords de la baie d'Hudson, devait reconnaître la côte septentrionale de l'Amérique depuis l'embouchure de Copper-Mine-River (rivière de la Mine-de-Cuivre), jusqu'à l'extrémité orientale du continent. Arrivé à la factorerie d'York, dans la baie d'Hudson, à la fin du mois d'août 1819, trois mois après son départ d'Angleterre, le capitaine Franklin fit bientôt ses préparatifs pour le voyage dans l'intérieur. Nous citerons seulement, pour donner une idée de la route suivie par l'expédition, quelques-uns des endroits par lesquels elle passa Cumberland-House, établissement important de la compagnie de la baie d'Hudson, Carlton-House, Forts Chipewyan, Providence et Entreprise.

De ce dernier lieu l'expédition se dirigea, le 14 juin 1821, sur la rivière de la Mine-de-Cuivre, où elle s'embarqua pour le nord, et, visitant sur la route les Copper-Mine-Mountains, on descendit la rivière jusqu'à son embouchure. Deux canots conduisirent de là l'expédition le long des côtes de la mer Polaire et vers l'est jusqu'au cap Turnagain. Remontant ensuite Hoods-River, l'expédition revint à Fort-Entreprise. Le 25 mai 1822, elle s'embarque pour Fort-Chipewyan et arrive, par Norway-House, à York-Factory le 14 juillet, ayant parcouru par terre et par eau, pendant ce voyage long et pénible, y compris la navigation sur la mer Polaire, 5,550 milles.

Quoique, pendant les voyages d'été, le docteur Richardson n'ait pu consacrer qu'une partie de son temps à la botanique et qu'il ait été obligé d'abandonner les collections qu'il avait faites pendant l'été de 1821, à l'exception de quelques plantes recueillies pendant la descente de Copper-Mine-River, le nombre des espèces trouvées pendant le voyage, et dont il a donné la liste, s'élève à près de 700. Elles ont été récoltées principalement, les unes dans le pays aux environs d'York-Factory, ce qui comprend une petite portion des rives de la baie d'Hudson et la partie inférieure de Hayes River; les autres sur les bords du Saskatchawan, dans les plaines sablonneuses au voisinage de Carlton, aux Barren-Grounds, depuis Point-Lake jusqu'à la mer Arctique et sur les côtes de cette mer.

M. David Douglas.

David Douglas, le même dont nous avons raconté plus haut la fin déplorable, était entré, au printemps de 1823 et sur la recommandation de M. Hooker, au service de la société d'horticulture de Londres en qualité de botaniste-collecteur. En juin 1823, il fut envoyé dans les États-Unis pour aller y chercher des plantes qui manquaient à la collection de la société et particulièrement des arbres à fruit. M. Douglas arriva à New-York dans le mois de juillet, et, après avoir choisi les échantillons qui lui paraissaient les plus convenables dans les pépinières de New-York et de Philadelphie, il employa le restant de l'année à une excursion botanique dans l'État de New-York et dans le Canada A son retour il s'embarqua à New-York avec toute sa collection et arriva à Londres au commencement de l'année 1824.

La société fut si satisfaite de la manière dont M. Douglas avait rempli sa mission, qu'elle saisit avec empressement l'occasion qui se présenta bientôt de l'envoyer dans une partie de la côte nord-ouest de l'Amérique septentrionale, la compagnie de la baie d'Hudson ayant offert de lui faciliter le passage jusqu'à l'embouchure de la rivière Columbia. M. Douglas devait explorer cette contrée et visiter le nord de la Californie.

M. Douglas s'embarqua le 25 juillet 1824 sur un bâtiment qui se rendait à l'entrée de la rivière Columbia. Il fit la traversée avec le docteur Scouler, de Glasgow, et ces deux naturalistes visitèrent ensemble les montagnes de l'île de Madère, Rio de Janeiro, l'île de Juan-Fernandez, etc. Le 7 février on jetait l'ancre dans la baie Baker, sur le côté nord de la Columbia. Douglas s'établit à Fort-Vancouver, à 90 milles au-dessus de l'embouchure de la Columbia, parcourut le pays dans l'intérieur, visita divers affluents du fleuve, le Multnomah, les rivières Lewis et Clarke, et le 1er septembre il s'embarqua pour se rendre au nord de la Californie, vers la rivière Umtqua ou Arguilar. Il avait vu, entre les mains d'un Indien, quelques débris d'un énorme cône de pin, et il allait à la recherche de l'arbre qui avait pu le produire, et qui devait être gigantesque. Il le découvrit bientôt, grâce à un Indien qui consentit à lui servir de guide. Douglas a donné à cette nouvelle espèce, vraiment magnifique et remarquable par ses dimensions, le nom de *Pinus Lambertiana*, en l'honneur de M. Lambert, auteur d'un grand ouvrage sur les pins. Il s'agissait d'en recueillir des graines, et ce fut là le point difficile. On ne voyait des cônes que sur les arbres les plus élevés, et Douglas, pour en obtenir seulement trois, courut les plus dangers. « Il ne pouvait pas être question de les atteindre en montant ni de scier l'arbre, » raconte notre botaniste dans son journal de voyage ; « j'essayai de les avoir en les visant avec un fusil chargé à balles. Malheureusement le bruit attira huit Indiens, tous peints de terre rouge, armés d'arcs, de flèches, de lances et de pierres tranchantes. Ils ne paraissaient rien moins que disposés en ma faveur. Je tâchai de leur expliquer le but de mes efforts ; ils parurent satisfaits et s'assirent pour fumer, mais je vis bientôt l'un d'eux préparer son arc, un autre aiguiser sa pierre tranchante et la suspendre à son poignet droit. Je n'attendis pas de nouvelles preuves de leur intention. Me sauver n'était pas possible, en sorte que je n'hésitai pas un moment : je reculai de quelques pas et j'armai mon fusil. Je sortis ensuite un de mes pistolets, et le tenant dans la main gauche comme le fusil dans la droite, je me montrai résolu à vendre chèrement ma vie. Je m'efforçai de conserver mon sang-froid, et nous restâmes ainsi pendant dix minutes à nous fixer sans faire le moindre mouvement et sans articuler un mot. A la fin le principal d'entre eux me fit signe qu'ils voulaient avoir du tabac. Je promis de leur en donner s'ils me procuraient des cônes. Ils partirent pour en chercher, et à peine furent-ils hors de vue, que je ramassai les trois cônes qui m'avaient donné tant de peine, avec de petites branches de l'arbre, et je m'enfuis dans la direction de mon campement où j'arrivai avant la nuit. »

Revenu à Fort-Vancouver, Douglas en part le 20 mars 1827 pour la baie d'Hudson, afin de retourner en Angleterre. Le 27 avril il arrivait au pied même des Rocky-Mountains (Montagnes-Rocheuses), au point où se montrent majestueusement deux pics élevés auxquels il a donné les noms de monts

Brown et Hooker en l'honneur des deux célèbres botanistes Robert Brown et sir W.-J. Hooker.

Après avoir traversé la principale branche de la rivière Athabasca, Douglas se dirigea par Cumberland-House et Norway-House vers York-Factory, dans la baie d'Hudson. Avant d'arriver à ce dernier endroit, il avait séjourné un mois à la colonie de Red-River et formé un petit herbier de près de 500 espèces. Il était de retour en Angleterre le 11 octobre 1827.

En 1830, Douglas entreprit un second voyage à la Columbia et resta plus d'une année dans la Californie supérieure. En mars 1833, il fit un voyage à Alexandria et dans la Nouvelle-Géorgie. Dans le mois de novembre, il s'embarqua pour les îles Sandwich, arriva à l'île Woahou le 23 décembre et en repartit pour l'île d'Hawaii. Quelques jours après son arrivée dans cette île, en janvier 1834, il fait une ascension au Mouna-Koah qui lui prend quatorze jours. Cette expédition lui procura une belle collection de plantes, principalement de fougères et de mousses, contenant environ 200 espèces des premières et 100 des autres. Il visita ensuite le sommet du Mouna Roa et employa dix-sept jours à ce voyage. Quelques mois après, en juillet, il trouvait, comme nous l'avons vu déjà, une mort horrible dans cette même île d'Hawaii.

Thomas Drummond.

M. Thomas Drummond, connu depuis longtemps par ses voyages dans l'Amérique septentrionale, a fait partie, dans le printemps de l'année 1825, et avec le titre d'aide-naturaliste du docteur Richardson, de la seconde expédition de découvertes, confiée au commandement du capitaine Franklin, expédition chargée d'explorer la côte nord de l'Amérique, entre les sources de la rivière Mackenzie et le détroit de Béring. Embarquée le 16 fevrier 1825 à Liverpool, l'expédition arriva à New-York le 15 mars. Quelques jours après, elle partait de cette ville, se dirigeant, par la rivière Hudson, vers Albany, entrait dans le Canada, se rendait du lac Ontario au lac Winnipeg jusqu'à la rivière Mackensie, et arrivait à la mer Glaciale. Dans le cours de cette expédition, M. Drummond fit un voyage aux Rocky Mountains. Il avait quitté l'expédition à Cumberland-House, près de la rive gauche du Saskatchawan et devait la rejoindre à ce même endroit. M. Drummond parvint, lors de son exploration dans les Rocky-Mountains, à ce point important et intéressant qui peut être considéré comme le plus haut de cette grande chaîne et d'où descendent jusqu'à l'Océan les quatre rivières les plus fortes du Continent. Dans cette partie élevée se trouvent les deux grands pics dont nous avons parlé à l'article de Douglas, et que celui-ci a nommés monts Brown et Hooker.

Au printemps de 1831, M. Drummond se rend de New-York à Philadelphie et à Washington, traverse à pied à Frédéricktown les monts Alleghany ou Apalaches, arrive à Wheeling, sur l'Ohio, dix-sept jours après son départ de Frédéricktown et enfin à Saint-Louis Il s'y trouvait en juillet 1831, accablé sous le poids d'une grave indisposition. A Washington, le chargé d'affaires anglais lui avait remis une lettre du gouvernement américain qui contenait l'ordre à tous les officiers des postes militaires, sur le Missouri, de l'aider autant qu'il serait en leur pouvoir, mais il ne put malheureusement en profiter. Par suite de la lenteur qu'il avait mise à arriver à Saint-Louis, il lui fut impossible de se rendre au Missouri, les commerçants de pelleteries qu'il désirait accompagner ayant quitté déjà leur quartier général, ce qui a lieu ordinairement au commencement de mai et même plus tôt Il évaluait à 500 le nombre des espèces de plantes qu'il expédia en Angleterre et qui provenaient de son voyage et de plusieurs excursions botaniques aux environs de Saint-Louis.

Dans le mois de janvier 1832, M. Drummond envoyait 700 espèces de plantes phanérogames et une collection de mousses et d'hépatiques qu'il avait faite pendant le voyage.

Durant le printemps et l'été il explore les environs de la Nouvelle-Orléans et visite à plusieurs reprises le bord opposé du lac Pontchartrain. Il forma, pendant ces courses botaniques, une autre collection de 300 espèces, non compris les cryptogames. Avant de s'embarquer pour le Texas, il fait à Jacksonville une excursion qui complète la collection de plantes de la Louisiane. Il s'était également arrêté et avait fait une herborisation assez considérable à Covington, toujours dans la Louisiane. Les plantes provenant de cette herborisation ont été étiquetées et distribuées par erreur comme provenant de l'Alabama, où se trouve aussi une ville appelée Covington, dont les plantes sont à peu près identiques avec celles trouvées dans l'autre ville du même nom par M. Drummond.

Nous dirons tout à l'heure quelques mots du voyage de ce botaniste au Texas.

Docteur Frank.

Une autre collection de l'Amérique septentrionale, reçue par M. Delessert, est l'herbier recueilli en 1833 par un des voyageurs de la société d'Esslingen, le docteur Joseph Frank, qui a herborisé dans diverses parties de l'État d'Ohio, où il est resté une ou deux années. D'autres plantes du même voyageur appartiennent à l'État de Pensylvanie, à celui de Missouri et à la Nouvelle-Orléans

M. Morée, M. John Leconte.

Aux herbiers que nous venons d'indiquer, nous ajouterons les plantes de M. Charles Morée, qui a parcouru les États de New-York, New-Jersey, Pensylvanie et Maryland, collection reçue en 1842, et un petit herbier de M. le capitaine John Leconte.

Ce dernier a récolté un grand nombre de plantes de l'Amérique du Nord et particulièrement des États méridionaux. C'est à ce naturaliste, distingué par ses connaissances en botanique et en entomologie, que M. Achille Richard a dédié le genre *Lecontea*, qui appartient à la famille des rubiacées.

John Fraser.

M John Fraser était un des plus zélés collecteurs de plantes américaines. En 1783, il commença ses recherches dans les États méridionaux de l'Amérique septentrionale, où il fut employé pendant deux années. Il a rendu de grands services aux amateurs par l'introduction de diverses espèces et de genres nouveaux de plantes de ce pays.

Peu après son arrivée dans l'État de la Caroline du Sud, John Fraser se lia intimement avec Walter, botaniste américain, auteur de la *Flora Caroliniana*. Dans une seconde visite qu'il fit en Amérique, en 1788, il rencontra, en se rendant de la Caroline en Géorgie, André Michaux, et fit plus tard connaissance avec le fils de ce botaniste.

Deux fois, entre les années 1789 et 1796, Fraser visita de nouveau le continent de l'Amérique septentrionale et les divers établissements indiens, traversant la chaîne des Alleghany et s'exposant lui-même à des dangers et à des privations que peut seul faire surmonter un zèle ardent pour la science. Lors d'un voyage qu'il fit en Russie en 1798, apportant avec lui une collection choisie de plantes d'Amérique, qui fut achetée aussitôt son arrivée à Saint-Pétersbourg par l'impératrice Catherine, il fut nommé botaniste-collecteur de Leurs Majestés, et chargé de fournir les plantes rares et nouvelles qui devaient compléter les collections impériales Il s'embarqua en conséquence dans l'année 1799, accompagné de son fils aîné John Fraser, et se dirigea vers les États méridionaux de l'Amérique du Nord, où il se livra à des recherches botaniques dans divers points inexplorés jusqu'alors. C'est sur le sommet du Great-Roa ou Bald-Mountain, qui fait partie de la chaîne des Alleghany, à un endroit où, quand l'air est pur, la vue embrasse une étendue immense renfermant cinq États : le Kentucky, la Virginie, le Tennessée, la Caroline du Nord et la Caroline du Sud, que M. Fraser a trouvé et recueilli des échantillons vivants du beau *Rhododendron Catawbiense*, dont d'habiles horticulteurs ont depuis obtenu de magnifiques variétés hybrides.

Comme complément de son expédition dans l'Amérique septentrionale, Fraser se rendit avec son fils à l'île de Cuba ; le vaisseau qui les transportait fit naufrage en route, mais ils furent recueillis par un bâtiment espagnol qui les conduisit à Matanzas, dans l'île de Cuba. Là ils obtinrent une permission pour aller à la Havane, où ils rencontrèrent MM. Alexandre de Humboldt et Bonpland. M. de Humboldt ayant recommandé les deux Fraser au gouverneur de Cuba, celui-ci leur accorda des passe-ports pour voyager dans l'intérieur. Ils recueillirent par ce moyen plusieurs plantes nouvelles, surtout dans les districts montagneux de l'île.

M. Fraser s'embarqua en 1802 pour revenir en Angleterre avec toutes ses collections. Mais une voie d'eau s'étant déclarée au navire, les passagers et l'équipage furent contraints de travailler aux pompes nuit et jour jusqu'à ce que le vaisseau atteignît le port de Nassau, dans la Nouvelle-Providence, une des îles Lucayes (Antilles).

Après son retour en Angleterre, Fraser se rendit de nouveau à Saint-Pétersbourg, et, en 1807, accompagné par son fils John, il entreprit un autre voyage dans les forêts et les déserts de l'Amérique septentrionale. John Fraser revint à Londres avec ses collections, laissant en Amérique son père qui devait revenir l'année suivante avec les objets qu'il aurait recueillis. Ce dernier employa cet intervalle de temps à voyager dans les États de l'Ouest, fit une seconde visite à l'île de Cuba, et arriva en Angleterre dans le printemps de 1810.

Après la mort de Fraser père, arrivée en 1811, son fils John retourna dans l'Amérique septentrionale et revint en Angleterre dans l'année 1817, rapportant des collections de plantes qu'il avait recueillies dans les États méridionaux, ayant étendu ses recherches plus au sud que n'avait fait son père, c'est-à-dire jusque dans la Floride orientale.

M. Bosc.

Carolines du Sud et du Nord

En 1798, et sous la promesse d'être nommé consul de France aux États-Unis à la première vacance qui se présenterait, M. Bosc s'embarque à ses frais pour Charleston (Caroline du Sud). Son ami Michaux dirigeait à cette époque un jardin botanique à la Caroline, et M. Bosc résolut de se rendre auprès de lui pour y attendre sa promotion. Il fit la route à pied jusqu'à Bordeaux, se livrant sans cesse à des recherches d'histoire naturelle Il s'embarqua le 18 août, mais, arrivé à Charleston, il eut le chagrin de n'y plus trouver Michaux qui était parti depuis un mois pour l'Europe.

Pendant le premier hiver, M. Bosc fixa son séjour dans la ville de Charleston, d'où il faisait presque journellement des excursions dans les campagnes voisines, principalement le long des côtes maritimes. Il passa le reste du temps à trois lieues de cette ville, dans une habitation où Michaux déposait et cultivait les plantes récoltées dans ses courses pour les expédier ensuite en France.

Pendant le cours de l'année que M. Bosc passa dans cette habitation, il fit deux voyages, l'un à Wilmington, dans la Caroline du Nord, au vice-consulat duquel il avait été nommé sans qu'il pût jamais obtenir d'être admis en cette qualité par le président des États-Unis, et l'autre voyage à l'extrémité ouest de la Caroline, sur les frontières de Tennessée.

M. Bosc a cherché à recueillir, dans ses herborisations, des graminées et des cryptogames dont Michaux ne s'était pas occupé Il a rapporté un grand nombre d'échantillons de plantes composant environ 1,600 espèces et près de 500 espèces de graines.

M. Bosc quitta Charleston à la fin de l'été de 1800 pour revenir en Europe. Il débarqua à la Corogne et traversa une partie de l'Espagne, où il eut occasion de faire quelques observations botaniques. En 1803, il fut envoyé en Italie pour recevoir de la ville de Vérone la collection des poissons pétrifiés qu'elle avait offerte au gouvernement français. Il profita de cette circonstance pour faire un voyage dans une grande partie de la Haute-Italie De 1820 jusqu'en 1825, il fit cinq voyages successifs en France, et visita la Champagne, la Lorraine, la Bourgogne, l'Auvergne et toutes les parties du sud et du sud-est, recueillant constamment des notes sur la minéralogie, la zoologie, la botanique, etc. Il a fait aussi quelques excursions en Suisse.

M. Delile.

M. Delile (A. Raffeneau), membre correspondant de l'Académie des sciences, professeur de botanique à la faculté de médecine de Montpellier, directeur du jardin botanique de cette ville, était au nombre des naturalistes de la grande expédition d'Égypte. Quelque temps après son retour, il fit un voyage dans l'Amérique septentrionale, où il séjourna trois années.

M. Delile a donné des plantes de la Caroline du Nord, recueillies aux environs de Wilmington, et quelques plantes de Philadelphie.

Docteur Asa Gray

Caroline du Nord.

Une collection de plantes de ce pays a été envoyée à M. Delessert par M. le docteur Asa Gray, auteur, avec M. Torrey, d'une excellente flore de l'Amérique septentrionale Ces plantes proviennent d'une excursion faite, en juin et juillet 1840, par MM. Asa Gray, J. Carey et J. Constable, dans les plus hautes montagnes de la Caroline du Nord, visitant d'abord, jusqu'à ce qu'ils fussent arrivés à Jefferson, le comté d'Ashe dans la partie nord-ouest de la Caroline, la vallée de Virginie, les Iron-Mountains, grande chaîne des Alleghany sur la limite des États de la Caroline du Nord et de Tennessée.

Jefferson ou Ashe-Court-House est un petit hameau dont ils firent leur quartier général pendant le temps où ils restèrent dans cette région. C'est à peine si, pendant leur résidence au milieu de ces montagnes, les habitants pouvaient comprendre l'objet de la visite de nos botanistes, et pourquoi il leur avait pris fantaisie de faire 700 milles pour venir chercher dans le pays des herbes communes, et que ces montagnards ne daignaient pas même regarder. Pendant plusieurs jours, M. Asa Gray et ses compagnons herborisèrent sur les montagnes qui avoisinent Jefferson et particulièrement sur le Negro-Mountain, le Phœnix-Mountain et le Bluff. Ils firent ensuite une ascension sur le Grand-Father (Grand-Père), hauteur la plus rude et la plus sauvage qu'ils eussent jamais gravie, et sur le Roan-Mountain, la plus facile à parcourir et la plus belle de toutes les montagnes de cette partie de la Caroline du Nord.

MM. Moser et Voltz.

Pensylvanie.

Deux petites collections de plantes de la Pensylvanie ont été recueillies par deux collecteurs de la société d'Esslingen, l'une par M. C.-J. Moser, aux environs de Reading et de Bethlehem, et l'autre par M. Voltz, dans le voisinage de Pittsburgh.

M. Tuckerman

Nouvelle-Angleterre

M. Edward Tuckerman jeune, de Boston, zélé et habile lichénologue, a envoyé 100 plantes provenant des États de l'Union américaine, compris autrefois sous la dénomination de Nouvelle-Angleterre. En 1839, il était à Plymouth, dans l'État de Massachusetts

TEXAS.

M Thomas Drummond.

L'herbier possède des plantes du Texas, que M Drummond visita à la suite du voyage dont nous avons tracé plus haut l'itinéraire. Ces plantes proviennent surtout des environs de la ville de Velasco, à l'embouchure du Rio-Brazos, où une attaque sérieuse de choléra mit en danger la vie du voyageur. San-Felipe de Austin, Brazosia, Galveston, dans le Texas, Appalachicola, dans la Floride orientale, ont été explorés également par M. Drummond.

C'est à la suite de ces dernières excursions, et alors qu'il s'était embarqué pour la Havane, le 9 février 1835, que ce collecteur infatigable y mourut dans les premiers jours de mars Les plantes rapportées de ses divers voyages ont été décrites par sir W.-J. Hooker dans le *Journal of botany* et le *Companion to the botanical magazine*. Celles du voyage de M. Drummond, alors qu'il faisait partie de l'expédition du capitaine Franklin, ont été publiées également par sir W.-J. Hooker dans sa *Flora Boreali-Americana*.

M. Hooker a bien voulu, en 1835 et 1838, envoyer à M. Delessert une collection des plantes décrites dans ce bel ouvrage.

MEXIQUE.

ÉTATS-UNIS MEXICAINS.

La flore des États-Unis mexicains ou des départements qui composent aujourd'hui la république mexicaine a été étudiée avec soin par plusieurs botanistes intelligents, et la collection de M. Delessert renferme plusieurs herbiers récents des États mexicains et surtout de ceux de Mexico, d'Oaxaca, de Vera-Cruz, de Chiapa, etc. MM. Berlandier, Hartweg, Galeotti, Ghiesbreght, le baron de Karwinsky, Andrieux, ont amplement moissonné dans le champ de cette végétation riche et brillante; mais avant d'arriver à ces divers voyageurs, nous ferons mention de trois botanistes mexicains dont les plantes, autrefois la propriété de M. Lambert, de Londres, font aujourd'hui partie de l'herbier général de M. Delessert

Mociño, Sesse et Cervantes.

Joseph Mariano Mociño, Martin Sesse et don Vincent Cervantes ont recueilli les plantes que nous voulons indiquer ici, pendant la durée de l'expédition botanique envoyée par le roi d'Espagne Charles IV pour faire des découvertes au Mexique. Sous la direction du professeur Sesse, l'expédition a parcouru pendant huit années, de 1795 à 1804, un espace d'environ 1,000 lieues, c'est-à-dire depuis le cap d'Arena, sur la côte méridionale de Nicaragua, jusqu'à l'embouchure du Rio-Hiaqui, dans le golfe de Californie. Comme, au lieu de suivre la ligne droite nord-sud, les savants qui composaient l'expédition ont fait plusieurs détours est-ouest pour visiter le Mexique, le Guatemala et plusieurs provinces intérieures de ces deux royaumes, on peut compter que leur voyage dans cette partie a été de plus de 3,000 lieues. Ils ont poussé leurs excursions jusqu'à l'entrée du Prince-Guillaume, la baie de

Bucarelli, l'île de la Reine-Charlotte, Noutka, le détroit de Juan-de-Fuca et la presqu'île de Californie, dans l'Océan Pacifique, enfin aux îles de Cuba et de Porto-Rico dans l'Atlantique.

Les plantes de ce voyage n'ont guère été publiées, et encore en très petit nombre, que par M. De Candolle dans son *Prodromus*, et à l'aide des dessins apportés en France par Mociño, que la tempête politique avait exilé de son pays et forcé de se réfugier à Montpellier. Il avait laissé entre les mains de M De Candolle cette collection qui ne comportait pas moins de 300 dessins originaux faits au Mexique d'après nature, par Echaveria, célèbre peintre mexicain ; mais le travail de M. De Candolle était loin d'être achevé, que déjà Mociño, au moment de rentrer dans sa patrie devenue plus calme, reprenait ses dessins qu'il devait remporter. Quel regret pour M. De Candolle de voir s'échapper de ses mains tant de matériaux précieux, désormais peut être perdus pour la science ! « A cette nouvelle, dit M Flourens dans son éloge de M. De Candolle, à cette nouvelle Genève s'émut. M. De Candolle songeait à peine à faire copier quelques espèces parmi les plus rares. On résolut de lui copier la flore entière : plus de cent dames prirent part à ce travail ; en dix jours la flore du Mexique fut copiée. » Ces dessins, au reste, n'ont pas été publiés jusqu'à présent, on ignore même ce qu'ils sont devenus.

Mociño est mort à Barcelone en 1819.

Don Vincent Cervantes, ancien professeur de botanique du jardin royal de Mexico, fut le premier qui enseigna publiquement la botanique en Amérique avec un grand succès. Il est mort à Mexico en juillet 1829. Il était directeur du muséum de cette ville et membre de plusieurs sociétés savantes d'Europe. Il s'est livré à de pénibles recherches pour compléter la flore mexicaine, et il a entretenu des correspondances avec plusieurs sociétés botaniques d'Europe, notamment avec celle de Londres.

M. Berlandier.

De 1827 à 1830, M. Berlandier a fait fait plusieurs envois de plantes du Mexique, récoltées principalement, savoir : 1° dans l'État de Cohahuila-et-Texas : aux environs d'Austin, du Rio-Brazos, du Rio de la Trinidad, de Saltillo, San-Antonio de Bejar et la colonie de San-Felipe de Austin, dans les lagunes de San-Nicolas, près de la baie de Aransasua ; 2° à Monterey, État de Nuevo-Leon ; 3° dans l'État de Tamaulipas à Tampico-de-Tamaulipas, au Rio-Grande-do-Norte, entre Loredo et Matomoros, à San-Fernando ; 4° un petit nombre dans l'État de San-Luis Potosi ; 5° et enfin dans l'État de Mexico : aux environs de la ville de Mexico, à Chapoltepec et à Tacubaja, ainsi que dans la vallée de Toluca, à Lerma, à Cuernavaca, sur le versant méridional de la cordilière de Cuchilaque, à Zacualpan, etc.

M. Hartweg.

Dans l'année 1836, la société d'horticulture de Londres résolut d'envoyer un collecteur dans les régions élevées du Mexique, contrée qui paraissait devoir procurer à moins de frais les produits les plus convenables pour la société, c'est-à-dire des plantes capables de supporter le climat de l'Angleterre, sans négliger cependant quelques plantes moins robustes, telles que les orchidées, par exemple, qu'il pourrait rencontrer sur sa route La société d'horticulture chargea de cette entreprise M. Théodore Hartweg, natif de l'Allemagne et déjà employé au jardin de la société. On l'autorisa à former, pour son propre compte, des collections particulières, outre l'herbier complet qu'il devait fournir à la société d'horticulture, et à la condition de ne les livrer à ses souscripteurs que par l'intermédiaire de la société et au prix qu'elle déterminait d'avance.

M. Hartweg s'embarqua à Liverpool le 6 octobre 1836 et arriva à Vera-Cruz le 3 décembre. Il recueillit 65 espèces d'orchidées aux environs de Zacuapan, et se rendit à Mexico et à Guanaxuato, où il fit diverses excursions dans les montagnes, ainsi qu'à Leon et à Lagos. Il quitte ce dernier lieu pour aller à Aguas Calientes; il y reste deux mois, et se met en route pour Bolaños le 22 septembre 1837; il visite les Indiens Guicholes, et se rend à Zacatecas, à Tula, à Santa-Barbara et à San-Luis-Potosi, et le 10 avril 1838, après avoir, de ce dernier lieu, expédié en Angleterre les produits de ses recherches dans le voisinage de Santa-Barbara et de la Valle-del-Maiz, il revient à Bolaños et à Aguas-Calientes, et fait une excursion de Guadalaxara à Zacatecas. Dans le mois de juin 1838, M. Hartweg arrive à Morelia (Valladolid de Michoacan), et herborise dans les montagnes D'Anganguco il va à Real-del-Monte, et fait diverses excursions à Ismiquilpan, Actopan, Zacualtipan et Meztitlan.

Les instructions de la société d'horticulture ayant indiqué Guatemala comme le lieu où devait se rendre M. Hartweg, ce botaniste quitte le 2 mars 1839 Mexico où il se trouvait, et se dirige vers Oaxaca. Dans les mois de mars, mai et juin, il fait une excursion dans la Sierra d'Oaxaca, un voyage aux Cordilières et dans les pays bas de l'État de Vera-Cruz, et une autre excursion à la côte méridionale et à Chinantla. Le 13 août il quitte Oaxaca pour Guatemala, arrive à Tehuantepec et à Quezaltenango, fait quelques courses dans toutes les directions de ce dernier pays et arrive à Guatemala dans le mois de janvier 1840.

Les diverses collections envoyées par M. Hartweg pendant le cours de ce voyage acquièrent d'autant plus de prix que les plantes ont été décrites avec soin par M. Georges Bentham. Il en a fait l'objet d'une publication (sous le titre de *Plantæ Hartwegianæ*), qui a paru à Londres de 1839 à 1842, et dans laquelle chaque espèce, décrite ou mentionnée, porte un numéro qui correspond à celui de l'échantillon distribué.

M. Hartweg a fait parvenir, depuis ces envois, d'autres plantes recueillies dans la Colombie. Les dernières collections de ce voyageur, reçues par M. Delessert à la fin de 1843, et qui ont été faites pendant les deux années précédentes, proviennent des environs de Guayaquil, des montagnes autour de Loxa, des Andes de Quito, Popayan et Bogota, des bords du Magdalena et surtout du Chimborazo, de l'Antisana et du Pichincha. On y trouve la plupart des plantes alpines de MM. de Humboldt et Bonpland, avec un nombre considérable d'espèces nouvelles.

M. Bentham a commencé, en décembre 1843, pour ces dernières plantes, une publication qui fait suite à celle qu'il a donnée sur les plantes envoyées précédemment par M. Hartweg.

M. Galeotti.

M. Henri Galeotti, de l'Académie royale des sciences et belles lettres de Bruxelles, visitait le Mexique de 1835 à 1840. Parti de Hambourg en septembre 1835, il arrive à Vera-Cruz en décembre, à l'époque où la végétation est pour ainsi dire stationnaire ; une herborisation de quelques jours lui amène cependant la découverte de quelques espèces nouvelles. Il visite ensuite la région fertile et tempérée de Xalapa, ville située à 25 lieues de Vera-Cruz. Un séjour de six mois lui permet de récolter une foule de plantes vivantes (surtout des orchidées et d'échantillons desséchés). De Xalapa, M. Galeotti poursuit sa route vers las Vigas, régions froides et boisées de la Cordilière, que l'on quitte pour entrer dans la région froide des plaines de Perote. Il observe toute la contrée des plaines depuis Perote et au delà de Puebla jusqu'au pied de la chaîne volcanique de l'Iztaccihuatl et la chaîne qui sépare les plaines de Puebla de celles de Mexico. A trois différentes époques, en 1836, 1837, 1838, il herborise dans la plaine de Mexico, près d'Ayotla, de Chalco, de San-

Augustin, de Tisayuca, etc., jusqu'à Pachuca. En juillet 1856, il se rend aux montagnes de Real-Monte ; accompagné de M. Ch. Ehrenberg, de Berlin, il herborise pendant deux ou trois mois dans cette intéressante région. Il visite quelques pics élevés, tels que le Sumate et le Cerro del Aguila, Regla, près de Real-Monte, le ravin du Rio-Grande de Mextitlan à 4,000 pieds plus bas que Regla, les montagnes escarpées de la Cordilière de San-Jose-del-Oro, au nord de Zimapan, etc.

A la fin de 1835, M. Galeotti part de Mexico pour visiter la Cordilière occidentale du Mexique, en passant par San-Juan-del-Rio, les plaines de Zelaya, Salamanca et Leon. Il visite Guadalaxara et les rives du lac de Chapala, à 13 lieues de cette ville. Une course rapide le transporte ensuite à San-Blas, au bord de l'Océan Pacifique.

A son retour de la côte en 1837, il se rend à Guanaxuato, à la Sierra de Santa-Rosa, etc. Au mois de juin, il part de Mexico pour visiter le haut volcan de Popocatepetl et en rapporte un herbier recueilli pendant un campement de trois jours, près des limites de la végétation, à 10,300 pieds ; il repart en juillet pour les riches régions de Michoacan, après avoir visité et escaladé le sommet du Campanario (clocher) du Nevado de Toluca, situé à près de 15,000 pieds de hauteur absolue, et les rives du lac qui remplit en partie la cavité de l'ancien cratère. Il explore successivement Morelia (Valladolid de Michoacan) et ses environs, Jesus-del-Monte, Santa-Maria, Iaripeo (à 5,000 pieds), Patzcnaro, le volcan de Jorullo, Uruapan. De ce dernier endroit, il traverse toute une région de montagnes et arrive à Guadalaxara. En décembre 1837, il se dirige vers le nord sur Aguas-Calientes et sur San-Luis-Potosi, ville située près du tropique et à plus de 6,000 pieds au-dessus du niveau de l'Océan. De retour à Mexico, en avril 1838, après un voyage de 4 à 500 lieues, il revient à Xalapa et à Vera-Cruz, et va établir sa station botanique à la colonie allemande de Mirador et de Zacuapan. Au mois d'août, en compagnie de ses trois amis et naturalistes, MM. Funck, Ghiesbreght et Linden, il visite le pic élevé d'Orizaba. Établi pendant onze jours avec ses compagnons dans une caverne située à environ 11,000 pieds, il recueille, entre 9,000 et 12 800 pieds de hauteur absolue, 3 à 400 espèces de plantes.

En avril 1839, M. Galeotti part pour Tehuacan, dans l'État de Puebla, par Cordova, Orizaba et Acultzingo ; visite Oaxaca et le Cerro de San-Felipe, au nord de la ville, Yavezia, Castrasana, etc., dans la Cordilière orientale d'Oaxaca et la Chinantla, vaste réunion de ravins et de montagnes. Son voyage à la Cordilière, au sud d'Oaxaca et à la côte Pacifique, est marqué par des stations importantes : la plaine d'Oaxaca, Sola, Juquila, près de la côte, à 4,000 pieds d'élévation, dans la Cordilière et près du mont de la Vierge, et où se trouve la flore la plus riche, la plus variée et la moins connue du Mexique. De retour à Oaxaca, à la fin de 1839, il parcourt la Misteca-Alta, Penoles, Ialtepeque, Nusiñu, etc., retourne à Vera-Cruz par Tehuacan, Huatusco et la colonie de Mirador, et quitte le Mexique en juin 1840, effectuant son retour par la Havane et l'Angleterre.

Indépendamment de la botanique à laquelle M. Galeotti a donné une attention toute particulière pendant son séjour au Mexique, il a encore examiné le pays sous différents rapports, étudiant avec un soin égal la géographie physique, la topographie, la statistique et l'ethnographie des diverses régions qu'il a parcourues.

M. Ghiesbreght.

L'herbier, déjà riche en plantes de l'État d'Oaxaca, en a reçu de nouvelles dans le courant de l'année 1842. Aux plantes du baron de Karwinski, dont nous allons parler tout à l'heure, sont venues se joindre celles de M. A. Ghiesbreght, naturaliste belge.

M. Ghiesbreght, comme nous venons de le voir, est un des

botanistes qui, en 1838, visitaient le pic d'Orizaba avec M. Galeotti.

M. le baron de Karwinski.

M. le baron de Karwinski, naturaliste bavarois, qui déjà avait fait un voyage au Brésil, fut chargé par le gouvernement russe d'aller explorer le Mexique pour y recueillir des objets d'histoire naturelle ; il y est resté cinq années, de 1827 à 1832. Il a enrichi les herbiers et le jardin botanique de Munich d'une grande quantité de plantes, parmi lesquelles 50 espèces de *Cactus* presque toutes nouvelles. Un grand nombre de végétaux vivants, rapportés par le même voyageur, ont parfaitement réussi dans le jardin de Munich.

Les plantes que M. de Karwinski a recueillies au Mexique sont remarquables par la rareté et la nouveauté des espèces. Elles ont été récoltées principalement dans l'État d'Oaxaca, à Tehuantepec, Santa-Maria, Jalapilla, Totolapa, aux environs de la ville d'Oaxaca, dans le canton de Janiltepec, à San-Pedro-Nolasco, à la Cumbre de los Molinos de Oaxaca, etc.

M. Andrieux.

Outre des plantes des environs d'Oaxaca, de Totolapa, de Tequisixtlan, des montagnes de San-Felipe et de Tehuantepec et de quelques autres localités de l'État d'Oaxaca, M. Andrieux en a envoyé, en 1835, qu'il a recueillies à Acatlan, Chila et Huauapan, dans l'État de Puebla et dans celui de Mexico, à Toluca, Yotla, Chalco et Gonacatepec.

TERRITOIRE DES CALIFORNIES

Docteur Eschscholz.

Nous citerons ici quelques plantes de la Nouvelle-Californie, réparties dans l'herbier de M. Delessert. Elles proviennent du docteur Eschscholz, professeur d'anatomie à l'université de Dorpat, mort, jeune encore, dans cette ville, en mai 1831. Il avait accompagné le capitaine Kotzebue en qualité de médecin et de naturaliste, dans ses deux expéditions autour du monde. Le docteur Eschscholz, habile botaniste et entomologiste, possédait des connaissances générales très-étendues. M. de Chamisso, son compagnon de voyage dans l'expédition à la mer du Sud et au détroit de Béring (1815-1818), lui a dédié une belle plante cultivée dans les jardins depuis quelques années, et bien connue maintenant sous le nom d'*Eschscholzia Californica*. M. Lindley a proposé cependant de changer le nom d'*Eschscholzia* en celui de *Chryseis*, non pas seulement parce que ce dernier lui semble plus euphonique, mais parce que le nom d'*Elsholtzia*, ainsi écrit par erreur, a été donné déjà à une autre plante en l'honneur du père du docteur Eschscholz, double emploi contraire à la règle établie par les botanistes-descripteurs (1).

AMÉRIQUE MÉRIDIONALE.

COLOMBIE

M. Linden.

En 1839, M. Linden (Jean-Jules), envoyé en Amérique par le gouvernement belge, se trouvait dans l'État de Yucatan, au Mexique, et en explorait le littoral avec soin. Il visitait en 1840 les États de Chiapan et de Tabasco ; dans le premier . Ciudad-Real, Cacaté, les forêts de San-Bartolo et de Jitotoli ; et dans l'État de Tabasco : Santiago de Tabasco, la capitale, Tcapa et ses forêts, les Rios Tcapa, Puyapatago et Tabasco, etc.

(1) Voyez, pour d'autres collections de l'Amérique septentrionale faisant partie des herbiers de M. Delessert, les Voyages de Michaux (André), chapitre précédent, page 60, et de Palisot de Beauvois, page 70.

Revenu à Paris après ce voyage, M. Linden en repartit à la fin de l'année 1841. Dans les premiers mois de 1842, il était arrivé à Caracas, département de Venezuela, dans la république de ce nom. Le 2 mai de la même année, il expédiait à M. Delessert une caisse de plantes récoltées généralement dans les hautes régions de la Cordilière du littoral Ces régions sont les seules qui offrent quelques récoltes pendant cette saison de l'année où une sécheresse excessive fait disparaître toute végétation dans les plaines et sur les versants des montagnes jusqu'à une hauteur de 4,000 pieds.

Cette collection, quoique peu nombreuse (elle montait à 253 espèces), est assez intéressante parce qu'elle contient à peu près toutes les plantes qui couvrent la Silla de Caracas et le Cerro de Avila.

Dans les premiers jours de mai 1842, M. Linden quittait Caracas afin de visiter la haute chaîne des Andes de Merida, d'où il se proposait de pénétrer dans la Nouvelle-Grenade par Pamplona. Il n'avait pas de temps à perdre, car la saison des pluies s'approchait ; il fallait qu'il atteignît, avant son commencement, les hauts plateaux des Andes, autrement toute tentative pour y arriver était vaine, les chemins devenant impraticables après les premières pluies.

En janvier 1843, M. Linden, qui avait surmonté toutes les difficultés d'un pareil voyage, transmettait de Merida, par l'intermédiaire du consul de France à Maracaybo, des plantes récoltées dans les hautes Andes de Truxillo et de Merida à des élévations de 4,000 jusqu'à 14,500 pieds.

Les recherches de M. Linden, dans les dernières provinces, ont été couronnées du plus heureux succès. Malgré le passage si désastreux pour lui du Rio-Tocuyo, ou furent englouties avec la plus grande partie de ses bagages, les collections qu'il avait recueillies dans les provinces de Carabobo et de Barquicimeto, le résultat de ses travaux dépassait même ses plus belles espérances. C'est surtout la curieuse famille des orchidées qui lui a fourni de nombreuses et magnifiques récoltes, et il a pu réunir au delà de 120 espèces différentes appartenant à cette seule famille; près des deux tiers paraissent nouvelles, et le plus grand nombre est d'une beauté peu commune

Au mois de septembre 1843, M. Linden annonçait qu'il allait continuer avec confiance le cours de son voyage, malgré les dépenses considérables qu'il nécessitait. Il se préparait, vers la fin de septembre, à partir pour la Nouvelle-Grenade, et allait se diriger sur Santa-Fé de Bogota, bien éloigné de Merida. Les mauvais chemins et les redoutables déserts (Paramos) qu'il avait à traverser, lui faisaient craindre pour ses mules qui avaient déjà souffert beaucoup dans les Andes de Truxillo et de Merida.

M. Funck.

M. Nicolas Funck, naturaliste belge, explore en 1835 le Brésil avec MM. Linden et Ghiesbreght; repart de Bruxelles en 1837 pour la Havane, et arrive en avril 1838 au Mexique avec ces deux naturalistes. Réunis à M. Galeotti, ils explorent ensemble Mexico, Xalapa, Vera-Cruz, la Antigua, Mirador, Huatusco et le pic d'Orizaba, et se séparent en avril 1839. M. Funck et ses deux amis vont explorer le Yucatan et le riche État de Tabasco, d'où ils rapportent un bel herbier.

De retour à la fin de 1840, M. Funck et M. Linden repartent pour l'Amérique méridionale; ils débarquent à la Guayra et se séparent ensuite; l'un poursuit ses explorations en se dirigeant sur le Pérou, M Funck tourne ses pas à l'est vers la Guyane et les bords de l'Orénoque, visite Cumana, Guanaguana, San-Augustin, où il récolte un herbier riche en belles plantes, la grotte des Guacharos, Caripe et ses montagnes. En 1842 et 1843, il visite Santa-Marta et ses pics élevés, San Sebastian dans les régions tempérées, et situé à 6,000 pieds, Galipan, etc Il se rend enfin à l'île de Curaçao, après avoir parcouru les régions froides de la Silla de Caracas.

Les plantes de M. Funck sont entrées dans l'herbier de M. Delessert vers les premiers mois de 1844 (1).

GUYANE.

GUYANE ANGLAISE.

M. Schomburgk.

La Guyane anglaise a été visitée par M. Robert Hermann Schomburgk. Ce naturaliste avait été désigné en 1834 par la société royale de géographie de Londres pour diriger une expédition de découvertes, chargée d'explorer l'intérieur de la Guyane anglaise. Cette expédition, dont la durée était fixée à trois ans, devait s'occuper de recherches sur la géographie physique et astronomique de la colonie et lier les positions qu'on aurait établies avec celles que M. de Humboldt fit, en 1800, à Esmeralda, sur le haut Orénoque. M. de Schomburgk étant autorisé à faire pour son compte des collections d'objets d'histoire naturelle, il fut convenu qu'un échantillon de chaque objet serait déposé au muséum de Londres. M. Schomburgk remplit, dans l'espace de temps qui lui était assigné, les intentions de la société de géographie.

Le 21 septembre 1835, ayant reçu ses dernières instructions, M. Schomburgk quitte Georgetown, chef-lieu de la Guyane anglaise. Il remonte l'Essequebo et son principal affluent le Rupununi, jusqu'au village d'Annay, chez les Macousis, où il établit son quartier général. Il y séjourne près de trois mois, visite les chaînes de montagnes et les savanes qui environnent ce pays, telles que la sierra Pararaïma et la savane de Pirara, et revient à Georgetown en mars 1836.

(1) Pour les plantes de M. Hartweg envoyées de la Colombie en 1843, voyez page 209

Malheureusement le bateau qui portait les échantillons zoologiques et beaucoup de plantes, périt en descendant le rapide d'Estabally, et la plupart des autres collections botaniques furent détruites par les pluies.

Au mois de septembre, M. Schomburgk se dirige vers la rivière Courantine qui forme la limite entre la Guyane anglaise et le territoire hollandais, et à peine reposé de cette expédition, il en forme une nouvelle pour explorer la Berbice. Ce n'est pas sans de grandes difficultés qu'il put se hasarder dans ces pays. Il resta plusieurs mois sans autre abri qu'une toile huilée sous laquelle il suspendait son hamac. L'intérieur de la Guyane anglaise est inhabité, et en remontant la Berbice, de décembre à avril, il ne rencontra les traces d'aucun être humain. Il parcourut également d'autres districts que jamais le pied de l'homme n'avait foulés. Il est probable qu'une partie de la rivière Berbice n'a jamais été visitée. C'est dans une de ses excursions, le 1er janvier 1837, que M. Schomburgk trouva dans cette rivière, à un point où elle s'étend et forme un bassin sans courant, la superbe Nymphéacée, à laquelle M. Lindley a donné le nom de *Victoria regia* en l'honneur de la reine Victoire d'Angleterre. Cette plante, remarquable par un nouveau type de structure et qui se présente sous l'aspect le plus magnifique, parée des plus riches couleurs, est d'une taille si gigantesque, que ses feuilles atteignent jusqu'à 18 pieds et ses fleurs 4 pieds de circonférence. Les feuilles dont les bords sont relevés à une hauteur de 3 à 5 pouces, en forme de soucoupe, vertes à la partie supérieure et d'un rouge cramoisi en dessous, flottent à la surface de l'eau. Les fleurs, d'une beauté en rapport avec les feuilles, sont composées d'un nombre considérable de pétales qui passent, par des teintes alternatives, du blanc le plus pur au rose et au cramoisi.

A la vue de cette plante merveilleuse, M. Schomburgk fut saisi de surprise et de plaisir, et c'est sans doute en découvrant cette même plante ou une espèce bien voisine, que le botaniste Haenke, qui naviguait en pirogue sur le Rio Mamoré, province de Moxos (Bolivia), un des plus grands affluents de l'Amazone, « transporté d'admiration, se précipita à genoux adressant à l'auteur d'une si magnifique création les hommages de reconnaissance que lui dictaient son étonnement et sa profonde émotion (1). »

Dans l'automne de 1837, M. Schomburgk remonte de nouveau l'Essequebo et le Rupununi, et de son premier poste à Annay il fait une excursion jusqu'aux sources de l'Essequebo, dans la sierra Acaray. Divers accidents éprouvés par le voyageur, joints à l'insalubrité du climat, aux pluies continuelles et à la difficulté de transporter le papier nécessaire à la dessiccation des plantes, ne permirent pas, malgré tous les efforts de M. Schomburgk, de faire une récolte aussi ample qu'il pouvait l'espérer d'un pays dont la végétation est des plus riches. Les 700 espèces qu'il a envoyées ont été recueillies principalement dans les savanes, aux environs d'Annay et le long de l'Essequebo et du Rupununi ; une autre partie assez considérable provient des rives de Berbice et de Courantine.

En 1838 et 1839, M. Schomburgk remonte le Rio-Branco ou Parima et ses affluents, visite les montagnes de Cristal, ainsi que la chaîne des monts Roraïma, se dirige ensuite au sud, puis à l'ouest et suit le cours du Parima jusqu'à une chute de cette rivière appelée Warimième. Il parvient enfin, après avoir parcouru une région de 700 milles, à atteindre Esmeralda sur l'Orénoque, où il devait lier ses observations astronomiques à celles de M. de Humboldt. Il entra ensuite dans la branche secondaire de l'Orénoque, qui porte le nom de Cassiquiare, arriva au Rio-Negro, qu'il descendit jusqu'à son confluent avec le Rio-Branco. Il a remonté cette dernière rivière, l'espace de 150 lieues environ, et malgré plusieurs ca-

(1) Alcide d'Orbigny, *Annales des sciences naturelles*, tome 13, page 55.

taractes, jusqu'au fort portugais de San Joaquim, et poursuivant sa route au nord il s'est retrouvé à Georgetown le 20 juin 1839, ayant fait en sept mois, pendant ce dernier voyage, un circuit qu'il évalue à 2,200 milles.

L'histoire naturelle a gagné autant que la géographie à ces travaux, qui ont valu à M. Schomburgk une médaille d'or de la société de géographie de Londres, et une médaille d'argent accordée par la société de géographie de Paris.

D'avril à juillet 1841, M. Schomburgk fait un voyage d'exploration aux rivières Barima et Wai-Ina ou Guyania et parcourt dans cet intervalle de temps un espace de 700 milles, observant toujours la végétation du pays.

En 1842, M. Schomburgk a reconnu les sources du Takutu et remonté cette rivière, qui se jette dans le Rio-Branco, auprès du fort San-Joaquim Il était accompagné d'un dessinateur et de M. Richard Schomburgk, que le gouvernement prussien avait envoyé à la recherche de collections pour le musée royal de Prusse. Parti le 24 mars du village indien de Pirara, il y revint le 21 mai.

Une nouvelle expédition, vers les limites de la Guyane anglaise, a lieu en 1843. M. Schomburgk quitte Georgetown au mois de février et arrive le 24 mars à Pirara. Le 30 avril il quitte ce village et s'embarque sur le Rupununi. Il continue ensuite son voyage à travers les monts Carawami et s'arrête quelques jours à Watu-Ticaba, puis le 4 juin il s'éloigne des savanes et entre dans les vastes forêts de l'intérieur.

Au milieu de ce voyage, qui se termina le 13 octobre, jour de son arrivée à Georgetown, M. Schomburgk se trouva malheureusement forcé d'abandonner sa précieuse collection d'objets relatifs à l'histoire naturelle et à l'ethnographie, les Indiens qui l'accompagnaient suffisant à peine a porter son bagage, même le plus indispensable.

GUYANE HOLLANDAISE

M. le docteur Hostmann.

Les plantes de la Guyane hollandaise ont été récoltées par M. le docteur F.-W. Hostmann, qui depuis longtemps exerce la médecine à Surinam et s'est dévoué entièrement à l'étude de l'histoire naturelle de cette riche et fertile contrée. Déjà, en 1825, M. Meyer décrivait, dans les *Nova acta naturæ curiosorum*, un choix de plantes de Surinam, que lui avait envoyées M. Hostmann, son condisciple. En 1839, avant de s'occuper sérieusement de la botanique de ce pays, le docteur Hostmann avait fait une excursion préliminaire dans l'intérieur de la colonie. Il s'était dirigé vers la limite la plus méridionale, sur les bords du petit Mapanna, qui se jette dans la rivière Tempati. Les difficultés du voyage dans un tel pays sont très-grandes. Au Brésil, des routes plus ou moins entretenues, mais praticables pour des mules, permettent de suivre une direction donnée ; à Surinam, le voyageur est obligé de se frayer un chemin avec la hache au travers des forêts, ou bien il est guidé par le cours d'une rivière qui ne peut porter que de très-petits canots et dont la navigation est des plus périlleuses. Il faut qu'il emporte ses provisions, que l'extrême humidité ne lui permet pas de garder longtemps, et il est souvent réduit à compter pour vivre sur le produit incertain d'une chasse qui ne peut guère lui procurer que la chair assez peu appétissante d'un alligator ou d'un singe.

M. Hostmann venait d'être nommé résident chez les nègres marrons du district d'Auka. On sait que ces nègres sont des esclaves fugitifs qui réunis par troupe dans les bois, ont formé depuis longtemps des espèces de colonies ou de républiques. Ils s'y sont maintenus assez fortement pour obtenir par des traités que leur indépendance fût reconnue par les colons, et que des relations de commerce s'établissent entre eux et les Hollandais. La petite république d'Auka subsiste depuis l'année 1766. C'est avec surprise que toute la population de Surinam apprit que le docteur Hostmann avait accepté le titre de résident et allait représenter le gouvernement colonial au milieu de cette peuplade de nègres marrons.

M. Hostmann se décida à quitter Paramaribo, chef-lieu de la Guyane hollandaise, le 20 mars 1840, pendant les plus grandes pluies d'une saison déjà remarquable par son excessive humidité. Il était accompagné d'un homme qui, par sa connaissance avec les nègres marrons, pouvait lui devenir utile, et à qui il avait inspiré quelque goût pour l'histoire naturelle ; il emmenait en outre un petit nombre de domestiques nègres. Ayant envoyé la plus grande partie de son bagage par mer, à bord d'une goëlette, jusqu'à l'embouchure du Maroni, M. Hostmann et ses compagnons s'embarquèrent dans un canot de 40 pieds de long et 6 pieds de large, et que recouvrait une tente mobile, faite d'une grosse toile huilée. Ils passèrent la rivière Commewine sous les torrents d'une pluie incessante dont cette tente était loin de les garantir. Suivant le cours de cette rivière, dans la direction du sud-est, ils entrèrent dans la rivière Cottica, et le 25 mars ils atteignaient le dernier endroit habité, poste militaire nommé Semiribo, où les nègres furent échangés contre des nègres marrons qui attendaient le docteur Hostmann pour le mener à sa destination. Le 25, le docteur Hostmann se remet en route, remonte les sinuosités sans nombre de la rivière, arrive à un lieu où elle change son nom pour celui de Coromotiba, et entre dans la Wana-Crique qui coule dans une direction plus orientale vers le Maroni. Il emploie ensuite plusieurs jours à naviguer péniblement sur un vaste marais qui, dans la saison sèche, ne produit pas d'eau ; des nègres marrons en habitaient les points élevés qui alors semblaient comme autant de petites îles éparses.

Le 4 avril, le docteur Hostmann arriva au Maroni à une dis

lance de six heures de son embouchure, et le remonta non sans courir quelque danger. Le 7, il atteignait Armina, poste de la frontière, où il fut obligé d'attendre pendant un mois les moyens de transport qu'il avait fait demander à Auka.

Le 5 mai il quitta le poste Armina, le 11 il entrait dans le premier village des nègres marrons et prenait quelques jours après possession de son habitation, située dans une petite île. C'était une hutte inhabitable, visitée par les reptiles, avec un toit autrefois couvert de chaume, mais donnant maintenant passage à la pluie dans toutes les directions. Obligé de rester dans cette habitation, le docteur Hostmann y tomba malade. Il fit récolter les plantes des environs par des aides qui, à leur tour, furent malades l'un après l'autre. Le mois de juillet arrivé, le docteur, ne voyant pas qu'on s'occupât de réparer sa maison, crut devoir quitter cette résidence, et il s'en retourna à Paramaribo avec ses collections.

SURINAM.

M. Splitgerber, M. Weigelt.

Un jeune botaniste très-zélé, M. F.-L. Splitgerber, qui a fait différentes excursions dans la colonie de Surinam, a enrichi l'herbier de M. Delessert, en 1841, d'une collection choisie de plantes qu'il y a récoltées lui même.

D'autres, de la même localité, proviennent de M. Weigelt, qui paraît les avoir recueillies en 1827.

GUYANE FRANÇAISE.

M. Poiteau.

En 1817, M. Poiteau fut nommé botaniste du roi et directeur des cultures aux habitations royales de la Guyane française ; il y resta jusqu'en 1822, herborisa à Cayenne, sur les rives de la Mana, aux environs de la Gabrielle, etc., récolta pendant ce temps 1,200 plantes, et en décrivit et dessina environ 400.

M. Leprieur.

Un prix avait été, il y a quelques années, proposé par la société de géographie de Paris pour obtenir une reconnaissance générale des parties inconnues de la Guyane française. M. Leprieur fut disposé à tenter cette reconnaissance, et quoique, par des circonstances indépendantes de sa volonté, l'expédition qu'il a entreprise n'ait pu avoir le résultat qu'il en espérait pour répondre aux vues de la société de géographie, M. Leprieur n'en a pas moins fait profiter la botanique autant que possible.

Le 1er juillet 1830 il partit de Paris pour se rendre à Nantes, où un bâtiment était en charge pour Cayenne. Le 22 du même mois il met à la voile, et débarque à Cayenne le 7 septembre. Dans les premiers jours de novembre, il remontait l'Oyapok jusqu'à sa jonction avec le Camopi. De retour à Cayenne avec une grande quantité de matériaux nouveaux pour l'histoire naturelle, il se prépare à une nouvelle excursion, et visite Ouessa et ses deux affluents, Couripi et Rokawa En novembre 1832, il se dirige vers les sources de l'Oyapok. Plus d'une année fut employée à parcourir l'intérieur de ce pays, excursion difficile, dans une contrée où des forêts vierges et de nombreux cours d'eaux viennent sans cesse embarrasser le voyageur, et rendre sa marche si pénible et quelquefois si dangereuse.

L'insuccès de ce premier voyage n'avait pas découragé M. Leprieur; il voulut, en 1836, tenter une seconde exploration, et en juillet de cette même année, après plusieurs mois de séjour sur le haut Oyapok, il avait atteint le fleuve Maroni, qu'il devait reconnaître en le remontant jusqu'à ses sources. Un événement imprévu vint malheureusement faire échouer cette entreprise, au succès de laquelle rien ne paraissait plus devoir s'opposer. Accosté un peu au-dessous de la rivière Arawa par des nègres marrons échappés de Surinam, il se rend avec eux sur un petit îlot où ils étaient établis. Les intentions de ces nègres étaient très-pacifiques, et, en signe d'alliance, et comme engagement sacré de ne se faire aucun mal, ils proposèrent à M. Leprieur de se tirer mutuellement du sang et de le mêler avec de l'eau qu'ils devaient boire ensuite. M. Leprieur y consentit sans hésiter, et peut-être un refus n'était-il pas possible. Le lendemain, il se rend à l'établissement principal de ces nègres où étaient réunis leurs chefs, dont l'appui lui était indispensable pour remonter le Maroni que leurs canots parcourent continuellement. Bien traité par eux, il se disposait à continuer son voyage, lorsque des hommes, au nombre de plus de soixante, d'une tribu aussi révoltée, s'imaginant que la présence de notre voyageur allait soustraire à leur joug la tribu chez laquelle il se trouvait et qu'ils tenaient sous leur dépendance voulurent s'emparer de lui. Ses hôtes le défendirent bravement, mais ils ne purent empêcher le pillage de ses effets et de ses instruments, et, privé par cet événement de tout moyen d'exploration ultérieure, il fut forcé de revenir à Cayenne, abandonnant ainsi, et bien malgré lui, un projet qu'il avait formé avec tant d'ardeur.

Depuis lors, des herborisations répétées dans les environs de Cayenne, où le retient encore actuellement son service, ont permis à M. Leprieur de récolter un grand nombre de plantes, et des cryptogames surtout, qui doivent lui servir à rédiger la flore complète de ce pays.

MM. Gabriel et Leblond

Les plantes de M. Leprieur forment un supplément important aux collections envoyées longtemps auparavant par

M. Gabriel, juge au tribunal de première instance, et puis vice-président de la cour d'appel de Cayenne.

M. Leblond (Jean Baptiste), associé de la société d'agriculture de Paris et de la société académique des sciences, entraîné par son goût pour l'histoire naturelle, parcourt à ses frais l'Amérique méridionale. Il arrive à la Martinique en 1767, visite l'île de Sainte-Lucie et la plupart des Antilles. En 1772, il passe à la Trinité espagnole, et fait un voyage dans la chaîne des Cordilières jusqu'à Lima.

Vers 1786, il est envoyé par le gouvernement français dans la Guyane pour y faire la recherche du quinquina. Il venait de présenter à l'Académie des sciences un mémoire sur la possibilité de découvrir le quinquina dans la Guyane française. Il reste 18 ans dans cette colonie, et se livre pendant ce long séjour à des observations et à des recherches de toute nature. Les trois premières années, il fait dans l'intérieur trois voyages, de six mois chacun, à plus de quatre-vingts lieues au delà des côtes maritimes habitées par les colons. Il forma dans ces déserts une ample collection d'objets d'histoire naturelle, et l'envoya à Paris en 1791

Ses plantes, au nombre de plus de 500 espèces, ont été nommées par le professeur L.-C. Richard, qui les a toutes mentionnées dans la 1re partie du tome Ier des actes de la société d'histoire naturelle de Paris, publiée en 1792. Leblond est mort en 1815, dans le département de la Nièvre.

M. Sellow

M Fr Sellow, de Postdam, fut le premier naturaliste européen que l amour seul de la botanique dirigea vers le Brésil. Sous le patronage de sir Joseph Banks et de M. Aylmer Bourke Lambert, il arriva à Rio de Janeiro et observa d'abord la flore des environs de cette ville. Il fut ensuite attaché, en même temps que M Freyreiss, à M. le prince de Neuwied. En 1819, il accompagna M. Von Olfers dans un voyage au travers des provinces de Minas Geraes et de Saint-Paul, et ensuite dans les provinces méridionales de Sainte-Catherine, de San-Pedro-do-Sul ou Rio-Grande et de Montevideo, qu'il parcourut dans toutes les directions, s'occupant à la fois de botanique et de géologie. Ses collections ont été envoyées au musée royal de Berlin.

M. Sellow a péri au Rio-Doce soit en se baignant, soit, comme on l'a pensé, par suite d'un assassinat

La collection de ses plantes, qui se trouve en la possession de M. Delessert provient d'un envoi fait à M Delessert, en 1837, par l'herbier royal de Berlin, et d'acquisitions faites à la vente des herbiers de M. Lambert à Londres; plusieurs espèces nouvelles, découvertes par M. Sellow, ont été décrites dans différents ouvrages, mais il en reste encore beaucoup à publier. L'herbier qu'il a laissé renfermait 10,000 plantes qui ont dû être, d'après ses dernières volontés, réparties de la manière suivante : le premier échantillon de chaque espèce à l'herbier royal de Berlin, le second à son ami et compagnon de voyage, M. Von Olfers, et le troisième à M. Kunth.

M. Auguste de Saint-Hilaire.

M. Auguste de Saint-Hilaire, un de nos compatriotes les plus distingués par ses connaissances en botanique, a consacré six années entières à des voyages dans l'intérieur du Brésil. Il a visité les provinces de Rio de Janeiro, d'Espirito-Santo, de Minas-Geraes, Goyaz, Saint-Paul, Sainte-Catherine et les anciennes missions du Paraguay, sur la rive gauche de l'Uraguay.

M. Auguste de Saint-Hilaire quitta la France le 1er avril 1816, accompagnant M. le duc de Luxembourg, ambassadeur de France au Brésil. Il parcourut les environs de Rio de Janeiro et fit une excursion sur les bords du Parahiba, à 25 ou 30 lieues de Rio. Il voyagea pendant quinze mois dans la province de Minas-Geraes et en visita la partie qu'on appelle le *désert* (Sertao), située à l'ouest, ainsi que le Rio San-Francisco et le district des Diamants; il resta un mois au chef-lieu Tijuco, et revint à Rio de Janeiro en mars 1817 par Sabara, Villa-Rica et San-Joaô-del-Rey. Il fit ensuite deux autres voyages : l'un eut lieu de Rio de Janeiro à la province du Saint-Esprit (Espirito-Santo), et au Rio-Doce; dans l'autre, pour lequel M. Auguste de Saint-Hilaire se mit en route de Rio de Janeiro, le 26 janvier 1819, il se rendit dans la province de Goyaz, visitant San-Joaô-del-Rey, la serra Negra, l'un des points du Brésil méridional où l'on trouve le plus grand nombre de plantes, Paracatu, Os-Arrpendidos qui sépare la province des mines de celle de Goyaz, Villa-Boa, capitale de Goyaz, la serra Dorada et le Rio-Claro. De là M. de Saint-Hilaire revint par la province de Saint-Paul, recueillant des plantes à Saint-Paul, Sorocaba et Curitiba. Il descendit la serra de Paranagua et entra dans la province de Sainte-Catherine. Il explore l'île de Sainte-Catherine, Garupava, Laguna, Torres et la rivière d'Ararangua, limite de la province, et se dirige par Porto-Allegre, capitale de la province de Rio-Grande-do-Sul, vers la ville de Rio-Grande-de-San-Pedro-do-Sul, qu'il quitta le 19 septembre pour visiter les possessions espagnoles dans lesquelles il entra bientôt. Il arriva à Montevideo et partit de cette ville pour se rendre à l'embouchure du Rio-Negro. Depuis le fort de Sainte-Thérèse jusqu'à Montevideo et de cette ville jusqu'à l'embouchure du Rio-Negro, il recueillit environ 500 espèces de plantes, suivant d'abord la côte et ensuite le Rio de la Plata, puis l'Uruguay et il arriva à Belem. Là son voyage devint plus pénible; il passa treize jours dans un désert où on ne découvrait aucune habitation ni aucune trace de chemin, et qui n'était peuplé que par de nombreux jaguars et d'immenses troupeaux de cerfs, d'autruches et de chevaux sauvages. Les pluies tombaient en abondance et il n'avait d'autre abri que sa charrette. Ce fut dans ce désert, sur les bords du ruisseau de

Santa-Anna, que M Auguste de Saint-Hilaire faillit périr avec deux des hommes qui l'accompagnaient. empoisonné par le miel de la guêpe appelée *Lecheguana*

Quelques cuillerées de ce miel produisirent sur M. de Saint-Hilaire les effets les plus singuliers. S'étant endormi sous sa charrette, il se réveilla profondément attendri des rêves qu'il avait eus pendant son sommeil. Il voulut se lever, mais il était d'une faiblesse telle qu'il fut forcé de s'étendre sur le gazon, et son visage fut aussitôt baigné de larmes, qui furent suivies de rires convulsifs. Mais bientôt commença pour lui l'agonie la plus cruelle. Nous laissons M de Saint-Hilaire nous la raconter lui-même.

« Un nuage épais obscurcit mes yeux, et je ne distinguai plus que les traits de mes gens et l'azur du ciel traversé par quelques vapeurs légères Je ne ressentais point de grandes douleurs, mais j'étais tombé dans le dernier affaiblissement. Le vinaigre concentré que mes gens me faisaient respirer, et dont ils me frottaient le visage et les tempes, me ranimait à peine, et j'éprouvais toutes les angoisses de la mort. Cependant j'ai parfaitement conservé la mémoire de tout ce que j'ai dit et entendu dans ces moments douloureux, et le récit que m'en a fait depuis un jeune Français qui m'accompagnait alors s'est trouvé parfaitement d'accord avec mes souvenirs Un combat assez violent se passa dans mon âme, mais il ne dura que quelques instants ; je triomphai de mes faiblesses et je me résignai à mourir. Ce qui m'affectait le plus, c'était le sort de mon Indien Botocude que j'avais tiré de ses forêts et que je croyais devoir être, après ma mort, condamné à l'esclavage. Je conjurai ceux qui m'entouraient d'avoir pitié de son inexpérience et de répeter à mes amis. lorsqu'ils les reverraient, que mes derniers vœux avaient été pour cet infortuné jeune homme. J'éprouvais un désir ardent de parler dans ma langue au Français qui me prodiguait ses soins, mais il m'était impossible de retrouver dans mon souvenir un seul mot qui ne fût pas portugais. et je ne saurais rendre l'espièce de honte et de contrariété que me causait ce défaut de mémoire. »

Les gens qui accompagnaient M. Auguste de Saint Hilaire éprouvèrent de leur côté des symptômes également extraordinaires. L'un déchire ses vêtements avec fureur, les jette loin de lui, prend un fusil et le fait partir. Il se met ensuite à courir dans la campagne, appelant la Vierge à son secours, l'autre monte à cheval et se met à galoper, tombe, se relève, retombe encore et reste profondément endormi au lieu où il a fait sa dernière chute

Sauf un peu de faiblesse qui en résulta, les effets de cette espèce d'empoisonnement avaient cessé le soir même du jour où nos voyageurs avaient goûté de ce miel.

M. Auguste de Saint-Hilaire quitta ces déserts pour entrer dans la province des Missions qu'il parcourut en diverses parties, traversa la serra de San-Xavier et se retrouva bientôt dans la province de Rio-Grande. Arrivé dans la ville de Rio-Pardo, il s'embarqua sur le Jacuy, et après quelques jours de navigation, il était à Porto-Allegre. Son voyage avait duré près d'un an. N'ayant trouvé aucun moyen de transport par terre, il se décida à s'embarquer pour Rio-Grande, et là pour Rio de Janeiro Obligé d'aller chercher à Saint-Paul les collections qu'il y avait laissées, M. Auguste de Saint-Hilaire s'y rendit par la province des Mines, visitant sur sa route le pic de Papagayo, où aucun habitant n'était monté depuis un grand nombre d'années, et traversant la grande chaîne occidentale ou la serra da Mantiqueira.

En juin 1822, M. Auguste de Saint-Hilaire s'embarquait pour l'Europe, chargé de collections nombreuses de plantes et de collections de zoologie qui se composaient d'oiseaux, d'insectes, de quadrupèdes, de reptiles, etc., sans compter les coquilles et les minéraux qu'il avait pu recueillir dans le cours de ses divers voyages.

Le nombre des plantes rapportées par M. de Saint-Hilaire, et qu'il a analysées sur les lieux mêmes, s'élève à environ 7,000

M de Martius.

Pendant que M. Auguste de Saint-Hilaire était au Brésil, M. de Martius se disposait à entreprendre un voyage dans l'intérieur de cette contrée. C'était en 1817, à l'époque du mariage du prince royal Don Pedro d'Alcantara, devenu depuis empereur du Brésil, avec l'archiduchesse Léopoldine d'Autriche. L'empereur d'Autriche avait désigné plusieurs savants pour accompagner l'archiduchesse sa fille, et le roi de Bavière saisit cette occasion pour envoyer deux membres de l'Académie des sciences de Munich, qui se trouvaient ainsi placés sous la protection de l'ambassade d'Autriche et porteurs des meilleures recommandations pour la cour de Rio de Janeiro. Ces deux naturalistes étaient, d'une part, M. le docteur Spix, chargé de la zoologie, et M. le docteur Martius de la botanique. Ils partirent de Munich pour se rendre à Vienne le 6 février 1817, et dans le mois de juillet suivant ils arrivaient à Rio de Janeiro. Après plusieurs mois employés à des excursions aux environs de Rio et particulièrement à Tijuca, Porto-da-Estrella, Piedade, Mandioca, ils se mirent en route le 8 décembre pour se rendre dans la province de Saint-Paul. Ils arrivèrent à Saint-Paul, qui en est le chef-lieu, et de là ils se dirigèrent par Cutia, San-Roque et Sorocaba à San-Joaô-de-Ipanema et à Villa-do-Porto-Feliz, sur le Rio-Tiété, lieu qui sert d'embarquement pour le commerce entre Saint-Paul et Matto-Grosso. Ils tournèrent ensuite vers le nord pour se rendre par Villa-de San-Joaô-del-Rey à Villa-Rica, maintenant Cidade-do-Ouro-Preto, capitale de la province de Minas Geraes. Comme ils ne se trouvaient qu'à cinq ou six journées de distance des Indiens Coreados, sur le Rio-Xipoto, un des bras du Rio-da-Pomba, nos voyageurs entreprirent cette excursion et quittèrent Villa-Rica le 31 mars 1818. Ils étaient de retour le 21 avril. Bientôt ils se disposèrent à partir pour le district des Diamants, pays que M. Auguste de

Saint-Hilaire avait seul visité auparavant. Les différentes excursions qu'ils firent dans ce district, surtout celle sur la montagne d'Itambé, donnèrent occasion à nos voyageurs d'étudier la minéralogie, la botanique et la zoologie de cette contrée remarquable, qu'on ne peut mieux représenter qu'en la comparant à un jardin d'agrément établi avec tout l'art et tout le luxe imaginables. On ne peut y être admis qu'avec un passe-port royal et une permission spéciale de l'intendant général. A la sortie du district, on est soigneusement visité par les soldats des postes militaires, et au moindre soupçon les voyageurs sont retenus pendant vingt-quatre heures pour s'assurer s'ils n'ont point avalé de diamants.

De Tejuco nos voyageurs arrivèrent au plateau élevé de Minas-Novas et se dirigèrent vers le Rio San-Francisco, sur l'autre côté duquel ils pénétrèrent, par les plaines de Paranham, jusqu'aux sources orientales du Tocantin, dans la province de Goyaz. Ils revinrent ensuite vers la côte par l'intérieur de la province de Pernambouc, traversant le Rio San-Francisco à Malhada, et se rendirent à Bahia le 8 novembre 1818, après avoir beaucoup souffert dans ce trajet par le manque de vivres et de fourrages. Une excursion de 60 lieues qu'ils firent dans les forêts de la côte jusqu'à Rio-dos-Ilheos, ajouta encore à leurs collections dont ils firent l'envoi en Europe. A Bahia ils obtinrent, après beaucoup d'instances, la permission de se rendre au Para. Cette nouvelle expédition, la plus hasardeuse qu'ils eussent encore tentée, commença le 18 février 1819. Ils se dirigèrent par le nord-ouest au travers de la province de Bahia par Joazeiro, en passant la belle rivière de San-Francisco jusqu'aux pâturages montagneux de la province de Piauhy, qu'ils traversèrent complétement, s'arrêtant au chef-lieu Oeiras, et, le 16 juin 1819, ils atteignirent San-Luiz, capitale de la province de Maranham. Ils visitèrent l'île où est située la ville de San-Luiz, ainsi que la côte adjacente, et s'embarquèrent pour le Para, où ils arrivèrent après six jours de voyage. Ils avaient enfin atteint les rives de l'immense fleuve de l'Amazone; ils se remirent en route le 20 août 1819 et remontèrent le fleuve au milieu d'un chaos d'îles flottantes, formées de masses de terre détachées du bord et d'énormes troncs d'arbres entraînés par le courant, étourdis par les cris d'un nombre immense de singes et d'oiseaux, entourés d'une multitude de tortues, de crocodiles et de poissons, et traversant des forêts obscures habitées par des Indiens errants, marqués et défigurés de diverses manières. Nos voyageurs arrivèrent ainsi à l'établissement de Pauxis où, à une distance de 500 milles dans le pays, le flux de la mer est encore sensible, et où le fleuve, réduit à une largeur d'un quart de lieue, n'est plus qu'un abîme sans fond. Ils se dirigèrent ensuite vers l'embouchure du Rio-Negro. A cet endroit d'un aspect plus sauvage, le fleuve de l'Amazone reprend son ancien nom de Solimoens, qui est celui d'une nation maintenant éteinte.

Arrivés à la ville d'Ega, sur le Rio-Teffé, M. de Martius et le docteur Spix se séparèrent momentanément pour pénétrer, par des rivières différentes, jusqu'aux limites du Pérou. Le docteur Spix, continuant à remonter l'Amazone, passa devant trois larges affluents de ce fleuve, Jurua, Jutahi et Rio-Içа, et arriva enfin à Saint-Paul-d'Omaguas, à l'embouchure du Javari et à Tabatinga, possession portugaise, la plus occidentale, et où la langue des Incas remplace la langue Toupi. Le docteur Martius, accompagné du colonel Zany, remonta le Yapura, franchissant, mais non sans les efforts les plus pénibles, les cataractes et les rochers de la rivière jusqu'aux chutes d'Arara-Coara, sur les bords du Popayan. Se retrouvant à la Barra-do-Rio-Negro, MM. Spix et Martius descendirent l'Amazone et visitèrent le territoire inférieur de la rivière Madeira.

Si ces deux voyageurs avaient poursuivi leur marche quelques semaines de plus ils auraient atteint les bords opposés du continent de l'Amérique méridionale. Mais pour effectuer cette entreprise, ils auraient eu besoin de l'autorisation du vice-roi du Pérou, et le temps qui leur était accordé pour leur voyage ne leur permettait pas de l'étendre plus loin. Ils retournèrent donc vers l'est, et le courant de l'Amazone les transporta si rapidement qu'ils franchirent en cinq jours l'espace qu'ils avaient mis un mois à remonter. Après plusieurs excursions latérales où ils firent de nouvelles récoltes, ils revinrent au Para le 16 avril 1820.

La mission de ces naturalistes infatigables était accomplie ils avaient traversé le continent depuis le 24e degré de latitude sud jusqu'à l'équateur, et sous la ligne, depuis le Para jusqu'à la frontière orientale du Pérou, et parcouru 600 lieues du sud au nord, et plus de 1,000 lieues de l'est à l'ouest, entre le méridien de Pernambouc et celui de Tabatinga. Leur retour à Munich eut lieu à la fin de l'année 1821. Ils rapportaient de ce voyage les informations les plus curieuses et des richesses considérables en objets d'histoire naturelle. M. Martius évaluait le nombre de ses plantes à environ 7,500 espèces. Toutes ces collections arrivèrent à Munich dans un parfait état de conservation. Elles ont été réunies et classées dans un édifice disposé pour les recevoir, et qui porte le nom de Musée brésilien.

MM. Salzmann et Blanchet.

Province de Bahia.

Plusieurs autres voyageurs ont encore fourni des matériaux précieux pour la flore du Brésil ; nous mentionnerons d'abord ici MM. Salzmann et Blanchet, qui ont envoyé des plantes de la province de Bahia.

Les collections assez nombreuses, recueillies par M. Blanchet, proviennent en partie des environs de Bahia, de Nazareth-das-Farinhas, de Nagé, de Villa-di-Barra, d'Igregia-Yehla, des forêts d'Olhos-d'Agua et des districts de Jacobina et dos-Ilheos ; d'autres ont été récoltées dans les sertao de Bahia et du

Rio San-Francisco, dans le Maritiba, aux environs d'Utinga, à la serra Açurua et dans les marais d'Itabira

Le dernier envoi de M. Blanchet, reçu par M. Delessert en 1844, renferme des plantes trouvées dans la même province de Bahia, à Tamandua, Saint-Thomé, Pouço-d'Areia, etc.

M. Vauthier.

M. Vauthier a parcouru les provinces de Rio de Janeiro et de Minas-Geraes. Il a rapporté de ses voyages des collections de botanique et d'entomologie ; ses plantes ont été desséchées et conservées avec le plus grand soin.

Arrivé à Rio de Janeiro, M. Vauthier y fit un séjour de deux mois Il partit de cette ville le 12 février 1832 pour Porto-da-Estrella, un des deux grands chemins qui conduisent dans la province de Minas-Geraes. Il y arrivait le même jour. A trois lieues plus loin, il trouvait le petit village de Mandioca, situé au pied de la serra dos Orgaos, ou montagne des Orgues, ainsi nommé à cause de la ressemblance qu'on a cru trouver entre ses différents pics qui vont s'élevant les uns au-dessus des autres et les tuyaux d'un orgue.

Après avoir traversé presque constamment ou de grandes forêts ou de petits bois, M. Vauthier arriva à Bordo-dos-Campos et à la petite ville de Barbacena. Il se dirigea ensuite sur Sabara en passant par le petit bourg de Congonhas-do-Campo, dont le sol est très-varié, et où il resta huit jours à herboriser, et par Itabira-do-Campo, situé sur une haute montagne. Rendu ensuite à Bella-Fama, il y fit connaissance d'un Français, M. Dupré, géologue, qui s'occupe également de botanique. M. Vauthier fit avec lui plusieurs courses dans les environs.

A Sabara il recueillit une grande quantité de plantes et se rendit ensuite à la serra do Frio (ou da Lapa), vaste chaîne de montagnes qu'il parcourut jusqu'à Tijuco. Arrivé dans cette ville, il y resta deux mois et partit en juin, pour Marianna, petite ville assez jolie, située à deux lieues de Villa-Rica ou Ouro-Preto et à 80 lieues de Rio. Ses collections s'augmentèrent pendant les six semaines qu'il passa à Marianna.

Dans les premiers jours d'octobre, époque où commence la saison des pluies, M. Vauthier envoie ses caisses à Rio de Janeiro et quitte Marianna. Il éprouva le regret, dans son voyage jusqu'à Rio, de ne pouvoir recueillir les plantes qui manquaient à ses herbiers. Les pluies cessèrent à peine pendant sa route, et les chemins étaient devenus très-difficilement praticables.

Revenu à Rio de Janeiro, il explore les environs de cette ville, fait plusieurs excursions à la haute montagne du Corcovado, visite l'île do Governador, la plus grande des îles de la baie et dans laquelle Commerson herborisa lors de l'entrée de Bougainville dans le port de Rio de Janeiro. N'ayant pas jusqu'alors exploré la serra dos Orgaos, M. Vauthier s'y installa pendant six semaines, et augmenta beaucoup son herbier et sa collection d'insectes. De retour de ce petit voyage, il fit ses dispositions pour rentrer dans sa patrie, et le 25 mai 1833, il effectuait son retour en France sur la corvette *la Bonite*, qui arrivait à Toulon le même jour.

M. Georges Gardner.

M. Gardner a fait un plus long séjour dans le Brésil, et il a visité plusieurs provinces de cet empire.

Au commencement de 1836, entraîné par le désir de voyager dans quelque contrée tropicale pour en rapporter les productions botaniques, M. Gardner fut fortement conseillé de choisir le Brésil. A l'exception de M. Burchell, aucun Anglais n'avait encore tenté de pénétrer dans l'intérieur de cette contrée. M. Gardner entreprit ce voyage sous les auspices du feu duc de Bedford et de sir W.-J. Hooker.

Le 20 mai 1836, il s'embarqua à Liverpool pour Rio de

Janeiro. A l'aspect de cette ville et de sa baie magnifique, qui, suivant l'expression d'un de nos amiraux, contiendrait tous les ports de l'Europe, M. Gardner ne peut retenir le sentiment d'admiration qui le transporte. Les descriptions du docteur Abel, des docteurs Spix et Martius, et de M. Auguste de Saint-Hilaire, l'avaient préparé au spectacle d'une contrée magnifique, mais les tableaux merveilleux qu'en ont tracés ces auteurs semblent encore à M. Gardner au-dessous de la réalité.

Ses premières courses eurent lieu dans le voisinage de Rio de Janeiro ; il en parcourut les montagnes, les vallées humides, visita les marécages qui se trouvent au nord de la ville, les côtes maritimes et les îles de la baie. Ses herborisations durèrent cinq mois. Ce n'est pas trop pour connaître la végétation d'un pays où règne un été perpétuel, et où chaque mois est caractérisé par la floraison de plantes différentes. Une de ses plus longues excursions fut celle qu'il fit aux environs et dans les montagnes de Tijuca ; elle dura dix jours.

M. Gardner passa six mois dans la serra dos Orgaos, et gravit le premier les sommets les plus hauts de cette montagne qui s'élèvent à près de 7.000 pieds au-dessus du niveau de la mer. Aucun botaniste n'avait encore visité ces points extrêmes. MM. Langsdorff, Burchell et Lhotsky avaient été jusqu'à 5,000 pieds Cette circonstance inspira à M. Gardner le désir de passer quelques jours sur les pics les plus élevés pour en étudier la végétation, et il entreprit cette excursion. En 1838, lors de sa mission au Brésil, Guillemin essaya de gravir la montagne des Orgues, mais il n'alla pas aussi loin que M. Gardner.

En septembre 1837, M. Gardner s'embarque à Rio de Janeiro, et en octobre il atteint Pernambouc. Une relâche à Bahia lui donne occasion de récolter aux environs de cette ville un grand nombre de plantes.

Il explore pendant trois mois Pernambouc et ses environs, et particulièrement la petite île de Itamaraca, surnommée le jardin de Pernambouc. En février mars et avril 1838, il visite la province d'Alagoas, située entre Pernambouc et Bahia, et il fait une excursion au Rio San-Francisco. C'était dans la saison sèche, et il ne rapporta de ce voyage que 200 espèces de plantes Au milieu de juillet, il quitte Pernambouc afin d'entreprendre dans l'intérieur et dans les provinces septentrionales le long voyage qu'il avait toujours projeté. Il arrive bientôt à Aracaty, non sans avoir fait une traversée fort pénible. Le bâtiment sur lequel il s'était embarqué était encombré de marchandises, et les passagers furent obligés de coucher sur le pont, sans aucun abri. et restèrent exposés à une pluie battante qui dura presque les quatre jours de leur voyage. Aracaty est une petite ville située dans la province de Ceara, à trois lieues de la mer. Il y fait quelques excursions avant de se rendre à Icco. La route d'Aracaty a Icco passe au travers d'une épaisse forêt de palmiers qui a 20 lieues de long M. Gardner se rend ensuite au bourg de Crato, situé dans la direction sud-ouest. Il y arrive (à la fin de 1838) après un voyage de six jours, et sans avoir pu herboriser, car on était dans le commencement de la saison sèche, et à une époque où l'on rencontre à peine une feuille. Mais l'aspect du pays avait changé en arrivant à Crato. Il fait plusieurs excursions dans la serra de Araripe, visitant ses ravins, ses pentes, ses sommets, et en rapportant chaque fois une ample provision de plantes nouvelles et rares. Il reste près de cinq mois dans le voisinage de Crato et se dirige ensuite vers Ociras, capitale de la province de Pauhy. Les pluies étaient arrivées et le pays était verdoyant et refleuri. M Gardner put observer avec quelle rapidité la végétation reprend son essor après les premières ondées, et combien de plantes qui paraissaient détruites par la sécheresse montraient de nouveau leurs tiges fleurissantes dans un court espace de temps. Notre voyageur consacre quatre mois à ses recherches botaniques aux environs d'Ociras. Son intention était de se rendre au Rio Tocantin, contrée entièrement inconnue aux botanistes, et où il espérait pouvoir herboriser pendant trois ou quatre mois. De là, il serait descendu jusqu'à Para. Arrêté dans son projet par la révolution qui venait d'éclater dans la province de Maranham qu'il devait traverser, et qui rendait difficiles les communications avec les autres parties de ce pays, et ne voulant point suivre le même chemin pour son retour, il résolut de revenir à Rio de Janeiro par les grandes provinces intérieures de Goyaz et de Minas-Geraes. Il quitte Oeiras le 22 juillet 1839, et, se dirigeant vers le midi, il atteint le 20 août la petite ville de Pernagua, à l'extrémité méridionale de la province de Piauhy, et un mois après les bords du Rio-Preto. Il arrive enfin et reste plusieurs jours parmi les Indiens dans l'aldea de Diro, mission indienne située à l'extrémité nord-est de la province de Goyaz. De Diro il se rend à la Natividad, où les pluies le retiennent pendant plus de trois mois.

C'est dans son voyage entre Diro et la Natividad qu'il lui arriva un de ces accidents si propres à désespérer un botaniste. En traversant le Rio de Peixa, un cheval porteur de deux caisses de plantes tomba au moment où il sortait de l'eau ; une des caisses fut jetée dans la rivière, et elle était tout inondée avant qu'on ait pu la retirer. Cette caisse contenait plus de 2,000 échantillons de plantes. Après avoir fait sécher la caisse et remballer toutes les plantes pour les dessécher à la première occasion, la charge fut confiée à un cheval plus vigoureux que le premier ; mais on avait à peine fait une demi-lieue, qu'en traversant une petite rivière, M. Gardner eut le chagrin de voir plongées dans l'eau, non-seulement la caisse qui contenait les plantes déjà mouillées, mais encore celle qui avait été préservée lors du premier accident Le cheval qui les portait marchait en avant, et, au lieu de suivre le chemin guéable, il en avait pris un autre et avait laissé tomber les bagages, en se débattant pour sortir d'un trou bourbeux dans lequel il était entré. Heureusement que M. Gardner put faire sécher plus tard dans des étuves toutes les plantes ainsi endommagées, et il n'eut pas le regret de voir perdu, en quelques instants, comme il le craignait, le fruit de plusieurs semaines d'herborisations faites surtout dans un pays où n'avait encore pénétré aucun botaniste.

Le 10 février 1840, M. Gardner quitte la Natividad et arrive le 27 à Arrayas, situé sur le flanc occidental de la serra Geral, qui sépare la province de Goyaz de celles de Minas Geraes et de Pernambouc ; il y reste deux mois. La guerre civile menaçait alors la province de Goyaz ; celle de Piauhy se trouvait dans un état complet d'anarchie. Que pouvait faire notre paisible botaniste au milieu d'un pays livré à de tels désordres? Il quitte Arrayas au commencement de mai 1840 Quelque temps après il arrivait dans la villa de San-Romaô, située sur le Rio San-Francisco dans la province de Minas-Geraes, parcourait le district des Diamants, les montagnes près de Cocaes, Gongo-Soco, Sabara, Ouro-Preto et Marianna. De retour à Rio de Janeiro le 1er novembre 1840, il visita une seconde fois la montagne des Orgues, en rapporta une belle collection de plantes, et fit une excursion sur les bords du Rio-Parahiba, revenant par la colonie suisse de Novo-Friburgo.

Embarqué pour se rendre en Angleterre, M. Gardner terminait enfin par un séjour de trois semaines à Maranham, au nord du Brésil, la série de ses voyages dans ce pays, et débarquait à Liverpool avec ses collections, le 11 juillet 1841, après cinq ans et deux mois d'absence, et, comme il l'écrivait lui-même, après avoir joui, malgré les privations et les tourments d'un long voyage, de la meilleure santé et du bonheur le plus grand qu'il ait jamais éprouvé dans aucune autre époque de sa vie.

Près de 6,000 espèces de plantes remarquables par la beauté des échantillons ont été recueillies par M. Gardner. Il se propose d'en donner une liste générale dans l'ordre de leurs numéros, avec les descriptions des genres nouveaux et des espèces nouvelles. Le commencement de ce travail intitulé : *Contributions towards a Flora of Brazil*, a paru dans le tome Ier du *London journal of botany* de sir W.-J. Hooker.

M. Claussen

L'herbier renferme encore une collection considérable de plantes recueillies dans la province de Minas-Geraes, près du Rio San-Francisco, à Cachoeira-do-Campo, sur le pic d'Itabira, dans la serra de Ouro-Preto, la montagne d'Itacolumi, etc., par M. P Claussen, qui a habité cette province pendant une vingtaine d'années, et l'a étudiée sous les rapports botanique et géologique. On remarque dans le nombre de ces plantes plus de 40 espèces d'*Eriocaulon*.

M. Claussen a envoyé, depuis, une autre collection dans laquelle sont entrées un grand nombre de fougères et qu'il a récoltées en février, mars et avril 1842, à Novo-Friburgo (Nouvelle-Fribourg), colonie suisse du Brésil, établie dans le district de Canto-Gallo, province de Rio de Janeiro, et à 35 lieues nord-est de cette ville.

La colonie de Novo-Friburgo est le premier essai qui ait été tenté dans cette partie de l'Amérique pour y introduire des établissements de fermiers et de cultivateurs formés d'étrangers européens. Elle a été fondée par le roi Jean VI et ne paraît pas devoir se maintenir, la plus grande partie des colons s'étant dispersés depuis longtemps pour se retirer, les uns à Rio de Janeiro, et les autres dans l'intérieur du pays.

Guillemin.

Avant de nous occuper du voyage de Guillemin, nous dirons, comme nous l'avons annoncé, quelques mots sur cet excellent botaniste, auquel nous étions uni par les liens d'une vive amitié.

Antoine Guillemin, docteur en médecine, aide-naturaliste au Muséum d'histoire naturelle de Paris, était né à Pouilly sur Saône (Côte-d'Or), le 20 janvier 1796. Il fit de bonnes études au collége de Seurre et resta quelques années comme élève en pharmacie à Dijon et à Genève. C'est en 1815, dans cette dernière ville, qu'il fut remarqué par M. De Candolle, dont il suivait les leçons avec zèle. Le savant professeur ne pouvait manquer d'apprécier les qualités de Guillemin, et dès cette époque s'établit entre le maître et l'élève une intimité qui ne se démentit jamais. M. De Candolle l'a témoigné d'une manière touchante par une disposition de son testament, qui réserve à Guillemin le soin de publier une nouvelle édition de sa *Théorie élémentaire*, dernier vœu du professeur que Guillemin n'a pu accomplir. Vers l'année 1820, il fut adjoint à M. Achille Richard, alors conservateur des collections botaniques de M. Benjamin Delessert, et il lui succéda définitivement lorsque M. Richard fut nommé aide de botanique au Muséum d'histoire naturelle de Paris.

Guillemin s'est fait remarquer par son savoir varié et ses connaissances étendues en botanique. Il s'est fait aimer par son caractère plein de douceur et d'affabilité, par une grande modestie et par la simplicité de ses manières. Il a écrit plusieurs mémoires d'organographie et de physiologie végétale, et a coopéré avec MM. Achille Richard et Perrottet à la flore de Sénégambie, publiée sous les auspices de M. Benjamin Delessert.

Guillemin fut chargé, en 1838, de se rendre au Brésil pour y chercher des plants et des graines de l'arbre à thé qu'il devait rapporter en quantité assez considérable pour que la culture pût en être essayée sur divers points de la France. Il resta un an au Brésil, et à la suite de sa mission qu'il avait remplie avec zèle et intelligence, il reçut la décoration de la Légion d'honneur.

Rien n'annonçait qu'il ne devait pas jouir longtemps de cette récompense. Dans les premiers jours de janvier 1842, malgré les souffrances que lui faisait éprouver une affection organique qui s'était déclarée chez lui, il avait entrepris le voyage de Montpellier, espérant que le climat de ce pays apporterait quelque adoucissement à sa situation; mais la maladie fit de rapides progrès, et il mourait le 15 janvier, quelques jours après son arrivée dans cette ville.

Guillemin a rapporté du Brésil un herbier de plantes choisies, qu'il a trouvé le moyen de recueillir au milieu des travaux de sa mission. Il partit de Paris le 10 août 1838, accompagné de M. Houlet, jardinier sous-chef des serres chaudes du Muséum d'histoire naturelle, pour se rendre à Brest, où ils prirent passage sur la corvette *la Dordogne*. Le 19 octobre, ce bâtiment côtoyait la terre du Brésil. Pendant son séjour à Rio de Janeiro, Guillemin parcourut sans relâche les environs de cette ville dans un rayon de 2 à 3 myriamètres et fit plusieurs excursions au Corcovado. Un voyage aux montagnes de Tejuca et de la Gavia lui procure de belles plantes, et il rencontre dans ses courses le *Copaifera officinalis*, arbre d'où découle le véritable baume de copahu. En janvier 1839, il se rend dans la province de Saint-Paul. Un bateau à vapeur le transporte en vingt jours à Santos, port principal de la province, et il arrive à la ville de Saint-Paul après avoir traversé la grande chaîne nommée serra do Mar. Il séjourne dans la province pendant près d'un mois, et dans cet espace de temps, tout occupé qu'il était par ses visites aux propriétaires cultivateurs de thé, et par l'examen des cultures et de la préparation du thé, il peut faire diverses courses aux environs de Saint-Paul et explorer en détail le Jaragua, montagne fameuse par ses mines d'or, et qui autrefois eut une immense réputation de richesse. Il visite, en revenant à Rio de Janeiro, la colonie florissante d'Ubatuba, habitée par des familles françaises qui cultivent le café et divers autres végétaux utiles. Il récolta dans cette localité une collection de plantes, mais l'humidité lui en gâta malheureusement la plus grande partie.

Dans le courant du mois de mai, Guillemin entreprend une ascension au sommet le plus élevé de la serra dos Orgaos (montagne des Orgues). Il se proposait de visiter en même temps de grands établissements agricoles situés dans la serra

Il a raconté souvent à ses amis les tourments qu'il a endurés dans une des journées de cette excursion où une pluie abondante et un froid excessif vinrent le surprendre, lui et ses compagnons, avant qu'ils fussent arrivés à une espèce de grotte où ils devaient passer la nuit. L'intérieur de cette grotte, asile naturel des tapirs, n'était pas entièrement à l'abri de la pluie, et l'eau coulait sur le plancher vaseux qui devait recevoir nos voyageurs. Une fois arrivé, on fit des efforts pour allumer du feu, mais le bois vert qu'on employait ne jetait qu'une flamme passagère et de noirs tourbillons de fumée. Chacun se coucha dans la boue, et la nuit se passa ainsi, rendue plus pénible encore par la pluie qui ne cessait de tomber et le froid qui continuait à être très-intense. Enfin, le lendemain on renonça à continuer l'ascension; le point le plus haut de la serra, peu élevé au-dessus de celui qu'on avait atteint, n'offrait d'ailleurs aucun intérêt.

Le temps était venu où Guillemin devait rentrer en France. Sa mission était remplie; il s'était procuré un nombre considérable de plants de thé, entre lesquels il avait semé des graines bien mûres; il avait disposé le tout d'une manière convenable dans des caisses, et le 27 mai 1839, il s'embarquait pour revenir en France sur la corvette *l'Héroïne*, commandée par le capitaine Cécille, et ce bâtiment mouillait dans la rade de Brest le 24 juillet suivant.

Outre ses plantes sèches, Guillemin a rapporté plus de 450 espèces de bois, recueillis dans les provinces de Rio de Janeiro, Saint-Paul et Minas-Geraes, ainsi qu'un grand nombre de produits végétaux, tels que gommes-résines, écorces, racines, etc., qui ont été placés dans les collections de l'école de pharmacie de Paris.

M. Gomez.

En 1830, M. Achille Richard a donné quelques espèces du Brésil, provenant de M. Ildefonse Gomez.

PÉROU ET CHILI.

Voyageurs qui ont visité successivement ces deux pays

Ruiz, Pavon et Dombey.

Nous réunissons dans la même notice ces trois naturalistes qui ont herborisé ensemble au Pérou et au Chili.

Don Hippolyte Ruiz avait été désigné en 1777, par le gouvernement espagnol, pour diriger des recherches d'histoire naturelle, et de botanique particulièrement, dans le Pérou et le Chili. Le 8 novembre de cette même année, il s'embarquait avec Joseph Pavon, son compatriote, et Joseph Dombey, médecin et botaniste français. Ce dernier avait été envoyé en Espagne par son gouvernement, en 1776, avec la mission de se rendre au Pérou pour y chercher les végétaux susceptibles d'être naturalisés en Europe. Le gouvernement espagnol lui adjoignit Ruiz et Pavon, dont les travaux devaient profiter à l'Espagne.

Ces trois botanistes débarquent au port de Callao le 8 avril 1778 et de là se transportent à Lima, où ils commencent leurs excursions Ils explorent ensemble la province de Chancay, et, revenus à Lima, ils expédient en Espagne 500 espèces de plantes sèches et 242 dessins coloriés d'après nature. Ils se rendent ensuite à Tarma, capitale de la province de ce nom, située dans une vallée profonde, à 40 lieues de Lima. Ici Dombey et Pavon se séparèrent pour aller l'un à Ceuchin et l'autre au fort de Palca, d'où ils rapportèrent d'abondantes récoltes. Réunis à Lima, nos voyageurs se rendent à Huanuco, ville autrefois assez célèbre, distante d'environ 60 lieues de la capitale du Pérou, et pénètrent dans les districts de Chincao et Cochero, et retournent à Lima. Ruiz et Pavon y laissent Dombey et se rendent dans la province de Chancay; ils y restent deux mois et rejoignent encore Dombey à Lima.

Déterminés à étendre leurs recherches dans le Chili, nos trois voyageurs s'embarquent et abordent au port de Talcahuano, traversent les territoires de la Conception, Itata, Rere et Arauco, les provinces de Puchacay, Maule, San-Fernando, Rancagua, Santiago et Quillota, et une partie des Andes qui jusqu'alors n'avait été explorée par aucun botaniste. Ils reviennent de nouveau à Lima avec des collections considérables en botanique, en zoologie et en minéralogie, et un grand nombre de notes, d'observations et de dessins. Malheureusement toutes ces richesses, résultats de deux années de travaux et de fatigues, renfermées dans 53 caisses avec les produits des explorations faites à Tarma, à Huanuco et à Chancay, furent perdues avec le navire *le San-Pedro d'Alcantara*, lors du naufrage de ce bâtiment sur les côtes du Portugal, en février 1786. Dombey avait quitté le Pérou deux ans auparavant, et ses collections qu'il avait emportées échappèrent à ce désastre.

A la suite de leur retour à Lima et après le départ de Dombey, Ruiz et Pavon se rendent à Huanuco, parcourent de nouveau les divers territoires de cette province et pénètrent de là jusqu'à Puzuzo et au Rio Huancabamba ; ils consacrent trois mois à cette exploration et retournent à Huanuco. Ils passent ensuite deux mois à la hacienda de Macora, avec don Juan Tafalla et don Francisco Pulgar, qui leur avaient été adjoints en qualité d'élèves, le premier pour la botanique, le second pour le dessin. Les environs de Macora abondent en plantes intéressantes dont ils avaient fait une ample récolte lorsque arriva, le 6 août 1785, l'incendie dans lequel furent détruits les manuscrits renfermant les descriptions des plantes, des animaux et des minéraux du Chili, les relations topographiques des provinces du même royaume et de celles du Pérou, et une grande quantité de végétaux, de graines, d'animaux préparés, etc.

Après cet événement, qu'ils supportèrent avec résignation, Ruiz et Pavon revinrent à pied à Huanuco et entreprirent un voyage très-hasardeux au travers des montagnes de Muña. A leur retour, ils expédièrent en Espagne un grand nombre de caisses renfermant des dessins et des productions des trois règnes.

En 1787, ils firent un voyage à Pillao, où ils découvrirent plusieurs plantes nouvelles. Revenus à Lima et après avoir pris congé de leurs élèves, Tafalla et Pulgar, ils s'embarquèrent pour l'Espagne le 1er avril 1788 et arrivèrent le 12 septembre à Cadix, rapportant 29 caisses d'objets d'histoire naturelle et 124 plantes vivantes.

Dombey était déjà rentré dans sa patrie. Après avoir été dans les Cordillères examiner les mines de Coquimbo, il s'était embarqué à Lima le 14 avril 1784, et, à la suite d'une navigation pénible et d'un séjour de quatre mois à Rio de Janeiro, il entrait dans le port de Cadix le 22 février 1785.

On connaît tout ce que Dombey eut à souffrir à son retour et les persécutions qu'il endura. Il était arrivé à Cadix sans ressources, et là il fut en proie à mille tracasseries. Pour réparer la perte de la collection du roi d'Espagne, on demande à Dombey de donner la moitié de la sienne. Dombey ne cède qu'à un ordre de la cour de France. On exige de lui, pour le laisser partir, la promesse qu'il ne fera aucune publication avant le retour de ses deux compagnons, et Ruiz et Pavon ne reviennent que quatre ans plus tard. Dombey, après un séjour de dix mois à Cadix, embarque enfin ses caisses pour le Havre et revient à Paris. Lié par sa promesse, il ne veut rien publier ; mais Buffon, qui avait obtenu pour Dombey une somme d'argent et une pension, fait prendre chez lui son herbier et le remet à M. l'Héritier, qui se charge de publier à ses frais toute la partie botanique du voyage de Dombey. M. l'Héritier, averti à temps des réclamations faites à ce sujet par l'Espagne, qui ne voulait point que ce travail parût avant celui de Ruiz et Pavon, et ayant appris que la cour de France avait accueilli ces réclamations et allait faire retirer l'herbier de ses mains, s'empresse, avant d'avoir reçu aucun avis officiel, d'emballer l'herbier de Dombey. Il passe la nuit à faire cette opération, aidé par sa femme et par Broussonnet et Redouté, et le lendemain il part en poste pour l'Angleterre, où il arrive avec ses précieuses collections. Il passe quinze mois à Londres, occupé à décrire les plantes de Dombey, et appelle auprès de lui Redouté pour en dessiner les figures. La fin déplorable de M. l'Héritier, mort assassiné à Paris, a laissé en suspens ce travail, qui n'a pas été publié.

C'est en Espagne et sous les noms seuls de Ruiz et Pavon que parut, en 1794, le Prodrome de la flore du Pérou et du Chili, suivi quelques années après (1798-1802) de la flore elle-même. Les plantes de Dombey, ainsi que ses notes, ses observations et ses dessins, ont servi en partie à cette publication. Un grand nombre de genres nouveaux que renfermait son herbier ont été décrits dans la *Flora Peruviana*, mais Ruiz et Pavon n'ont pas cru devoir adopter pour les plantes les déterminations de Dombey ni ajouter au nom des auteurs, dans le titre de l'ouvrage, celui du botaniste français dont il n'est question que dans la préface.

L'herbier de Dombey, composé d'environ 1,500 plantes, est déposé au Muséum d'histoire naturelle de Paris. L'administration de cet établissement en a fait extraire quelques doubles pour l'herbier de M. Delessert.

M. Poeppig.

Les voyages botaniques du docteur Édouard Poeppig dans le Chili et le Pérou ne sont pas moins dignes d'intérêt que ceux que nous venons de mentionner. Ils ont donné naissance à un bel ouvrage que publie M. Poeppig en commun avec M. Stéphane Endlicher sous ce titre : *Nova genera ac species plantarum quas in regno Chilensi, Peruviano et in terra Amazonica ab annis 1827 ad 1832 legit*, etc., dont une partie des planches a été gravée d'après les dessins mêmes de M. Poeppig.

Le docteur Poeppig, professeur de zoologie à l'université de

Leipzig, est peut-être, parmi un petit nombre d'étrangers, le seul Allemand qui, dans un but purement scientifique, ait visité le Pérou et le Chili durant ces derniers temps. Plusieurs années de résidence dans les Antilles et dans l'Amérique septentrionale l'avaient préparé au voyage qu'il se proposait d'entreprendre au Chili et au Pérou. Parti de Baltimore le 29 septembre 1826, il arriva le 14 mars suivant dans la baie de Valparaiso au Chili. De mars à octobre, il séjourna dans les régions maritimes de Santiago et de Quillota. Il traversa ensuite les montagnes arides de Chacabuco et le vallon triangulaire de San-Felipe. De novembre à décembre, il a parcouru les tristes gorges de Santa-Rosa, dernière petite ville au pied des Andes, revenant s'établir dans une misérable cabane qu'il avait construite lui-même. Là il fit les préparatifs de son entrée dans les montagnes, car c'est à cet endroit que commence le défilé ou passage qui présente le chemin de communication le moins difficile avec Mendoza, où il voulait se rendre. Il y arriva en effet: mais, forcé de revenir vers les bords chiliens, il s'embarqua pour Talcahuano, dans la province de la Conception.

En octobre 1828, il se trouvait dans la vallée des Andes du Chili, qui prend son nom du village d'Antuco. La guerre avait éclaté entre les Indiens et les Chiliens, guerre atroce signalée par le carnage et les incendies, et malgré le danger que courait le docteur Poeppig dans de telles circonstances, il resta un été entier dans le pays, et ce ne fut pas sans regret qu'il abandonna ces belles Alpes désertes qu'il avait parcourues de tous les côtés et dont les trésors s'étaient offerts pour la première fois aux regards d'un botaniste. En mars 1829, il revint au port de Talcahuano, et au mois de mai il débarquait à Callao, port principal de Lima, dans le Pérou.

A cette époque, le Chili était visité chaque jour par de nouveaux botanistes, et aucun ne cherchait à pénétrer dans le Pérou. La stérilité très-grande des régions qui s'étendent entre l'Océan et les sommets des Andes ne semble devoir offrir aucun attrait aux naturalistes. « Quant aux provinces si fertiles du Pérou, dit M. Poeppig dans l'introduction de l'ouvrage que nous avons cité plus haut, provinces situées presqu'aux limites extrêmes de l'ancien empire des Incas, elles sont distantes de 80 lieues au moins de la ville de Lima et séparées par des chaînes de montagnes atteignant une élévation de 12,000 pieds. Aussi n'est-il pas étonnant que les botanistes qui ne pouvaient entreprendre de trop longs voyages aient été saisis d'effroi à la vue de ces coteaux excessivement desséchés, formés de sables mouvants, à l'aspect de ces champs brûlés, portant çà et là quelques plantes seulement, de ces rochers noircis, perpétuellement battus par les flots d'une mer impétueuse et privés de tout ornement de fleurs, et que ces mêmes botanistes aient souhaité un ciel plus doux et se soient enfuis au plus tôt, cherchant vers des contrées meilleures un climat moins funeste à la santé. »

Excité par le désir de connaître les régions visitées précédemment par Ruiz et Pavon, et après avoir séjourné pendant quelques jours sur les rives les plus tristes du Pérou, le docteur Poeppig gravit les Andes de Pasco, et pendant dix mois, il s'établit sur le versant oriental de ces montagnes. M. de Martius, dans son exploration du Brésil, avait remonté l'Amazone à partir de l'océan Atlantique jusqu'aux limites du Pérou, et le docteur Poeppig pensa qu'il serait fort utile qu'il réunît ses propres observations à celles de M. de Martius, afin qu'elles s'enchaînassent ensemble et que la géographie des plantes pût être connue et tracée dans une ligne menée par tout le diamètre de l'Amérique méridionale, depuis la ville de Lima jusqu'à l'embouchure de l'Amazone Au mois d'avril 1830, le docteur Poeppig descend le Huallaga, reste quelques mois dans une région dite la *Misio-Alta*, au pied des Andes, et entre dans une des provinces les moins connues de l'Amérique méridionale, celle de Maynas, et dans ses plaines immenses arrosées par un réseau de fleuves et ombragées par des forêts éternelles. Dix mois après, il commençait à naviguer sur l'Amazone. « Je traversai l'Amérique méridionale du Pérou au Para sur l'Amazone, écrivait M. Poeppig quelque temps après son retour, mais c'est un chemin que je ne conseillerais à personne de suivre. J'étais endurci par une longue habitude des voyages et accoutumé à toutes les fatigues, je parlais facilement la langue des Incas, et cependant j'ai été sur le point d'abandonner l'entreprise. Quoique vivant parmi des sauvages et des millions de mousquites, solitaire et entièrement séparé de tout être civilisé, seul Européen dans une province immense, privé de souliers et de vêtements, n'ayant souvent pas même un morceau de singe pour mon dîner; traité durement par des autorités subalternes au mépris de la protection qui m'était accordée par le gouvernement de Lima, très-éloigné il est vrai ; retenu une fois comme prisonnier pendant trois mois, je n'ai pas, Dieu merci, succombé sous le poids de tant de maux et de périls. Ma résolution croissait en proportion des difficultés. Je vécus même pendant près de dix-huit mois dans les déserts de Maynas, travaillant jour et nuit, sans un seul ami et tout à fait abandonné aux ressources personnelles que je pouvais retirer de mon corps et de mon esprit. »

Le docteur Poeppig séjourna à Ega, dans la comarque brésilienne du Rio-Negro, suivant, depuis le mois de septembre 1831 jusqu'au mois d'avril 1832, les traces de M. de Martius, son prédécesseur. La guerre continuait dans ces contrées ; il n'y avait plus de sûreté pour les étrangers. M. Poeppig reprit sa route vers les rivages atlantiques, et ayant consacré un mois à l'observation de la flore du littoral, il se détermina enfin à quitter le Pérou pour se rendre en Europe.

M. Claude Gay.

M. Claude Gay partit pour le Chili vers la fin de 1828 avec l'intention de tracer l'histoire naturelle et physique de ce pays. Il toucha successivement à Rio de Janeiro, Montevideo,

Buenos Ayres, etc., profitant de son séjour dans chacune de ces relâches pour se livrer dans les environs à des courses consacrées plus particulièrement à la botanique.

Arrivé en décembre 1828 à Valparaiso, M. Gay s'occupa de rassembler les matériaux qui devaient lui servir pour l'ouvrage qu'il projetait. Un séjour de neuf mois qu'il fit à Santiago, capitale du Chili, le mit à même de bien étudier la flore de ses environs et même celle des Cordillères voisines. Le gouvernement chilien, témoin du résultat de ses travaux, voulut y prendre une part tout à fait active ; il lui donna de fortes lettres de recommandation pour les autorités des environs, et se chargea d'acquitter tous les frais que ses recherches pourraient nécessiter. A l'aide de cette haute protection, M. Gay put étendre ses courses et se livrer entièrement à l'étude des objets qui avaient été la principale occasion de son voyage. Ainsi rendu, vers la fin de l'année 1830, dans la province de Colchagua, située au sud de celle de Santiago, et ayant choisi San-Fernando, sa capitale, pour en faire en quelque sorte son quartier général, il mit sept mois à parcourir cette province dans sa plus grande étendue, visitant surtout les hautes Cordillères, et escaladant une fois le grand volcan de Talcareguo, placé à leur centre même. Par là ses collections s'enrichirent d'une foule de plantes tout à fait nouvelles, notamment dans la famille des Nassauviées qui caractérise à un haut degré la flore de cette région.

C'est au retour d'un de ces voyages que M. Gay alla visiter le lac Taguatagua, orné par la nature de ces îles flottantes que l'industrie chinoise est parvenue à créer dans les grands bassins de la Chine. « On sait que les Chinois réunissent, au moyen de liens, des champs de roseaux assez légers pour supporter sans immersion une couche plus ou moins épaisse de terreau, et qu'ils les coupent ensuite en dessous, puis les lancent avec des amarres comme de véritables radeaux. A Taguatagua, c'est avec des liserons flexibles que la nature enlace des tiges d'*Arundo* et de *Typha*, sur lesquelles viennent échouer d'autres plantes dont les débris forment le sol de l'île mobile. M. Gay s'aventura au milieu de ces archipels sur une embarcation assez semblable aux îles mêmes, et il récolta de cette manière, parmi d'autres objets curieux pour l'histoire naturelle, beaucoup de plantes aquatiques intéressantes. Les hautes montagnes qui environnent le lac lui fournirent des récoltes botaniques plus abondantes encore (1). »

M. Gay songeait à venir chercher en France les instruments qui devaient faciliter ses travaux, et dont le gouvernement chilien faisait tous les frais d'achat, etc. Avant son départ, et en attendant un navire, M. Gay entreprit un voyage à l'île de Juan-Fernandez, qu'avait visitée peu de temps auparavant le malheureux Bertero ; il y resta un mois, et, quoique la saison fût déjà avancée, il en rapporta une assez belle collection de plantes. Vers le mois de mars 1831, il s'embarque pour la France. Le 25 mai 1834, il se retrouvait à Valparaiso, et bientôt après à Santiago. Vers le mois de décembre, décidé à commencer ses courses scientifiques, qu'il voulait étendre dans toute la république, il crut devoir, pour obtenir les meilleurs résultats possibles de ses recherches, aller s'établir successivement dans la capitale de chacune des neuf provinces qui composent le Chili, se proposant de rayonner sur tous les points et d'étudier l'histoire naturelle de ces diverses provinces. Il parcourut d'abord la province de Valdivia, et ensuite celles de Chiloé, de Coquimbo, Aconcagua, Cauquenes, Conception, etc. Les recherches auxquelles il s'est livré, et les observations de tout genre qu'il a faites dans ses explorations, fourniront de belles données sur la géographie physique de cette contrée, et seront importantes surtout pour la géographie botanique, dont M. Gay s'est constamment occupé dans le cours de ses voyages.

Afin d'étudier d'une manière plus ou moins comparative la

(1) Rapport sur la partie botanique du voyage de M. Gay au Chili, par M. Adrien de Jussieu.

végétation du Pérou, au moins dans une partie de ce pays, M. Gay se rendit à Lima en juillet 1839 et y resta près de deux mois, donnant une partie de son temps à des courses botaniques, rendues plus fructueuses encore par les herborisations à plusieurs lieues à la ronde de deux préparateurs qu'il avait amenés avec lui pour cet objet. Il se livra aussi à des recherches historiques dans les archives de l'ancienne vice-royauté, qui toutes furent mises à sa disposition. Vers le mois d'octobre, et ses recherches historiques étant terminées, il entreprit un voyage à Cuzco pour y continuer ses travaux scientifiques. Plus de deux mois s'écoulèrent avant qu'il arrivât dans cette capitale des anciens Incas Il visita en passant les mines de Tingo, situées dans les premières Cordillères, à une hauteur de 5,117 mètres; Huancayo; Huancabelica, avec ses riches mines de mercure; Andahuayla et Abancay, si renommés par la belle qualité de sucre qu'ils produisent; et traversa aussi le fameux pont de l'Apurimac, pont suspendu construit en cordes, et d'une longueur extraordinaire; enfin, il arriva à Cuzco avec de riches collections qu'il avait faites en route. Il resta quelques jours occupé à parcourir les environs de cette ville, et s'achemina ensuite vers le centre de l'Amérique méridionale, chez les redoutables Indiens Paucartambinos, Chahuaris, Chantaquiros, qui vivent constamment dans les belles forêts vierges de cette région. Ce voyage chez ces peuplades tout à fait sauvages n'avait eu d'autre motif que la curiosité; M. Gay en fit cependant profiter la botanique, quoiqu'il ne pût qu'avec peine dessécher les plantes qu'il ramassait, n'ayant pas voulu apporter du papier avec lui dans la crainte d'éveiller quelques soupçons parmi les naturels. De retour à Cuzco, et après avoir mis en ordre ses collections, il dirigea ses courses vers une autre vallée beaucoup moins boisée, mais aussi beaucoup plus riche pour le botaniste, à cause de la grande variété de ses végétaux. Cette vallée, connue sous le nom de Santa-Anna, longe la rivière d'Urubamba, et s'étend jusqu'à l'endroit où cette rivière prend le nom de

Ucayali, qu'elle conserve jusqu'à sa jonction au fleuve Amazone. Pendant ce voyage, M. Gay se livrait à des travaux de physique terrestre, tandis que ses deux préparateurs s'occupaient exclusivement des recherches d'histoire naturelle. Ces explorations durèrent à peu près quatre mois; un autre mois fut employé par M. Gay à visiter particulièrement les riches et importants débris des monuments des anciens Incas, ruines qu'on retrouve à chaque pas dans toute l'étendue de la vaste province de Cuzco, et qui sont propres à fournir les renseignements les plus curieux sur la nature de cette civilisation perdue. « L'indestuctibilité de ces monuments, écrivait M. Gay, résulte de la forme et de la dimension de leurs matériaux : ce ne sont point des pierres, ni même des roches, mais de véritables rochers entassés les uns sur les autres, et tellement bien superposés et unis, qu'il serait difficile de passer la pointe d'un canif dans leur plan de jonction. Lorsqu'on pense que ces Indiens n'avaient ni leviers, ni machines, qu'ils ne connaissaient point l'usage du fer, et encore moins celui du mastic ou de tout autre ciment, on ne peut qu'être surpris de la haute perfection et du nombre si grand de ces travaux. »

M. Gay avait pensé revenir au Chili en traversant toute la Bolivie, mais les bruits de guerre entre le Pérou et la Bolivie mirent obstacle à ce grand voyage. Il se vit donc obligé de se rendre à Arequipa, en passant par un chemin dont la plus petite hauteur était de 3,489 mètres, et qui montait insensiblement jusqu'à 4,943, régions élevées, où, par une circonstance remarquable, tous les jours, depuis une heure jusqu'à cinq heures du soir, l'atmosphère est continuellement embrasée par d'immenses éclairs, et tourmentée par des pluies de grêle, et par des coups de tonnerre dont on ne peut avoir aucune idée en Europe. M. Gay espérait pouvoir traverser le vaste désert d'Atacama; il en fut malheureusement empêché par la saison qui était extrêmement sèche. Il revint par Lima et Callao à Valparaiso, où il arrivait au commencement d'avril 1840. Tous ses travaux dans le Chili étaient à peu près terminés, les départements de Capiapo et de Huasco, dans la province de Coquimbo, étaient presque les seuls qu'il n'eût pas visités à cause de la grande sécheresse qui y avait duré plusieurs années; mais l'hiver de 1840 ayant été assez pluvieux, M. Gay se décida, au printemps, à visiter ces pays dont le sol, à la moindre pluie, fournit la plus belle végétation. Il explora scientifiquement, sous tous les rapports, ces deux départements, et ses excursions, prolongées jusqu'au centre des Cordillères, lui procurèrent des plantes nouvelles et très-intéressantes. De retour à Santiago, il s'occupa a mettre la dernière main au cabinet d'histoire naturelle qu'il à en quelque sorte fondé dans cette ville, et qui renferme une collection, à peu près complète, de toute l'histoire naturelle chilienne. Ce travail, assez long à cause de la détermination et de la classification des objets, le retint plus de dix-huit mois, et ce ne fut que le 26 juin 1842 qu'il put s'embarquer pour retourner en France, d'où il était absent depuis près de neuf années. Ses nombreuses collections relatives à la botanique, à la zoologie et à la minéralogie, ont été déposées au Muséum d'histoire naturelle de Paris.

Des exemplaires de toutes les plantes rapportées par M. Gay font partie des collections de M. Delessert.

Voyageurs qui ont visité le Pérou seulement.

M. Mathews.

M. Mathews (Alexandre) a enrichi l'herbier de plantes du Pérou, de Lima, ou il résidait; il a fait des excursions dans diverses directions, et spécialement dans les Cordillères. Au commencement de l'année 1835, il revenait par Pasco d'un voyage où il avait visité Huanuco, Tarma, Huaras. Huancayo; au mois d'avril, il parcourait les environs de Pangoa, à l'est de la ville de Jauja. Cette ville est connue par ses grandes cultures de l'*Erythroxylon Coca* (*Coca* des Indiens). On sait que ces derniers font un grand usage des feuilles de cette plante, que l'on recueille et qu'on sèche avec le plus grand soin, et qui donne lieu à un commerce assez étendu. Les Indiens mâchent continuellement ces feuilles, qui produisent sur eux le même effet que l'opium et les liqueurs fortes sur les peuples des autres nations Aucune considération, le risque de perdre son emploi, l'approche même d'un danger, rien ne peut empêcher l'Indien de se livrer, à certains moments du jour, à cette occupation pour laquelle il lui faut le repos et le silence. On en a vu se réfugier dans la profondeur des forêts, et là, étendus au pied d'un arbre, mâcher le coca pendant plusieurs jours, insoucieux des pluies, des vents, des ombres de la nuit, et revenir ensuite au milieu des leurs, mais pâles, les jambes tremblantes, pouvant à peine se soutenir, et abîmés par la fatigue.

En novembre 1835, M. Mathews était à Casapi, dans la province de Huanuco et sur les bords de la rivière de Huallaga, un des affluents de l'Amazone. Le 17 avril suivant, il quitte Casapi, et après quatre jours de voyage, il atteint Juana-del-Rio, à l'opposé de la rivière Monson, traversant à pied d'épaisses forêts, grimpant sur les rochers et se frayant lui-même une route; arrive à Juan-Guerra, port de Tarapota, près du point de jonction du Rio Moyobamba avec le Huallaga, et s'arrête à Moyobamba. Depuis son départ de Casapi, il augmente d'une manière considérable ses collections de plantes, d'animaux, d'insectes et de coquilles. Il entreprend ensuite une excursion à Chacapoyas, situé sur un des tributaires de l'Amazone, reste deux mois dans ce pays riche en plantes alpines, se rend de là à Truxillo, sur la côte, et arrive enfin à Lima le 10 novembre, après un voyage pénible, mais dont les résultats furent des plus satisfaisants. Sa collection de plantes se montait environ à 10,000 échantillons, renfermant près de 900 espèces de plantes.

La santé de M. Mathews, altérée par ses fatigues et par le climat, ne lui ayant pas permis d'habiter constamment la ville de Lima, il en était parti en juillet 1839 pour se rendre dans le nord, à Moyobamba et à Chacapoyas. Il est mort dans cette dernière ville le 24 novembre 1841.

Voyageurs qui ont visité le Chili seulement

M. Miers.

Les collections de M. Lambert ont fourni à l'herbier de M. Delessert un choix de plantes de M. John Miers provenant de la Plata et du Chili, où il a résidé plusieurs années. M. Miers avait formé le projet de fonder au Chili une grande entreprise industrielle. Le 22 mars 1819, deux mois après son départ, il jetait l'ancre dans la rade de Buenos-Ayres. De là il devait se rendre à Mendoza, chef-lieu de la province de ce nom, en traversant les Pampas. Il effectua ce voyage, dont la direction peut être tracée rapidement en signalant les lieux principaux par lesquels il passa. Ainsi, parti de Buenos-Ayres le 6 avril, il se trouvait le lendemain au village de Luxan et ensuite à Salto. Après avoir traversé, dans les provinces de Santa-Fé, de Cordova et de San Luis, différents lieux, et entre autres Melinque, Achiras, San Luis-de-la-Punta, dont les environs présentent une flore plus variée, plus étendue et plus belle que dans beaucoup d'autres provinces, le village de Coro-Corto, etc., M. Miers arrive à Mendoza le 25 avril. Il en repart pour se rendre à Santiago, et se dirige vers la grande chaîne des Andes, traverse le Paramillo, chaîne de montagnes longue et étroite entre la plaine d'Uspallata et Mendoza, et où les nouveautés botaniques n'étaient ni très-nombreuses ni très-remarquables. Continuant sa course par le désert sablonneux d'Uspallata, il arrive vis-à-vis la vallée de Tupungato, qui se termine par le célèbre pic de ce nom, regardé comme le point le plus élevé des Andes du Chili. On a dit qu'il surpasse le Chimborazo en hauteur, ce qui ne peut être vrai, puisqu'il n'atteint pas la limite des glaces perpétuelles.

qui dans cette latitude est au-dessous de la hauteur du Chimborazo. Ce chemin conduit notre voyageur aux sources de la rivière Aconcagua. Ici M. Miers admire la riche végétation qui caractérise cette contrée, et qui rend si agréable pour le botaniste un voyage dans les Cordillères aux mois de décembre, janvier et février. M. Miers y trouva non-seulement la plupart des plantes des parties inférieures du Chili, mais encore d'autres espèces tout à fait nouvelles et propres à ces localités élevées. Il arriva enfin à Santiago en quittant les plaines cultivées de Colina, et se rendit ensuite à Valparaiso, où deux routes conduisent le voyageur, l'une par Casa-Blanca, et l'autre par la Dormida.

Pendant sa résidence dans le Chili, M. Miers ne s'est pas borné aux opérations industrielles qui l'y avaient amené; ses observations ont encore embrassé la géographie, la géologie, la statistique, le gouvernement, l'agriculture, les finances et les mœurs du pays. Au milieu de ses voyages, il n'a pas négligé la botanique. Durant son séjour au Chili, à Buenos-Ayres, à Mendoza, il avait fait plus de 200 dessins de plantes renfermant plusieurs genres nouveaux, éclairés par des descriptions, et il avait des matériaux pour un nombre à peu près égal d'autres dessins. Il est à regretter que rien de ces divers travaux n'ait encore été publié.

M. Cuming et M. Caldcleugh.

M. H. Cuming a rassemblé avec un grand zèle et une grande intelligence différents objets appartenant à plusieurs parties de l'histoire naturelle. Il a envoyé de belles plantes recueillies dans le midi du Chili, savoir : à Chiloé ; dans la province de Maule, le long de la côte ; à la Conception, à Valparaiso et dans le nord à Coquimbo. D'autres échantillons de plantes proviennent de la côte intérieure jusqu'à la Cumbre, défilé ou passage élevé dans les Andes du Chili.

M. Cuming a été en plusieurs endroits grandement aidé par un botaniste à qui l'histoire naturelle est beaucoup redevable, et qui a herborisé avec Bertero dans l'île de Juan-Fernandez, M. Alexandre Caldcleugh, dont l'herbier renferme des plantes de Santiago et de Coquimbo. M. Caldcleugh était attaché à l'ambassade anglaise au Brésil. Pendant les années 1819-1821, il se rendit de Rio de Janeiro à Buenos-Ayres, et et de là il fit par terre une excursion au Chili. De Buenos-Ayres, il se dirigea à cheval, au travers des plaines immenses appelées Pampas, vers les Andes du Chili, et arriva à Mendoza après quinze jours de voyage. A Valparaiso, il s'embarqua pour le Pérou ; il revint bientôt après au Chili, repassa les Andes et s'embarqua de nouveau à Buenos-Ayres pour le Brésil.

M Bridges

Cet habile collecteur, parti pour le Chili vers l'année 1829, et qui avait fixé sa résidence à Valparaiso, où il voulait s'occuper de réunir les différentes productions naturelles de ce pays, a envoyé des plantes récoltées par lui à Valdivia, province très-intéressante et très peu connue située dans le sud du Chili et habitée par les Araucaniens, les plus indépendants des Indiens de l'Amérique méridionale. Il a parcouru le pays jusqu'à la Cordillère de la Valdivia et jusqu'au lac de Runco. Il visita ce pays dans les circonstances les plus favorables, accompagnant un détachement qui se rendait à la Cordillère de la Valdivia, pour intercepter un des passages qui mènent aux Pampas de Buenos-Ayres, et empêcher ainsi quelques tribus Puelches de pénétrer dans la partie occidentale des Andes. Avant d'arriver aux montagnes, ils traversèrent un pays plat constitué par des plaines immenses semblables à celles de Santiago du Chili, et paraissant de la même étendue que tout le Pérou et le Chili. Ils arrivèrent, en se rapprochant de la Cordillère, au lac de Runco, dont la beauté est impossible à décrire. M. Bridges recueillit dans ce voyage près de 300 espèces de plantes.

En juin 1841, M. Bridges était à Valparaiso, déterminé à entreprendre un nouveau voyage pour collecter des objets d'histoire naturelle. Il commence par une excursion sur les Andes par la passe du Plainchon jusqu'aux vallées élevées, sur le côté oriental. Outre les plantes des Andes, il a envoyé quelques doubles de Valdivia et d'autres provenant des plaines à la base des Andes, province de Colchagua, ainsi qu'une collection de mousses d'environ 50 espèces, la plus grande partie de Valdivia, et d'autres de Colchagua. M. Bridges quitte ensuite Valparaiso pour se rendre dans le nord du Chili. Il atteint Copiapo vers la fin de juin, et reste occupé, jusqu'en novembre, à explorer les districts de Copiapo, Ballenar et Tricrina ; de ce dernier point il continue son voyage par terre au travers des déserts sablonneux qui se trouvent entre Copiapo et Huasco, d'où il se rend le long de la côte à Coquimbo. Quelques jours après, il reprenait la route de Valparaiso, passant par Andacolla et Petorca, descendant ensuite la vallée d'Aconcagua et se dirigeant vers Quillota.

M. Bertero

Le docteur Charles-Joseph Bertero, né à Turin et membre de l'Académie de cette ville, et dont nous avons parlé précédemment, a envoyé une riche collection de plantes du Chili, formée de tout ce qu'il avait récolté dans le but de faire la flore de ce pays.

Avant Bertero, le Chili n'avait été exploré sous le point de vue botanique que d'une manière imparfaite. Excepté quelques végétaux communs aux régions voisines, ce pays renferme une grande quantité d'objets nouveaux et intéressants. Bertero l'étudia sous différents rapports, et, pour ne parler que des plantes, il a recueilli dans le Chili plus de 15,000 échantillons parfaitement conservés, contenant un grand nombre d'espèces nouvelles qu'il a determinées en partie et accompagnées, pour la plupart, de descriptions et de notes manuscrites précieuses. Ces plantes ont pris place dans l'herbier de M. Delessert.

Bertero se trouvait, jeune encore, aux Antilles, où il resta plusieurs années; il en rapporta de belles collections. Désirant visiter d'autres pays lointains, il résolut, après un court séjour en France et dans sa patrie, de faire un voyage au Chili. Parti de Paris dans cette intention, au commencement de septembre 1827, il s'embarque au Havre et arrive à Santiago trois mois après. Le 13 mars 1828, il se dirige vers Rancagua, muni de recommandations adressées par le gouvernement chilien aux autorités du pays qui devaient lui procurer toutes les facilités désirables pour ses recherches. Il emportait en même temps la permission d'exercer la médecine.

Arrivé dans la province d'Aconcagua, et ayant parcouru la plus grande partie du Chili septentrional, il passe l'hiver à Quillota, et il était de retour à Valparaiso en novembre 1829. La guerre civile désolait alors ce pays. Santiago, Quillota, Valparaiso, n'avaient offert à notre botaniste que des scènes d'horreur. Bertero prit la résolution de quitter le continent et de se rendre à l'île de Juan-Fernandez. Il voulait ensuite visiter l'île de Mas-a-Fuera, revenir à Valparaiso et s'embarquer pour Tahiti et les îles des Amis. Il accomplit une partie de ce projet. Au milieu d'obstacles et de privations de toutes sortes, il passe trois mois occupé exclusivement à la recherche des végétaux qui couvrent le sol de Juan-Fernandez, une des îles de l'océan Pacifique, à l'ouest des côtes du Chili, et assez connue par les aventures du marin écossais, auxquelles ont été empruntés les principaux épisodes du roman de *Robinson Crusoé*. Bertero recueillit tout ce qu'il put trouver dans cette île peu étendue, et en rapporta 500 espèces et plus de 2,000 échantillons de plantes. C'est là qu'il découvrit ces belles espèces de *Rea* en arbres qui appartiennent à la famille des composées, tribu des chicoracées, dans laquelle jusqu'alors on ne connaissait de végétaux à tige ligneuse que quelques espèces de *Sonchus* et de *Prenanthes* particulières aux îles Canaries. De retour à Valparaiso, Bertero fait toutes les dispositions nécessaires pour son voyage de Tahiti, voyage qui devait avoir un résultat si fatal ! Parti le 28 septembre 1830, il arrive à Tahiti le 3 novembre. A l'aspect de la magnifique végétation de cette île, il s'écriait dans son enthousiasme : « Oui, je veux qu'on connaisse enfin les richesses de l'Océanie. Je ne quitterai pas ces lieux sans les avoir explorés depuis le rivage de la mer qui les baigne jusqu'aux derniers sommets de leurs montagnes les plus élevées ! »

Pourquoi ce vœu ne fut-il pas exaucé ! Une fois à Tahiti et charmé des découvertes qu'il y faisait, quoiqu'il eût bientôt reconnu que la végétation y est plus riche que variée, il se livra avec ardeur à ses recherches et parvint à former des collections immenses. Il avait été secondé dans cette occupation par M. Moerenhout que nous aurons occasion de citer plus tard pour les plantes qu'il a envoyées à l'herbier de M. Delessert. M. Moerenhout avait rencontré Bertero au Chili et lui avait été présenté, en septembre 1830, après le retour de ce dernier de l'île de Juan-Fernandez. Ils s'étaient liés d'amitié et étaient partis ensemble le 28 du même mois pour se rendre à Tahiti, et le 9 avril Bertero s'en retournait au Chili sur un bâtiment qui appartenait à M. Moerenhout, et qui n'arriva pas à sa destination. On ignore ce qu'il a pu devenir. Une sorte de fatalité semblait poursuivre le malheureux Bertero et l'entraîner à sa perte. Il n'avait pas voulu, pour quitter Tahiti, attendre l'arrivée d'un bâtiment plus grand, plus commode que celui sur lequel il devait s'embarquer. Peu après son départ, il avait abordé à Raïatéa, une des principales îles de l'archipel de la Société et la plus considérable du groupe après Tahiti ; il écrivait de là à M. Moerenhout pour lui parler de plantes qu'on lui avait apportées, et qu'il ne connaissait pas, exprimant le regret de n'avoir pas à sa disposition ses livres et autres objets, et ajoutant que peut-être il resterait dans l'île. Il la quitta cependant vers le milieu d'avril, et à partir de ce moment aucune nouvelle de Bertero ni du navire qui l'avait reçu n'est parvenue en Europe. M. Moerenhout a visité depuis, mais vainement, plusieurs îles, les seules où, si Bertero s'était sauvé, on aurait pu le rencontrer. Nul doute que le bâtiment qui transportait Bertero ne se soit perdu en pleine mer, et qu'il n'ait péri corps et biens.

Était-ce par un pressentiment de cette fin déplorable que Bertero, avant de s'embarquer pour Tahiti, terminait par ces mots une lettre qu'il adressait à M. Colla, un de ses compatriotes et son ami intime . « Adieu, bonne santé ; un *Pater* et un *Ave* pour mon âme, dans le cas où elle serait submergée ! »

Combien la science a perdu par une telle fin, et que ne pouvait-on espérer d'un botaniste comme Bertero, qui réunissait à des connaissances étendues l'activité la plus prodigieuse !

URUGUAY. — LA PLATA.

M. Arsène Isabelle et M. Bâcle.

M. Arsène Isabelle avait été entraîné par un désir ardent de voyager, et de recueillir les productions naturelles des contrées qu'il voulait parcourir. C'est avec cette idée que le 31 décembre 1829 il s'embarquait au Havre pour Buenos-Ayres. Le 28 février 1830, il entrait dans les eaux du Rio de la Plata, et mouillait en rade de Montevideo Il en partait quelques jours après pour se rendre à Buenos-Ayres. En septembre 1833, il quittait cette ville, où il avait formé un établissement industriel, pour aller visiter Porto-Allegre, capitale de la province brésilienne de Rio Grande-do-Sul, en remontant l'Uruguay et traversant une partie des anciennes missions, ainsi que la province de San-Pedro. Le 14 novembre, il arrivait au hameau de Santa-Anna, première garde brésilienne en remontant l'Uruguay ; et le 23, à Itaquy. Il prit ensuite le chemin de San-Borja, une des sept missions de la rive gauche de l'Uruguay. Il arriva à Porto-Allegre le 20 mars 1834 par le Boqueron de Santiago, à 13 lieues sud-est de la Guaïaraça, par la rivière Jaguary-Guazu, le hameau de San-Vicente, la bourgade de Santa-Maria-da-Serra, le Passo-do-Jacuy et le village de Rio-Pardo.

M. Isabelle parcourt les environs de Porto-Allegre, visite le village de Viamon, à trois lieues sud-est, ancien chef-lieu de la province, et pousse ses excursions jusqu'au delà de Boa-Vista et de la Barrucada, hameaux situés à environ 10 lieues dans l'est de Porto-Allegre. Il se dirige ensuite vers la colonie allemande de San-Leopoldo, au bord et sur la rive gauche du Rio-dos-Sinos, à 7 lieues au nord de Porto-Allegre, dans un pays cultivé avec soin, et qui comptait à cette époque environ 8,000 habitants, émigrés de toutes nations, et Allemands pour la plupart. M. Isabelle suivit ensuite les rives du Rio-Grande jusque près de son embouchure, au principal port de la province, connu sous le nom de Rio-Grande. Il y a deux villes réunies sous ce nom, et qui sont partagées par le fleuve : l'une porte le nom de San-José, ou simplement do-Norte, c'est celle de la rive gauche ; l'autre, le nom de San-Pedro, ou do-Sul, c'est celle de la rive droite. Il visita également San-Francisco-de-Paula, ville toute nouvelle, à 9 lieues environ vers le nord-ouest, et à 12 lieues de l'embouchure du fleuve.

Les plantes de M. Isabelle ont été récoltées pendant le cours de son voyage. Celles qui font partie maintenant de l'herbier de M. Delessert s'élèvent à environ 400 espèces de Montevideo et 250 de la province de Rio-Grande-do-Sul. Les lichens et les mousses ont été principalement recueillis aux environs de Porto-Allegre et de San-Leopoldo. Les fougères appartiennent à toute la province, depuis l'Uruguay jusqu'à la capitale.

Ces plantes, jointes à celles envoyées à différentes époques (1835 à 1840) par M. Bâcle et par sa veuve, de Buenos-Ayres et des Andes de ce pays, forment une collection botanique assez importante de cette partie de l'Amérique méridionale.

ANTILLES.

CUBA.

Docteur Poeppig et M. Ramon de la Sagra.

Les plantes de Cuba, entrées dans l'herbier de M. Delessert, et qui proviennent du docteur Édouard Poeppig, ont été recueillies par ce naturaliste lors de son voyage dans l'île de Cuba, en 1822-1824, trois années avant son grand voyage au Chili et au Pérou, que nous avons mentionné page 247.

M. Ramon de la Sagra a donné des échantillons des plantes mentionnées dans le bel ouvrage qu'il a consacré à l'histoire physique, politique et naturelle de l'île de Cuba. Ces plantes ont été décrites, savoir : les phanérogames, par M. Achille Richard, et les cryptogames, par M. lé docteur Montagne.

M. de la Sagra partit en 1823 pour la Havane comme chargé de la direction du Jardin botanique de cette ville. Les matériaux qu'il a rassemblés pendant un long séjour dans le pays, ou qui lui ont été communiqués par ses correspondants, peuvent donner une idée générale assez exacte de la végétation de Cuba, de cette île si intéressante par sa position, et si importante par ses immenses ressources. M. de la Sagra y est resté jusqu'en 1835.

M. Henri Delessert

Le jeune Henri Delessert, parent de M. Benjamin Delessert, avait profité de son séjour à la Havane, en 1838 et 1839, pour y récolter des plantes qui font également partie de l'herbier de M. Delessert.

M. Henri Delessert est mort à la Havane le 1er juillet 1843, âgé de 28 ans

JAMAIQUE

M. Heward.

M. Robert Heward, qui a résidé à la Jamaïque pendant les années 1823-1826, et y a récolté plus de quatre-vingts espèces de fougères qu'il a décrites, en 1838, dans le *Magazine of natural history*, a bien voulu envoyer, en 1843, quelques-unes de ces plantes à M. Delessert.

MM. Wiles, Brown, Ponthieu, docteur Dancer

Plusieurs petites collections, provenant de M. Lambert, de Londres, ont fourni des plantes de la Jamaïque et d'autres îles des Antilles, récoltées par Wiles, collecteur à la Jamaïque; Brown, chirurgien à la même île; par Ponthieu, qui a herborisé pendant plusieurs années dans les Antilles, et qui est cité souvent dans la *Flora Indiæ-Occidentalis* de Swartz, par le docteur Dancer, de la Jamaïque, etc.

SAINT-DOMINGUE.

M Poiteau.

En 1794, le gouvernement français avait décidé d'envoyer des troupes et une flotte à Saint-Domingue pour y rétablir l'ordre. André Thouin, alors membre du comité d'instruction publique, demanda et obtint en faveur de M. Poiteau (1)

(1) M. Poiteau offre un exemple frappant de ce que peut produire un grand désir d'instruction réuni à beaucoup d'intelligence. Il entra au Jardin des Plantes de Paris en 1788 en qualité de jardinier. Son éducation avait été celle d'un villageois. Lorsqu'il eut dans les mains pour la première fois une grammaire française, il resta fort étonné de ne savoir rien, lui à qui le maître d'école de son village avait dit « Mon garçon,

une commission de botaniste pour cette île; mais cette commission ne lui parvint pas; seulement, l'agent maritime de Rochefort reçut, du ministre de la marine, l'ordre d'embarquer M Poiteau. Le 12 germinal an IV, l'escadre mit à la voile, et un mois après elle mouillait dans la rade du Cap-Français. N'étant pas porteur d'une commission pour Saint-Domingue, M. Poiteau fut considéré comme suspect et emprisonné, mais il fut bientôt mis en liberté. Il ne lui fut pas permis, cependant, de se livrer à la botanique comme il l'avait espéré; un des commissaires du gouvernement s'y était opposé en disant : « S'il portait de la poudre et des boulets, à la bonne heure. » Ayant obtenu une place de commis dans l'administration de la marine, il consacra à la botanique tous les moments dont il pouvait disposer; il devint ensuite dessinateur à la direction des fortifications, et ce nouvel emploi lui permit de donner plus de temps aux herborisations. Enfin un grand amateur, M Edward Stevens, consul américain, qui arriva dans la colonie, donna à M. Poiteau les moyens de se livrer entièrement à la botanique, pendant plus d'une année. Il récoltait des plantes pour lui-même, et formait des herbiers pour M. Stevens. En 1801, le consul américain fit partir sur un bâtiment de sa nation, et pour Philadelphie, M. Poiteau, qui emporta toutes ses collections, et qui, de là, revint en France. Il débarqua à Bordeaux en mars 1802.

M. Poiteau a parcouru les différents quartiers du nord de Saint-Domingue, et plus particulièrement l'île de la Tortue, où il est resté près d'une année, occupé à des herborisations.

Ses collections renfermaient 1,500 espèces de plantes sèches

va-t'en, je ne puis plus rien t'apprendre. » Nommé chef de l'école de botanique à la place du jardinier Labaie, qui partait avec d'Entrecasteaux à la recherche de la Pérouse, cette distinction que M Poiteau n'osait espérer combla tous ses vœux et fixa sa destinée : il se mit à étudier les langues française, latine et grecque, conjuguant des verbes et déclinant des noms tout en portant ses arrosoirs et labourant la terre Il reçut en même temps des leçons de dessin du célèbre peintre Van-Spaendonck.

en 6 à 7,000 échantillons, 1,200 descriptions de ces mêmes plantes, 700 espèces de graines et de fruits, 600 dessins et un volume d'observations manuscrites.

Les plantes de Saint-Domingue, recueillies par M. Poiteau, sont entrées dans l'herbier de M. Delessert en 1803.

PORTO-RICO, SAINT-THOMAS

M. Wydler.

M. H. Wydler a envoyé une collection assez nombreuse de plantes qu'il a recueillies dans ces îles en 1827

OCÉANIE.

MALAISIE.

JAVA.

M. Blume.

M. le docteur C.-L. Blume, l'auteur de la flore de Java (*Flora Javæ*), et du bel ouvrage intitulé : *Rumphia*, a envoyé, en 1834, pour l'herbier de M Delessert, des plantes qu'il a recueillies à Java, où il a fait un long séjour comme chef du service médical dans l'armée hollandaise. Dès l'année 1823, il étudia avec la plus grande ardeur les productions naturelles de ce pays, et forma un herbier d'environ 3,000 espèces, aidé particulièrement dans ses recherches par MM. Nagel, Latour, Kent et Zippelius. En 1821, il explora la côte australe de Noussa-Kambangan, petite île qu'aucun Européen n'avait encore visitée.

M Blume est revenu en Europe vers le milieu de l'année 1826.

M Zollinger.

M. Zollinger, collecteur d'objets d'histoire naturelle, parti pour Java en 1841, a envoyé, vers la fin de l'année 1843, une collection considérable de plantes de cette localité. M. Zollinger a obtenu la permission de voyager dans l'intérieur. Le gouverneur de l'île lui ayant offert une habitation qu'il possède au sommet du Pangguranngo, M. Zollinger se proposait de rester dans cette station pendant quelque temps afin de pouvoir l'explorer le plus complétement possible sous le rapport botanique.

ILES PHILIPPINES

M Cuming

Les Philippines ont fourni un contingent des plus variés à l'herbier de M. Delessert. M. Hugh Cuming, déjà cité pour ses plantes du Chili, a complété en quelque sorte la flore des Philippines, de ce groupe d'îles dont quelques-unes avaient été visitées déjà par MM. Gaudichaud et Perrottet.

M. Cuming s'est dirigé en février 1836 vers les Philippines, muni d'une autorisation de la reine régente d'Espagne, et de recommandations du gouvernement, qui devaient faciliter ses excursions dans l'intérieur des îles. Il visita tout le groupe des Philippines, et surtout l'île de Luçon, la plus considérable de cet archipel. Il en parcourut les quinze provinces, qui lui fournirent une ample moisson d'objets d'histoire naturelle. En novembre 1839, il quitta les Philippines pour se rendre à Singapour et à Malacca, visita l'île de Sainte-Hélène, où il resta douze jours occupé à recueillir des plantes, et revint en Angleterre, en 1840, rapportant une collection nombreuse en échantillons de zoologie et de botanique, dont plus de 3,000 espèces, ou variétés, de coquilles, la plus grande partie probablement nouvelle pour la science, et une belle collection de fougères, comprenant près de 400 espèces. M J. Smith en a décrit 300 dans le 3e volume du *Journal of botany* de sir W.-J. Hooker.

M. Callery

Manille

M. Callery, missionnaire, qui a résidé à Macao, le même que nous avons déjà cité pour ses plantes de la Chine, a donné une collection de plantes qu'il a récoltées à Manille dans le pays des Igolotes, peuplades de nègres indépendants qui se sont réfugiés dans les forêts.

AUSTRALIE.

NOUVELLE-HOLLANDE.

M White.

Nouvelle-Galles du Sud.

Le docteur John White a résidé pendant sept années dans la Nouvelle-Galles du Sud, vaste pays qui occupe la partie orientale de la Nouvelle-Hollande.

Le 20 janvier 1788, le docteur White abordait à Botany-Bay. C'était à l'époque où le gouvernement anglais avait résolu de former une colonie à la Nouvelle-Galles du Sud pour y transporter ses condamnés à la déportation, ne pouvant plus les envoyer dans l'Amérique septentrionale. Le capitaine Philips nommé gouverneur de la colonie, commandait l'expédition qui allait fonder cet établissement, et le docteur

White y arrivait en qualité de chirurgien en chef. Ce dernier a visité le port Jackson, Sydney, Broken-Bay, etc.

Les plantes du docteur White avaient été partagées entre le docteur J.-E. Smith et M. Lambert. Ce sont ces dernières qui se trouvent maintenant en la possession de M Delessert.

M. Leschenault de la Tour.

Expédition du capitaine Baudin

M. Leschenault de la Tour faisait partie, comme naturaliste, de l'expédition du capitaine Baudin, ordonnée en l'an VIII, et chargée de faire des recherches de géographie et d'histoire naturelle à la Nouvelle-Hollande, et dans les pays voisins. Un astronome, un géographe, des zoologistes, des minéralogistes avaient été choisis pour concourir aux travaux de l'expédition ; trois jardiniers, MM. Riedlé, Sautier et Guichenot étaient adjoints à M. Leschenault.

L'expédition se trouvait en l'an X réunie au port Jackson. On explora la côte méridionale de la Nouvelle-Hollande et quelques îles adjacentes ainsi qu'une portion des côtes occidentales. L'état de santé de M. Leschenault le força à s'arrêter, en 1803, à Timor, d'où il se rendit à Batavia, et de là à Samarang. Il visita ensuite les autres parties de l'île de Java, s'embarqua pour Philadelphie en 1806, et revint en France l'année suivante. Il a envoyé près de 1,500 espèces de plantes, recueillies principalement à la côte sud est de la Nouvelle-Hollande, et dans ses diverses relâches aux terres de Nuyts, de Leeuwin, d'Endracht et d'Édels.

Les jardiniers Riedlé, Sautier et Guichenot ont envoyé au Muséum d'histoire naturelle de Paris des graines provenant tant des Canaries, de l'île de France, de Timor, que des côtes de la Nouvelle-Hollande et du cap de Bonne-Espérance Ils ont également envoyé des collections nombreuses et soignées de plantes vivantes et sèches, de fruits et d'échantillons de bois.

Des plantes de Riedlé se trouvaient déjà dans l'herbier de M Delessert lorsqu'en 1835 le Muséum d'histoire naturelle de Paris en augmenta le nombre par l'envoi qu'il fit à M. Delessert de plantes de l'île de Timor, recueillies par le même M. Riedlé et par Guichenot, et que M. Decaisne a décrites séparément dans les *Nouvelles Annales du Muséum*.

C'est pendant son séjour à Java que M. Leschenault fit des recherches sur le poison fameux, connu sous le nom d'*Upas*, dont se servent les Indiens de l'archipel des Moluques et des îles de la Sonde pour empoisonner leurs flèches, et sur lequel on a fait les récits les plus incroyables et les plus exagérés On condamnait, a-t-on dit, les criminels à aller recueillir le poison de l'arbre même qui le produit, et qui porte le nom de *Bohon-Upas* (arbre à poison), autour duquel nul être vivant ne pouvait exister. Les animaux qui s'en approchaient périssaient immanquablement. Ceux des condamnés qui résistaient à cette influence délétère, et rapportaient le poison, obtenaient leur grâce. M. Leschenault, qui traite le fait de fable ridicule, a donné quelques détails sur l'*Upas*, et sur la manière de le préparer, ainsi que la description des deux arbres qui le fournissent. Si l'histoire que nous venons de rappeler n'est pas réelle, l'activité du poison ne l'est que trop lorsqu'il est introduit dans le système circulatoire Quant aux effets terribles des émanations du *Bohon-Upas*, peut-être faut-il en attribuer la croyance à un fait qui aura été dénaturé ; il paraît qu'il existe à Java une vallée extraordinaire, appelée *Vallée de la mort*, dans laquelle nul être vivant ne peut aborder impunément, ce qui semble être dû, non pas aux arbres qui recouvrent les flancs de la vallée, mais à des émanations d'un air méphitique dont on ne connaît pas la composition. Un extrait du journal de voyage de M. A. Loudon, inséré dans l'*Edinburgh new philosophical journal*, octobre - décembre 1831, et traduit en partie dans les *Archives de botanique*, donne à ce sujet quelques détails curieux que nous croyons devoir reproduire ici.

« *Balor, 3 juillet* 1830. Ce soir, tandis que nous faisions un tour de promenade dans le village avec le Pattch (chef javanais), il me dit qu'il existait une vallée, à trois milles seulement de Balor, où l'on ne pouvait pénétrer qu'au risque de la vie, et dont le fond était couvert de squelettes d'êtres humains et de toutes sortes de bêtes. J'en ai fait part au commandant, M. Van Spreewenberg, et je lui ai proposé d'aller voir cette vallée; M Daendels, résident, doit se joindre à nous. Je n'ajoute aucune foi à tout ce que m'a dit le chef javanais. Je savais qu'il existe non loin de là un lac dont il est dangereux de s'approcher de trop près, mais je n'avais jamais entendu parler de la Vallée de la Mort »

« *Balor, 4 juillet.* Ce matin, de très-bonne heure, nous avons fait une excursion à la vallée extraordinaire, appelée par les naturels *Guwo-Upas*, ce qui signifie Vallée empoisonnée. Elle est à trois milles de Balor, sur la route de Djiang. Nous avions pris avec nous deux chiens et quelques poules pour servir aux expériences que nous devions tenter dans le ravin empoisonné. Arrivés à peu de distance de la vallée, nous avons senti une odeur très-nauséeuse et suffocante, qui cessa lorsque nous fûmes parvenus au bord même de la vallée. Là, une scène imposante se présenta devant nous et nous frappa de stupeur. Cette vallée, de forme ovale, paraît avoir un demi-mille de circonférence, et une profondeur de trente à trente cinq pieds. Le fond est tout à fait plat, sans aucune végétation, et ressemble au lit pierreux d'une rivière; il est entièrement couvert de squelettes d'hommes, de tigres, de cochons, de daims, de paons et de toutes sortes d'oiseaux. Aucune vapeur visible ne s'élevait du sol, qui paraissait être composé d'une substance dure, sablonneuse. Les flancs de la vallée étaient couverts d'arbres et d'arbrisseaux. L'un de nous proposa d'entrer dans la vallée; mais cette tentative eût été très dangereuse, car le moindre faux pas eût suffi pour nous perdre, sans espoir d'aucun secours. Nous avons allumé nos cigares, et, nous appuyant sur des bambous, nous sommes descendus à environ dix-huit pieds du fond. Nous n'y avons pas éprouvé de difficulté pour respirer, mais une odeur nauséuse nous causa de l'incommodité. Ayant attaché un chien à l'extrémité d'un bambou de dix-huit pieds de long, nous l'avons lancé dans le fond de la vallée. Quatorze secondes s'étaient à peine écoulées, que cet animal se renversa sur le dos et ne put mouvoir ses membres, mais il continua à respirer encore pendant dix-huit minutes. Un autre chien fut jeté dans la vallée, mais non attaché au bambou; il tourna autour de l'autre, qui était étendu sur le sol, puis resta immobile, et, après dix secondes, s'abattit et ne remua plus ses membres; sa respiration cessa au bout de sept minutes. De deux poules que nous y avions lâchées, l'une ne vécut qu'une minute et demie, l'autre était morte avant même de toucher le sol. Durant ces expériences, il tomba de la pluie, mais nous avions sous les yeux un spectacle trop intéressant pour penser à nous préserver de l'humidité. Sur le côté opposé, et le long d'une grande pierre, gisait un squelette d'homme qui avait péri sur le dos, le bras droit passé dessous sa tête, et dont les os étaient devenus, par l'effet des agents extérieurs, blancs comme de l'ivoire. Malgré notre désir de nous procurer ce squelette, c'eût été folie de faire la moindre tentative pour aller le prendre. Après être restés deux heures dans la Vallée de la Mort, nous voulûmes en sortir; ce ne fut pas sans difficulté, car, par l'effet de la pluie qui venait de tomber, les flancs de la vallée étaient devenus si glissants, qu'il fallut recourir à l'assistance de deux Javanais qui nous accompagnaient, pour nous empêcher de rouler dans le précipice pestilentiel. On suppose que les squelettes humains sont ceux de quelques révoltés, qui, chassés de la grande route, s'étaient réfugiés dans les vallées voisines, et qu'ils avaient abordé celle-ci sans connaître ses dangers.

« Il y a une grande différence entre cette vallée et la Grotte du Chien (*Grotta del Cane*), près de Naples; car, dans ce dernier lieu, l'air méphitique est resserré dans un petit espace, au lieu que la vallée mortelle de Java a plus d'un demi-mille de circonférence. On n'y ressent aucune odeur sulfureuse, ni rien qui atteste une apparence d'éruption, quoique je sois persuadé que toute la chaîne de montagnes est volcanique, et qu'il y a deux cratères qui fument constamment, à peu de distance de la route, au pied du Djienz. »

Le docteur Horsfield, qui a étudié et décrit la constitution minérale des différentes montagnes de Java, rapporte qu'il a entendu parler de cette vallée, mais qu'il n'a jamais pu obtenir des naturels qu'ils lui fissent connaître le lieu où elle était située. Il est à remarquer que M. Leschenault n'en fait aucune mention dans le mémoire qu'il a publié sur les plantes vénéneuses de Java.

M. Robert Brown.

Expédition du capitaine Flinders.

A la même époque (1802-1805) où M. Leschenault de la Tour visitait les côtes de la Nouvelle-Hollande, M. Robert Brown explorait un point particulier de la même contrée. Ce botaniste, devenu si célèbre, faisait alors partie de l'expédition du capitaine Flinders aux terres australes, à bord de l'*Investigator*, expédition qui devait compléter la reconnaissance des côtes de la Nouvelle-Hollande. C'est à son retour en Europe que M. Robert Brown s'occupa de la publication de son prodrome de la flore de la Nouvelle-Hollande, dont le premier volume seul a paru.

La partie de la Nouvelle-Hollande examinée en premier lieu pendant le voyage du capitaine Flinders et de M. Robert Brown fut la côte méridionale et plusieurs îles adjacentes. Ils explorèrent cette côte de l'ouest à l'est, restant d'abord trois semaines à King-George-Sound, dans une saison favorable aux recherches botaniques, et quelques jours seulement à Lucky-Bay et à Goose-Island-Bay.

Arrivés à la Nouvelle-Galles du Sud, et après avoir quitté le port Jackson, ils se rendirent à Sandy-Cape, et visitèrent particulièrement le port Curtis, Keppel-Bay, Port-Bowen, Strong-Tide-Passage, Shoal-Water-Bay et Broad-Sound, qu'ils explorèrent complétement. Ils débarquèrent aussi sur deux des îles Northumberland et sur une des Cumberland.

Sur la côte nord, ils débarquèrent encore à Good's-Island, une des îles du Prince-de-Galles, dans le détroit de Torres, et sur quelques points du golfe Carpentarie, et firent quelques excursions dans plusieurs des îles du groupe appelé Company's-Island, sur les rives de Melville-Bay, de Caledon-Bay et sur une portion d'Arnheim Bay.

De retour au port Jackson, le capitaine Flinders fut obligé de repartir pour l'Angleterre, afin d'obtenir un autre bâtiment, celui qu'il montait se trouvant hors d'état, par sa vétusté, de continuer à remplir le but de l'expédition. C'était à la fin de l'année 1803. Il fut convenu que M. Robert Brown resterait dans la colonie de la Nouvelle-Galles du Sud avec M. Ferdinand Bauer jusqu'au retour du capitaine Flinders, ou, si ce retour n'avait pas lieu, pendant 18 mois au plus. Ferdinand Bauer avait été choisi comme peintre d'histoire naturelle de l'expédition. Ce célèbre artiste est bien connu par ses travaux. En 1786, il avait accompagné le docteur Sibthorp dans son premier voyage en Grèce, et les nombreux dessins qu'il a faits pendant ce voyage ont servi à la publication de la *Flora Græca*, dont nous aurons occasion de parler plus tard. L'activité de Ferdinand Bauer ne s'est pas démentie pendant l'expédition qui nous occupe. A son retour en Europe, il rapportait avec lui non moins de 1,600 dessins de plantes, outre de nombreux dessins d'animaux.

M. Robert Brown mit à profit son séjour momentané à la Nouvelle-Galles du Sud; il augmenta ses collections de plantes de tout ce qu'il put récolter dans la colonie du port

Jackson et dans les établissements qui en dépendent. Il parcourut les bords des principales rivières et quelques parties des montagnes qui bordent la colonie ; il visita également les extrémités septentrionale et méridionale de la Terre de Van-Diémen, et resta plusieurs mois dans le voisinage de la rivière Derwent.

Le bâtiment sur lequel s'était embarqué le capitaine Flinders fit naufrage sur les rescifs entre la Nouvelle-Hollande et la Nouvelle-Calédonie. Le capitaine retourna au port Jackson sur un canot, et en repartit avec une corvette et un très-petit bâtiment pour aller au secours de ses compagnons d'infortune restés sur le banc du naufrage. Ceux-ci furent pris à bord de la corvette, et le capitaine monta le petit navire pour se rendre en Angleterre ; mais ce bâtiment était, par sa dimension, hors d'état de faire un trajet aussi long. Le capitaine Flinders fut donc forcé de chercher un point de relâche, et, dans l'ignorance où il était de la guerre qui avait lieu entre la France et l'Angleterre, il aborda à l'île de France. Les passe-ports que lui avait accordés le gouvernement français pour faire respecter son vaisseau, même dans le cas d'hostilités, donnaient le signalement du premier navire qu'il commandait, et non de celui sur lequel il se trouvait alors ; il fut soupçonné d'espionnage et retenu pendant six années comme prisonnier de guerre. Il était de retour en Angleterre en 1810. Il est mort le 19 juillet 1814, le jour même où se publiait la relation de son voyage.

Le temps que M. Robert Brown avait limité pour son séjour dans la Nouvelle Galles du Sud était expiré ; il saisit une occasion qui se présentait de revenir dans son pays. On renvoyait en Angleterre les restes de l'*Investigator*, mis hors de service deux ans auparavant. MM. Robert Brown et Bauer, seuls de toutes les personnes qui avaient fait partie de l'expédition, s'embarquèrent sur ce bâtiment à moitié détruit, et dont on avait même retranché le pont supérieur. M. Robert Brown arriva en octobre 1805 avec la plus grande partie de ses collections. Malheureusement, plusieurs des meilleurs échantillons, provenant de la côte méridionale, et toutes les plantes vivantes recueillies dans le voyage, se perdirent dans le naufrage du bâtiment qui ramenait le capitaine Flinders en Europe.

En 1813, Ferdinand Bauer commença la publication d'un ouvrage intitulé : *Illustrationes floræ Novæ-Hollandiæ*, qu'il n'étendit pas au delà de trois numéros dont le dernier a été achevé à Vienne, où Bauer était retourné en 1814.

MM. Paterson et Caley.

Aux plantes recueillies par lui-même, M. Robert Brown a ajouté, pour les décrire dans son ouvrage, entre autres plantes qui lui ont été communiquées, celles de M. Paterson et quelques-unes de M. Caley. On les retrouve en partie dans les collections de M. Delessert.

Le lieutenant-colonel William Paterson, ami de M. Robert Brown, et le même auquel ce savant a dédié le genre *Patersonia*, était un botaniste distingué. Lieutenant-gouverneur de la Nouvelle-Galles du Sud, il a résidé plusieurs années dans cette colonie, et a introduit en Angleterre de nombreux végétaux provenant de la Nouvelle-Hollande. Il a communiqué aussi à M. Robert Brown diverses espèces qu'il avait découvertes dans la colonie du port Dalrymple, dont il fut également le gouverneur.

M Georges Caley avait été envoyé par sir Joseph Banks, vers l'année 1800, à la Nouvelle Galles. Il devait y recueillir des échantillons de plantes pour sir Joseph Banks, et des graines pour le Jardin de Kew, et il était autorisé à faire des collections pour son propre compte. Pendant dix années, la libéralité de son noble patron le soutint dans ce pays. Il y réunit, dans cet espace de temps, des collections qu'il recueillit principalement à Paramatta, où il résidait, et dans les montagnes de la colonie du port Jackson. Il n'a négligé aucune branche de l'histoire naturelle. Ses collections de zoologie ont été achetées en 1818 par la société linnéenne de Londres et figurent parmi les plus remarquables qui existent dans le Muséum de cette société.

M. Caley se trouvait à la Nouvelle-Galles du Sud à l'époque du voyage de MM. Robert Brown et Bauer. M. Robert Brown faisait un très-grand cas de M. Caley. Il lui a dédié un genre d'orchidées, sous le nom de *Caleana*, qu'il a changé plus tard en celui de *Caleya*. Outre ses plantes de la Nouvelle-Hollande, M. Delessert possède un herbier de l'île de Saint-Vincent, dans les Antilles anglaises, provenant également de M. Caley. En 1815, quelques années après son retour de la Nouvelle-Hollande, ce botaniste succéda à M. Lockhead, directeur du jardin botanique de Saint-Vincent. Il résida dans cette ville environ onze années.

M. Caley est mort en Angleterre en 1829.

MM. les gouverneur et capitaine King.

D'autres collections choisies de plantes de la Nouvelle-Hollande, et qui ont fait partie des herbiers de M. Lambert, proviennent du capitaine Philip Gidley King, ancien gouverneur de la colonie de la Nouvelle-Galles du Sud, et de son fils le capitaine Philip Parker King, savant naturaliste qui fut employé par le gouvernement anglais au voyage d'exploration de la côte nord-ouest de la Nouvelle-Hollande.

En 1817, le capitaine Parker King fut envoyé dans la Nouvelle-Galles pour reconnaître toute la portion des côtes qui n'avait pas encore été parcourue, c'est-à-dire à partir de la baie d'Arnheim à l'occident du golfe de Carpentarie jusqu'au cap nord-ouest, en y comprenant les baies de la Terre de Van-Diémen et le groupe d'îles connu sous le nom d'îles des Romarins. Le capitaine King s'embarque au port Jackson le 22 décembre, sur le cutter *la Mermaid*, où se trouvait, en qualité de naturaliste, M. Allan Cunningham. L'expédition entre dans le détroit de Bass le 31, et le 21 janvier 1818 jette l'ancre dans le port du Roi George. Allan Cunningham recueille des plantes principalement à l'île Malus, une des îles de l'archipel de Dampier, dans les îles Goulburn, à Coupang dans l'île de Timor. Il évaluait à 300 espèces le nombre des plantes trouvées sur les côtes de l'Australie pendant le voyage. Le capitaine King entreprit ensuite une reconnaissance à Macquarie-Harbour (Port-Macquarie) sur la côte ouest de la Terre de Van-Diémen, ce qui permit à Cunningham de visiter cette partie de l'Australie. Ils arrivèrent à Hobart-Town le 2 janvier 181?, et retournèrent à Sydney le 14 février. Dans le mois de mai, on se disposa à faire un second voyage aux côtes nord et nord-ouest, partant du port Jackson. Des plantes furent recueillies pendant cette excursion à Port-Macquarie, à la baie de Rodd, à Cleveland-Bay, à Palm-Island dans la baie d'Halifax, à Endeavour-River, qui probablement n'avait pas été visitée depuis le départ du capitaine Cook en 1770, et où avaient herborisé à cette époque sir Joseph Banks et le docteur Solander. Le voyage se termine à l'île de Vernon dans le détroit de Clarence ; l'expédition y arrivait le 27 juillet. Le 16 octobre, on se rend de nouveau à l'île de Timor. Un troisième voyage commencé le 15 juin 1820 mène l'expédition à Port-Bowen, à Endeavour-River, à l'île Lizard, au cap Flinders etc.

La Mermaid, ne pouvant plus tenir la mer, fut remplacée par un autre navire qui prit le nom de *Bathurst*, et partit du port Jackson le 26 mai 1821 pour un quatrième voyage. Une des îles Percy, le cap Grafton, l'île Clark, Prince-Regent's-River, etc., furent examinés sous le rapport botanique, ainsi que Port-Louis à l'île de France, où l'on se rendit pour faire quelques réparations au bâtiment. *Le Bathurst* mit à la voile de Port-Louis le 15 novembre, et arriva le 23 décembre au port du Roi-George. Le 8 janvier 1822, on se rend à Bathurst-Island, à l'île de Dirk Hartog, et on arrive à Sidney le 25 avril.

M. Robert Brown a créé le genre *Kingia* en vue de son

ami le capitaine King, qui, pendant ce voyage, a formé des collections importantes d'histoire naturelle et prêté assistance par tous les moyens en son pouvoir à l'infatigable botaniste qui l'accompagnait, M. Allan Cunningham.

Par la création du genre *Kingia*, M. Robert Brown a voulu également honorer la mémoire du gouverneur King par l'entremise et l'amitié duquel il vit ses recherches facilitées pendant son séjour dans la Nouvelle-Galles du Sud.

M. le lieutenant Roe.

Cet officier, qui accompagnait le capitaine King, a fourni aux diverses collections provenant du voyage les échantillons qui manquaient, pour les compléter

M. Anderson.

Port-Jackson.

M. Delessert avait reçu de son côté, en 1832, des plantes de M. Anderson recueillies principalement au port Jackson.

M. Anderson avait suivi comme collecteur botanique M. le capitaine King lors de son voyage dans l'Amérique méridionale S'étant fixé dans la Nouvelle-Hollande, il se mit à recueillir des plantes, et finit par être nommé directeur du jardin botanique de Sydney où il est mort.

M. Lhotsky.

M. John Lhotsky avait, en 1830, formé le projet de faire un voyage dans les régions inconnues de la Nouvelle-Hollande afin d'y recueillir des objets d'histoire naturelle. Il reçut alors de plusieurs musées royaux des souscriptions pour différentes collections. On doit à M Lhotsky les renseignements les plus nouveaux sur l'intérieur de la Nouvelle Hollande et sur le cours du Murumbidgo, fleuve qui prend sa source dans les plus hautes montagnes de l'Australie, et auxquelles il donne son nom.

M. Lhotsky a considéré ce pays sous le double point de vue de la botanique et de la géologie. Il a parcouru les Alpes de l'Australie, la presqu'île de Tasman, la Terre de Van Diémen, et Sydney et Port-Jackson dans la Nouvelle-Galles du Sud.

C'est à ce voyageur que M. Lindley a dédié le genre de plantes connu sous le nom de *Lhotskya*.

M James Drummond

M James Drummond, frère aîné de Thomas Drummond, que nous avons eu occasion de citer plus haut, et qui a longtemps résidé à Swan-River-Colony, a envoyé de ce pays de belles collections de plantes. Swan-River est une colonie anglaise qui a commencé à se former en 1829, et qui depuis cette époque a pris un rapide développement. On y comptait déjà, en 1836, 2,032 habitants. Elle est située dans la partie de la côte occidentale de la Nouvelle-Hollande, appelée terre d'Édels et sur les deux rives de la rivière des Cygnes (Swan-River), d'où elle a pris son nom. Les plantes de M. James Drummond ont été recueillies de juin à octobre 1839, principalement aux environs de la ville de Freemantle et de la ville de Perth, à l'embouchure de Swan-River, dans Garden-Island, au détroit de Toodjey, à l'île Rottnest (Nid de rats), la plus grande et la plus éloignée des îles de cette partie de la côte, et dans le pays appelé par les naturels Guangan. M. Drummond a fait aussi une excursion sur les bords de Salt-River.

En octobre 1840, M. Drummond fit un voyage botanique dans la direction de King-George-Sound ; il venait d'expédier avec ses collections 130 espèces de protéacées, toutes du district de Swan-River, et il écrivait deux mois plus tard que leur nombre surpasserait 240. Dans le mois de juin 1842, il herborisait dans le district de la Vasse et sur les bords des ruisseaux marécageux qu'on rencontre entre la Vasse et Augusta, et rapportait de cette excursion des plantes recueillies sur les bords du Murray.

M. le docteur Preiss

M. le docteur Ludwig Preiss, botaniste allemand qui a parcouru quelques points de la Nouvelle-Hollande avec M. James Drummond, a envoyé également un herbier de plantes recueillies dans ces herborisations et dans les courses qu'il a faites isolément. Il avait quitté Hambourg en 1837, pour se rendre dans l'Australie dont il voulait visiter la côte occidentale. Le 4 décembre 1838, il arrivait à Freemantle. Voici les noms de quelques-uns des lieux visités par M. Preiss, et que rappellent les étiquettes de son herbier : les villes de Freemantle, Perth et Guildford, l'île Rottnest qu'il parcourait avec M. James Drummond en septembre 1839, York et le mont Bakewell, une des hauteurs les plus remarquables qui l'avoisinent, la rivière des Cygnes (Swan-River), la chaîne des collines de Darling, etc.

Le séjour de M. Preiss dans cette partie de la Nouvelle-Hollande a duré quatre années.

M. Ronald Gunn.

Terre de Van-Diémen.

M. Lindley a bien voulu envoyer à M. Delessert, en 1840, une collection d'orchidées de la Terre de Van Diémen, provenant des herborisations faites dans l'année 1832 par M. Ronald Gunn, qui a exploré principalement les environs de la ville de Launceston, et une partie de la chaîne de montagnes qui se trouve dans le voisinage de cette ville.

M. Allan Cunningham.

En 1843 et 1844, M. Robert Heward a donné à l'herbier des plantes de la Nouvelle-Zélande et de la Nouvelle-Hollande, provenant de son ami Allan Cunningham. Une collection assez importante en fait partie ; elle se compose de 400 espèces d'*Acacia* de la Nouvelle Hollande, toutes déterminées avec la plus grande exactitude.

M. Allan Cunningham avait été attaché au jardin royal de Kew en Angleterre. En 1814, nommé sur la recommandation de sir Joseph Banks, botaniste-collecteur des jardins royaux, il partit pour le Brésil, accompagné de M. James Bowie, qui lui était adjoint Tous deux, après leur arrivée qui eut lieu le 28 décembre à Rio de Janeiro, se rendirent dans la province de Saint-Paul, et résidèrent plusieurs mois dans le chef-lieu de cette province. Revenus à Rio de Janeiro, ces botanistes passèrent une année à visiter les environs de la ville, et entre autres lieux le Corcovado, Tejuca, la montagne des Orgues, Somanbaya, Padre Correa, etc. Dans le mois d'août 1817, MM. Bowie et Cunningham reçurent des instructions pour se rendre l'un au cap de Bonne-Espérance, et l'autre dans la Nouvelle-Galles du Sud. Ayant atteint Sydney le 20 décembre, M. Cunningham se rendit à Paramatta, où il résida pendant son séjour dans l'Australie dans les intervalles de ses nombreux et divers voyages.

Dans le commencement de l'année 1817, M. Cunningham se joignit à une expédition qui, sous le commandement de l'inspecteur général Oxley, allait explorer les rivières Lachlan et Macquarie et en tracer le cours. Il revint à Bathurst après une absence de près de cinq mois et un voyage qui s'était étendu à 1,200 milles, rapportant de cette expédition environ 450 espèces de plantes. A son retour à Paramatta, M. Cunningham fit partie comme botaniste des divers voyages entrepris sous le commandement du capitaine King, dans le but d'observer les côtes nord et nord-ouest de la Nouvelle-Hollande, et que nous avons mentionnées plus haut. Ces voyages durèrent quatre années, pendant lesquelles la botanique d'une grande partie des côtes de la Nouvelle-Hollande fut étudiée avec soin. Il fit ensuite, d'août 1822 à mars 1824, plusieurs excursions dans l'intérieur de la Nouvelle-Galles, à Illawarra ou district de Five-Island, partie de l'Australie remarquable par le caractère presque tropical et le luxe de sa végétation, aux Montagnes-Bleues, aux plaines de Liverpool, dans la portion méridionale de la colonie au travers des comtés de Camden et Argyle. Il accompagna de nouveau M. Oxley dans ses expéditions, qui eurent lieu en septembre et octobre à Moreton-Bay et à la rivière Brisbane, se rendit d'avril à juin 1825 vers le nord-ouest partant de Paramatta, s'embarqua le 28 août pour la Nouvelle-Zélande, et arriva à la baie des Iles. Pendant son séjour dans ce pays, il a fait, dans des directions différentes, plusieurs excursions botaniques. A son retour à Sydney en janvier 1827, Allan Cunningham entreprend de nouvelles et nombreuses explorations dans l'intérieur de la colonie, et principalement dans les parties nord et nord-ouest. Dans le mois de mai 1829, il s'embarqua pour l'île de Norfolk, et fit ensuite une excursion botanique à l'île Philip. Parti le 25 février 1831 pour se rendre en Angleterre, il y arriva au milieu du mois de juillet, après une absence de près de dix-sept années. A la mort de son frère Richard, botaniste du jardin colonial de la Nouvelle-Galles du Sud, Allan Cunningham fut nommé pour le remplacer. Il arriva au port Jackson le 12 février 1837. L'année suivante, embarqué sur la corvette française *l'Héroïne*, commandée par le capitaine Cécille, il se rendit de nouveau à la Nouvelle-Zélande ; mais, son séjour ayant eu lieu pendant toute la saison des pluies, il eut à y supporter un froid excessif, et ces circonstances, jointes à de grandes privations qu'il fut forcé d'endurer, eurent de sérieux effets sur sa constitution déjà affaiblie. De retour à Sydney, sa santé déclina visiblement jusqu'à sa mort, qui eut lieu le 27 juin 1840.

Les échantillons de plantes donnés par M. Heward à M. Delessert ont été récoltés par Allan Cunningham dans ce dernier voyage à la Nouvelle-Zélande. Il en avait rapporté surtout une belle collection de plantes cryptogames.

POLYNÉSIE.

ILES DE LA SOCIÉTÉ.

TAHITI.

M. Moerenhout.

Quelques îles des archipels nombreux parsemés dans l'Océanie orientale, ou Polynésie, ont été visitées, comme nous l'avons vu précédemment, par plusieurs naturalistes dans le cours de leurs longs voyages. M. J.-A. Moerenhout, consul général des États-Unis, aux îles océaniennes, et qui avait fondé aux îles de la Société un établissement très-étendu, a résidé pendant près de six années (jusqu'en 1834) à Tahiti, la plus importante des îles de cet archipel, ne la quittant que par intervalles pour des excursions dans son voisinage ou pour des voyages au Chili. Il avait envoyé, en 1834, à Paris, une caisse de plantes récoltées par lui et par le docteur Bertero à Tahiti; malheureusement, une partie en fut distraite en route on ne sait comment; mais, quoique incomplète, la collection qui en est restée est peut-être encore une des plus riches en espèces qu'on ait rapportées de Tahiti. Des exemplaires en ont été distribués à quelques personnes, et, entre autres, à M. Benjamin Delessert.

M. Moerenhout a visité Papéiti et le district de Papara, le plus opulent de l'île. Pendant un séjour à Papara, il fit des incursions botaniques en différentes directions, soit dans l'intérieur de l'île, soit à l'est et à l'ouest, dans les plaines et le long des rivages, et il alla plusieurs fois jusqu'à l'isthme, et même jusqu'à la partie orientale de Taïarabou.

Au commencement de novembre 1830, M. Moerenhout, qui était allé à Valparaiso, revenait à Tahiti Il avait avec lui le docteur Bertero, que charmaient à la fois et l'aspect et la végétation de cette île baptisée par Bougainville du nom de Nouvelle Cythère. Nous avons raconté à l'article de Bertero par quelle fatalité il s'était embarqué sur un bâtiment appartenant à M. Moerenhout, et dont le sort devait être à jamais un mystère Le docteur Bertero s'était occupé de la détermination botanique des espèces qu'il avait récoltées dans l'île de Tahiti avec M. Moerenhout, et ce dernier avait eu le soin de prendre note de leurs noms vulgaires dans le pays. Guillemin a compris toutes ces espèces dans son *Zephyritis Taitensis*, publié dans les Annales des sciences naturelles en 1836 et 1837.

XI.

COLLECTIONS PARTICULIÈRES

FAISANT PARTIE DES HERBIERS DE M. DELESSERT.

PLANTES DE JARDINS.

Le jardin du Muséum d'histoire naturelle de Paris, celui de M. Benjamin Delessert à Passy ; le jardin botanique de

Montpellier, dirigé par M. Delile; l'herbier de Riché, ancien jardinier au Muséum, chargé de la culture des végétaux de serre chaude; et plusieurs jardins particuliers, ont fourni à l'herbier de M. Delessert un choix considérable d'échantillons de ces plantes d'ornement rares ou curieuses introduites plus ou moins récemment dans la culture horticole.

HERBIERS EN VOLUMES.

COLLECTIONS GÉNÉRALES

Nous n'avons appelé l'attention, dans la longue énumération qui précède, que sur les herbiers dont les plantes sont renfermées dans des boîtes ou mises en paquets. Il est une autre forme d'herbier employée quelquefois, et qui rend assez agréable et facile l'usage de ces collections. Nous voulons parler des plantes attachées ou collées sur des feuilles de papier, lesquelles, réunies, et reliées ou cartonnées, peuvent se consulter comme des livres, et prendre place dans la bibliothèque. On cite l'herbier de l'archiduc Jean, en Autriche, arrangé ainsi en volumes magnifiquement reliés; mais une telle disposition, qui ne laisse plus la liberté de changer la classification adoptée, et ne permet aucune intercalation, ne peut convenir qu'à un petit nombre de plantes, et n'est guère usitée que pour les cryptogames (mousses, lichens et plantes marines), dont la dimension se prête aux formes les plus petites. Aussi, les herbiers de végétaux de cette nature, reliés en volumes, sont-ils généralement plus nombreux que les collections semblables, qui renferment des plantes phanérogames dont l'organisation est plus compliquée, et qui sont surtout d'une plus grande dimension. C'est ce qui a lieu dans le muséum de M. Delessert, où, sur vingt-cinq collections ainsi préparées, deux seulement appartiennent à la phanérogamie; celles-ci se composent des types que nous avons déjà mentionnés des plantes décrites par Jean Burmann dans son

Thesaurus Zeylanicus, et de plantes d'Espagne, des deux Amériques, etc., disposées par Don Joseph Quer, auteur de la *Flora española* (1).

Les belles collections des cryptogames des Vosges (*Stirpes cryptogamæ Vogeso-Rhenanæ*) de MM. Mougeot et Nestler, du duché de Bade (*Plantæ cryptogamicæ*, etc.) de Kneiff et Hartmann, les *Plantes cryptogames de France* de M. Desmazières, renferment des échantillons soigneusement préparés et étiquetés de plantes qui appartiennent aux diverses familles de cette grande classe de végétaux.

Ces collections générales et les collections spéciales que nous allons mentionner peuvent être regardées comme un démembrement des cryptogames de l'herbier général, déjà riche en échantillons nombreux, de MM. Lamouroux, Palisot de Beauvois, Delise, Mougeot, Montagne, René Lenormand, Léveillé, etc., et des différents voyageurs tels que MM. Bertero, Gaudichaud, Perrottet, Leprieur, Bélanger, Claude Gay, Cuming, Goudot, etc., dont les herbiers renfermaient en grand nombre des plantes cryptogames.

COLLECTIONS SPÉCIALES.

Mousses et lichens.

Plusieurs jolis herbiers de mousses sont conservés de la même manière dans le musée de M. Delessert; telles sont : les *Mousses de la Normandie* de M. de Brébisson, la Bryologie européenne (*Bryologia Europæa*) de MM. Bruch et W.-P. Schimper, les Mousses d'Amérique (*Musci Americani*) recueillies par Thomas Drummond, nommées par M. Wilson et sir W.-J. Hooker, celles d'Angleterre et d'Irlande (*Musci Britan-*

(1) Voici le titre que porte cette collection : *Herbario seco de varias plantas que se crian en España, en las dos Americas, en Africa y Italia, recogidas y dispuestas en sus respectivas clases y generos, con sus descripciones, nombres facultativos*; por Don Joseph Quer, etc.

nici, etc.), par M. Walker-Arnott, les *Musci frondosi* de Blandow et de MM. Kneiff et Mærcker, l'*Herbarium vivum muscorum* de Hose, les *Deutschlands Lebermoose* de MM. Hübener et Genth, les *Musci Mediolanenses* de MM. Balsamo et de Notaris, les *Cryptogamische Gewächse* de M. H.-C. Funck.

Les lichens sont représentés séparément dans cette partie de l'herbier de M. Delessert par un fascicule des *Lichens de France* de Delise, et par la publication de M. Schærer, intitulée *Lichenes Helvetici exsiccati*.

Plantes marines.

Plusieurs recueils consacrés aux plantes marines font partie de l'herbier, et l'on pourrait dire de la bibliothèque botanique de M. Delessert. On y trouve la *Cryptogamie marine*, ou collection d'algues, préparée et classée par le colonel marquis A. Du Dresnay ; les *Algues de la Normandie*, recueillies et publiées par M. J. Chauvin ; celles d'Écosse (*Algæ Scoticæ*) de J. Chalmers ; les *Hydrophytes marines du Morbihan*, par MM. Lelièvre de la Morinière et Prouhet ; l'*Essai d'une Néréide française* par Delise.

Les plantes marines sont celles qui se prêtent le mieux peut-être à l'arrangement dont nous venons de parler. Un grand nombre d'espèces, disposées de cette manière, présentent l'aspect le plus agréable à l'œil. L'extrême délicatesse du tissu de quelques-unes, les ramifications élégantes, les légères découpures de quelques autres donnent une apparence et un attrait tout particuliers à ces collections, quand elles sont du reste préparées avec le soin convenable. On s'étonne de voir telle plante légère, qui ne se compose que de filaments les plus déliés, étalée avec grâce sur une feuille de papier, et simulant tellement un dessin, que le doigt qui cherche à s'assurer que c'est bien la plante elle-même n'est arrêté par aucune aspérité sensible. La *Centurie d'Hydrophytes du Morbihan* de MM. Lelièvre de la Morinière et Prouhet, et les échantillons répandus dans l'herbier et provenant de M. Gilgencrantz offrent plus particulièrement des exemples remarquables de ce genre de préparation, dont nous donnerons une idée en quelques mots, les procédés employés pour y parvenir étant des plus simples.

On remplit d'eau un vase peu profond, capable de recevoir la feuille de papier sur laquelle on veut fixer l'échantillon de la plante. On place dans ce vase cet échantillon après l'avoir lavé avec de l'eau douce pour le débarrasser du sable qui peut le recouvrir, et aussi pour faire dissoudre le sel marin qu'il contient ; on l'y laisse flotter et se développer naturellement pour que ses ramifications s'y étalent à l'aise. On introduit la feuille de papier au fond du vase, et on enlève par son moyen la plante qui s'y étend convenablement, sauf à modifier avec un pinceau ou avec un instrument aigu la disposition qu'elle a prise sur la feuille, si elle n'est pas conforme à sa position naturelle, ou si quelques portions de la plante se trouvent ou entassées ou trop rapprochées. On la fait un peu sécher, et puis on la met en presse pour la faire adhérer dans toutes ses parties et empêcher les plis que formerait le papier en séchant librement. Au moyen du mucilage dont la plante est naturellement pourvue, elle se trouve fixée sur le papier sans qu'il soit nécessaire d'employer aucune préparation gommeuse.

Les plantes ainsi disposées forment quelquefois des tableaux charmants, variés de couleur, et qui ne laissent rien à désirer pour l'exactitude, puisque ce sont les plantes elles-mêmes qui les produisent. Les unes apparaissent avec la masse de leurs nombreux filaments, souvent plus déliés que la soie (1); les autres déploient leurs lanières allongées, étroites et flexibles (2); celles-ci, élégantes miniatures, étalent leurs innombrables ramifications arborisées (3); celles-là, leurs

(1) Les conferves — (2) *Asperococcus echinatus*, *Dumontia filiformis*, *Chorda lomentaria* — (3) *Delesseria plocamium* : les *Ceramium*

feuilles larges, ondulées, d'un rouge éclatant (1) ou teintes d'un beau violet (2). De tels dessins sont de véritables herbiers bien mieux que les figures imprimées avec les plantes elles-mêmes, par un procédé particulier, et dont nous parlerons avec quelque détail quand nous nous occuperons de la bibliothèque botanique de M. Benjamin Delessert.

PLANTES LÉGUÉES PAR M. DE CANDOLLE.

Au nombre des plantes conservées dans l'herbier on remarque une collection particulière, peu nombreuse, conservée religieusement à part, et qui rappelle de douloureuses pensées. C'est un legs, affectueux et dernier souvenir de M. De Candolle, qu'une longue et vive amitié unissait à M. Benjamin Delessert. M. De Candolle est mort le 9 septembre 1841. Son testament, daté du 20 février précédent, renferme une disposition touchante dont nous rapportons ici les termes :

« Je prie mon fils de choisir dans mon herbier cent plantes que j'ai décrites le premier, et de les adresser de ma part à mon bon et ancien ami Benjamin Delessert, comme témoignage de mes sentiments pour lui et pour sa famille. »

ÉCHANTILLONS-TYPES.

Ce qui donne un grand prix à l'herbier de M. Delessert dont nous venons d'énumérer les richesses, c'est qu'on y trouve, comme nous l'avons vu déjà, les types ou originaux de plantes décrites et figurées dans plusieurs grands ouvrages. De telles collections sont uniques et recherchées avec raison, car la vue des objets mêmes en facilite l'étude et la connaissance bien mieux que ne pourraient le faire les meilleures descriptions ou les dessins les plus soignés. « L'une des principales utilités, a dit M. De Candolle, que la science re-

(1) *Delesseria sanguinea.* — (2) *Porphyra vulgaris*

ture des herbiers, est la fixité qu'ils donnent à la nomenclature On peut toujours retrouver avec certitude, par leur secours, quelle est la plante même qui a servi de type pour les descriptions des auteurs originaux, et éviter ainsi les erreurs qui peuvent résulter soit de l'accumulation des synonymes erronés, soit des vices ou des omissions des descriptions. »

Une partie des autres plantes conservées dans les collections de M. Delessert est déterminée et annotée par les plus célèbres botanistes qui ont consulté l'herbier pour leurs travaux, et plus d'une étiquette signée ou dont l'écriture est bien connue vient offrir au jeune botaniste ou au savant qui doute des noms dont l'autorité est imposante. Et qui ne s'inclinerait devant la science de botanistes tels que MM. G Bentham, Blume, Adolphe Brongniart, Robert Brown, De Candolle, Auguste de Saint-Hilaire, Adrien de Jussieu, Kunth, de Martius, Montagne, Richard, Ventenat, Walker-Arnott, etc., etc.?

Plusieurs familles et certains genres de plantes ont été étudiés par des monographes habiles qui ont vu les échantillons de l'herbier; tels sont MM. Agardh, qui a décrit les algues; Kunze, les fougères; Spring, les lycopodiacées; de Martius, les palmiers; Moquin-Tandon, les chénopodées; Alphonse De Candolle, les campanulacées, Decaisne, les asclépiadées; Éd. Chavannes, les antirrhinées; Édouard Fenzl, les alsinées; Adrien de Jussieu, les malpighiacées, etc.

Les genres *Chara*, *Piper*, *Statice*, etc., ont été l'objet de travaux particuliers, l'un par M. Alexandre Braun, les autres par MM. Miquel et de Girard.

MM. les docteurs Montagne et Léveillé, M. le colonel Bory de Saint-Vincent, ont revu et nommé une partie des cryptogames de l'herbier que sont venus consulter encore M. Heward, M. le révérend Berkeley, M. Corda, de Prague, et plusieurs autres botanistes livrés plus spécialement à l'étude des plantes cryptogames.

XII.

TABLEAU GÉOGRAPHIQUE

DES GRANDES RÉGIONS PARCOURUES PAR LES VOYAGEURS ET LES BOTANISTES QUI ONT CONTRIBUÉ A L'ACCROISSEMENT DES COLLECTIONS DE M. BENJAMIN DELESSERT.

Nous avons renfermé dans les chapitres qui précèdent ce que nous avions à dire sur les herbiers de M. Benjamin Delessert. Ces plantes, qui nous représentent les formes variées de la végétation dans les divers pays du globe, sont le produit des découvertes, des conquêtes pacifiques d'un grand nombre de naturalistes, obtenues par les uns dans les limites resserrées de leur ville, de leur province, ou d'un point particulier de la région qu'ils habitent; par les autres, dans des voyages lointains, hasardeux, pénibles, soit qu'ils aient eu pour but l'exploration d'une contrée déterminée, soit que, sillonnant les mers, leur course ait tracé un cercle autour du globe. Tous sont venus apporter leur tribut à la masse commune, et c'est afin de les réunir tous que nous avons dressé le tableau géographique qui va suivre; sorte de résumé des divers voyages botaniques dont les résultats ont contribué à enrichir l'herbier de M. Delessert.

Ce tableau présente le double avantage de faire connaître toutes les grandes localités qui ont fourni des échantillons de leur flore, et les noms de toutes les personnes auxquelles l'herbier en est redevable, renseignements que la disposition méthodique donnée à ce tableau permet de saisir de la manière la plus facile.

EUROPE	A
ASIE	B
AFRIQUE	C
AMÉRIQUE	D
OCÉANIE	E

A. EUROPE.

PARTIE SEPTENTRIONALE	DANEMARK	1
	SUÈDE et NORVÈGE	2
	OCÉAN GLACIAL	3
	RUSSIE D'EUROPE	4
PARTIE CENTRALE	FRANCE	5
	SUISSE	6
	AUTRICHE	7
PARTIE MÉRIDIONALE	PORTUGAL	8
	ESPAGNE	9
	ITALIE	10
	ILE DE MALTE	11
	TURQUIE D'EUROPE	12
	GRÈCE	13

PARTIE SEPTENTRIONALE.

1 DANEMARK	ILE FEROE.		Ch. Martins.
2 ROYAUME DE SUÈDE ET NORVÈGE	SUÈDE.	*Laponie.*	Linné.
	NORVÈGE.	*Drontheim.* *Hammerfest.* *Tromsoe.*	Ch. Martins.
3. OCÉAN GLACIAL	SPITZBERG.		Ch. Martins.
4 RUSSIE D'EUROPE.	GOUVERNEMENT DE SAINT-PÉTERSBOURG.		Sanson.
	GOUVERNEMENT DE LA TAURIDE OU CRIMÉE.		Léveillé.

PARTIE CENTRALE.

5. FRANCE

- **Nord**
  - *Environs de Paris* : Thuillier. Guillemin. Maire. Cosson. Germain. Weddell.
  - *Normandie* : Chauvin. Lenormand.
  - *Champagne* : Des Étangs.
- **Est**
  - *Vosges* : Montagne.
  - *Bourgogne* : Parseval. Baudo. Pâris.
  - *Lyonnais* : Aunier. Montagne.
  - *Dauphiné* : Sieber. Aunier. Bally. Barnéoud.
- **Sud**
  - ... : Lemonnier. Ach. Richard. Delile. Requien.
  - *Provence* : Maire. Perreymond. Barnéoud. Montagne. Cosson. Germain.
  - *Languedoc* : Augte de Saint-Hilaire. Maire. Boivin. Naudin.
  - *Roussillon* : Ramond. de Villiers du Terrage. Montagne. Maire. Duchartre. Naudin.
  - *Comté de Foix* : Naudin.
- **Ouest**
  - *Poitiers* : Tulasne.
  - *Bretagne* : Cosson. Germain. Montagne. Gilgencrantz. Méry-Vincent.
  - *Sarthe* : Goupil.
- **Centre**
  - *Morvan* : Baudo.
  - *Auvergne* : Maire. Barnéoud.
- **Corse** : Thomas. Maire. de Forestier.

6. SUISSE : Haller. Thomas. Seringe. Parseval. W.-P. Schimper. Ch. Martins. Bravais.

7. AUTRICHE : Schultz. Welwitsch. Noé.

PARTIE MÉRIDIONALE.

8. PORTUGAL		Hoffmansegg. Link. Webb. Welwitsch. Guthnick. Hochstetter.
9. ESPAGNE.	GIBRALTAR.	Gaudichaud
	ASTURIES.	Durieu.
	ROYAUME DE GRENADE.	Boissier.
	NOUVELLE et VIEILLE-CASTILLES	Reuter. Colmeiro.
	CADIX	Leprieur. Fauché.
10. ITALIE.		Ach. Richard. Jaubert. Splitgerber Maire. Guebhard Tenore. Gussone. Parlatore.
11 ILE DE MALTE		J. F. Martins.
12 TURQUIE D'EUROPE	CONSTANTINOPLE...	Aucher-Éloy Jaubert. Boissier.
	ILE DE CANDIE..	Sieber.
	THESSALIE.	Aucher-Éloy
13. GRÈCE.	THÈBES...	Boissier.
	ATHÈNES.	Aucher-Éloy. Boissier.
	MORÉE	Bory de Saint-Vincent. Despréaux. Boissier
	CYCLADES.	Bory de Saint-Vincent. Aucher-Éloy.
	ILE EUBÉE.	Aucher-Éloy. Boissier.

D. ASIE.

PARTIE SEPTENTRIONALE..	RUSSIE D'ASIE.			14
PARTIE OCCIDENTALE.	TURQUIE D'ASIE.			15
	ARABIE.			16
PARTIE MÉRIDIONALE	GOLFE PERSIQUE.			17
	PERSE.			18
	INDE	*en deçà du Gange*	Hindoustan.	19
			Dekkan.	20
			Iles.	21
		au delà du Gange	Indo-Chine...	22
			Iles	23
PARTIE ORIENTALE.....	EMPIRE CHINOIS.			24
GRAND-OCÉAN				25

PARTIE SEPTENTRIONALE.

Région	Subdivision	Localité	Voyageurs
14. RUSSIE D'ASIE	SIBÉRIE	*Kamtschatka*	Beechey.
		...	Patrin. Fischer.
	CAUCASE et GÉORGIE		Hohenacker. Belanger.

PARTIE OCCIDENTALE.

Région	Subdivision	Localité	Voyageurs
15. TURQUIE D'ASIE	ANATOLIE		Aucher-Eloy. Jaubert. Boissier. Pinard.
	RHODES		Aucher-Eloy
	ARMÉNIE		Belanger. Aucher-Eloy
	SYRIE		de la Billardière Kotschy. Aucher-Éloy
	PALESTINE		Bové.
	MONTS TAURUS		Kotschy. Aucher-Éloy.
	ALDJÉZIRÉH OU MÉSOPOTAMIE	*Mossoul et îles du Tigre*	Kotschy.
		Gorlak, Bamboudsch.	Col. Chesney.
	KOURDISTAN		Kotschy.
	IRAK-ARABY		And. Michaux Aucher-Eloy.
	ILE DE CHYPRE		de la Billardière.
16. ARABIE	HEDJAZ	*Djeddah.*	Bové. G. Schimper.
		Sinaï	Bové. G. Schimper. Léon de Laborde. Wellsted. Aucher-Eloy.
		Tor	G. Schimper.
		La Mecque.	Id.
	YÉMEN		Perrottet. Bové. Wellsted. Ralph.
	PAYS D'OMAN.	*Mascate.*	Aucher-Éloy.

PARTIE MÉRIDIONALE.

Région	Subdivision	Localité	Voyageurs
17. GOLFE PERSIQUE.	ABOUCHER		Roe.
18. PERSE.			And. Michaud. Bélanger Aucher-Eloy

INDES-ORIENTALES.

I. INDE EN-DEÇA DU GANGE

Région	Partie	Province	Localité	Collecteurs
19 PARTIE NORD OU HINDOUSTAN	septentr^nal^.	HIMALAYA.		Hamilton. Ladies Amherst. Jacquemont.
		CACHEMYR.		Jacquemont.
		NÉPAUL.		Hamilton. Wallich.
	méridional.	LE LAHORE.		Jacquemont.
		LE DELHI.		Id.
		L'AOUDH.		Wallich.
		LE BUNDELKUND.		Jacquemont
		LE BENGALE.	*Calcutta*	Hamilton. Gaudichaud. Bélanger. Ad. Delessert.
20. PARTIE SUD OU DEKKAN	septentr^nal^.	AURENG-ABAD.	*Bombay*	Perrottet. Belanger. Polydore Roux. Law. Ad. Delessert.
			Pounah.	Perrottet.
		CIRCARS DU NORD.		Roxburgh. Wight.
		LE CANARA		Bélanger
	méridional.	LE MALABAR		Hamilton. Wight. Perrottet. Belanger. Ad. Delessert
		LE COIMBATOUR		Hamilton.
		NIL-GHERRY		Wight. Perrottet. Ad. Delessert.
		LE KARNATE.	*Pondichéry.*	Gaudichaud. Perrottet. Belanger. Ad. Delessert.
			...	Hamilton. Wight. Belanger.
		CÔTE DE COROMANDEL.		Heyne. Hamilton. Roxburgh. Belanger.
		LE MYSORE.		Hamilton. Bélanger.
21 ILES.		CEYLAN		Hermann. Wight. Mistriss Mariott. Kelaart. Belanger.

II. INDE AU-DELA DU GANGE.

Région	Province	Localité	Collecteurs
22 INDO-CHINE	EMPIRE BIRMAN	*Ava.*	Hamilton. Wallich.
		Pégou	Hamilton. Wallich. Bélanger

INDO-CHINE	Martaban et Tenasserim		Wallich
	Empire d'Annam	*Cochinchine*	Hamilton Gaudichaud
	Royaume de Siam .		Finlayson.
	Presqu'île de Malacca ..		Id. Ad Delessert. Cuming.
23. ILES	Poulo-Pinang ou du prince de Galles . . .		Wallich. Finlayson. Jack Potts. Gaudichaud. Ad. Delessert
	Singapour. .		Wallich Finlayson Jack. Gaudichaud Ad. Delessert, Dumont d'Urville. Hombron Cuming

PARTIE ORIENTALE.

24. EMPIRE CHINOIS. .	Le Thibet .	*Kanawer*. .	Jacquemont
	Chine.	...	G. Staunton.
		Macao.	Gaudichaud Beechey Callery
		Lieou-Khieou	Beechey

GRAND-OCEAN.

25. JAPON .	Kiou-Siou .. Niphon	Thunberg

C. AFRIQUE.

PARTIE NORD-EST...	Égypte....	26
	Nubie.................	27
	Abyssinie........ . ..	28
PARTIE SEPTENTRIONALE	Côte de Barbarie..	29
COTE OCCIDENTALE..	Sénégambie........... ..	30
	Guinée septentrionale. . .	31
PARTIE CENTRALE.	. Soudan ou Nigritie.	32
PARTIE MÉRIDIONALE	Hottentotie.... . . .	33
	Caprerie..............	34
	Gouvernement du Cap.	35
ILES.	dans l'océan Atlantique	36
	dans la mer des Indes .	37

PARTIE NORD-EST.

Région	Subdivision	Collecteurs
26 ÉGYPTE	.. ...	Sieber
	BASSE	Delile. Bové Kotschy. G. Schimper. Wiest. Aucher-Éloy J. F. Martius. Ralph.
	HAUTE	Delile. Ralph. Sabatier.
27 NUBIE.	ROYAUME DE SENNAAR	Kotschy.
	PAYS DE FAZOQL	Figari Kotschy.
28 ABYSSINIE	ROYAUME DE TIGRÉ. ...	Salt. G. Schimper. Quartin-Dillon Petit.
	— DE GONDAR. ..	Quartin-Dillon Petit
	— D'ANKOBER *Province de Schoa.*	Petit.

PARTIE SEPTENTRIONALE.

Région	Subdivision	Collecteurs
29 COTE DE BARBARIE	EMPIRE DE MAROC. *Royaume de Fes.* ...	Webb.
	ALGÉRIE	Desfontaines. G. Schimper. Steinheil. Bové. Bory de Saint-Vincent. Durieu.
	RÉGENCE DE TUNIS.	Desfontaines.
	— DE TRIPOLI. *Cyrénaïque*..	Pachô.

COTE OCCIDENTALE.

Région	Subdivision	Collecteurs
30. SÉNÉGAMBIE... .	....	Roussillon. Perrottet. Leprieur. Heudelot. Brunner
31. GUINÉE SEPTENTRIONALE.	OWARE et BENIN. ..	Palisot de Beauvois.

PARTIE CENTRALE.

Région	Subdivision	Collecteurs
32. SOUDAN ou NIGRITIE	LE DARFOUR.. ... LE KORDOFAN. . .	Kotschy.

PARTIE MÉRIDIONALE.

Région	Subdivision	Collecteurs
33. HOTTENTOTIE... ..	... ..	Ecklon

34. CAFRERIE		Ecklon Zeyher. Drège Krauss.
35. GOUVERNEMENT DU CAP		Masson Roxburgh. de la Billardière. Sieber Gaudichaud Bélanger. Verreaux. Ecklon Zeyher. Drège Krauss. Hottholl Gueinzius.

ILES.

36. OCÉAN ATLANTIQUE	Les Açores	Guthnick Hochstetter.
	Madère	Webb.
	Canaries	And. Michaux de la Billardière. Webb. Despréaux
	Archipel du Cap-Vert	Perrottet. Heudelot Brunner
	Ile de Sainte-Hélène	Roxburgh. Perrottet. Gaudichaud. Dumont d'Urville Hombron. Bélanger Cuming.
	Ile de Tristan d'Acunha	Roussel de Vauzème
37. MER DES INDES	Socotora	Wellsted.
	Madagascar	Commerson. Noronha. And. Michaux Perrottet Bernier. Pervillé. Goudot.
	Galéga	Leduc
	Ile de France	Commerson. And. Michaux Sieber. Néraud. Martin. Bory de Saint-Vincent. Perrottet Gaudichaud Bélanger. Hardwicke. A. Cunningham.
	Ile Bourbon	Commerson Bory de Saint-Vincent. Richard. Gaudichaud Perrottet Bélanger. Ad. Delessert Dumont d'Urville. Hombron

D. AMÉRIQUE.

AMÉRIQUE SEPTENTRIONALE.	NOUVELLE-BRETAGNE........	38
	CÔTE NORD-OUEST et MER GLACIALE.	39
	ÉTATS-UNIS....................	40
	TEXAS........................	41
	MEXIQUE......................	42
	RÉPUBLIQUE DE GUATEMALA..	43
AMÉRIQUE MÉRIDIONALE. ..	COLOMBIE...	44
	GUYANES......	45
	BRÉSIL..................	46
	PÉROU.	47
	PARAGUAY...	48
	URUGUAY...........	49
	LA PLATA.........	50
	CHILI.................	51
	TERRE MAGELLANIQUE.......	52
ILES	ANTILLES.............	53
	OCÉAN AUSTRAL et GRAND-OCÉAN.	54

AMÉRIQUE SEPTENTRIONALE.

38. NOUVELLE-BRETAGNE.	CANADA..	And. Michaux. Douglas.
	ILE DE TERRE-NEUVE........	de la Pilaye
39. COTE NORD-OUEST ET MER GLACIALE......... ..		Richardson. Douglas. Th. Drummond.
40 ÉTATS-UNIS	NOUVELLE-ANGLETERRE . . .	Tuckerman.
	ÉTATS MÉRIDIONAUX.	Fraser. Leconte.
	NEW-YORK.	And. Michaux. Douglas. Th. Drummond Morée.
	NEW-JERSEY.	And. Michaux. Morée
	PENSYLVANIE	And. Michaux. Palisot de Beauvois Delile. Th. Drummond. Frank Moser. Voltz. Morée.
	MARYLAND	Morée.
	VIRGINIE.	And. Michaux. Th. Drummond.
	CAROLINE DU NORD . .	And. Michaux. Bosc Delile Asa Gray.
	CAROLINE DU SUD.	And. Michaux. Fraser. Bosc.
	LOUISIANE, MISSOURI .	Th. Drummond Frank.
	KENTUCKY . .	And Michaux
	OHIO.	Frank.
	FLORIDE ORIENTALE. . .	Th. Drummond

41 TEXAS			Th. Drummond
42. MEXIQUE			Mociño. Sessé. Cervantes.
	PARTIE EST	*Nuevo-Leon. Tamaulipas*	Berlandier
		San-Luis-Potosi	Berlandier. Hartweg. Galeotti
		Mexico	Hartweg. Galeotti. Andrieux.
	PARTIE SUD	*Puebla*	Galeotti. Andrieux.
		Vera-Cruz.	Hartweg. Galeotti
		Tabasco. Yucatan.	Linden.
		Oaxaca	Karwinski. Andrieux. Hartweg. Galeotti. Ghiesbreght.
		Michoacan	Galeotti
		Chiapa	Linden.
	CENTRE	*Cohahuila*	Berlandier.
		Zacatecas	Hartweg. Galeotti
		Xalisco	Berlandier. Beechey. Hartweg. Galeotti.
		Guanaxuato	Hartweg. Galeotti.
	PARTIE OUEST	*Territoire des Californies*	Eschscholz. Douglas. Beechey.
43 RÉPUBLIQUE DE GUATEMALA	GUATEMALA		Mociño. Sessé. Hartweg
	QUEZALTENANGO		Hartweg

AMÉRIQUE MÉRIDIONALE.

44. COLOMBIE	NOUVELLE-GRENADE. RÉPUBLIQUE DE L'EQUATEUR.		Hartweg.
	— DE VENEZUELA		Linden. Funck
	MAYNAS		Poeppig.
45. GUYANES	ANGLAISE		Schomburgk.
	HOLLANDAISE	*Surinam*	Weigelt. Splitgerber. Hostmann.
	FRANÇAISE		Gabriel. Leblond. Poiteau. Perrottet. Leprieur.

Pays	Région	Province	Voyageurs
46. BRÉSIL	PARTIE NORD	*Para*	Gomez. Martius. Poeppig.
		Maranham	Martius. Gardner.
		Ceara	Gardner
		Piauhy	Martius.
		Pernambuco	Gardner.
	CENTRE	*Alagoas*	Gardner.
		Bahia	Salzmann. Blanchet. Martius. Gardner.
		Goyaz	Martius. Aug^te de Saint-Hilaire. Gardner.
		Matto-Grosso	Gaudichaud.
		Espirito-Santo	Aug^te de Saint-Hilaire.
	PARTIE SUD	*Minas-Geraes*	Sellow. Aug^te de Saint-Hilaire. Martius. Vauthier. Gardner. Claussen.
		Rio de Janeiro	Commerson. Aug^te de Saint-Hilaire. Martius. Sellow. Gaudichaud. Beechey. Vauthier. Gardner. Dumont d'Urville. Hombron. Claussen. Guillemin.
		Saint-Paul	Sellow. Aug^te de Saint-Hilaire. Martius. Gaudichaud. Guillemin.
		Sainte-Catherine	Sellow. Aug^te de Saint-Hilaire. Gaudichaud.
		Rio-Grande-do-Sul	Sellow. Aug^te de Saint-Hilaire. Isabelle.
47. PÉROU	TRUXILLO		Mathews
	HUANUCO		Ruiz. Pavon. Poeppig. Mathews.
	LIMA		Ruiz. Pavon. Dombey. Gaudichaud. Poeppig. Cl. Gay. Mathews.
	CUZCO. AREQUIPA		Cl. Gay.
48. PARAGUAY	MISSIONS		Aug^te de Saint-Hilaire.
49. URUGUAY	MONTEVIDEO		Commerson. Bâcle. Aug^te de Saint-Hilaire. Gaudichaud. Isabelle.

50. LA PLATA.	BUENOS-AYRES.	Commerson Miers
	SANTA-FÉ. CORDOVA SAN-LUIS	Miers.
	MENDOZA	Miers. Caldcleugh.
51. CHILI.	SANTIAGO	Dombey. Poeppig Miers. Caldcleugh Bertero. Gaudichaud Beechey. Cl. Gay Bridges Cuming
	ACONCAGUA	Dombey. Poeppig Bridges. Bertero. Cl. Gay.
	COQUIMBO	Caldcleugh Bridges. Gaudichaud. Cl. Gay. Cuming
	COLCHAGUA	Dombey. Bridges. Cl. Gay
	MAULE	Dombey Cl Gay. Cuming
	LA CONCEPTION	Dombey. Poeppig. Beechey. Cl Gay. Cuming. Dumont d'Urville Hombron
	VALDIVIA	Bridges. Cl. Gay.
52 TERRE MAGELLANIQUE.	DÉTROIT DE MAGELLAN	Commerson. Dumont d'Urville Hombron

ILES.

OCÉAN ATLANTIQUE ÉQUINOXIAL.

53. ANTILLES	ARCHIPEL DE BAHAMA	*Bahama.*	A. Michaux.
	GRANDES ANTILLES.	*Cuba.* *Saint-Domingue.*	Poeppig Ramon de la Sagra. H. Delessert. Palisot de Beauvois Poiteau.
		Porto-Rico.	Wydler.
		La Jamaïque.	Wiles. Brown. Ponthieu. Dancer. Heward.
	PETITES ANTILLES.	*Saint-Vincent.*	Caley
		La Trinité.	Sieber.
		Guadeloupe.	Perrottet.
		Martinique.	Sieber Perrottet
		Saint-Thomas.	Wydler.

54 OCÉAN AUSTRAL ET GRAND-OCÉAN ..	MALOUINES OU FALKLAND .	Commerson Gaudichaud
	CHILOÉ	Cl. Gay Cuming.
	JEAN-FERNANDEZ	Bertero. Cl. Gay.

E. OCÉANIE.

MALAISIE.......... .	ILES DE LA SONDE........... ..	55
	DÉTROIT DE BOUTON..............	56
	ILES MOLUQUES..................	57
	ILES PHILIPPINES................	58
AUSTRALIE	TERRE DES PAPOUS...............	59
	DÉTROIT DE TORRES..............	60
	NOUVELLE-HOLLANDE.............	61
	TERRE DE DIÉMEN................	62
	NOUVELLE-IRLANDE...............	63
	ARCHIPEL DE SALOMON............	64
	NOUVELLE-CALÉDONIE............	65
	NOUVELLE-ZÉLANDE..............	66
	ILES AUCKLAND..................	67
POLYNÉSIE................ .	SEPTENTRIONALE.................	68
	MÉRIDIONALE...	69

MALAISIE.

55 ILES DE LA SONDE	JAVA	Commerson. de la Billardière. Leschenault. Stamford Raffles. Blume. Perrottet. Bélanger. Ad. Delessert. Zollinger
	SUMATRA..	Stamford Raffles Jack Potts. Dumont d'Urville Hombron.
	BORNEO.	Dumont d'Urville Hombron.
	TIMOR. .. .	Leschenault. Riedlé. Guichenot. Gaudichaud A. Cunningham. Dumont d'Urville. Hombron.
	OMBAY	Gaudichaud.
56 DÉTROIT DE BOUTON.		de la Billardière.
57 ILES MOLUQUES. ..	AMBOINE. . .	Roxburgh. de la Billardière Lahaie Dumont d'Urville. Hombron.

	ILES MOLUQUES	BANDA	Roxburgh.
		PISANG	Gaudichaud
		TERNATE	Dumont d'Urville. Hombron.
		BOURO	Commerson. de la Billardière. Labale.
58	ILES PHILIPPINES		Gaudichaud Perrottet. Callery Cuming Dumont d'Urville. Hombron.

AUSTRALIE

59	TERRE DES PAPOUS.	NOUVELLE-GUINÉE	Gaudichaud Dumont d'Urville. Hombron.
		GROUPE D'ARROU.	Dumont d'Urville. Hombron
		ILE WAYGIOU	de la Billardière Gaudichaud.
		ILE RAWAK	Gaudichaud.
60	DÉTROIT DE TORRES		Robert Brown. Dumont d'Urville. Hombron
61	NOUVELLE-HOLLANDE.	CÔTE NORD	Robert Brown Dumont d'Urville Hombron.
		— NORD-OUEST.	Cap. King A. Cunningham. Roe. Gaudichaud.
		— OUEST	Leschenault. Riedlé. de la Billardière. J. Drummond. Preiss.
		— SUD	Robert Brown.
		— EST	White. Leschenault. Gouv. King. Cap. King. A. Cunningham Roe. Paterson. Robert Brown. Caley. Sieber. Gaudichaud. Anderson. Lhotsky.
62	TERRE DE DIÉMEN ou TASMANIE		de la Billardière. Cap. King. A. Cunningham. Roe. Ronald Gunn. Lhotsky. Dumont d'Urville. Hombron.
63.	NOUVELLE-IRLANDE.		Commerson.

64	ARCHIPEL DE SALOMON.	ILE SAINT-GEORGES		Dumont d'Urville. Hombron.
65	NOUVELLE-CALÉDONIE		......	de la Billardière
66	NOUVELLE-ZÉLANDE.		.. .	A. Cunningham. Dumont d'Urville Hombron
67	ILES AUCKLAND.			Dumont d'Urville. Hombron

POLYNÉSIE

68	POLYNÉSIE SEPTENTRIONALE	ARCHIPEL DE MAGELLAN .		Beechey
		LES MARIANNES . LES CAROLINES		Gaudichaud Dumont d'Urville. Hombron
69	POLYNÉSIE MÉRIDIONALE.	ILES SANDWICH. ..		Gaudichaud. Dougl s. Beechey.
		ARCHIPEL DE MENDANA. .	Iles Marquises. Ile de Nouka-Hiva.	Dumont d'Urville. Hombron.
		ARCHIPEL DES NAVIGATEURS —VITI OU FIDJI...		
		—DE TONGA OU DES AMIS. .	Groupe d'Hapai ...	
			Tongatabou	de la Billardière. Labaie.
		ILES DE LA SOCIÉTÉ. .	Tahiti.	Commerson. Bertero. Moerenhout Beechey. Dumont d'Urville. Hombron.
		GROUPE DE GAMBIER ou de MANGA-RÉVA.. .		Dumont d'Urville. Hombron.
		ILE PITCAIRN .		Beechey.

DEUXIÈME PARTIE.

HERBIERS D'EUROPE.

VOYAGES BOTANIQUES.

XIII.

NOTICES

SUR LES GRANDS ET PRINCIPAUX HERBIERS QUI EXISTENT EN EUROPE.

Cette revue est destinée non-seulement à faire connaître les principales collections qui se trouvent dans les grands herbiers connus en Europe, soit que ces herbiers dépendent des établissements publics, soit qu'ils appartiennent à des botanistes particuliers, mais encore à donner l'indication des personnes qui possèdent ou des endroits où sont conservés les herbiers des botanistes les plus célèbres.

FRANCE.

PARIS

MUSÉUM D'HISTOIRE NATURELLE.

Les collections de plantes conservées dans cet établissement se composent des herbiers suivants.

Herbier de Tournefort, renfermant les plantes recueillies dans son voyage au Levant, et celles qu'il tenait de Plumier.

Herbier de Vaillant, qui a servi de base à l'herbier général du Muséum.

PLANTES PROVENANT D'EXPÉDITIONS OU DE GRANDS VOYAGES SCIENTIFIQUES.

Voyages de Commerson, du capitaine Baudin, de M. Gaudichaud, de *la Thétis*, de *la Coquille*, du premier voyage de *l'Astrolabe* (Nouvelle-Zélande seulement), voyage de *l'Astrolabe* et de *la Zélée;* de *la Vénus;* expéditions de Morée et d'Algérie.

PLANTES DE DIFFÉRENTES CONTRÉES PROVENANT DE VOYAGES PARTICULIERS

EUROPE. *France*, herbier de la flore française, dont la base a été donnée par M. De Candolle, et qui continue à se compléter par les envois des différents botanistes de la France.

France et Europe méridionale, Boccone.

Angleterre, Henslow — Munby — Ball.

Spitzberg, *Groenland*, *Norvége*, Frédéric Vahl — E. Robert — Laestadius — Martins — Hornemann — Agardh.

Suisse, Seringe. *Allemagne*, Reichenbach — Alex. Braun — Noé *Dalmatie*, George Bentham.

Espagne, Tournefort — Antoine et Bernard de Jussieu — Edm. Boissier — Rambur — Leplaye — Careño.

Iles Baléares, Cambessèdes.

Italie. *États de l'Église*, Bertoloni. *Royaume des Deux-Siciles*, Tenore — Gasparini — Duby — Tineo *Toscane*, Savi. *Malte*, Thuret. *Grèce*, Dumont d'Urville — Berger — Thuret. *Mer Noire*, Dumont d'Urville. *Crimée*, Demidoff.

ASIE. *Russie asiatique*, Steven — Kareline — Kiriloff. *Altaï*, Ledebour et Bunge.

Orient, Olivier et Bruguière — Aucher-Éloy. *Arabie*, Schimper — Botta.

Indes-Orientales, Sonnerat — Leschenault — Macé — Perrottet — Wallich — Wight — Jacquemont (collection complète). *Cochinchine*, Loureiro. *Chine*, Bunge — Callery. *Japon*. Siebold — Burgher.

AFRIQUE. *Égypte*, Delile et Redouté jeune — Bové — Schimper — Aucher-Éloy. *Abyssinie*, Quartin-Dillon et Petit — Schimper.

Algérie, Desfontaines — Bové — Steinheil.

Sénégambie, Perrottet — Leprieur — Richard — Heudelot — Morel. *Sierra-Leone*. Smeathmann (en petit nombre).

Angola et îles du Cap-Vert, deux petits herbiers transportés en France lors de la campagne du Portugal.

Afrique australe, Sonnerat — Lalande — Ecklon et Zeyher — Drège

Canaries, Webb — Ledru (*Ténériffe*).

Madagascar, Bojer — Aubert du Petit-Thouars — Bernier — Chapelier — Pervillé.

Bourbon, Richard — Perrottet — Bernier — Pervillé.

AMÉRIQUE. Un herbier complet des plantes du voyage de MM. Alexandre de Humboldt et Bonpland.

AMÉRIQUE SEPTENTRIONALE. Michaux — Rafinesque — Torrey et A. Gray — capitaine Leconte — Meinan — comte de Castelnau — De la Pilaye (*Terre-Neuve*). *Mexique*, Berlandier — Andrieux — Hartweg — Linden — Galeotti — Ghiesbreght.

AMÉRIQUE MÉRIDIONALE. *Colombie*, Plée (*Maracaibo*) — Linden (*Caracas*). *Guyane française*, Leschenault — Leblond, — Martin — Perrottet — Leprieur — Mellinon. *Guyane anglaise*, Schomburgk. *Guyane hollandaise*, Hostmann.

Brésil, Herbier-type de la *Flora Brasiliæ meridionalis* de MM. Auguste de Saint-Hilaire, Adrien de Jussieu et J. Cambessèdes — de Martius — Vauthier — Claussen — Gardner — Cl. Gay — Guillemin — Dupré — Weddell. — Quelques plantes envoyées par le P. Leandro di Sacramento.

Pérou, Dombey — Cl. Gay — d'Orbigny — Poeppig — Justin Goudot. *Chili*, Dombey — Bertero — Cl. Gay.

Antilles. Saint-Domingue, Plumier — Poiteau. *Porto-Rico et Saint-Thomas*, Riedlé et Ledru — Plée (*Porto-Rico*) — Finlay (*Saint-Thomas*). *Guadeloupe*, L'Herminier père et fils — Perrottet. *Martinique*, Plée — Perrottet — Steinheil — madame Rivoire. *Trinité*, Riedlé.

OCÉANIE. *Java*. Leschenault — Perrottet — Blume. *Timor* (échantillons-types de l'*Herbarii Timorensis descriptio*, publié par M. Decaisne). *Iles Philippines*, Perrottet — Cuming — Callery. *Tahiti*, Moerenhout — amiral du Petit-Thouars *Iles Marquises*, amiral du Petit-Thouars.

M. Adrien de Jussieu.

Les collections de M. Adrien de Jussieu se composent principalement de l'herbier de M. Antoine Laurent de Jussieu, son père, où se trouvent un grand nombre d'espèces-types et d'échantillons provenant de diverses sources, et présentant des plantes de Lamarck, Poiret, Cavanilles, Vahl, Thonning et Schumacher, Commerson, Sonnerat, du Petit-Thouars, Dombey, Richard, Poivre, Michaux, Robert Brown, Leschenault, Palisot de Beauvois (Afrique et Amérique), etc.

On trouve encore dans l'herbier de M. de Jussieu :

Les plantes du voyage de Baudin ;

Celles recueillies par Joseph de Jussieu au Pérou, et par Antoine et Bernard de Jussieu en Espagne ;

Des plantes d'Adanson, du Sénégal ;

L'herbier assez considérable d'Isnard, portant la nomenclature du temps de Tournefort,

Un petit herbier de 150 plantes de Péking par le père d'Incarville, et parmi lesquelles se trouve l'échantillon qui a servi à l'établissement du genre *Incarvillea*,

Un portefeuille de plantes d'Italie et de Sicile données et étiquetées par Boccone ;

L'herbier de Surian, formant 10 centuries de plantes collées sur papier et reliées en 10 volumes ;

Les plantes du voyage de Jacquemont et celles de son premier voyage à Saint-Domingue ;

Des plantes de l'Amérique du Nord de M. John Torrey ; de l'Altaï, de M. Ledebour ; du Chili, de différents voyageurs, et surtout de M. Cl. Gay ; du Pérou (Cuzco), de M. Cl. Gay ; les types de la Flore du Brésil publiée en commun par MM. Auguste de Saint-Hilaire, Adrien de Jussieu et Cambessèdes ;

Une centurie de plantes de Péking donnée par M. Bunge ;

Des plantes de Madagascar, de Bernier, du Sénégal, de Roussillon

Un petit herbier curieux par son ancienneté, et dont les plantes ont été cousues sur papier et reliées en un volume ; il a été fait, en 1558, par un nommé Gréault, prieur des étudiants en chirurgie à Lyon, et envoyé à M. Antoine de Jussieu en 1721.

M. Webb.

L'herbier de M. Webb renferme entre autres collections, savoir :

Les plantes de l'herbier général de M. Desfontaines, parmi lesquelles se trouvent les doubles de sa *Flora Atlantica ;*

L'herbier de M de la Billardière, contenant, avec ses plantes de Syrie et celles de son voyage autour du monde, des envois de plusieurs botanistes distingués de son époque ;

Un herbier de Pavon, contenant plus de 4,000 espèces du Pérou, du Chili, des Philippines, etc. recueillies par les collecteurs espagnols ;

L'herbier de M. Philippe Mercier, de Genève, renfermant des doubles de l'herbier de M. De Candolle ;

Les échantillons authentiques des plantes d'Espagne et des Iles Canaries, décrites par M. Webb dans les ouvrages qu'il a publiés sur les flores de ces pays.

On y trouve encore des plantes des localités suivantes, recueillies par divers botanistes

Bessarabie, Besser ; Tiflis, Steven ; Canaries, Broussonet ; Venezuela, docteur Vargas ; Pensylvanie, types de la flore de Westchester, de M Darlington ; les plantes de Clarke publiées dans ses voyages par Jackson ; celles du docteur Wallich (Indes-Orientales), antérieures à son catalogue.

M. Achille Richard

L'herbier de M. Achille Richard, professeur de botanique à la faculté de médecine de Paris, renferme les collections de plantes des Antilles et de la Guyane française provenant de son père M Louis-Claude Richard et du voyageur Ledru ; les plantes de l'herbier de Michaux toutes nommées par M. Richard père, les plantes-types de la Nouvelle-Zélande et de Cuba décrites et publiées par M. Achille Richard; enfin une grande partie des types des orchidées des îles de France et de Bourbon, des Nil-Gherry et du Mexique comprises dans les monographies de cette famille publiées également par M. Achille Richard

M. J. Gay.

L'herbier de M. J Gay, outre des collections d'Abyssinie, du Sénégal, de la Martinique, de la Guyane du Mexique, etc., est principalement remarquable par le grand nombre de plantes qu'il renferme de toutes les parties de l'Europe et des contrées voisines. Les explorations en Suisse et en France de M. Gay, et les envois qui lui ont été faits par ses divers correspondants, font de son herbier une collection importante pour l'étude des flores de France et de Suisse qui y sont presque au complet en ce qui concerne les phanérogames. Occupé presque exclusivement des plantes appartenant aux parties tempérées et froides de l'hémisphère septentrional, M. Gay a cherché à étendre le plus possible ses collections. Il possède beaucoup de plantes recueillies dans le voisinage du cercle polaire, telles que celles de l'île Melville, du Spitzberg, de Sibérie, des côtes du détroit de Béring, et surtout de Laponie, qui lui ont été envoyées par Swartz et Wahlenberg. Il en est de même pour l'Allemagne et la Géorgie, représentées dans sa collection par des masses considérables d'espèces.

Toujours dans le but d'éclairer la synonymie et la distribution géographique des plantes, M. Gay a étendu son herbier vers le sud, tout autour du bassin de la Méditerranée. On y trouve des collections faites dans la péninsule espagnole (Asturies, Nouvelle-Castille, Andalousie, Valence, Portugal), aux îles Açores et à Madère, à Tanger, en Égypte et en Arabie, en Italie et en Morée, et dans toutes les grandes îles de la Méditerranée, surtout aux Baléares, en Corse, en Sardaigne et à Candie.

Les types de la *Flora Helvetica* de Gaudin font partie de l'herbier de M. Gay ainsi que des plantes des États-Unis, du Texas et de Terre-Neuve, et une collection de près de 300 espèces de carex, provenant en grande partie de l'Europe et de l'Amérique septentrionale.

M. le comte Jaubert.

L'herbier de M. le comte Jaubert comprend presque toutes les plantes de la flore française, un grand nombre de la région méditerranéenne recueillies en partie dans ses diverses excursions; celles qu'il a rapportées de son voyage en Asie-Mineure, et dont les espèces nouvelles sont décrites dans les *Illustrationes plantarum orientalium*, que M. le comte Jaubert publie avec M. Spach; les plantes d'Aucher-Éloy; différents herbiers particuliers, et entre autres celui de M. Lepeletier de Saint-Fargeau, riche en plantes des Alpes, des Pyrénées, de l'Algérie, et en plantes de jardin

M. le docteur Mérat.

L'herbier de M. le docteur Mérat, auteur de la *Nouvelle Flore des environs de Paris*, renferme la collection la plus complète qui existe des plantes de la flore parisienne. Sa formation remonte à l'année 1797. Il comprend, outre les plantes qui sont le fruit des recherches particulières de M. le docteur Mérat, les plantes spéciales de Thuillier, celles récoltées par M. Poiteau qui avait commencé une flore des environs de Paris, et des plantes de la même localité transmises à M. le docteur Mérat par un grand nombre de botanistes, d'élèves et d'amateurs.

M. Maire.

L'herbier de M. Maire est remarquable pour les plantes de France, et principalement du Midi, qui s'y trouvent en grand nombre, et par un herbier des environs de Paris à peu près complet quant à la phanérogamie.

M. le colonel Bory de Saint-Vincent.

Le grand et bel herbier de plantes cryptogames de M. le colonel Bory de Saint-Vincent contient un nombre immense d'échantillons de fougères, mousses, lichens, hydrophytes et champignons choisis dans tous les âges, et préparés, les hydrophytes surtout, avec un soin particulier. Beaucoup d'espèces sont étiquetées de la main des botanistes les plus connus, tels que Willdenow, Swartz, Kaulfuss, Kunze, Chamisso, Martens, Bridel, Acharius, Agardh, etc.

M. le docteur Montagne.

L'herbier de M. le docteur Montagne renferme des plantes phanérogames et des plantes cryptogames ; mais ces dernières l'emportent de beaucoup sur les autres à cause de la spécialité dont s'occupe M. le docteur Montagne. Sa collection phanérogamique se compose exclusivement de plantes européennes et surtout de plantes de France, pour la plupart recueillies par ce botaniste lui-même, qui possède un herbier de France presque complet. Quant à son herbier cryptogamique, il est un des plus riches que l'on connaisse. Les nombreuses publications de plantes cellulaires exotiques confiées par les voyageurs à M. le docteur Montagne, et les échanges qu'il a pu faire avec tous les cryptogamistes de l'Europe avec lesquels il est en correspondance suivie, donnent une grande valeur à sa collection de plantes agames. Il a reçu encore de MM. Nées d'Ésenbeck et Lehmann toutes les hépathiques que ces deux savants ont publiées ; de MM. Hooker et Schimper leurs mousses les plus rares ; M. le révérend J. Berkeley a partagé avec M. le docteur Montagne toutes les espèces de champignons qu'il a décrites et publiées. D'autres cryptogamistes, tels que MM. J. Agardh, de Notaris, Meneghini, etc., lui ont communiqué leurs raretés en algues, soit indigènes, soit exotiques. Il a reçu également de M. Fries les *Lichenes* et les *Scleromycetes Sueciæ;* de M. Areschoug, les *Algæ Scandinaviæ;* les *Cryptogames de Suède et Norvége*, par Sommerfelt, etc., etc.

M. le docteur Léveillé.

L'herbier cryptogamique de M. le docteur Léveillé renferme beaucoup d'espèces provenant de Persoon, une belle collection de champignons de la France et des environs de Paris, et les plantes de ses voyages en Corse et dans la Crimée.

HERBIERS DIVERS CONSERVÉS EN FRANCE.

L'herbier de Poiret appartient à M. Moquin-Tandon, professeur de botanique à la Faculté des sciences de Toulouse.

L'herbier de Lapeyrouse est déposé à la même Faculté.

L'herbier de Séguier se trouve à la bibliotheque de Nîmes. Ceux de Magnol et de Broussonet sont en la possession de M. Bouchet à Montpellier.

L'herbier de Thouin, riche en plantes de jardin et contenant beaucoup d'autres plantes provenant des sources où il a pu puiser par sa position, appartient à M. Cambessèdes, chez qui on trouve aussi les types de la Flore du Brésil, ouvrage auquel il a concouru avec MM. Auguste de Saint-Hilaire et Adrien de Jussieu ; les types de ses plantes des îles Baléares, et les plantes du voyage de Jacquemont.

L'herbier de Guillemin est déposé au Cabinet d'histoire naturelle de la ville de Dijon.

Outre les herbiers de Paris, plus particulièrement composés de plantes cryptogames, et que nous avons mentionnés plus haut, on connaît encore celui de M. le docteur Fée, professeur de botanique à la Faculté de médecine de Strasbourg, riche en lichens exotiques et renfermant les types de son ouvrage sur les *Cryptogames des écorces exotiques officinales*. Cet herbier, qui remonte à l'année 1760, a été fondé par Bergeret et contient environ 25,000 espèces.

Nous citerons également l'herbier d'hydrophytes de France de M. Chauvin, à Caen; celui d'hydrophytes et de lichens de M. René Lenormand, à Vire. La collection cryptogamique de M. Lenormand, à laquelle a été réuni l'herbier de Delise, comprend environ 1,800 espèces d'hydrophytes et 2,500 espèces de lichens.

L'herbier de M. Requien, à Avignon, est très-riche en plantes phanérogames d'Europe

ANGLETERRE.

HERBIERS CONSERVÉS DANS DES ÉTABLISSEMENTS PUBLICS.

On peut consulter à Londres, au British Museum, les herbiers de Plukenet, de Kaempfer, de Hans Sloane, ceux de Pallas (1) et de Ruiz et Pavon (2), ces deux derniers acquis dans le courant de l'année 1843, à la vente des collections de M. Lambert, à Londres.

(1) Ce grand herbier, composé de plantes recueillies dans les diverses provinces de l'empire de Russie, avait été acheté à Saint-Pétersbourg sous le règne de Paul Ier par M. Cripps, compagnon du docteur Clarke, et revendu par lui à M. Lambert. Cette collection contient un grand nombre d'espèces qui ne sont pas encore décrites, ainsi que toutes les plantes figurées dans la *Flora Siberica* de Gmelin et les échantillons authentiques qui ont servi pour les planches de la *Flora Rossica*. L'herbier renferme tous les échantillons collectés par les aides et les élèves du professeur dans leurs voyages au travers de la Russie; ceux recueillis par Gmelin, Georgi et Steller, par le docteur Merk lors de l'expédition du commodore Billings, et par S.-G. Gmelin dans les provinces septentrionales de la Perse. Il contient en outre de nombreux échantillons de Thunberg, de sir Joseph Banks et d'autres naturalistes distingués, et les doubles des plantes collectées par Georges Forster dans le second voyage de Cook (*David Don.*)

(2) Cette collection considérable, faite aux frais du gouvernement espagnol, contient, outre l'herbier formé par les auteurs de la *Flora Peruviana* pendant leur residence dans le Pérou et le Chili, un grand nombre de plantes mexicaines; ces dernières paraissent avoir formé une partie de l'herbier de Mociño et Sesse

On y trouve encore les importantes collections de sir Joseph Banks. Celles-ci, indépendamment des herbiers conservés à part, tels que l'herbier authentique de l'*Hortus Cliffortianus*, un des plus anciens ouvrages de Linné; l'herbier de Paul Hermann (1), celui de Clayton, dont les notes et les échantillons ont servi à la publication de la *Flora Virginica* de Gronovius, et quelques plantes authentiques de Loureiro, venant de Loureiro lui-même, renferment les herbiers de Aublet, Jacquin, Miller, Smeathmann et William Brass; les collections formées dans les trois voyages du capitaine Cook, dans ceux de Vancouver, du capitaine Flinders à la Nouvelle-Hollande, de Macartney en Chine, de Salt en Abyssinie; les plantes recueillies dans l'expédition au fleuve Congo et dans le voyage en Afrique du major Denham et du capitaine Clapperton.

Un herbier composé des plantes cultivées au jardin royal de Kew et décrites dans l'*Hortus Kewensis* se trouve dans la collection particulière d'Aiton, qui fait partie des herbiers de sir Joseph Banks.

L'herbier de Linné (2) et celui de sir J.-E. Smith, fondateur et premier président de la société linnéenne de Londres, appartiennent à cette société, qui possède en outre les herbiers du professeur Murray (de Gottingue), de James Dickson, de Thomas Jenkinson Woodward et du docteur Richard Pulteney.

On trouve au jardin royal de Kew des herbiers d'Australie et du Brésil d'Allan Cunningham; du Brésil et de l'Afrique méridionale, de Bowie; une petite collection de plantes du port Essington (Nouvelle-Hollande), recueillie par Armstrong, tous collecteurs du jardin de Kew.

(1) Les plantes de Ceylan, de Paul Hermann, ont servi à Linné pour sa *Flora Zeylanica*, Hermann n'ayant donne de ses plantes qu'un simple catalogue dans son *Museum Zeylanicum*.

(2) Nous donnons à la suite de ce chapitre des détails circonstanciés sur l'herbier de Linné et sur l'acquisition qui en a été faite par sir J.-E. Smith.

Entre autres herbiers offerts à la société d'horticulture de Londres, nous citerons les suivants :

Un herbier de plantes arctiques collectées sur les côtes et les îles voisines de la partie nord-est de l'Amérique septentrionale, dans le voyage du capitaine W.-E. Parry aux mers polaires en 1821-1823 ;

Un herbier de plantes collectées à l'île du Prince-de-Galles et à Sumatra ;

Un herbier collecté par le docteur John Richardson dans l'intérieur des parties nord de l'Amérique septentrionale pendant le voyage du capitaine Franklin aux côtes de la mer Glaciale en 1819-1824 ;

Les plantes recueillies par M. Edward Sabine à l'île Melville en 1819 et 1820, et pendant le voyage au Cap-Nord, au Spitzberg et au Groënland oriental en 1823.

Le jardin botanique de l'université d'Oxford possède avec l'herbier de Sibthorp ceux de Dillenius et de Sherard, ce dernier renfermant une portion de l'herbier de Catesby. Les collections de Dillenius et de Sherard portent les synonymes des auteurs contemporains, et particulièrement ceux de Plukenet Petiver et Sloane, écrits de leur main. L'herbier de Dillenius contient presque tous les échantillons originaux des cryptogames qu'il a figurés.

Archibald Menzies a légué au jardin de la société botanique d'Édimbourg son herbier formé dans le cours de ses voyages autour du monde avec Vancouver et d'autres navigateurs. Cet herbier se compose principalement de cryptogames, de graminées et de cypéracées.

L'herbier de M William Christy, botaniste et entomologiste, qui a fait plusieurs excursions dans les îles britanniques, et qui a visité Madère et la Norvége, appartient à la même société d'Édimbourg.

On conserve au jardin botanique de Chelsea les herbiers de Catesby, de Rand et du docteur Nichols.

L'herbier de Forster, le père, qui a accompagné le capitaine Cook dans son troisième voyage autour du monde, se trouve à Liverpool.

L'herbier du docteur William Hunter est au muséum du collége de Glasgow.

Celui du docteur John Martyn a été donné en 1761 à l'université de Cambridge par Martyn lui-même.

HERBIERS PARTICULIERS EN ANGLETERRE.

Sir W.-J. Hooker.

L'origine de cette grande collection remonte à près de quarante ans. La découverte accidentelle d'une mousse curieuse, le *Buxbaumia aphylla*, trouvée pour la première fois en Angleterre par M. Hooker, attira sur ce dernier l'attention de sir James-Édouard Smith. Afin d'encourager M. Hooker à se livrer plus exclusivement à l'étude de la botanique, lui qui avait pris goût à l'entomologie, sir J.-E. Smith lui donna, en 1806, une quantité considérable de plantes provenant de l'herbier suisse de M. Duval. Depuis ce temps jusqu'à présent, M. Hooker a fait tous ses efforts pour rendre son herbier le plus complet et le plus authentique possible. La chaire de botanique qu'il a occupée pendant plus de vingt ans à l'université de Glasgow, les voyages de plusieurs de ses élèves dans diverses parties du monde, sa position au jardin royal de Kew, ses relations avec les principaux botanistes pendant une longue suite d'années, ont contribué à l'accroissement de ses collections. On y trouve les types des nombreuses espèces que M. Hooker a décrites pendant une période de trente années dans les diverses publications auxquelles il a concouru.

Nous allons désigner les herbiers particuliers qui font partie de la collection de M. Hooker.

EUROPE. — M. Hooker a fait l'acquisition de l'herbier du professeur Gouan contenant à peu près 8,000 espèces. Cet herbier est riche en plantes du midi de la France.

MADÈRE. Plantes de MM. Lowe — docteurs Lemann—Lippold — et Joseph Hooker.

ILES CANARIES. Docteurs Lemann — Findlay — Christian Smith — Joseph Hooker.

AÇORES. H.-C. Watson, etc.

ITALIE. Bertoloni — Viviani — Tenore.

ALLEMAGNE. Besser — professeur Mertens — Henri Mertens — docteur Mohr — Gabrowsky — Hoppe.

SUÈDE, DANEMARK, NORVÉGE et ISLANDE ; GROENLAND, SPITZBERG, etc. Hornemann — sir Georges Mackensie — capitaine sir E. Parry — Acharius — Swartz — Col. Sabine — W. Christy – Bowman — Angstrœm.

RUSSIE EUROPÉENNE ET ASIATIQUE, comprenant la SIBÉRIE, le KAMTSCHATKA et l'ALTAI. Ledebour — Turczaninow — Bunge — Steven — docteur Clarke — Chamisso — Grisebach. Une collection considérable de plantes de Pallas, de la Crimée et du midi de la Russie.

ANGLETERRE. Une collection assez complète des plantes d'Angleterre, d'Écosse et d'Irlande.

ASIE. — INDES-ORIENTALES. Doubles des herbiers de la compagnie des Indes et du docteur Wight.

HINDOUSTAN et ASSAM. Major Jenkins.

AFFGHANISTAN et PÉNINSULE DE MALACCA. Docteur Griffith.

CHINE. Forbes — capitaine Beechey — Bunge et Ledebour. Ces dernières provenant principalement du nord de la Chine.

ILE DE CEYLAN. Une collection considérable recueillie par le colonel, et maintenant général Walker, et mistriss Walker — Macrae.

AFRIQUE. — ILE DE FRANCE. Helsinger et Bojer — Telfair — Bouton — Carmichael.

AFRIQUE SEPTENTRIONALE. Herbier du docteur Vogel, recueilli au Niger pendant la dernière expédition et à Fernando-Po.

AFRIQUE MÉRIDIONALE. Collections provenant du pays des

Namaquas et d'Algoa-Bay jusqu'à Port-Natal, et du cap de Bonne-Espérance presque jusqu'au tropique : MM. Mund — W.-H. Harvey — Miller — Burke, collecteur du comté de Derby, etc.

AFRIQUE ORIENTALE. *Zanzibar*. Forbes — Helsinger et Bojer.

AMÉRIQUE. — AMÉRIQUE SEPTENTRIONALE, ÉTATS-UNIS ET POSSESSIONS ANGLAISES. Les travaux de M. Hooker sur les plantes de cette région lui ont procuré un herbier remarquable par le nombre et la beauté des échantillons et par l'authenticité de la nomenclature. Cet herbier contient les collections de tous les voyageurs qui ont visité l'Amérique septentrionale et dont les plantes sont décrites dans la *Flora Boreali-Americana*, de M. Hooker. D'autres voyageurs et plusieurs personnes, résidant en différentes parties de l'Amérique septentrionale (dans le Canada et le Labrador, dans le nord-ouest et les États-Unis, dans le Mexique et Guatemala, etc.) ont fait des envois de plantes à M. Hooker

ANTILLES, JAMAÏQUE. Docteurs Macfadyen et Bancroft — M. Villes — docteur Distan.

DOMINIQUE. Docteur Imray.

BAHAMA. Swainson.

COLOMBIE, AMÉRIQUE CENTRALE, ÉQUATEUR. Collections de MM. Poeppig, Linden, etc. — docteur Jameson, de Guayaquil, renfermant principalement un herbier des Andes de Quito, recueilli à une grande élévation ; plantes du colonel Hall, de la même contrée ; de M. Turner de Santa-Fé-de-Bogota.

PÉROU ET BOLIVIE. Une collection de Ruiz et Pavon, achetée à Lima pour M. Hooker.

BRÉSIL. Raddi — Sellow — Miers — Burchell ; plantes de M. Twedie collectées particulièrement dans le Brésil méridional et les Pampas.

AMÉRIQUE MÉRIDIONALE EXTRA-TROPICALE. Cruckshanks — Caldcleugh — Twedie

Amérique antarctique, îles Falkland. Forster, voyage de Cook — Darwin, voyage de Fitz-Roy — Anderson, voyage de King — Menzies, voyage de Vancouver — docteur J.-D. Hooker, botaniste de l'expédition au pôle sud sous le commandement du capitaine sir James-Clark Ross.

OCÉANIE. — Nouvelle-Hollande. Allan et Richard Cunningham — docteur J.-D. Hooker.

Terre de Van-Diémen. Ronald Gunn — Lawrence — docteurs Scott — et J.-D. Hooker.

Ile de Norfolk. Allan Cunningham — capitaine King — Fraser, etc.

Nouvelle-Zélande. Docteurs J.-D. Hooker et Dieffenbach — Allan et Richard Cunningham — docteur Sinclair.

Sumatra. Herbier formé par Masson.

Java Spanoghe — Lichtenstein, etc.

La partie cryptogamique de l'herbier de M. Hooker est riche principalement en fougères et en espèces authentiques qu'il a reçues de MM. Schwaegrichen, Mohr, Hornschuch, Nées d'Ésenbeck, D. Turner, Dillwyn, etc.

Le retour du docteur Joseph-Dalton Hooker, du voyage de découvertes des vaisseaux *l'Erebus* et *le Terror* (capitaine sir James-Clark Ross), est venu ajouter à l'herbier de sir W.-J. Hooker un supplément important qui forme la base des matériaux de la flore des régions antarctiques (comprenant la Nouvelle-Zélande et la Terre de Van-Diémen), maintenant en voie de publication.

M. Lindley.

Les collections de M. John Lindley ont eu pour base en 1817 l'herbier de M. James Donn, auteur de l'*Hortus Cantabrigiensis*, herbier qui se composait d'échantillons authentiques de Masson, du docteur Wright et d'autres botanistes, et qui était principalement riche en plantes de jardin.

L'herbier de M Lindley, qui s'est accru continuellement

depuis cette époque, renferme aujourd'hui entre autres choses :

Jardins anglais : collection nombreuse et importante ; échantillons-types du *Botanical Register*, etc.

Douglas : Californie, Oregon, îles Sandwich, Gallapagos et de Juan-Fernandez.

Forbes : cap de Bonne-Espérance, Madagascar, côte orientale d'Afrique. — Georges Don : Sierra-Leone, île de l'Ascension, Brésil.

Hinds : Nouvelle-Guinée, Chine, etc.

Vachell et Reeves : Chine.

Macrae : Chili, îles Sandwich, de Juan-Fernandez, de Ceylan.

Ledebour : Altaï.

Ronald Gunn : Terre de Van-Diémen, environ 1,000 espèces.

Allan Cunningham : Nouvelle-Hollande, Nouvelle-Zélande, etc., 5 à 600 espèces.

Sir Thomas Mitchell : toutes ses plantes de la Nouvelle-Hollande.

Sabine : toute la flore de l'île Melville. — docteur Ch. Lemann, etc., la plupart des plantes de Madère. — Brant, environ 500 espèces du Kourdistan.

Chesney, toutes ses plantes de la Mésopotamie.

Une flore assez étendue des États-Unis et du Canada, de Fraser, Torrey, Asa Gray, Th. Drummond, Douglas, Goldie.

Les espèces d'orchidées dont M. Lindley possède la collection la plus complète, s'élèvent dans son herbier à près de 2,000.

M. Robert Brown.

L'herbier de M. Robert Brown est particulièrement riche en plantes de la Nouvelle-Hollande. On y remarque en outre un herbier qui a appartenu à la reine Charlotte d'Angleterre, femme de Georges III, où se trouve un herbier de Lightfoot avec les plantes authentiques de sa *Flora Scotica*.

MM. Bentham et Walker-Arnott.

L'herbier de M. George Bentham, à Londres, riche surtout en légumineuses, labiées et scrofularinées, renferme entre autres les collections les plus complètes des plantes de la Guyane anglaise de M. Schomburgk et celles de M. Hartweg du Mexique, de Guatemala et de la Colombie, que M. Bentham a décrites en partie.

L'herbier de M. Walker-Arnott est un des plus nombreux en plantes des Indes-Orientales, dénommées, pour la plupart, d'une manière authentique.

M. H.-B. Fielding

La collection de M. Fielding (de Bolton-Lodge, comté de Lancaster) renferme une quantité considérable de plantes dans lesquelles il a fait entrer l'herbier de M. le professeur Steudel et celui encore plus étendu de M. John Prescott, de Saint-Pétersbourg.

Le fond de l'herbier Prescott a été formé par la collection de M. Hermann, attaché pendant plusieurs années au jardin botanique du comte Razoumovski, à Gorenki, et qui voyagea pour le jardin en société avec Tauscher. L'herbier d'Hermann, auquel M. Prescott ajouta beaucoup d'autres collections, se composait principalement de plantes de Russie collectées par lui ou que lui avaient communiquées Adams, Henning, Marschall de Bieberstein, Steven, etc., et de la plupart des espèces les plus rares cultivées à Gorenki.

Entre autres collections de M. Fielding, nous citerons plus particulièrement : plantes collectées par Kurr et Hubener en Norvége ; Lang en Dalmatie ; Frivaldski dans la Romélie, celles recueillies par M. Fielding lui-même en Angleterre et en Irlande.

Plantes du Caucase de Wilhelms, de Hoffs, etc. du nord

de la Perse de Meyer, Szovits, Hansen ; plantes altaïques de MM. Ledebour, Gebler, Meyer, Bunge, etc. ; collections de Sibérie et du Kamtschatka, de Turczaninow, Kastatsky et docteur Mertens, outre les plantes rapportées par le premier de ces voyageurs, et le docteur Bunge, lors de leur mission à Péking.

Indépendamment de l'herbier de l'Inde de M. le docteur Wallich, on trouve encore un nombre considérable de plantes recueillies pour M. Fielding, près de Simla, dans les montagnes de l'Himalaya et dans le défilé de Bolem, par le lieutenant R.-S. Simpson; des plantes de Ceylan, du colonel Walker ; d'autres de Java et des environs de Macao, collectées par le révérend J. Vachell ; des plantes des États-Unis de Nuttal, du Canada de Goldie.

Un grand nombre de plantes de l'Amérique méridionale, recueillies par Riédel ; d'autres de Caraccas de sir R. Porter ; de Buenos-Ayres de Twedie ; l'herbier du docteur Gillies ; une portion de l'herbier de Ruiz et Pavon, achetée à la vente de M. Lambert ; des plantes de la Terre de Van-Diémen de M. Ronald Gunn, de la Nouvelle-Zélande de Richard Cunningham, des îles Sandwich de Douglas, etc.

AUTRICHE.

MUSÉE IMPÉRIAL D'HISTOIRE NATURELLE A VIENNE.

On trouve particulièrement dans ce Musée, entre autres collections :

L'herbier de Jacquin fils, contenant des échantillons doubles des plantes décrites par son père ; un assez grand nombre d'espèces de Forster, Rottler, Kœnig, Thunberg, Bredemeyer, Willdenow, Sibthorp et surtout de l'herbier de sir Joseph Banks.

L'herbier complet de Wulfen, conservé séparément.

L'herbier de Portenschlag, consistant principalement en

échantillons de plantes de jardins et en plantes de l'Allemagne, de Dalmatie et de Sicile.

Plusieurs petites collections telles que celles de Rochel de la Hongrie et du Banat ; de Baumgarten de la Transylvanie ; de Petter de la Dalmatie; du Muséum d'Inspruck de la Tyrolie ; de Tausch de la Bohême.

Des plantes du Nord, du Groënland, de l'Islande, de la Suède et de la Laponie de Giseke, Hornemann, Agardh ; de la Russie d'Europe, de la Tauride, de la Macédoine et de la Grèce de Trinius, Fr'waldski, Friedrichsthal, Zuccarini.

Des collections de la Sibérie de Ledebour, C.-A. Meyer, etc.

L'herbier entier de Enslen, jardinier autrichien, envoyé comme collecteur dans l'Amérique du Nord, par le prince Lichstenstein. Enslen, souvent cité par Pursh, avait envoyé à ce botaniste les échantillons des États méridionaux que celui-ci a décrits dans sa Flore.

Des plantes de Bourbon et Madagascar, envoyées par M. Bojer.

Les plantes du Mexique de Schiede et Deppe ; celles du Brésil de Pohl, Mikan, Schott, etc.

Les plantes de la Nouvelle-Hollande, de l'île de Norfolk, de la Terre de Van-Diémen, de la Nouvelle-Zélande, recueillies par Ferdinand Bauer, compagnon de M Robert Brown, avec une quantité assez considérable de dessins précieux.

MM. Endlicher et Fenzl, conservateurs du Musée impérial d'histoire naturelle, ont fait don de leurs herbiers à ce musée, le premier renfermant environ 24,000 espèces, exotiques en grande partie, et le second 12,000 espèces composées plus particulièrement de plantes européennes. Toutes ces plantes ont été réparties dans l'herbier général qui renferme à peu près 50,000 espèces.

BIBLIOTHÈQUE IMPÉRIALE DE VIENNE.

On conserve dans cet établissement un petit herbier de Boccone contenant les plantes originales décrites dans l'ouvrage qu'il a publié en 1674 sous ce titre. *Icones et descriptiones rariorum plantarum Siciliæ, Melitæ, Galliæ, et Italiæ.*

MUSÉE NATIONAL DE BOHÊME, A PRAGUE.

On y trouve l'herbier de Haenke contenant les plantes qu'il a recueillies dans le voyage de Malaspina, au nombre de 9,000 espèces environ. — L'herbier du comte de Sternberg de près de 30,000 espèces, très-riche surtout en saxifrages. — L'herbier de Mayer qui renferme une grande quantité de plantes de Gmelin, de la Siberie. — L'herbier de la flore de la Hongrie, de Waldstein et Kitaibel.

Une collection des plantes de la Bohême, recueillies par M. Tausch et par les autres auteurs des flores de ce pays, arrangée et soigneusement décrite par M. le docteur Pfund.

La collection de plantes fossiles du comte de Sternberg, une des plus considérables qui existent, renfermant des échantillons tirés principalement des terrains houillers et de plus ancienne formation, et décrits dans les ouvrages de M. Sternberg et de M. Corda sur les plantes fossiles.

HERBIERS PARTICULIERS A PRAGUE.

Nous citerons ceux de M. Tausch, très-riche en plantes recueillies par Sieber; de M. Presl, remarquable par ses fougères. On trouve dans celui de M. Corda les champignons et hépatiques formant les types qui ont servi à ses ouvrages et à ses nombreuses analyses.

MUSÉE DE GRATZ.

Le *Johanneum*, de Gratz, institution destinée à servir à l'instruction publique de la Styrie, a possédé la moitié de l'herbier de Portenschlag, dont la collection a été partagée entre le musée de Vienne et celui de Gratz Chaque établissement a reçu à peu près 5,000 espèces très bien déterminées par le premier possesseur

PRUSSE.

HERBIER ROYAL DE BERLIN (1).

L'herbier royal possède les plantes de Willdenow. Cette dernière collection contient, entre autres plantes, la presque totalité des végétaux provenant du jardin de Berlin et décrits par Willdenow; les plantes d'Orient décrites dans son *Species plantarum*, d'après les échantillons de Gundelsheimer et Tournefort; un choix de plantes du voyage de M. de Humboldt et les plantes de Sibérie de Stephan.

L'herbier de mousses de Bridel, comprenant 1,200 espèces; les plantes du cap de Bergius; celles récoltées au même lieu par M Maire.

L'herbier du Brésil, de Sellow; un herbier de Chamisso, riche en plantes de la côte nord de l'Asie, des deux Amériques et du détroit de Béring; l'herbier particulier de M. Otto, celui des Canaries de M. Léopold de Buch, etc.

HERBIERS PARTICULIERS A BERLIN.

La collection de M. Kunth renferme les plantes du voyage de MM. de Humboldt et Bonpland. On y trouve encore les plantes américaines de Beyrich et de Michaux, les plantes d'Orient d'Olivier; celles de Sibérie de Meyer et Lessing; du Brésil de Sellow, etc.

UNIVERSITÉ DE HALLE.

Herbier de Schkuhr. Cet herbier avait été légué à l'université de Wittemberg. A la réunion de cette université avec celle de Hall, il fut transféré dans ce dernier établissement.

(1) Nos informations sur l'herbier royal de Berlin, informations que nous avons puisées à diverses sources, sont probablement incomplètes. Nous regrettons de n'avoir pu jusqu'à présent, malgré tous nos efforts, obtenir aucun renseignement direct sur les collections qui font partie de ce grand herbier.

ALLEMAGNE

Le riche herbier de M. Zeyher (Jean-Michel), mort en 1843, directeur du jardin de Schwetzinger, a été acheté par le grand-duc de Bade et déposé à Carlsruhe.

Le muséum de Francfort renferme les collections faites par M. le docteur Édouard Ruppel, pendant ses voyages en Afrique.

L'université de Rostock possède un herbier de lichens de Floerke, et les herbiers des docteurs C.-F. Schultz et G.-G. Detharding, contenant les types des plantes qu'ils ont décrites dans leurs flores de Stargard et du grand-duché de Mecklembourg.

L'herbier de Lamarck appartient au professeur Roeper, à Rostock.

Celui du docteur Colsmann, de Copenhague, est en la possession du professeur Lehmann, de Hambourg.

SAXE.

Les herbiers de Rivin, d'Hebenstreit et de Ludwig sont conservés à Dresde.

L'herbier de fougères de Kaulfuss a été acheté par le comte de Roemer, à Dresde.

BAVIÈRE.

HERBIER ROYAL DE MUNICH.

Cet herbier renferme à peu près 36,000 espèces de plantes et des collections de fruits et de graines, de bois, de champignons en cire, etc. Son origine remonte à l'année 1811, époque où l'Académie de Munich fit l'acquisition des collections de Schreber. Ces collections se composaient de différents herbiers, parmi lesquels celui de Schmidel était un des plus riches et des plus intéressants. Par suite de ses relations avec les Burmann, Schmidel avait rassemblé dans son herbier un grand nombre de plantes recueillies par les collecteurs hollandais dans les Indes et au cap de Bonne-Espérance. Il avait fait lui-même des collections en Italie, dans le midi de la France, etc. L'herbier de Schreber contenait encore plusieurs centaines d'échantillons communiqués par Swartz; Pallas et Gmelin lui avaient donné des plantes de Russie; Séguier, de l'Italie; Crudy, une collection faite à Saint-Thomas et dans d'autres îles des Antilles. etc.

A cet herbier de Schreber sont venus s'ajouter :

Celui de Schrank, renfermant, outre les échantillons de sa *Flora Bavarica*, beaucoup de plantes des régions alpines provenant de Rainer, du baron Moll, de Jacquin, Schmidt, Mielichhofer, etc.

L'herbier du Brésil, rapporté par M. de Martius lors du voyage qu'il effectua dans ce pays en 1817-1820, par l'ordre du roi Maximilien-Joseph, et dont nous avons donné précédemment l'historique.

Cette collection, riche en palmiers, se compose d'environ 7,000 espèces de plantes recueillies dans les provinces de Rio de Janeiro, de Saint-Paul, de Minas-Geraes, Goyaz, Bahia, Pernambouc, Maranham, Para et Rio-Negro.

Le journal de voyage de M. de Martius et les notes qu'il a rédigées sur plus de 3,000 espèces de plantes, se trouvent réunis à son herbier du Brésil.

Plantes d'Allan Cunningham, Nouvelle-Zélande.

Collection de Berger, recueillie en Grèce, 1,200 espèces des environs de Nauplie, ainsi que du Péloponèse et de la Romélie.

La partie cryptogamique de l'herbier royal de Munich a été mise en ordre et enrichie par feu M. Funck.

HERBIER PARTICULIER A MUNICH.

M. de Martius.

L'herbier particulier de M. C.-F.-P. de Martius, directeur du jardin botanique de Munich, offre un nombre de plantes assez considérable. Il est évalué à 34,000 espèces à peu près.

Le fonds de cette collection provient de M. E.-G. Martius père, et se composait de 4,000 espèces environ, recueillies particulièrement dans l'Allemagne méridionale, et auxquelles s'étaient ajoutées un grand nombre de plantes du jardin de Gottingue, nommées par le professeur Hoffmann, auteur d'une flore d'Allemagne. M. de Martius, le père, avait reçu en outre et avait joint à son herbier une collection de plantes faite par MM. John et Rottler, missionnaires danois à Tranquebar.

L'herbier actuel de M. de Martius s'est trouvé augmenté par ses soins et par la générosité de presque tous les botanistes célèbres de l'Europe et de plusieurs de l'Amérique et des Indes Aussi y trouve-t on particulièrement les plantes des botanistes suivants :

Andrzciowski et Besser : Volhynie, Caucase et Bessarabie, —Bray : Livonie ;—Bosc : Amérique septentrionale ;—Bunge : Caucase, Sitka, Chine, Sibérie ; —Chamisso : Océanie, îles Aleutiennes ; — Clason : Suède ; — Don (David), Indes-Orientales, Guyane ; —Flottow : Silésie ; — Goebel : mer Caspienne ; — Gutberlet (flora Svinofurtensis) ; — Holl, Madère ; — de Hügel : Asie tropicale, Nouvelle-Hollande ; — Ledebour : Altai ; — Menzies, Océanie ; — Raddi, hépatiques étrusques ; — Reinwardt : Java ; — Rochel : Banat ; — Schauer : Silésie ; — L.-B. Schweinitz : Pensylvanie ;—Sendtner : mousses de Silésie ; — Sommer : Brésil, Labrador ; — Sprunner : Grèce ; — Steven : Caucase ;— Swartz : Antilles, Suède ;— Tommasini : flore complète de l'Illyrie ; —Wahlberg : Botnie ;— Welden : Dalmatie, etc.

En 1833, le baron de Moll donna à M de Martius un herbier de plus de 6,000 espèces, contenant beaucoup de plantes de Kitaibel, Pallas, Gmelin, Rainer, Zoys, Hohenwarth, Seguier, Vahl, Swartz, Panzer, Ed. Smith, Jacquin et d'autres botanistes célèbres qui se trouvaient en relation avec le baron de Moll.

L'herbier de M. de Martius est riche en plantes du Brésil ;

il renferme, entre autres, toute la collection du prince Maximilien de Neuwied ; des plantes très rares recueillies par Sieber et communiquées par le comte de Hoffmansegg ; des plantes des provinces de Matto-Grosso et Saint-Paul (Brésil), recueillies par Patricio da Silva Manso ; de Rio de Janeiro, par Langsdorff, Riédel, comte Raven, Luschnath, Karwinski, Ackermann, Freyreiss ; de Bahia, Pernambuco et Ilhéos, par Schornbaûm, Luschnath, Miranda, Gomez ; de Minas, par Freyreiss, Eschwege, Manso, etc.

RUSSIE.

SAINT-PÉTERSBOURG.

ACADÉMIE IMPÉRIALE DES SCIENCES.

Les collections de l'académie contiennent les herbiers du baron Marschall de Bieberstein et de Chamisso ; les collections faites par Langsdorff, au Brésil, durant son grand voyage par le Rio-Pardo à Matto-Grosso et le long de la rivière de l'Amazone ; l'herbier de graminées de Trinius, extrêmement riche en espèces ; celui de la flore de Péking de Bungo, etc.

L'herbier du comte Alexis Razoumowsky, appartenant autrefois au jardin de Gorenki ; un grand nombre de flores locales très-précieuses de la Russie ; l'herbier de plantes orientales du jardinier Vittmann ; de M. C.-A. Meyer (Caucase et province de Talysch), etc.

JARDIN IMPÉRIAL DE BOTANIQUE.

L'herbier du jardin impérial de botanique, à Saint-Pétersbourg, renferme, entre autres collections, l'herbier du professeur Stephan, précieux pour la flore de la Russie ; l'herbier de Langsdorff, fruit de son séjour au Brésil avant son grand voyage ; l'herbier de Riédel qui avait accompagné Langsdorff lors de ses dernières expéditions ; l'herbier de Choris, recueilli pendant le voyage du *Rurick*, capitaine Kotzebue ;

L'herbier de feu le professeur Mertens, de Brême, classique pour les algues ; celui du professeur Schrader, de Gottingue ; les collections de Szovits (Perse septentrionale, Arménie, Géorgie); de Schrenk (Laponie, pays des Samoyèdes, Dzoungarie), et un assez grand nombre de flores locales de la Russie; un petit herbier de la flore de Péking (1); l'herbier du professeur Schumacher, de Copenhague, riche en plantes de Vahl, d'Isert, etc.

MOSCOU.

On conserve avec soin, dans le muséum de la société des naturalistes, de Moscou, une petite collection d'échantillons de plantes recueillies et préparées par l'empereur Pierre-le-Grand lui-même.

Cette société possède en outre les collections faites par MM. Kareline et Kiriloff en Dzoungarie et dans les steppes des Kirghiz.

L'herbier d'Hoffmann (Georges-François), mort professeur de botanique à l'université de Moscou, a été partagé entre cette université et l'académie de chirurgie de la même ville. On trouve dans la portion appartenant à l'université une collection de plantes d'Erhardt, formée à Upsal sous l'inspection même de Linné.

UNIVERSITÉ D'HELSINGFORS.

Les lichens du professeur Acharius appartiennent à l'université d'Helsingfors (grand-duché de Finlande).

(1) Cet herbier contient un échantillon en fruit, avec la racine bien conservée, du Gin-Seng des Chinois, recueilli et desséché par le mandarin qui a dirigé la récolte du Gin-Seng dans l'une des dernières années ; ce mandarin en avait fait présent au médecin de la mission de Russie qui lui avait rendu quelques services. C'est donc un échantillon tout authentique de cette plante remarquable, et sur lequel le docteur C.-A. Meyer a fait un travail spécial.

HERBIERS PARTICULIERS, EN RUSSIE.

Nous citerons principalement l'herbier de M. le professeur Bunge, à Dorpat, remarquable par ses plantes authentiques de l'Altaï et de la Chine; par la collection complète qu'il renferme de la flore du cap de Bonne-Espérance de Drège; par l'herbier du professeur Lehmann, recueilli dans le pays des Turcomans, dans les steppes des Kirghiz et dans la Boukharie.

L'herbier de M. Steven, à Simféropol, en Crimée, classique pour la flore de la Russie méridionale.

Celui de M. Turczaninow, à Krasnoiarsk en Sibérie, trésor immense pour la flore de cette contrée.

A Saint-Pétersbourg, l'herbier de M. C.-A. Meyer, compagnon de voyage du professeur Ledebour, aux monts Altaï, et possédant la flore complète qui a servi à la *Flora Altaïca* de ces botanistes; l'herbier de M. F.-E.-L. Fischer, directeur du jardin impérial de botanique, nombreux en espèces de la Russie et de la Sibérie, et enrichi d'une grande partie de l'herbier des Indes-Orientales de Heyne; l'herbier du docteur Kühlwein, fort considérable et utile à consulter, quoiqu'il ne contienne aucune collection spéciale classique; l'herbier fait en Laponie par M. le docteur Ruprecht, conservateur des collections de botanique de l'Académie impériale des sciences de Saint-Pétersbourg; enfin l'herbier inappréciable pour la flore de la Russie, de M. le conseiller d'État Ledebour, professeur émérite à l'université de Dorpat, maintenant occupé en Allemagne à publier la *Flora Rossica*.

La collection de M. Ledebour renferme environ 28,000 espèces de plantes recueillies par M. Ledebour lui-même, ou qui lui ont été communiquées par un grand nombre de botanistes, tels que Bernhardi, Beyrich, Brignoli, Bunge, Eschscholz, Friwaldsky, Lucae Schweinitz, O. Swartz, Thunberg, Wikstrœm, etc. Il est riche particulièrement en plantes des différentes provinces de l'empire de Russie. M Ledebour en a recueilli une partie dans la Livonie et les provinces méridionales de la Russie, et surtout dans la Tauride et dans la Sibérie altaïque ; le reste provient de divers botanistes parmi lesquels nous mentionnerons : Besser : plantes de Volhynie, de Podolie et de l'Ukraine ; — Blum : Astrakan et Caucase ; — comte de Bray, Fleischer, Lindmann : provinces de la mer Baltique ; — Bunge et Gebler : Sibérie altaïque ; — Claus : steppe de la mer Caspienne et Oural ; — Eichwald : bords de la mer Caspienne et provinces du Caucase ; — Eschscholz : Kamtschatka, côte nord-ouest d'Amérique, etc. ; — Fellmann : Laponie ;— Frisch : Daourie ; — Hansen : provinces transcaucasiennes ; — Hasshagen, environs d'Odessa ; — Helm : Sibérie ouralique et altaïque ; — Karelin : steppe Caspienne et pays des Turcomans ; — C. Koch, C.-A. Meyer, Nordmann, Wilhelms : provinces du Caucase ;—Rob. Kruhse, Stephan : diverses régions de la Sibérie ; — Parrot et Steven : Tauride et provinces du Caucase ;—Prytz et Tergstrœm : Finlande et Laponie ; — Redowsky : Sibérie orientale ; — Roscher . environs de Tobolsk ;—Schrenk : Finlande et Laponie, pays des Samoyèdes et Sibérie altaïque ; — Schtschukin et Turczaninow : Baïkal et Daourie ; — Trautvetter : environs de Kiew

ITALIE.

On trouve à l'institut des sciences de Bologne l'herbier d'Ulysse Aldrovandi, mort en 1605, et qui contient beaucoup de plantes de Matthiole, d'Anguillara, de Lucca Ghini ; les herbiers de Triumfetti et Monti appartiennent au même institut.

L'herbier de Fra-Fortunato et celui de Moreni, qui fut compagnon de Séguier, sont à Vérone.

L'herbier de Micheli, célèbre botaniste florentin qui précéda Linné, existe à Florence. Il est possédé par la famille Targioni-Tozzetti. Les plantes sont mêlées avec celles de Octavian Targioni-Tozzetti, père du professeur Antoine Targioni-Tozzetti.

L'herbier du grand Haller est conservé à Milan.

Parmi les herbiers plus modernes, on trouve à Padoue ceux de Meneghini et de Visiani; ceux de Polini à Vérone; de Parolini et Montini à Bassano; de Cesati à Brescia; de Sébastiani, Mauri et Sanguinetti à Rome; de la marquise Grimaldi, de Viviani, de Notaris, Sassi et Lertora à Gênes.

L'herbier de Bertoloni, contenant les types de sa *Flora Italica*, est à Bologne; celui de Brignoli à Modène; celui de Savi à Pise; de Pucinelli à Luc; d'Orsini à Ascoli; de Jan et de Balsamo à Milan; de Comolli à Pavie; du baron de Suffren et de Comelli dans le Frioul.

L'herbier de M. Gussone, à Naples, renferme la presque totalité des plantes d'Europe, mais peu de plantes exotiques.

Celui de M. le chevalier Tenore, aussi à Naples, contient les 3,600 espèces napolitaines.

HERBIER DE M. MORETTI.

L'herbier de M. Joseph Moretti, à Pavie, est un des plus riches de l'Italie. Il renferme les plantes d'Italie qu'il a recueillies lui-même en en parcourant presque toutes les provinces à plusieurs reprises ou qu'il a reçues d'un grand nombre de botanistes, ainsi que des plantes de diverses contrées de l'Europe.

On trouve encore dans les collections de M. Moretti :

L'herbier de Brocchi; celui de la *Flora Ticinensis*, de Balbis et Nocca, que M. Moretti a acheté avec un grand nombre d'espèces de l'herbier de Scopoli, qui étaient possédées par le même Nocca;

L'herbier de M. Bosc, collection remarquable qui se compose de toutes les plantes de la Caroline en plusieurs doubles, parmi lesquelles s'en trouvent beaucoup qui ne sont pas encore connues (1); des exemplaires de presque toutes les es-

(1) M. Moretti se propose d'en faire l'objet d'une publication qui portera le titre de *Reliquiæ Boscianae*.

pèces qui étaient cultivées à cette époque au jardin des plantes de Paris. Ces échantillons ont servi, pour la plus grande partie avec ceux de l'herbier de Lamarck, de type descriptif dans la rédaction de la section de botanique de l'Encyclopédie méthodique. C'est également sur ces mêmes échantillons que Bosc a tracé les articles du Dictionnaire d'agriculture et du Dictionnaire d'histoire naturelle pour ce qui concerne les plantes d'un usage économique.

HERBIER CENTRAL ITALIEN.

Il vient de se former à Florence, sur la proposition de M. Philippe Parlatore, une institution qui prend le titre d'*Herbier central italien*, et se trouve sous la direction de M. Parlatore. Grâce à la protection du grand-duc de Toscane et à la générosité des botanistes italiens et étrangers, la collection de plantes conservée dans cet établissement s'accroît d'une manière surprenante et compte déjà plus de 40,000 espèces.

A l'*Herbier central* se trouvent maintenant réunis deux herbiers importants, l'un d'André Cæsalpin et l'autre des plantes récoltées au Brésil par Joseph Raddi.

L'herbier de Cæsalpin (1), le plus ancien peut-être des herbiers que l'on connaisse, existait à la bibliothèque palatine du grand-duc. Il se compose de 768 plantes sèches autrefois réunies en un seul volume et aujourd'hui divisées en trois vo-

(1) Le mérite de cette collection précieuse ne s'arrête pas aux espèces qui y sont préparées : elle offre un intérêt tout à la fois scientifique et historique, surtout parce qu'on y reconnaît matériellement la distribution philosophique des plantes que lui, Cæsalpin, imagina le premier en prenant pour base leur mode de fructification et de reproduction. Cet herbier fut arrangé et envoyé à monseigneur de Tornabuoni vingt ans avant que l'auteur publiât son livre *de Plantis*, ce qui prouve que Cæsalpin précéda Gesner dans cette importante partie de la botanique, c'est-à-dire la classification d'après la fructification des plantes.

(Note communiquée par M. Joseph Moretti.)

lumes. Il est précédé d'une lettre de Cæsalpin même, adressée, en 1563, à monseigneur l'évêque de Tornabuoni, pour lequel cet herbier avait été préparé.

Les plantes de Raddi se trouvaient déjà au musée d'histoire naturelle de Florence avant l'installation de l'*Herbier central*. Il contient près de 4.000 plantes récoltées au Brésil par Raddi pendant les années 1817 et 1818.

Quant à l'herbier particulier de Raddi, il a été acquis par le grand-duc, et réuni à celui du musée de Pise.

La collection formée par Raddi, en Égypte, a été confiée à M. Savi pour l'employer à l'accroissement des jardins et musées de Pise et de Florence.

SARDAIGNE.

M. Bonafous, de Turin, possède l'herbier d'Allioni avec les types nommés par Allioni lui même de sa *Flora Pedemontana;* l'herbier original de Bellardi et celui de l'abbé Rozier.

L'herbier de Balbis appartient à l'université de Turin; l'herbier du professeur de botanique Biroli, de Novare, à l'Académie royale des sciences de la même ville.

SUÈDE.

L'herbier de Bergius est à Stockholm.

L'herbier d'Euphrasen, qui a décrit un certain nombre de plantes des îles Saint-Barthélemy, Saint Eustache et Saint-Christophe (petites Antilles), passé entre les mains de Thunberg, a été joint par ce naturaliste aux herbiers de l'université d Upsal.

Cet établissement possède encore les herbiers d'Olaus Celsius de Thunberg, de Kalm, d'Adam Afzélius, d'Acharius; celui du voyage en Orient du prédicateur Berggren, réuni à l'herbier d'Hasselquist; une collection de plantes du Brésil, communiquée par le consul général Westin.

DANEMARK.

Les collections de Rottboll renfermant les échantillons récoltés à Surinam par Daniel Rolander; les plantes de Guinée, d'Isert; un volume d'échantillons collectés par Pison au Brésil; les herbiers de Vahl, de Forskal, de Schumacher, de Thonning, font partie des collections royales d'histoire naturelle de Copenhague, ainsi que les plantes du Groënland, du Kamtschatka, de la Nouvelle-Albion, recueillies par le lieutenant Wormskiold, le premier navigateur danois qui ait fait le tour du monde.

SUISSE.

HERBIER DE M. DE CANDOLLE, A GENÈVE.

L'herbier de M. Augustin Pyramus De Candolle, devenu à sa mort la propriété de M. Alphonse De Candolle son fils, est d'autant plus important qu'il renferme surtout les échantillons-types des plantes décrites dans l'immense *Prodromus* qu'il avait entrepris.

Parmi le nombre considérable de plantes qui composent l'herbier de M. De Candolle, nous citerons les collections suivantes.

Les herbiers de Daniel de la Roche, faits au jardin de Leyde du temps de Van Royen, et de François de la Roche, comprenant surtout des plantes d'Europe et de jardins.

L'herbier de l'Héritier, sauf les plantes de France. On remarque dans cet herbier environ 2,000 plantes de Cayenne, par Patris; les plantes des Antilles, recueillies et nommées par Swartz, d'autres de Badier; celles de l'Amérique septentrionale, de Fraser et Bosc; de Sierra-Leone, de Smeathmann.

Une partie de l'herbier de Thibaud.

L'herbier de Puerari, contenant des plantes de Vahl, d'Hornemann, du docteur Wallich.

Plantes de France provenant d'échanges faits avec M. de Lamarck a l'occasion de la Flore française; de Laponie, de

Wikstrœm; de Hongrie, de Kitaibel; de Crimée, de MM. Steven et de Beaupré; de l'Archipel, de Dumont-d'Urville; de Zante, de M. Margot; de l'Andalousie, de Haenseler.

Plantes de Chine de Staunton, données par M. Lambert; de Sibérie, de MM. Fischer, Turczaninow, Steven; plantes d'Orient, d'Olivier; de Perse, de Szovits; de l'Inde, données par la compagnie des Indes et par le docteur Wallich et Leschenault.

Des doubles des plantes du Cap, de l'herbier de Burmann, donnés à M. De Candolle par M Benjamin Delessert, et de celles de M. Burchell, recueillies surtout dans l'intérieur du pays. Plantes de Barbarie, de M. Desfontaines; d'Égypte, de M. Acerbi; des Canaries, de Broussonnet et du docteur Christian Smith.

Plantes de l'Amérique du Nord, provenant de Rafinesque, de MM. Torrey, Nuttall, Asa Gray, Mitchell; de la Caroline, de Bosc; de Californie, de Douglas; de Saint-Domingue, de Bertero; de Cuba, de M. de la Ossa; des îles de France et de Bourbon, de MM. Bouton et Bojer; de Demerari, de M. Parker; du Brésil, de Lund et Riédel.

Plantes de la Nouvelle-Hollande, données par M. Robert Brown; de la Nouvelle-Hollande et de la Nouvelle-Zélande, de M. Allan Cunningham.

Quelques familles de plantes ont été envoyées à M. De Candolle pour son *Prodromus* et entre autres les crucifères et les composées de Crimée, de M. Steven; les composées de Madère, de M. Lowe; de la Chine septentrionale, de M. Bunge; de Java, de M. Blume; de Cachemyr, de M. Royle; de la Nouvelle-Hollande, d'Allan Cunningham.

M. Hedwig fils a donné à M. De Candolle une collection des mousses décrites par son père; les algues du *Synopsis* de M. Agardh lui ont été envoyées également par ce botaniste.

Les plantes de l'herbier de M. De Candolle, qui ont servi au *Prodromus*, sont rangées à part et dans le même ordre que celui qui a servi pour cet ouvrage. Les plantes nouvellement reçues n'y sont plus introduites; elles se trouvent dans d'autres salles et disposées par familles et quelquefois même par pays.

HERBIERS DIVERS, EN SUISSE.

Une partie de l'herbier de Pavon se trouve à Genève chez M. Edmond Boissier.

L'herbier de Gaspard Bauhin est au jardin botanique de Bâle.

L'herbier du professeur J.-J. Roemer, dans lequel se trouve l'herbier de Scheuchzer, est en la possession de M. Shuttleworth.

HOLLANDE.

MUSÉE BOTANIQUE DE LEYDE.

L'herbier de Léonard Rauwolf, autrefois la propriété de Christine, reine de Suède, et d'Isaac Vossius, est conservé au musée botanique de Leyde. Cette collection, contenue d'abord dans quatre gros volumes in-folio, n'en forme maintenant qu'un seul orné d'une miniature représentant le portrait de Rauwolf. On sait que les plantes rapportées par ce botaniste ont servi de base à la *Flora Orientalis*, de Gronovius.

Une partie de l'herbier de Burmann, l'herbier de Paul Hermann et celui de Persoon, se trouvent également au musée de Leyde, ainsi que les plantes de Java, de MM. Blume, Reinwardt et Korthals; de Timor, de MM. Reinwardt et Zippelius; de la Nouvelle-Guinée, de MM. Zippelius, Kuhl et Van Hasselt; de Sumatra, de M. Korthals; de Bornéo, de Forster; du Japon, de M. le docteur de Siebold.

ESPAGNE ET PORTUGAL.

MADRID.

Les herbiers de Cavanilles, de Ruiz et Pavon, celui de Mutis, les plantes de l'Amérique méridionale de Haenke, sont conservés au jardin royal de Madrid, où se trouvent encore l'herbier de la flore mexicaine de Mociño et Sesse, l'herbier de Louis Née, comprenant les plantes de son voyage autour du monde avec le navigateur Malaspina et celles qu'il a récoltées en Espagne. A ces herbiers s'ajoutent les plantes de l'île de Cuba, récoltées par don Balthazar Boldo et celles des Asturies, recueillies par Lagasca en 1805.

Le collége de pharmacie de Madrid possède l'herbier que l'abbé Pourret avait formé de plantes de diverses provinces d'Espagne, et surtout de la Galice, où il resta plusieurs années.

BARCELONE.

L'herbier de Jacques Salvador existe encore dans sa famille à Barcelone. Salvador fut très lié avec Tournefort; ils parcoururent ensemble, en 1681, la Catalogne et le royaume de Valence. Tournefort lui envoya beaucoup de plantes, et particulièrement la collection de ses plantes du Levant.

LISBONNE.

L'académie de cette ville possède l'herbier de Loureiro, moins une très-petite partie qui se trouve au Muséum d'histoire naturelle de Paris.

Nous n'avons pas voulu étendre au delà de l'Europe notre revue des principaux herbiers connus; beaucoup de collections existent en Amérique qui mériteraient d'être mentionnées ici; mais nos renseignements à cet égard ne sont pas assez complets pour en faire l'objet d'un chapitre particulier. Nous dirons seulement qu'on trouve aux États-Unis, à Philadelphie, la collection du docteur Schweinitz contenant l'herbier du docteur Baldwin collecté surtout dans l'Amérique méridionale et dans les États du sud. Cette collection appartient à l'Académie des sciences naturelles de Philadelphie, où l'on conserve en outre les plantes de Surinam du docteur

Héring; un choix de l'herbier américain de Nuttal, renfermant les plantes du Missouri et de l'Arkansas, des grands lacs, de la Caroline, de la Géorgie, de la Louisiane.

L'*American philosophical Society* de Philadelphie possède l'herbier du docteur Muhlenberg, celui de Barton, un herbier du Kentucky et des États de l'ouest donné par C.-W. Short.

HERBIER DE LINNÉ.

Un des herbiers les plus curieux et qui présente un intérêt tout particulier est sans contredit celui de Linné, de ce naturaliste célèbre qui, par la seule impulsion de son génie, changea la face de la botanique, et lui donna un nouveau charme et une popularité toute nouvelle. La simplicité qu'il a su introduire dans la nomenclature, son système ingénieux et facile de classification, les principes philosophiques qui l'ont guidé dans l'exposition des genres et des espèces des plantes, ses descriptions remarquables par la concision et la clarté, suffiraient, à défaut d'autres titres qui ne lui manquent pas, pour justifier l'autorité puissante attachée à son nom et à ses écrits dans l'histoire naturelle, et surtout dans la botanique.

Lorsque Linné publia pour la première fois (en 1753) son *Species plantarum*, où il cherchait à décrire la totalité des végétaux connus alors, tous les esprits furent également frappés de l'application qu'il faisait de son nouveau système dans cet ouvrage, de l'invention heureuse des noms génériques et spécifiques, et de l'érudition botanique de l'auteur. Son herbier renferme les types des plantes qu'il a décrites; il est encore consulté avec fruit et toujours avec une sorte de vénération par les botanistes de tous les pays. On y a recours dans les cas douteux, et c'est ainsi, comme nous l'avons vu plus haut, que s'aplanissent quelquefois des difficultés de nomenclature que les seules descriptions des livres ne parviendraient jamais à surmonter d'une manière certaine.

L'herbier de Linné appartient, comme nous l'avons dit, à la société linnéenne de Londres.

On pourrait s'étonner que la patrie de Linné n'ait pas revendiqué l'honneur de posséder les collections qui ont appartenu à ce grand homme, une des gloires de la Suède, et qu'on les ait laissé passer dans un autre pays et dans des mains étrangères. La faute n'en est pas au gouvernement suédois. Quelques détails à cet égard trouveront naturellement leur place ici, et peut-être ne seront-ils pas lus sans intérêt.

Le musée de Linné, comprenant ses livres, ses manuscrits et toutes ses collections d'histoire naturelle, était resté en la possession de sa famille jusqu'à la mort de son fils, arrivée en 1783. Celui–ci, qui ne s'était pas marié, le laissa pour héritage à sa mère et à ses sœurs. Ces dames ne pouvaient conserver indéfiniment de tels objets ; et dans la crainte que le gouvernement ne les obligeât à les céder à l'université d'Upsal à un prix inférieur à celui qu'elles désiraient en obtenir, elles s'empressèrent de les proposer, en Angleterre, à la seule personne à laquelle ils pouvaient le mieux convenir. Le docteur Acrel, professeur de médecine à Upsal, écrivit au docteur Engelhart qui alors se trouvait à Londres, offrant à sir Joseph Banks, pour la somme de 1,000 guinées (environ 26,000 fr.), la collection tout entière. Entre autres personnes qui fréquentaient assidûment la maison de sir Joseph Banks se trouvait le jeune Smith (James-Edward), qu'un penchant décidé entraînait vers l'histoire naturelle. C'est là qu'il apprit que le musée de Linné allait être mis en vente. « Il arriva, rapporte Smith lui-même dans une lettre qu'il écrivait le 21 novembre 1791, au docteur Stoever, que je déjeunais avec sir Joseph le jour où cette lettre (celle du docteur Acrel) lui fut remise, qui était le 23 décembre 1783 ; il me fit part de l'offre qu'elle contenait, ajoutant qu'il ne l'accepterait pas, et me conseilla fortement de songer à cette acquisition qui rentrait si bien dans mes goûts et qui ne pouvait manquer de me faire honneur. » Encouragé par les avis et par l'assistance de sir Joseph Banks, Smith alla trouver aussitôt le docteur Engelhart avec qui il avait été lié intimement à Édimbourg, et lui fit connaître son désir d'acquérir ces collections. La liste des objets qui en faisaient partie lui ayant été envoyée, Smith accepta les conditions du marché qui lui était offert, et s'engagea à payer les 1,000 guinées convenues. Dans ces entrefaites, le baron Alstrœmer réclama des héritiers de Linné le montant d'une somme qui lui était due par Linné fils, et il fut convenu que le baron Alstrœmer recevrait, pour éteindre cette dette, qui était de 100 guinées, un petit herbier fait par le jeune Linné pendant la vie de son père, contenant seulement des doubles de la grande collection, et dans lequel ne devaient entrer aucune des plantes qu'il avait recueillies dans ses voyages. Smith consentit à cet arrangement, et le prix total de son acquisition se trouva en conséquence réduit à 900 guinées.

Plusieurs personnages de la Suède qui prenaient intérêt à la science s'aperçurent bientôt quelle perte le pays allait éprouver par le départ de toutes ces collections. Le baron Alstrœmer et le directeur Staaf, à Gothembourg, offrirent de les racheter au même prix que celui offert par Smith, mais il leur fut répondu que le marché était arrêté, et devait être considéré comme irrévocable. Madame Linné et ses filles s'étaient hâtées de conclure cette affaire. On a même dit que dans la crainte ou du retour du roi Gustave III, qui alors voyageait à l'étranger, ou des ordres qu'il aurait pu envoyer pour suspendre la vente et le départ des collections, la transaction avec Smith eut lieu en secret, que le plus grand mystère fut apporté à l'opération de l'emballage, et que l'embarquement des objets s'effectua la nuit à bord d'un vaisseau anglais.

On a raconté, et le bruit en a couru longtemps, que le roi, qui, de retour de son voyage, était en tournée dans les provinces occidentales de la Suède, et se trouvait alors à Gothembourg, ayant appris que les collections de Linné étaient en route pour l'Angleterre, dépêcha par mer une frégate à la poursuite du bâtiment anglais chargé de ces richesses enlevées en quelque sorte au pays. L'anecdote ne manque pas d'originalité, mais elle a été démentie par M. De Candolle. « Je suis fâché, déclare-t-il quelque part à cette occasion, d'élever des doutes sur une histoire piquante et honorable pour la science, mais je suis en conscience obligé d'ajouter que M. J.-E. Smith m'a dit qu'elle n'avait pas la moindre vérité. » Il est à remarquer que le roi Gustave III était de retour à Stockholm le 2 août 1784, arrivant de Paris; que les collections embarquées à Upsal le 4 août restèrent à la douane de Stockholm jusqu'à la fin de septembre, et que pendant cet intervalle aucune mesure ne fut prise par le roi pour les retenir; ainsi personne n'avait encore appelé son attention sur cette affaire; il n'en aurait donc été informé que dans le mois de septembre ou d'octobre, alors qu'il se trouvait à Gothembourg.

Si l'anecdote que nous avons racontée ne repose sur aucun fondement, il faut qu'elle ait été bien répandue, puisque Smith lui-même y a ajouté foi dans un temps. Il écrivait au docteur Stoever, toujours dans sa lettre du 21 novembre 1791 : « J'ai payé 80 guinées au capitaine pour le fret (des collections de Linné), ce qui est trop de moitié, mais je tenais à recevoir la collection sans délai. Le vaisseau venait de mettre à la voile quand le roi de Suède, ayant appris à son retour ce qui s'était passé, envoya une frégate après le bâtiment qui emportait la collection, afin de la faire revenir, mais, *heureusement pour moi*, il était trop tard. »

Dans la préface écrite en avril 1811 du *Lachesis Lapponica* de Linné, dont Smith a publié une traduction anglaise d'après le manuscrit original qui faisait partie de son acquisition, Smith revient encore sur le même fait et parle de ce manuscrit « échappé, dit-il, par terre et par mer, à la poursuite ordonnée par le roi de Suède pour le reprendre avec tous les objets qui l'accompagnaient, et qui heureusement arrivèrent à Londres en sûreté. » L'article consacré à Linné par Smith lui-même, dans la *Cyclopædia* de Rees, rapporte en quelques mots la même circonstance, que l'on retrouve également citée par lady Smith dans les mémoires qu'elle a publiés sur son mari en 1832.

Une vignette que nous avons sous les yeux et qui accompagne un portrait de Smith placé en tête de son *Compendium Floræ Britannicæ*, édition d'Hoffmann (Erlangen, 1804), représente deux vaisseaux dont l'un fait force de voiles après l'autre. Au bas on lit cette légende : *The pursuit of the ship containing the linnæan collection, by order of the king of Sweden.*

Pendant la négociation entamée avec Smith, l'impératrice de Russie, Catherine II, avait décidé, sur la proposition de Pallas, l'auteur de la *Flora Rossica*, qu'une somme illimitée serait offerte pour les objets d'histoire naturelle, la bibliothèque et les manuscrits de Linné ; le professeur Sibthorp se présenta également pour faire cette acquisition, mais les offres de Smith étaient déjà acceptées.

La précipitation apportée par le docteur Acrel à terminer une affaire qui faisait sortir de la Suède une collection des plus importantes, a donné lieu à des suppositions défavorables contre lui. Les inculpations dont il fut l'objet arrivèrent jusqu'à Smith, et voici comment il s'exprime à cet égard dans la lettre que nous avons déjà citée :

« Pendant qu'elles (la mère et les sœurs de Linné fils) étaient en négociation avec moi, des informations furent prises qui, jointes aux offres illimitées de la Russie, donnèrent à ces dames une plus haute idée de la valeur de la collection ; elles furent sur le point de rompre leur négociation avec moi ; mais le professeur Acrel n'y voulut pas consentir, et insista pour qu'elles attendissent mon refus. Cette conduite honorable lui fit malheureusement encourir leur censure, et on répandit de faux rapports contre lui. On a été jusqu'à dire que, pour le faire entrer dans mes intérêts, je lui avais fait un cadeau de 100 guinées, ce qui est loin d'être la vérité, car il n'a jamais reçu un présent de moi, si ce n'est quelques livres anglais de la bibliothèque de Linné (d'une valeur de six ou huit guinées) qu'il désirait m'acheter, ne pouvant les trouver en Suède, et que je ne parvins qu'avec peine à lui faire accepter. »

Dans le mois d'octobre 1784, les collections de Linné destinées à sir J.-E. Smith arrivèrent à Londres. Elles étaient renfermées dans vingt-six grandes caisses. Les frais de transport ajoutés au prix de l'acquisition en élevèrent le montant total à 1,088 liv. 5 sch. (environ 27,200 fr.). Plus de 3,000 insectes, comprenant un grand nombre de ceux décrits par Linné ; près de 1,800 espèces de coquilles, 2,400 échantillons de minéralogie, 43 oiseaux dans des armoires vitrées, étaient réunis au grand herbier de Linné, d'environ 19,000 échantillons, à des graines et à un herbier de Surinam conservé dans l'esprit-de-vin. Les manuscrits étaient très-nombreux.

La bibliothèque se composait de 1,600 ouvrages représentant plus de 2,000 volumes. Tous les ouvrages de Linné étaient chargés d'une grande quantité de notes manuscrites, et particulièrement les *Systema naturæ*, *Species plantarum*, *Philosophia botanica*, etc.

Parmi les manuscrits se trouvait entre autres un journal de la vie de Linné, écrit de sa propre main, et comprenant environ les trente premières années de sa vie. La collection des lettres qui lui avaient été adressées, et dont Smith a publié un choix en 1821 faisait aussi partie de la vente. Leur nombre s'élevait à environ 3,000. Linné conservait toutes les lettres qu'il recevait, mais il n'a gardé de copies que d'un petit nombre de celles qu'il avait écrites. Le tout était classé dans l'ordre où il l'avait laissé, et renfermé dans les armoires et les cases mêmes qui contenaient ces objets à Upsal.

L'herbier de Linné se composait de toutes les plantes décrites dans son *Species plantarum*, moins peut-être cinq cents espèces (les champignons et les palmiers exceptés), et il en contenait environ 500 non décrites. L'herbier du jeune Linné, plus soigné et dans un papier meilleur, renfermait la plupart des plantes de son supplément, à l'exception de celles qui étaient dans l'herbier de son père; il contenait, en outre, 1,500 belles plantes de la collection de Commerson, la plupart desquelles étaient nouvelles; et d'autres collections de Dombey, Leschenault, Lamarck, Pourret, Gouan, Smeathman, Masson, etc. On y comptait également une très-grande quantité de plantes provenant de sir Joseph Banks, qui lui avait donné des doubles de presque toutes celles d'Aublet, aussi bien que de son propre voyage aux Indes-Occidentales, avec un petit nombre de celles recueillies par lui dans ses voyages autour du monde, et qu'aucun botaniste ne possédait encore. Le jeune Linné avait fait aussi d'amples collections de plantes des jardins de Hollande, de France et d'Angleterre. Son herbier était indépendant et séparé de celui de son père.

Smith conserva toutes ces collections avec le soin le plus scrupuleux et comme un dépôt dont il se regardait responsable envers le monde savant. A sa mort, l'herbier de Linné fut proposé à la société linnéenne de Londres, et en mars 1829 cette société acheta pour le prix de 3,000 guinées (environ 78,000 fr.) non-seulement cet herbier, mais encore toutes les collections de plantes et la bibliothèque de Smith lui-même. Rien n'a été changé à la disposition de l'herbier de Linné, qui occupe encore dans les galeries de la société linnéenne ses mêmes cases et ses mêmes armoires

Une note autographe de Linné, transcrite dans l'*Egenhandiga Anteckningar af Carl Linnæus om sig sielf*, c'est-à-dire *Notes autographes de Charles Linné sur lui-même*, et reproduite en allemand par Afzelius dans la traduction qu'il a publiée de cet ouvrage, et en français par M. Fée dans sa *Vie de Linné*, donne sur l'herbier de ce grand naturaliste des renseignements que nous croyons devoir reproduire ici.

« Mon herbier est sans contredit le plus grand qu'on ait jamais vu

« 1. Dès ma plus tendre jeunesse, j'ai fait collection de toutes les plantes sauvages et cultivées que je trouvais en Suède.

« 2. J'ai réuni avec un grand soin toutes les plantes de la Laponie.

« 3. Dans mes voyages à travers le Danemark et l'Allemagne, en Hollande, en Angleterre, en France, j'herborisais continuellement.

« 4. Le jardin de Clifford, qui a été à ma disposition pendant trois ans, et qu'il m'était loisible d'enrichir de toutes les plantes rares qu'on pouvait se procurer, m'en a fourni une grande quantité que je desséchais avec soin.

« 5. Georges Clifford possédait lui-même un grand herbier et me donna ses doubles.

« 6. Lorsque j'assistais Van Royen dans sa classification du jardin académique de Leyde, j'en obtins beaucoup de plantes vivantes ; il m'en donna en outre de sèches tirées de sa collection.

« 7. En aidant le docteur Gronovius dans l'examen des plantes de la Virginie (herbier de Clayton), j'en obtins la plupart des doubles.

« 8 Miller me permit d'en recueillir dans son jardin de Chelsea, et me donna en outre beaucoup de plantes sèches, récoltées dans l'Amérique méridionale par Houston.

« 9. Le jardin d'Oxford, dirigé par Dillenius, me fournit aussi plusieurs plantes intéressantes.

« 10. Jussieu m'en donna beaucoup de sèches, et j'en recueillis moi-même une grande quantité dans le jardin botanique de Paris.

« 11. Le professeur Sauvages, qui avait reçu du fils de Magnol, botaniste célèbre, l'herbier de son père, me le donna tout entier.

« 12. Gmelin, à son retour de Laponie, où il avait voyagé

pendant plusieurs années, m'envoya un échantillon de chacune des plantes qu'il avait recueillies, afin d'avoir mes observations.

« 13. Steller, adjoint à Gmelin pendant ses voyages et ses excursions en Laponie, poussa jusqu'au Kamtschatka, explora la partie nord de l'Amérique, et mourut à son retour à Kjumenl. On s'empara de ses collections, et elles furent vendues à Demidoff, qui me les envoya pour les déterminer, en me donnant l'autorisation de prendre un échantillon de chaque plante.

« 14. Brown fit un herbier de la Jamaïque, et publia, à son retour à Londres, les figures des plantes les plus curieuses. Il me vendit cette collection quand il voulut retourner en Amérique.

« 15. Le professeur Kalm, qui paraissait né pour découvrir des plantes rares, fit une collection immense dans l'Amérique du Nord, et me donna un spécimen de chacune d'elles.

« 16. Le professeur Loefling, qui explorait avec la plus grande ardeur la péninsule ibérique, me donna aussi un double de ses plantes.

« 17. J'ai obtenu la totalité de celles que le docteur Hasselquist trouva dans l'Anatolie, en Égypte et en Palestine.

« 18. Le pasteur Osbeck me donna un échantillon de toutes celles qu'il récolta en Chine et à Java.

« 19. Le docteur Baster, de la Zélande, m'envoya de Java plus de 300 belles espèces de plantes

« 20. Le conseiller de commerce Lagerstrœm exigeait de chaque vaisseau venant des Indes une collection de plantes, et il me les envoyait toutes.

« 21. Le commissaire Claes Alstrœmer, qui visita avec une grande attention l'Angleterre, la France, l'Espagne et l'Italie, m'envoya plusieurs collections qu'il avait faites ou qu'il s'était procurées.

« 22. On n'avait encore dans aucun jardin semé autant d'espèces diverses de graines que dans celui d'Upsal pendant mon administration; j'en recevais de toutes les parties de l'univers, et jamais je n'ai négligé de dessécher les plantes que ces semis me procuraient, quand je ne les avais pas dans mon herbier.

« 23. Kleinhof, qui forma à Java le premier jardin botanique créé hors de l'Europe, et qui cultivait avec soin une grande quantité de plantes des Indes, m'en envoya une grande caisse à son retour en Hollande.

« 24. Tous les botanistes de mon temps m'adressaient à l'envi des spécimens de plantes rares ou nouvelles pour avoir mon opinion, et parce qu'ils savaient me faire en cela le plus grand plaisir. Parmi eux je citerai Jacquin, Schreber, Haller, Arduini, Turra, Bassi, Miller, docteur Royen, L.-N. Burmann, Scopoli, Duchesne, Gouan, Séguier, Allioni, Hudson, Garden.

« 25. Kœnig, à son retour d'Islande, m'envoya les plantes de cette île, et notamment une superbe collection de fucus et autres plantes marines. Plus tard, il me confia une grande quantité de plantes de Madère, du cap de Bonne-Espérance, de Madras et de Tranquebar

« 26. Le professeur Burmann me fit plusieurs envois de plantes du cap de Bonne-Espérance

« 27. Rolander recueillit sur les îles de l'Amérique une grande quantité de plantes rares; il les donna au maréchal de Geer, qui, à son tour, m'en fit présent.

« 28. Tulbagh, gouverneur du cap de Bonne-Espérance, m'envoya plus de 200 plantes très-rares et fort bien préparées, ainsi qu'une grande quantité de racines et de bulbes pour être plantées dans le jardin.

« Pour accroître mes collections, j'ai non-seulement parcouru la Suède, la Laponie, la Dalécarlie, l'Oeland, le Gotland, le West-Gotland, la Scanie, etc.; mais j'ai conseillé encore à mes élèves d'entreprendre des voyages sur divers points de l'univers. »

Linné reçut en outre, par les soins de Bassi et de Donati,

des plantes de l'Arabie qui lui furent remises après la mort de Forskal.

Voici les noms des principaux élèves de Linné qui voyagèrent en différentes parties du monde :

Ternstrœm, Indes-Orientales ; Kalm, Amérique septentrionale ; Hasselquist, Smyrne, Égypte, Palestine ; Montin, Laponie ; Hagstrœm, le Jemtland ; Osbeck, la Chine ; Loefling, Espagne, Amérique méridionale ; Bergius, Gotland ; Tidstrœm, West-Gotland ; Kæhler, Italie ; Rolander, Surinam.

XIV.

VOYAGES BOTANIQUES.

Ce chapitre, joint à ceux que nous avons consacrés, pages 53 et 74, aux herbiers de M. Benjamin Delessert, complète l'exposé et les itinéraires des principaux voyages entrepris dans l'intérêt de la botanique. Nous avons classé ces derniers, comme ceux qui précèdent, géographiquement et selon l'ordre des dates, autant qu'il nous a été possible.

EXPÉDITIONS ET VOYAGES GÉNÉRAUX.

P. Belon. — Pierre Belon, médecin et naturaliste, entreprit vers l'an 1546 un voyage aux îles de la Grèce et dans le Levant. Il visita le mont Athos, l'île de Lemnos, la plupart des îles de l'Archipel, le mont Olympe, Constantinople et les lieux les plus célèbres de l'Asie : le mont Sinaï, Damas, le mont Liban, Alep, etc. Il passa de là en Egypte et se rendit à Alexandrie, au Caire, à Suez, observant les plantes, les animaux et les minéraux propres aux divers pays qu'il parcourait.

Guilandin. — Melchior Guilandin, natif de Kœnigsberg, forme en 1557 le projet d'aller en Asie. Il part avec l'ambassadeur de Venise, qui se rendait à Constantinople. Il visite Alep, Damas, Jérusalem, et se rend en Égypte dans le dessein de s'embarquer sur la mer Rouge, pour passer dans les Indes, mais il est obligé de revenir en Sicile, d'où il s'embarque pour le Portugal. C'est pendant ce voyage qu'il fut pris par des corsaires d'Alger qui le gardèrent neuf mois en esclavage.

Voyage de Dampier. — On trouve dans l'herbier de sir Joseph Banks, à Londres, des plantes recueillies pendant un des voyages de Guillaume Dampier. En 1699, ce navigateur assez célèbre fut nommé au commandement du *Rabuck*. Ce navire fit voile le 14 janvier pour le Brésil, et de là il se rendit à la côte ouest de la Nouvelle-Hollande, où il arriva le 1er août. Dampier y ramassa pendant son séjour des coquilles et des plantes Il se dirigea ensuite vers l'île de Timor, s'arrêta dans la baie de Coupang, et se remit en route pour la Nouvelle-Guinée. Il y arriva le 1er janvier 1700, et découvrit ensuite l'archipel auquel il donna le nom de Nouvelle Bretagne. Revenu à Timor dans le mois de mai, il en repartit et arriva le 23 juin sur la côte de Java, séjourna à Batavia jusqu'au 17 octobre, et se trouvait en février 1700 dans la baie de l'île de l'Ascension ; le mauvais état de son navire le força de rester dans cette île, lui et ses compagnons, jusqu'au 3 avril, où ils s'embarquèrent pour revenir dans leur patrie, sur trois vaisseaux anglais qui étaient venus toucher dans la baie.

Ray a donné une liste des plantes observées et collectées par Guillaume Dampier au Brésil, à la Nouvelle-Hollande, à Timor et à la Nouvelle Guinée.

Tournefort. — Vers la fin de l'année 1699, on proposa au roi Louis XIV d'envoyer dans les pays étrangers des personnes capables d'y recueillir entre autres choses, des observations sur l'histoire naturelle et sur la géographie ancienne et moderne Tournefort, qui déjà avait entrepris quelques voyages en Europe, fut choisi pour celui du Levant Il devait se rendre dans la Grèce, aux îles de l'Archipel et en Asie. Accompagné du docteur Andre Gundelsheimer, médecin allemand très-versé dans la science des antiquités, et d'Aubriet, peintre du Jardin des Plantes de Paris, Tournefort s'embarqua après avoir herborisé à Marseille, le 23 avril 1700. Arrivé à la Canée, ville sur la côte septentrionale de l'île de Candie, Tournefort en observe la végétation et visite d'autres parties de l'île, ainsi que les îles de l'archipel grec. Le 13 mars 1701 il met à la voile au port de Petra, sur la côte septentrionale de l'île de Metelin, et arrive à Constantinople. Il fait une excursion sur les côtes méridionales de la mer Noire depuis son embouchure jusqu'à Sinope et Trébisonde. Il se rend ensuite dans l'Arménie et la Géorgie, arrive à Erzeroum, d'où il part le 6 juillet pour Téflis. De cette ville il fait un voyage botanique au mont Ararat, passant, pour s'y rendre, par Érivan, et revient à Erzeroum. Dans le mois de septembre il se joint à une caravane composée d'Arméniens qui conduisaient des soies à Tokat, dans l'Anatolie, à Smyrne et à Constantinople. De Tokat il se rend à Angora et à Brousse, capitale de l'ancienne Bithynie, et fait une excursion au mont Olympe. Le 8 décembre, il quitte Brousse pour aller à Smyrne, traverse la plaine de Magnésie (Manika), et herborise sur le mont Sipylus. Arrivé à Smyrne, il y reste un mois, se rend à Ephèse et visite Scalanova. De retour à Smyrne, il attend pour s'embarquer une occasion qui se présente le 13 avril 1702, arrive à Livourne le 23 mai, et le 5 juin au port de Marseille.

Thunberg — Charles Thunberg commença en 1770 une série de voyages qui le retint éloigné de sa patrie pendant neuf années. Le 15 août 1770, il quitte Upsal et arrive en Hollande le 1er octobre, après avoir visité Stockholm et Copenhague Il séjourne une année à Amsterdam, et fait un voyage dans l'intérieur de la Hollande afin de visiter les collections d'histoire naturelle, les jardins et autres objets remarquables. Pendant son séjour, il voit les Burmann et s'occupe, d'après leur invitation, de donner des noms à une grande quantité de minéraux, d'insectes et de plantes, et surtout à différentes espèces de graminées et de mousses faisant partie de leurs nombreuses et magnifiques collections. Il se rend ensuite en France, reste six mois à Paris et revient en Hollande. Désirant parcourir quelques parties septentrionales de l'Asie, et particulièrement le Japon, dont on ne connaissait encore aucune plante en Europe, Thunberg entre au service de la compagnie hollandaise et s'embarque sur un vaisseau destiné pour le cap de Bonne-Espérance, où il voulait faire un séjour de quelques années. Il part en décembre 1771 et arrive au Cap dans le mois d'avril 1772. Le 7 septembre il commence ses voyages dans l'intérieur, se rend à Roodsand, à Zwellendam, aux confins du pays d'Ataquathal, au pays des Houtniquas, et de là jusqu'au fleuve de Camtour, limite de la Cafrerie, et revient au Cap le 2 janvier 1773. Là, il arrange ses collections d'animaux, de plantes et de graines, produits de ses quatre mois de voyages, et expédie le tout pour l'Europe. Il fait quelques excursions aux environs du Cap, et du 13 au 19 mai il entreprend avec le jardinier anglais Francis Masson, qui venait d'arriver au Cap (1), un voyage à pied autour des montagnes situées entre le Cap et la baie False. Il se prépare ensuite à un second voyage dans l'intérieur de l'Afrique, et le 11 septembre il se dirige, encore avec Masson, vers les côtes de la Cafrerie. Ce voyage dure cinq mois.

Le 29 septembre 1774, Thunberg part avec Masson pour un troisième voyage. Ils vont jusqu'à Roggeveld et reviennent au Cap le 29 décembre.

Le 2 mars 1775, Thunberg quitte, non sans regret, le cap

(1) Voir l'article sur le jardinier Masson, page 178.

de Bonne-Espérance, et monte, en qualité de chirurgien surnuméraire, sur un vaisseau qui faisait voile pour l'île de Java ; le 18 mai il arrive à Batavia, et repart le 20 juin sur un vaisseau destiné pour le Japon (1).

De retour à Batavia le 4 janvier 1777, Thunberg y séjourne six mois, et fait pendant ce temps différentes courses dans l'intérieur de l'île de Java ; il se rend ensuite à Ceylan, explore les environs de Colombo, capitale de l'établissement hollandais dans cette île. Revenu au Cap, il quitte ce pays le 15 mai 1778, arrive au Texel le 1er octobre, se rend à Amsterdam, fait un voyage à Londres, et le 14 mars 1779 il était de retour dans sa patrie.

Pendant les neuf années de ses voyages en Afrique et en Asie, Thunberg a rassemblé 400 animaux non décrits, 75 genres nouveaux de plantes, et plus de 1,500 espèces inconnues.

A. Richard. — Antoine Richard, fils de Claude Richard, jardinier en chef de Trianon, visite les îles Baléares vers 1760, dans une tournée qu'il fait en Espagne et en Portugal. Pendant son voyage, il passa sur les côtes d'Afrique, s'avança jusqu'aux environs de Tunis et d'Alger, se dirigea vers les îles du Levant, pénétra dans l'Asie-Mineure, et revint en France avec les collections de plantes qu'il avait recueillies partout où il avait pu pénétrer. Antoine Richard fut ensuite choisi pour aller en Angleterre chercher des plantes nouvelles bonnes à introduire dans les jardins ; en 1765, il se rendit en Hollande et visita à son retour les Vosges, les Alpes et une partie de la Suisse. En 1767, il retourna au Mont-Dore et dans les Pyrénées.

Sonnerat. — Sonnerat, parti de Paris en 1768, emploie trois années à parcourir avec Commerson les îles de France, de Bourbon, de Madagascar, etc. Il fait ensuite les voyages de l'Inde, des Philippines, des Moluques et de la Nouvelle-Guinée, et revient en France dans l'année 1773, rapportant une

(1) Voyez page 67

collection considérable d'objets d'histoire naturelle. Chargé par le gouvernement de continuer ses recherches, Sonnerat part pour l'Inde en 1771, passe à Ceylan, de là à la côte de Malabar, séjourne à Mahé, et, après avoir parcouru les Gates, remonte la côte jusqu'à Surate et dans le golfe de Cambaye ; il passe ensuite à la côte de Coromandel, où il s'arrêta, puis à la presqu'île de Malacca et en Chine. Pour compléter ses observations dans l'Inde, il se rend de nouveau à la côte de Coromandel, et pendant deux années parcourt les districts de Karnate, de Tanjaour et de Madura. Obligé de revenir en Europe, Sonnerat séjourne quelque temps à l'île de France à Madagascar et au cap de Bonne Espérance.

Voyages de Cook. — Le premier voyage de Cook eut lieu sur le vaisseau *l'Endeavour*, avec sir Joseph Banks et le docteur Solander, savant suédois, élève de Linné. Partie de Plymouth le 26 août 1768, l'expédition, sous le commandement de Cook, alors lieutenant de vaisseau de la marine royale, se rend à Madère et à Rio de Janeiro. Le 14 janvier 1769, elle entre dans le détroit de Le Maire, et jette l'ancre dans la baie de Buen-Suceso. Pendant le séjour de *l'Endeavour* dans cette station, M. Banks et le docteur Solander parcourent les montagnes pour y rechercher des plantes Au mois de janvier de l'année suivante, l'expédition entre dans la mer du Sud par le cap Horn, se rend à Tahiti, y reste trois mois (d'avril à juillet), s'avance de là vers le sud, et arrive à la côte orientale de la Nouvelle-Zélande. Sir Joseph Banks rassembla dans ce dernier endroit de nouvelles productions naturelles, ainsi que plusieurs objets d'art très-curieux, fabriqués par les sauvages. Cook se dirige ensuite vers la Nouvelle-Hollande. On prit terre à Botany-Bay, où Banks et Solander recueillirent une grande quantité de plantes rares. Après avoir parcouru la côte orientale de ce pays, partie qui n'avait pas encore été visitée, et pris possession de la Nouvelle-Galles du Sud, Cook fait voile vers la Nouvelle-Guinée, touche ensuite (le 17 août 1770) à l'île de Savu (archipel de la Sonde), et, successivement, à Batavia, au cap de Bonne-Espérance (15 mars 1771) et à Sainte-Hélène, et arrive en Angleterre le 12 juillet suivant.

Le second voyage autour du monde fait par le capitaine Cook eut lieu dans l'intervalle de juillet 1772 à juillet 1775. Deux vaisseaux, *la Résolution* et *l'Aventure*, furent employés à l'expédition commandée par Cook. Jean Reinold Forster et son fils Georges Forster, alors âgé de 17 ans, l'accompagnaient en qualité de naturalistes. Le 20 août, on s'arrêta à Sant-Iago, une des îles du Cap-Vert; on jeta l'ancre ensuite dans la baie de la Table, au cap de Bonne-Espérance. Là, MM. Forster rencontrèrent le docteur suédois André Sparrman, qui se réunit à eux et s'embarqua le 22 novembre 1772 sur *la Résolution*. Ces trois naturalistes se livrèrent, pendant le cours du voyage, à des recherches d'histoire naturelle.

Du cap de Bonne-Espérance le navire *la Résolution* se dirigea seul vers la baie de la Reine Charlotte, dans la Nouvelle-Zélande, où vint le rejoindre *l'Aventure* qui, pendant sa séparation de *la Résolution*, avait trouvé l'occasion de visiter la terre de Van-Diémen. *La Résolution* se rendit à deux reprises dans les îles de la Société, visita Tahiti et les îles Huahine, Ulietea ou Raiatea et Otaha. Le 22 juillet 1774 on jetait l'ancre devant l'île de Mallicollo, une des Nouvelles-Hébrides, et un mois après Cook découvrait la Nouvelle-Calédonie. Revenue à la baie de la Reine Charlotte, *la Résolution* en repartait le 10 novembre pour se rendre à la Terre de Feu. Le 22 mars 1775, elle mouillait de nouveau, à son retour, à la baie de la Table, quittait le cap de Bonne-Espérance le 27 avril, atteignait l'île de Sainte-Hélène, et ensuite les îles de l'Ascension et de Fernando de Noronha, la baie de l'île Fayal, une des Açores, et l'expédition arrivait enfin à Portsmouth le 30 juillet.

Les naturalistes Forster père et fils, et Sparrman ont observé, dans les seules îles de la mer du Sud, environ 75 genres nouveaux de plantes dont Forster a donné les dessins ainsi que l'exposition des caractères génériques.

Chargé d'une troisième expédition, Cook sortit de Plymouth le 12 juillet 1776, sur le navire *la Résolution*, accompagné de *la Découverte;* il toucha à Ténériffe et à Porto-Praya, dans l'île de Sant-Iago (archipel du Cap-Vert), et se dirigea ensuite vers le sud. Le 10 novembre, il s'arrête à la baie de la Table, au cap de Bonne-Espérance, et ensuite à Christmas Harbour. Il découvre bientôt après la côte de la Terre de Van-Diémen. Le 30 janvier 1777, il met à la voile et arrive à la baie de la Reine Charlotte, dans la Nouvelle-Zélande, se rend à Tongatabou et à Éoua (îles des Amis). Poursuivant sa course, il atteint Tahiti, Eimeo et Bolabola dans les îles de la Société, reconnaît la côte de la Nouvelle-Albion, arrive à l'île d'Ounalachka et se met en route pour les îles Sandwich. Enfin, les 26 et 30 novembre 1778, il découvre dans ces parages, avec l'île de Mowi, celle d'Owhyhi, qui devait être la dernière scène de ses exploits et la cause de sa perte.

William Anderson, chirurgien du vaisseau *la Résolution*, se chargea des recherches concernant l'histoire naturelle des divers pays qui furent visités dans le cours de ce troisième voyage du capitaine Cook.

Menzies. — Voyage de Vancouver. — En 1786, Archibald Menzies s'était embarqué comme chirurgien de la marine royale à bord d'un bâtiment qui se rendait sur la côte nord-ouest de l'Amérique septentrionale. Dans ce voyage, il visita Staten-Land (île des États), où il séjourna quelque temps, les îles Sandwich et la Chine, aussi bien que la partie nord-ouest de l'Amérique, et revint de la Chine directement en Angleterre dans le commencement de 1789.

Menzies a recolté un certain nombre de plantes pendant la fameuse expédition à la côte nord-ouest de l'Amérique, exécutée de 1791 à 1795 sous le commandement du capitaine Georges Vancouver. Cette expédition, ordonnée par le roi d'Angleterre, avait pour objet de s'assurer s'il existe à travers le continent de l'Amérique un passage de l'océan Pacifique du nord à l'océan Atlantique septentrional. Partie de Falmouth le 7 janvier 1791, l'expédition, embarquée à bord des vaisseaux *la Découverte* et *le Chatam*, arrive en juillet au cap de Bonne-Espérance, se rend ensuite vers la côte sud-ouest de la Nouvelle-Hollande, découvre la rade du roi Georges III (King-George-the-third-Sound), mouille dans la baie Dusky (Nouvelle-Zélande), visite Tahiti et l'archipel des Sandwich, et reconnaît une partie de ces îles et la côte de la Nouvelle-Albion. Elle se rend à l'établissement de Noutka, dans la grande île Quadra-et-Vancouver, et descend ensuite jusqu'aux établissements espagnols de San-Francisco et Monterey (Nouvelle-Californie). Elle fait une seconde relâche aux Sandwich, qu'elle quitte pour continuer ses opérations au nord. Elle effectue la reconnaissance de la côte ouest de l'Amérique septentrionale depuis Fitz-Hugh's-Sound jusqu'au cap Décision, vers le nord, et depuis Monterey jusque par delà la baie San-Francisco, vers le sud. En janvier 1794, l'expédition se trouvait pour la troisième fois aux îles Sandwich. C'est à cette époque et pendant que le bâtiment était mouillé dans la baie de Karakakoua, que M. Menzies désira examiner les montagnes et les parties intérieures de l'île pour y collecter des plantes, des graines et d'autres productions naturelles. Le roi qui lui en accorda la permission lui donna pour guides un chef du village de Kakoua et plusieurs serviteurs chargés de leur faire fournir toutes les choses dont ils auraient besoin, de leur procurer tous les secours et de leur rendre les services qu'ils demanderaient. La première excursion de M. Menzies, qu'accompagnaient quelques-uns des officiers de l'expédition, fut au sommet de la montagne appelée Vororay (Mouna-Vororay), située un peu au midi de la baie de Tocaigh.

Après avoir achevé la reconnaissance de la côte nord-ouest du continent de l'Amérique, l'expédition revient vers le sud, le long de la côte ouest, arrive à Valparaiso, et fait une relâche à Santiago. Elle quitte enfin le Chili, passe par le cap

Horn et l'île de Sainte-Hélène, et aborde, le 12 septembre 1795, sur la côte ouest de l'Irlande.

Des doubles des plantes recueillies par M. Menzies pendant ce voyage, et quelques-unes particulièrement des environs du cap Horn, faisaient autrefois partie des herbiers de M. Lambert à Londres.

Olivier et Bruguière. — Vers la fin d'octobre 1792, Olivier et Bruguière partirent de Paris chargés d'une mission du gouvernement français près du roi de Perse. Ils devaient, en se rendant à leur destination, visiter l'empire Ottoman, l'Égypte et l'Asie-Mineure. Ils firent un long séjour à Constantinople, parcoururent quelques-unes des îles de la Grèce, et se dirigèrent ensuite vers l'Égypte ; ils abordèrent à Alexandrie le 3 décembre 1794. Obligés de retourner dans plusieurs îles de l'Archipel, et notamment à Santorin, ils partent enfin pour leur destination, débarquent à Baïrout, traversent la Syrie, une partie de l'Arabie et la Mésopotamie. Après avoir eu plusieurs conférences à Téhéran avec le premier ministre, après avoir visité une partie de la Perse, Olivier et Bruguière se décident à se rapprocher de leur patrie. Ils quittent Ispahan avec une caravane qui se rendait à Kerman hah, ou Karamssin, traversent une partie du désert pour se rendre à Bagdad à Alep ; de là ils s'embarquent à Latakie, visitent l'île de Chypre, et abordent en Caramanie, d'où ils se rendent par terre à Scutari, et ensuite à Constantinople. Ayant rassemblé les immenses collections d'histoire naturelle qu'ils avaient recueillies pour le gouvernement, ils frètent un bâtiment pour revenir en France, visitent Athènes, Ithaque, Céphalonie, Corfou, et débarquent à Ancône. Bruguière mourut dans cette ville, et Olivier partit pour Paris, où il arriva en décembre 1798, plus de six ans après son départ.

Docteur Clarke.—En 1799, le docteur Édouard Daniel Clarke commence, avec son ami John Morten Cripps et M W. Otter, ses voyages dans les pays du Nord, la Russie, les États autrichiens et la Turquie, et revient en 1802 en Angleterre.

Dans le cours de ce voyage (mai 1800) le docteur Clarke, accompagné de M. Cripps, voulant quitter la Russie pour aller à Constantinople, part de Saint-Pétersbourg, se rend à Moscou, et de Moscou à Woronetz. Le docteur Clarke herborise dans les environs de cette dernière ville, et se dirige ensuite vers Tscherchaskoy, capitale des Cosaques du Don, recueillant encore des plantes sur sa route, et principalement à Paulowsky, près de la rive orientale du Don. Il descend ce fleuve, et arrive à Azof et à Taganrok; il visite les bords européens et asiatiques de la mer d'Azof, et continue son voyage jusqu'à la frontière de Circassie par la Tartarie-Kouban, ne perdant aucune occasion d'enrichir son herbier.

En suivant l'itinéraire du docteur Clarke, on le voit se diriger le long de la frontière de Circassie jusqu'au Bosphore Cimmérien, puis vers Caffa, dans la Crimée, et Akmetchet ou Simphéropol. Il fut reçu dans cette dernière ville par le professeur Pallas qui y séjournait et qui l'accompagna dans ses recherches des insectes et des plantes du pays. Le docteur Clarke fait ensuite un voyage le long de la côte méridionale de la Crimée. Revenu à Simphéropol, il en repart le 28 septembre et se rend, par l'isthme de Pérékop, à Nicholaef, et de là à Odessa, où il s'embarque pour Constantinople. Il herborise principalement, pendant ce dernier trajet, dans la partie septentrionale de l'isthme de Pérékop, à Biroslaf, sur le bord occidental du Dniéper, dans la steppe entre Nicholaef et Odessa, au havre d'Inéada, etc.

Le docteur Clarke et son compagnon de voyage, M. Cripps, ont, pendant le cours de leur voyage, recueilli des plantes dans l'empire Ottoman, dans l'Afrique et les provinces méridionales de la Russie. Ils ont décrit les plantes nouvelles qu'ils ont trouvées au mont Gargara, près des sources du Scamandre (Anatolie), dans le golfe de Glaucus (Libye), dans l'île Abercrombie (Lagusa des anciens), dans les îles de Rhodes et de Chypre, près de Nazareth (Palestine), à Tibérias et Cana (Galilée), à Jaffa, Rosette, Aboukir et Kos, etc.

Voyage de Krusenstern — MM. Tilesius et Langsdorff accompagnaient le navigateur russe de Krüsenstern dans son voyage autour du monde pendant les années 1803-1806, voyage dans lequel il recueillit des faits nombreux et importants. Cette expédition a procuré la découverte des îles Orloff et complété la reconnaissance des Nouvelles-Marquises ou îles Washington, particulièrement de Nouka-Hiva et du détroit de Sangar.

Partie de Cronstadt le 7 août 1803, l'expédition se dirigea vers les îles Sandwich, où elle arriva après avoir touché à Ténériffe et au Brésil, doublé le cap Horn et relâché aux Marquises. Des îles Sandwich le bâtiment, commandé par le capitaine Krüsenstern, se rendit directement au port de Saint-Pierre-et-Saint-Paul (Petropavlovsk) sur la côte est du Kamtschatka, et revint avec l'ambassade que le gouvernement russe envoyait au Japon, au port de Nangasaki, sur la côte de l'île de Kiou-Siou, la plus méridionale des îles du Japon Le capitaine de Krüsenstern fut retenu dans ce port jusqu'au mois d'avril de l'année 1805. L'été de cette année fut utilement employé à parcourir en tous sens les mers qui avoisinent la chaîne des Kouriles, et à reconnaître les côtes de la grande île de Sakhalian. Après une courte relâche au Kamtschatka, le capitaine Krüsenstern se rendit avant l'hiver à Macao, et, reprenant la route de l'Europe au mois de février 1806, il traversa la mer de Chine, passa le détroit de la Sonde, fit une relâche à Sainte-Hélène, et arriva à Cronstadt, son point de départ, le 19 août de la même année.

D. Carmichael. — Le capitaine Dugald Carmichael, qui trouvait le temps, au milieu de ses expéditions militaires, de se livrer à la botanique, était au Cap en 1805. Il va jusqu'au Great-Berg-River, à Tulbagh, et revient à Cap-Town En 1807 il part avec un détachement qui se rendait à Algoa-Bay ; en 1810 il est envoyé à l'île de France; en 1813 il visite l'île de Bourbon ; en 1814 il retourne au Cap avec son régiment, et l'année suivante, envoyé au Bengale, il arrive a

Calcutta. Dans l'année 1817 une circonstance se présente qui permet au capitaine Carmichael d'étendre ses connaissances scientifiques. Il accompagne volontairement l'expédition que le gouvernement anglais envoyait pour prendre possession de l'île Tristan-d'Acunha, et qui s'embarqua dans le mois de novembre 1816. Il quitta cette île le 31 mars 1817, et retourna au Cap le 7 mai. Embarqué pour l'Europe, il visite sur sa route l'île de l'Ascension et Fayal, une des Açores.

M. Rifaud. — Dans l'espace de 22 années qu'il a employées à des voyages hors de son pays, M J.-J. Rifaud, de Marseille, a réuni de nombreuses collections de tous genres sur l'histoire naturelle, les antiquités, les arts et les curiosités des contrées qu'il a parcourues. Parti de France en 1805, il visita l'Italie, l'Espagne, les îles Baléares et Malte jusqu'en 1809 qu'il se rendit à Smyrne, puis dans la Romélie et l'Anatolie. Quittant Smyrne en 1812, il séjourne à Rhodes et dans l'île de Chypre, et aborde enfin l'Égypte et la Nubie, où il reste pendant treize années. Il a fait des excursions partout où la science avait quelque chose à gagner, et exploré successivement Girgèh sur la rive gauche du Nil; Karnak dans la Thébaïde : Médinet, El-Haouara, l'ancienne Banchis, dans le Fayoum : San, Tell Bastah, Mouqedam, dans le Charqièh; Koumel-Ahmar dans le Delta, etc. Il a rapporté des dessins de plantes et un herbier recueilli en Nubie et dans la Haute et Basse-Égypte

Voyages de Kotzebue. — Deux expéditions entreprises sous le commandement de M. Otto de Kotzebue, de la marine russe, fils du littérateur allemand de ce nom, ont encore fourni des matériaux abondants pour l'histoire naturelle.

La première expédition entreprise sur *le Rurick*, aux frais du comte de Romanzof, dans les années 1815-1818, fut un voyage de découvertes exécuté dans la mer du Sud et le détroit de Béring, pour trouver un passage au nord-ouest. M. de Chamisso avait été désigné comme naturaliste de l'expédition ; on lui avait adjoint le docteur Eschscholz. A ces deux naturalistes se réunit volontairement un Danois instruit,

Wormskiold, qui déjà avait fait plusieurs voyages dans le Nord. Cette expédition, commencée le 30 juillet 1815, jour où elle quittait la rade de Cronstadt, se terminait le 3 août 1818, alors que le bâtiment, de retour, jetait l'ancre dans la Néva, vis-à-vis du palais du comte de Romanzof.

Arrivé dans la baie de la Conception en février 1816, après un séjour à Ténériffe et à Sainte-Catherine, sur la côte du Brésil, M. de Kotzebue remit à la voile le 8 mars et continua son voyage vers le Kamtschatka par l'île de Pâques et l'île Romanzof découverte avec plusieurs autres dans le cours de ce voyage. En quittant le Kamtschatka, l'expédition, sans s'arrêter à l'île de Béring, se dirigea vers le détroit de ce nom. Le 30 juillet, elle arrivait à la hauteur du cap du Prince-de-Galles, point le plus occidental du Nouveau-Continent, et se remettait en route le 10 août pour la côte orientale du golfe de Kotzebue. Désirant visiter la côte de l'Asie, M. de Kotzebue se dirige vers le cap Est, examine ensuite la baie de Saint-Laurent, reste quelques jours à Ounalachka, une des îles Aléoutes, et fait voile pour le port de San-Francisco dans la Californie. Les îles d'Owhyhi et de Woahou dans les Sandwich, visitées deux fois, le groupe, découvert encore dans ce voyage, des îles Radack dans l'archipel Mulgrave, les îles Saint-Laurent, l'île de Guam, l'une des Mariannes, Cavite, dans l'île de Luçon (Philippines), où l'on resta six semaines, que les naturalistes de l'expédition mirent à profit pour parcourir l'île, le cap de Bonne-Espérance où l'on s'arrêta seulement quelques jours, et où, accompagné de MM. Mündt et Krebs, M. de Chamisso fit quelques découvertes, complètent avec l'île de Sainte-Hélène la série des principales localités explorées dans cette expédition.

Le second voyage du capitaine Kotzebue n'avait pas pour objet de faire des découvertes ; il était chargé de transporter des provisions au Kamtschatka. Il se rendit d'abord, par la mer Baltique et la Manche, à Rio de Janeiro, et se dirigea vers les îles de la Société · il arriva ensuite aux îles des Navigateurs et aux îles Radack, qu'il avait découvertes dans son premier voyage.

Le capitaine continua sa route pour le Kamtschatka. Le 8 juillet 1821, on arriva au port de Saint-Pierre et-Saint-Paul (Petropavlovsk), et le lendemain on entra dans la baie de Sitka (Nouvelle-Arkhangel), et après avoir visité la Nouvelle-Californie et les îles Sandwich, elle revenait par les îles Mariannes, par les Philippines, le cap de Bonne-Espérance et Sainte-Hélène, et entrait dans le port de Cronstadt le 10 juillet 1826.

Voyages du capitaine Parry. — M. Robert Brown a publié, sous le titre de *Chloris Melvilliana*, la liste des plantes collectées dans l'île de Melville en 1820, par les officiers du premier voyage que dirigeait le capitaine William-Edward Parry pour découvrir un passage au nord-ouest de l'océan Atlantique dans l'océan Pacifique.

Dans cette première entreprise, l'expédition, après être arrivée le 14 juin 1819 au cap Farewell, situé au point le plus méridional du Groënland, se met en route et débarque à Possession-Bay. Elle entre dans la baie de Lancastre le 1er août, atteint ensuite l'extrémité occidentale du détroit de Barrow, découvre l'île Melville, dans la Géorgie septentrionale, et jette l'ancre le 26 septembre à Winter-Harbour, petite baie située sur la côte méridionale de cette île. L'expédition y reste emprisonnée pendant trois cent dix jours, les glaces n'ayant commencé à se briser que le 31 juillet 1820. Vers la fin du mois de mai, le capitaine Parry, accompagné du capitaine Sabine et de quelques officiers, avait parcouru l'île de Melville et l'avait traversée dans toute sa longueur. Ayant mis à la voile le 6 août, l'expédition effectue son retour par les détroits de Barrow et de Lancastre et la baie de Baffin.

Les plantes recueillies dans le cours de cette expédition et décrites par M. Robert Brown proviennent particulièrement des environs de Winter-Harbour. Elles ont été fournies par les herbiers de MM. le capitaine Sabine, Edwards, James-Clark

Ross, le capitaine Parry, Fischer et Beverley, dont les noms sont ici donnés dans l'ordre de l'étendue de leurs collections.

Le deuxième voyage du capitaine Parry eut lieu, dans le même but, pendant les années 1821, 1822 et 1823 sur les bâtiments *Fury* et *Hecla*. Équipés pour trois ans, ces vaisseaux quittent le Little Nore le 8 mai 1821, entrent dans le détroit de Davis et se rendent par la baie du Duc-d'York jusqu'à la baie Repulse. L'expédition jette l'ancre le 8 septembre dans le petit golfe nommé Lyon's-Inlet, et après avoir exploré ce golfe en bateaux, elle arrive dans une baie située à la côte méridionale de Winter-Island. Dans l'espace de temps qui s'écoule jusqu'à l'arrivée de l'expédition au détroit de Fury et Hecla, deux excursions ont lieu sous les ordres du capitaine Lyon et du lieutenant Palmer au travers et à l'extrémité nord-ouest de Winter-Island, et vers le milieu de juillet l'expédition débarque à l'île d'Igloulik et se met en rapport avec les Esquimaux. Le capitaine Parry continue son exploration, fait plusieurs excursions par terre et en bateaux, et après avoir examiné la côte nord-est, il revient à Igloulik pour prendre ses quartiers d'hiver. Retenue par les glaces jusqu'au mois d'août 1823, l'expédition ne reprit ses travaux qu'à cette époque, mais diverses causes déterminèrent le capitaine Parry à revenir en Angleterre, où il arriva dans le milieu du mois d'octobre.

Le troisième voyage du capitaine Parry n'a fourni qu'un petit nombre d'espèces de plantes, les officiers ayant eu peu d'occasions d'aller à terre et n'ayant visité que des localités très-pauvres sous le rapport de la végétation Nous ne croyons pas devoir entrer dans le détail de cette nouvelle expédition faite encore sur les bâtiments *Fury* et *Hecla*, et qui, partie dans le mois de mai 1824, était de retour dans le mois d'octobre 1825 : nous citerons seulement les localités d'où proviennent les plantes rapportées de ce voyage par le lieutenant James-Clark Ross, et quelques-unes par le chirurgien Allan-Maclaren : Whale-Fish-Islands, cap Warrender, Regent's Inlet, Port-Bowen et North-Somerset.

Une quatrième tentative fut faite en 1827 pour gagner le pôle nord, et le capitaine Parry en fut encore chargé. Il devait partir du Spitzberg et se diriger vers le pôle et sur la glace avec deux bateaux préparés à cet effet. Le capitaine Parry, commandant *l'Hecla*, part de Nore pour cette expédition le 4 avril, se rend à Hammerfest, sur les côtes de la Laponie, et de là au Spitzberg. Le 20 juin, après avoir été contrarié par les glaces et par le temps, il put mettre *l'Hecla* à l'abri dans une baie du Spitzberg qu'il nomma Hecla-Cove. Le 21 juin, il quitte le vaisseau avec les deux bateaux-traîneaux pour aller à la découverte. On sait toutes les difficultés qu'éprouva l'expédition pour se frayer un passage au milieu des glaces, difficultés telles, qu'on fut obligé de renoncer à continuer ce voyage. Revenu au Spitzberg, où étaient restés les officiers de *l'Hecla*, activement occupés à des observations sur l'histoire naturelle de cette contrée, le capitaine Parry leva l'ancre le 28 août pour revenir en Angleterre; il relâcha aux îles Shetland le 17 septembre, et le 16 octobre il était de retour à Londres.

Docteurs Ehrenberg et Hemprich. — Pendant les années 1820-1825, les docteurs naturalistes C.-G. Ehrenberg et W.-F. Hemprich entreprennent un voyage en Égypte, dans le Dongolah, la Syrie, l'Arabie, et sur la pente orientale de la haute Abyssinie. Ils accompagnaient d'abord le général prussien de Minutoli, qui avait conçu en 1820 le projet d'un voyage en Égypte et dans les contrées limitrophes, pour la recherche des antiquités. L'Académie des sciences de Berlin lui avait adjoint les docteurs Ehrenberg et Hemprich, chargés d'explorer ces intéressantes contrées sous le rapport des sciences naturelles. La relation de leur expédition se compose de plusieurs parties : 1° voyage d'Alexandrie vers la Cyrénaïque ; 2° voyage dans la Haute-Égypte, le Fayoum et le Dongolah ; 3° voyage au mont Sinaï ; 4° voyage en Syrie et au Liban ; 3° voyage en Arabie et en Abyssinie. Le docteur Hemprich succomba aux fatigues de ce voyage à Massouah. Il avait fait une excursion à Arkiko et au mont Gedam. Outre des graines d'un grand nombre d'espèces de plantes, des échantillons de bois et de denrées médicinales du règne végétal, et des plantes vivantes, M. Ehrenberg a rapporté près de 3,000 espèces de plantes dont 1,033 de l'Égypte et du Dongolah, 700 de l'Arabie et de l'Abyssinie, 1,110 du mont Liban, sur lequel les deux naturalistes n'ont cependant pu s'arrêter que pendant deux mois. Le nombre des échantillons des diverses espèces s'élevait à près de 47,000.

M. Forbes.—M John Forbes avait été chargé par la société horticulturale de Londres d'explorer la côte orientale d'Afrique. Parti en février 1822, avec l'expédition commandée par le capitaine William Owen, il avait touché à Lisbonne, Ténériffe, Madère et Rio de Janeiro, et fait, en visitant chacune de ces localités, des collections dans presque toutes les branches de l'histoire naturelle. Ces collections parvinrent à la société d'horticulture avec celles qu'il lui envoya ensuite du cap de Bonne-Espérance, de la baie de Lagoa et de Madagascar. Entraîné quelque temps après par son zèle, et quoiqu'il n'y fût pas obligé par ses instructions, M. Forbes demanda à faire partie d'une expédition qui devait remonter la rivière Zambezi sur la côte est d'Afrique, et mourut dans le cours de cette entreprise à Senna, en août 1823.

M. Georges Don.—Dans le voyage entrepris par M. Georges Don en 1822 et 1823 pour collecter des graines et des plantes destinées à la société d'horticulture de Londres, M. Don visita la côte occidentale de l'Afrique, les côtes du Brésil et New-York. Un des points les plus intéressants qu'il parcourut fut la colonie de Sierra-Leone, où il resta depuis le 18 février 1822 jusqu'au 11 avril suivant. Il explora également avec succès l'île de Saint Thomas, dans le golfe de Guinée.

Voyage de LA COQUILLE — L'expédition du capitaine Duperrey exécutée sur la corvette *la Coquille* pendant les années

1822-1825, a été une des plus utiles par les services qu'elle a rendus aux sciences. Partie de Toulon le 11 août 1822, *la Coquille* relâche à Ténériffe, à l'île Sainte-Catherine sur la côte du Brésil, au Port-Louis des îles Malouines, double le cap Horn, visite, sur la côte occidentale de l'Amérique, les ports de la Conception au Chili, de Callao et de Payta (Pérou), relâche d'abord à Tahiti le 3 mai 1823, et ensuite à Borabora (îles de la Société), au port Praslin dans la Nouvelle-Irlande, traverse le canal Saint-Georges, communique avec les naturels de l'île d'York et de la Nouvelle-Bretagne, et arrive (le 6 septembre 1823) au havre d'Offak, côte nord-ouest de Waigiou, l'une des îles des Papous. Repartie le 17, *la Coquille* se rend à Amboine (Moluques), se dirige sur Timor, et, après avoir doublé la pointe méridionale de la Terre de Van-Diémen, arrive à Sydney (Nouvelle-Hollande). Quittant cette ville le 20 mars 1824, après une relâche de deux mois, l'expédition fait voile pour la Nouvelle-Zélande; elle y aborde le 3 avril dans la baie des Iles, et y termine ses travaux le 17. Après avoir communiqué avec les naturels de l'île de Rotouma, l'expédition explore les îles Mulgraves, reconnaît dans les Carolines plusieurs îles et groupes d'îles, et entre autres l'île d'Oualan; elle voit une partie de la côte nord de la Nouvelle-Guinée, séjourne au havre de Dory, puis à Sourabaya, traverse de nouveau les Moluques, et revient débarquer à Marseille le 24 mars 1825, après avoir relâché plusieurs jours à l'île de France et dans chacune des îles de Bourbon, de Sainte-Hélène et de l'Ascension. On sait que la botanique de ce voyage a été recueillie par M. Dumont d'Urville. Cet officier commandait en second, sous les ordres du capitaine Duperrey, et avec le grade de lieutenant de vaisseau, la corvette *la Coquille*. Les Malouines, Payta, les îles de Tahiti et de Borabora, les plaines de Bathurst au delà des Montagnes-Bleues, l'archipel des Carolines, devinrent particulièrement l'objet de ses explorations. Il recueillit pendant cette campagne plus de 3,000 espèces de plantes et plus de 1,100 espèces d'insecles. Il avait préparé les flores, qui sont restées inédites, de Tahiti, et de l'île Oualan (archipel des Carolines). Il a publié celle des îles Malouines.

Brocchi. — G.-B. Brocchi part de Trieste en septembre 1822, se rend à Alexandrie et de là au Caire, où il arrive le 1er décembre. A la fin de ce mois, il part du Caire et traverse le désert oriental jusqu'à Suez sur la mer Rouge. Dans un troisième voyage, il va en Syrie. Il était à Balbek en novembre 1823. Il avait passé une grande partie de l'année dans les montagnes de la Thébaïde et sur les côtes de la mer Rouge, jusqu'aux frontières de la Nubie. Il visite aussi le mont Liban et revient au Caire en mai 1824 ; il en était parti le 22 août précédent. Son dernier voyage est celui qu'il entreprit pour le Sennaar, le 5 mars 1825. Il arriva le 7 juin à Chartum, village de la Nubie, au confluent du Fleuve-Blanc et du Nil, en repartit le 2 novembre, demeura près de sept mois dans le Sennaar, et revint à Chartum, ou il mourut le 25 septembre 1826. Ses manuscrits contenaient la liste des plantes qu'il avait recueillies pendant ces divers voyages; son herbier assez riche était disposé en fascicules d'après chaque contrée, et en assez bon état, excepté les plantes du Sennaar.

Docteur Kiber. — La corvette russe *le Krotky*, commandée par le baron de Wrangell, était de retour en 1827 d'un voyage autour du monde, auquel elle a employé environ deux ans. Le docteur Kiber, naturaliste de l'expédition, a apporté avec lui un certain nombre d'objets d'histoire naturelle et des plantes vivantes.

Voyage de L'ASTROLABE. — Le voyage de la corvette *l'Astrolabe*, exécuté de 1826 à 1829 sous le commandement du capitaine Dumont-d'Urville, avait pour objet d'explorer quelques-uns des principaux archipels du Grand-Océan, où *la Coquille* n'avait fait que passer rapidement. Un autre intérêt se rattachait à ce voyage : il s'agissait de chercher à découvrir des traces de la Pérouse et de ses compagnons d'infortune, en parcourant les îles et les nombreux écueils où l'on pouvait supposer que les bâtiments de la Pérouse avaient peri. L'expédition devait, en même temps, se livrer à des recherches dans toutes les branches des sciences naturelles.

Le 22 avril 1826 la corvette *l'Astrolabe*, qui n'était autre que *la Coquille*, à laquelle on avait donné ce nom en mémoire d'un des navires de la malheureuse expédition de la Pérouse, levait l'ancre au port de Toulon, et rentrait à celui de Marseille le 25 mars 1829, après avoir accompli, dans l'espace de trente-cinq mois, un voyage d'environ 25,000 lieues. Nous ferons connaître seulement ici les localités dans lesquelles ont été trouvées les plantes ; leur nombre s'élevait à environ 1,600 espèces et à plus de 6,000 échantillons, tous recueillis par M. A. Lesson, pharmacien de l'expédition, et par M. Dumont-d'Urville lui-même au milieu de ses importantes occupations.

1° Nouvelle-Hollande. L'expédition fait quatre relâches sur des points différents du continent australien : au Port du Roi-George, au Port-Western, à la baie Jerviset au Port-Jackson ; 2° la Nouvelle-Zélande et surtout la baie Tasman, où la corvette séjourne pendant quelque temps ; 3° Tongatabou, une des îles des Amis ; 4° le havre Carteret, près du Port-Praslin, à la Nouvelle-Irlande ; 5° le port Dory dans la Nouvelle-Guinée ; 6° différents points des Moluques : Amboine, Célèbes, Bouro ; 7° Hobart-Town, capitale de Van-Diémen ; 8° l'île de Vanikoro, célèbre par le naufrage de la Pérouse ; 9° Guam, île principale de l'archipel des Mariannes ; 10° le cap de Bonne-Espérance, où *l'Astrolabe* séjourna pendant quelque temps ; 11° et enfin l'île de l'Ascension, dernier point visité par l'expédition.

Docteur C.-H. Mertens. — Le docteur Charles-Henri Mertens, fils du professeur François-Charles Mertens, de Brême, a concouru, comme naturaliste, à l'expédition qui, en 1826, fut envoyée par le gouvernement russe, sous les ordres du capitaine Lütke, pour lever le plan de la partie des côtes de l'Asie et de l'Amérique qui appartient à l'empire russe, et étudier et recueillir les productions naturelles de ces régions. Deux bâtiments, *le Seniavine* et *le Moller*, commandés par les capitaines Lütke et Staniukowitsch, transportaient l'expédition qui rapporta à Saint-Pétersbourg une série de dessins remarquables, et de belles collections de zoologie et de botanique à la recherche desquelles contribuèrent encore les naturalistes Alex. Postels et Kastalsky.

Le docteur C.-H. Mertens se trouvait, avec *le Seniavine*, au Kamtschatka en octobre 1827. L'expédition mit à la voile le 19 de ce mois de la rade de Petropavlovsk (Saint-Pierre-et-Saint-Paul), et arriva le 22 novembre à l'île d'Oualan dans l'archipel des Carolines. Le capitaine Lütke et le docteur Mertens visitèrent plusieurs îles de cet archipel que le capitaine Lütke a partagé en 46 groupes renfermant plusieurs centaines d'îles et d'îlots. Un séjour de trois semaines dans l'île d'Oualan procura au docteur Mertens une récolte de 170 à 180 espèces de végétaux, environ 50 espèces de poissons, ainsi qu'un grand nombre de mollusques et quelques amphibies. Le 18 janvier 1828, l'expédition jeta l'ancre dans le port de Lougounor, qui appartient au groupe des îles Mortlock, au nord des îles Salomon : elle y resta jusqu'au 27 janvier, et le docteur Mertens y recueillit environ 60 espèces de plantes, pour la plupart les mêmes qu'à Oualan. Ayant fait voile au nord-est, on arriva le 17 février dans le golfe de Caldérone-de-Apra (île de Guam), où on séjourna jusqu'au 7 mars. Les excursions botaniques y eurent plus de succès qu'à Oualan, malgré la saison défavorable. Arrivée aux Carolines, l'expédition en visita les îles occidentales. Le port d'Ouléaï et les îles de Bonin (Monin Sima ou Bonin-Sima), situées dans la partie occidentale de l'archipel de Magellan, contribuèrent ensuite à l'augmentation des collections d'histoire naturelle. Le 28 mai, *le Seniavine* revenait dans le port de Petropavlovsk. Près de 400 plantes avaient été recueillies dans le cours de ce voyage.

Le docteur Mertens a publié une notice sur une excursion

botanique qu'il a faite, pendant son expédition, au sommet du Werstovoï à la Nouvelle-Arkhangel (île de Sitka), et dans les environs de cet établissement russe.

Les plantes de Sitka ont été décrites dans les mémoires de l'Académie des sciences de Saint-Pétersbourg

Voyages de L'ADVENTURE *et du* BEAGLE. — En 1826, les vaisseaux *l'Adventure* et *le Beagle* se disposaient, sous le commandement en chef du capitaine P.-Parker King, à faire l'exploration des côtes méridionales de l'Amérique du Sud. Ils avaient achevé leurs opérations en 1840. Le capitaine King avait fait embarquer un naturaliste, M J. Anderson, chargé de préparer des collections botaniques. Des plantes recueillies à la Terre de Feu, où *le Beagle* se rendit en 1829, après avoir passé quelque temps à Rio de Janeiro, ont été déposées au British Museum à Londres.

Embarqué comme naturaliste à bord du *Beagle*, dans un second voyage d'observation fait par ce bâtiment sous les ordres du capitaine Robert Fitz-Roy, de 1832 à 1836, M. Charles Darwin, petit-fils du poëte de ce nom, a envoyé des plantes de l'Amérique méridionale recueillies dans diverses localités entre Maldonado dans le nord et la Terre de Feu dans le sud, y compris les îles Falkland. Des îles de la Société et de Tahiti, où il avait relâché, *le Beagle* se rendit à la Nouvelle-Zélande, puis, visitant sur son passage Sydney et le détroit du Roi-Georges, il dirigea sa course vers les îles Keeling (îles de Corail et de Cocos), situées dans la mer des Indes, au sud-ouest des îles de la Sonde. L'objet principal que l'expédition avait en vue en visitant ces parages était d'étudier la formation des coraux, qui forment la base des îles Keeling M Darwin s'était chargé de ce travail. Il a rapporté de ces îles 21 plantes qui ont été décrites par le professeur Henslow.

Voyage de LA CHEVRETTE — La corvette du roi *la Chevrette* partait de Toulon le 29 mai 1827 pour un voyage dans la mer des Indes. Les officiers n'avaient pas mission de faire des collections ni même de s'occuper d'une manière expresse de l'histoire naturelle, mais ils ont voulu se donner cette tâche et ils l'ont remplie avec le plus grand zèle.

La Chevrette relâche le 27 août à l'île Bourbon, s'arrête pendant plusieurs jours à Pondichéry, à Madras et à Calcutta. Elle entre à Rangoun, port de l'empire Birman, sur l'Iraouaddy, le 21 décembre, et y demeure jusqu'au 9 janvier 1828. Après une seconde relâche à Pondichéry et une autre à Karikal, elle séjourne à Trincomalé sur la côte nord-est de l'île de Ceylan, revient encore à Pondichéry, se rend à Batavia, y reste vingt jours, traverse le détroit de la Sonde, et après une quatrième relâche à Pondichéry se rend au cap de Bonne-Espérance, aborde à False-Bay le 2 octobre et y demeure jusqu'au 11, qu'elle part pour revenir en France.

C'est sur ces différents points qu'ont été faites les récoltes et les observations des naturalistes. 900 espèces de plantes environ ont été recueillies par M. Reynaud, chirurgien-major de *la Chevrette*. Les bords de l'Iraouaddy surtout et le cap de Bonne-Espérance lui ont offert un grand nombre de plantes.

M. Erman. — Un voyage scientifique, et qui a eu des résultats intéressants pour l'histoire naturelle, est celui qu'exécuta autour du monde, à travers le nord de l'Asie et les deux Océans, M. Adolphe Erman, pendant les années 1828, 1829 et 1830. M. Erman se rendit d'abord de Berlin à Perm dans la Russie européenne, en traversant Riga, Saint-Pétersbourg, Moscou et Kasan. De Perm il se dirigea vers Iékatérinbourg et de là vers le nord, le long du versant oriental de l'Oural. Le 7 octobre 1828 il entrait à Tobolsk ; il en partait le 21 novembre en suivant le cours de l'Obi pour se rendre à Bérézov, où il arriva quelques jours après. Il quitta cette ville le 5 décembre, et partit avec des traîneaux attelés de rennes pour se rendre à Obdorsk, village situé près de l'embouchure de l'Obi dans la mer Glaciale. Malgré l'intensité du froid, il n'hésita pas à entreprendre un voyage dans les montagnes voisines d'Obdorsk ; il était de retour à Tobolsk vers la fin de décembre. Il se rendit ensuite à Krasnoiarsk, chef-lieu du gouvernement de Iénisseisk, et à Irkoutsk, dans le gouvernement de ce nom. Le 12 février 1829, il se mit en route pour visiter la province de Nertchinsk au delà du lac Baïkal. Il atteignit bientôt Kiakhta sur la limite de l'empire chinois. Revenu à Irkoutsk, M. Erman n'y séjourna pas longtemps, et se dirigea le long de la Léna vers Yakoutsk ; il effectua son départ le 19 mars 1829. Le 21 avril, il se mit en route pour traverser les monts Aldan ; le 19 mai il arriva à Okhotsk sur les bords de l'océan Pacifique. Après un voyage à travers la presqu'île du Kamtschatka, M. Erman revint à Berlin en touchant à l'île Sitka, à la Californie, à Tahiti et à Rio de Janeiro.

Voyage de LA FAVORITE. — Sous le commandement de M. le capitaine de frégate Laplace, la corvette *la Favorite* terminait le 21 avril 1832 un voyage de vingt-huit mois. Quoique cette expédition ne fût pas entreprise dans un but scientifique, la science en a cependant profité. M. Eydoux, embarqué à bord de la corvette, avait été choisi comme chirurgien à cause de ses connaissances en géographie et en histoire naturelle. *La Favorite* quitte la rade de Toulon le 30 décembre 1829 ; elle mouille successivement à l'île de Corée, à Bourbon (1er avril 1830), à l'île de France peu après pour y réparer des avaries à la suite d'un ouragan ; aux Séchelles, à Pondichéry, à Madras, et arrive le 17 juillet à Mazulipatnam et à Coringui, ville indienne à l'une des embouchures du Godaveri. Abandonnant les côtes de l'Inde, elle continue son voyage et visite Malacca, Singapour, Manille, Macao (le 21 novembre), pour de là aller séjourner à Touron, capitale de la Cochinchine, d'abord du 21 décembre au 24 janvier 1831, et puis encore, après l'exploration du golfe du Tonquin, du 21 février au 3 mars. Une autre exploration, celle des archipels Natunas et Anambas, a lieu avant de se rendre à Java (15 avril), où il fallut s'arrêter pour soigner les malades. *La Favorite* fait un séjour à Sourabaya, à Bézuki et autres établissements de l'archipel de la Sonde. Elle commence son retour en atterrant sur plusieurs points de l'Australie, à Hobart-Town (Terre de Van-Diémen), au port Jackson (1er juillet au 21 septembre) ; traversant la Nouvelle-Zélande, se portant sur les côtes du Chili à Valparaiso, et doublant le cap Horn de manière à être rendue à Rio de Janeiro le 25 janvier 1832.

M. Meyen. — Pendant les années 1830, 1831 et 1832, M. F. J.-F. Meyen a entrepris un voyage autour du monde sur le vaisseau *la Princesse Louise*, commandé par le capitaine W. Wendt. Dans le cours de ce voyage, il a séjourné plusieurs mois à la côte ouest de l'Amérique méridionale, a visité Valparaiso et Santiago et est resté quelques jours à Coquimbo et au port de Copiapo Il a visité Tacna et la chaîne occidentale des Cordillères ; Puno, sur le bord ouest du lac Titicaca, et ensuite Arequipa, Islay, etc.

M. Meyen a séjourné également aux îles Sandwich, du 22 juin au 22 juillet 1831, et fait une excursion à Honolulu, capitale des Sandwich, sur l'île Woahou. Il est allé à Manille et y est resté du 16 septembre au 15 octobre. Deux fois il s'est rendu à la côte de Chine et a visité Macao, le cap Sing-Moon, etc.

M. de Hugel. — Les voyages de M. le baron Carl de Hügel offrent assez d'intérêt pour que nous entrions dans quelques détails sur la route qu'il a suivie. M. de Hügel quitte Toulon dans l'été de 1831 ; il visite d'abord la Grèce, la Syrie et la Palestine, l'Égypte, la Nubie et l'Arabie, et atteint Bombay dans l'année 1832. Il parcourt tous les points de la côte occidentale de la péninsule de l'Inde, et, passant par les divers territoires du Dekkan et de la côte de Malabar, il atteint le cap Comorin. Il va à l'île de Ceylan, y reste quatre mois, et retourne dans l'Inde, d'où il se dirige le long de la côte de Coromandel vers Madras A ce point, il s'embarque pour les îles de l'Archipel indien, visite la péninsule de Malacca, Sumatra, Java et quelques-unes des plus petites îles, et, faisant voile par le détroit de la Sonde, arrive à Swan-River sur la côte ouest de la Nouvelle-Hollande vers la fin de l'année 1833. Il examine cette nouvelle colonie, et se rend ensuite à King-George-Sound et de là à la Terre de Van-Diémen et à Sydney, capitale de la Nouvelle-Galles du Sud. Il explore cette dernière localité dans toutes les directions, et étend ses recherches jusqu'aux limites les plus extrêmes de la colonie. Après avoir visité la Nouvelle-Zélande et quelques îles de l'océan Pacifique, M. de Hügel se dirige par les Carolines et les Mariannes à Manille. Au commencement de 1835 il va à Canton et à Macao, s'embarque pour Madras, et fait, sur sa route, quelques courtes excursions à Singapour, Malacca et Pinang. De Madras, il se transporte a Calcutta, se rend par le Gange à Benarès, Aoudh (Oude), Lucknow, Allahabad, Agra, etc., et visite ensuite Delhi. Au mois de juin, il était à Mansuri dans le district de l'Himalaya. Quelques mois plus tard, il traverse le Setledje à Bélâspour, et arrive en novembre dans la vallée de Cachemyr; puis, descendant l'Indus jusqu'à Attock, il parcourt dans sa plus grande étendue le royaume des Seikhs, traverse de nouveau le Setledje à Ladhyânah, visite Delhi et revient à Bombay en mai 1836 pour repasser de là en Europe Le 18 octobre il arrivait à Londres, après avoir touché au cap de Bonne-Espérance et à Sainte-Hélène.

M. Russegger.—M. Joseph Russegger, conseiller impérial des mines d'Autriche, savant naturaliste et ingénieur, s'est longtemps occupé des mines aurifères de la haute Nubie, dépendant des possessions du vice-roi d'Égypte. De l'année 1835 à 1841 il a parcouru l'Égypte. les côtes de l'Arabie, le Kordofan, la Syrie. Ses travaux ont embrassé non-seulement la géologie et la géognosie, mais encore la botanique et la zoologie.

Voyage de LA VÉNUS —Le voyage de la frégate *la Vénus*, commandée par M. le capitaine du Petit-Thouars, a eu des résultats scientifiques d'autant plus remarquables, que la mission de cette frégate était purement politique et commerciale. *La Vénus* quitte Brest le 29 décembre 1836, jette l'ancre à Sainte-Croix de Ténériffe, arrive à Rio de Janeiro, et mouille à Valparaiso, où elle se trouvait le 26 avril 1837. De Callao, où elle était allée en sortant de Valparaiso, elle se rend à Honolulu (îles Sandwich), de là à la baie d'Avatcha dans le Kamtschatka, à Monterey (haute Californie) et à la baie de la Madeleine (basse Californie). Elle atteint ensuite Mazatlan sur la côte du Mexique, y reste plusieurs jours, et va à San-Blas et à Acapulco (Mexique). De Valparaiso et de Callao, où elle revient, elle se rend à Payta, se dirige sur l'archipel des Gallapagos, pénètre dans ce groupe d'îles qu'elle quitte pour faire route vers les îles Marquises et ensuite vers Tahiti; elle jette l'ancre dans la baie de Papéiti, arrive à la baie des Iles (Nouvelle-Zélande) devant Korora-Reka, et au port Jackson, passe au sud de la Terre de Van-Diémen et atteint l'île de Bourbon le 5 mars 1839. False-Bay, du cap de Bonne-Espérance, Sainte-Hélène, l'île de l'Ascension, sont les derniers lieux visités par *la Vénus* jusqu'à son retour à Brest le 24 juin 1839 après trente mois de navigation. La collection de plantes provenant de ce voyage a été recueillie principalement dans les îles du Grand-Océan.

Voyage du SULPHUR. — De 1836 à 1842, le bâtiment *le Sulphur*, commandé par le capitaine sir Edward Belcher, a effectué un voyage d'exploration jusqu'à l'océan Pacifique et à la côte nord-ouest de l'Amérique. Outre les services que rendit à la botanique, pendant ce voyage, M. Barcley, envoyé par le jardin royal de Kew, deux des officiers, MM. Richard Brisley Hinds, chirurgien de l'expédition, et le docteur Sinclair se distinguèrent par leur ardeur dans la recherche des plantes et par les observations qu'ils firent sur leurs découvertes.

De Panama, où le capitaine Belcher prit le commandement de l'expédition en remplacement du capitaine Beechey, resté malade à Valparaiso, *le Sulphur* se dirigea vers le nord, touchant à Realejo et Libertad dans l'Amérique centrale, et en juin 1837 il atteignit San-Blas, d'ou il mit à la voile pour les îles Sandwich ; il y arriva dans le mois suivant.

Il se rendit ensuite à Sitka, ou Nouvelle-Arkhangel, dans le Norfolk-Sound, visita Friendly-Cove dans la baie de Nootka, et de là mit à la voile pour San-Francisco, où l'exploration de la rivière Sacramento occupa l'expédition pendant trente et un jours. *Le Sulphur* visite Monterey, San-Blas, Acapulco, etc. Après avoir observé le golfe de Papagayo et le port Culebra, l'expédition quitte l'Amérique centrale, s'arrête à l'île des Cocos, et atteint Callao en juin 1838. Ayant examiné la côte entre Cerro-Azul (port ou baie de Canyete) et Callao, elle part de cette dernière ville dans le mois d'août, fait une station à Payta et à Guayaquil, et revient à Panama au mois d'octobre.

A la suite d'une croisière faite dans les golfes de Fonseca et Nicoya, et dans la baie de Honda, d'octobre 1838 à mars 1839, *le Sulphur* se dirige vers le nord ; il est retenu à la rivière Columbia jusqu'en septembre ; il explore ensuite Bodega, établissement russe près de San-Francisco, observe successivement Monterey, Santa-Barbara, San-Pedro, etc., et se rend à San-Blas et Mazatlan. En janvier 1840 commence son voyage de retour. Il aborde en route aux îles Socorro et Clarion, atteint le groupe des Marquises, et, après une courte station au port Anna-Maria dans l'île de Nouka-Hiva, il se dirige vers Bow-Island. Il visite ensuite Tahiti, Raratonga, Vavao (archipel de Tonga), Noukoulau ou Amboa (Fidji), Tanna (Nouvelles-Hébrides), Port-Carteret (Nouvelle-Irlande), la Nouvelle-Guinée, Bouro et Amboine, et atteint Singapour dans le mois d'octobre de la même année. *Le Sulphur* a pris une part active dans les opérations qui eurent lieu contre la Chine, jusque vers la fin de l'année 1841. Il était de retour en Angleterre en juillet 1842, après avoir touché à Malacca, Pinang, Sumatra, Point-de-Galle (île de Ceylan), aux îles Seychelles, à Madagascar, au cap de Bonne-Espérance et aux îles de Sainte-Hélène et de l'Ascension.

La partie de pays visitée par *le Sulphur* à la côte nord-ouest de l'Amérique est celle qui, renfermée entre les deux points extrêmes Port-Etches, dans la baie du Prince-William, et la rivière Columbia, comprend le Port-Mulgrave, Sitka et la baie de Nootka.

Expédition américaine. — De nombreuses observations de physique, de météorologie et de toutes les branches de l'histoire naturelle ont été faites dans le voyage d'exploration aux terres antarctiques exécuté d'après les ordres du gouvernement des États-Unis pendant les années 1838-1842, sous le commandement du lieutenant de marine Charles Wilkes. L'expédition, arrivée à Rio de Janeiro, y resta depuis le 24 novembre 1838 jusqu'au 6 janvier 1839 ; de ce point elle se rendit au Rio-Negro, où elle resta six jours, puis après avoir doublé le cap Horn elle mouilla au port Orange sur la Terre de Feu. Ici l'expédition se divisa. Nous ne suivrons pas chaque bâtiment dans sa course, mais nous citerons les principaux points visités. On se rendit aux îles Shetland, à Valparaiso et à Callao, et l'on se dirigea sur l'archipel Pomotou pour l'examiner Deux des bâtiments se rejoignirent à l'île Rose, la plus orientale des îles des Navigateurs, afin d'explorer les îles orientales du groupe. Le 19 novembre, tous les bâtiments de l'expédition se réunirent au port Apia, et l'on fit route pour Sydney. De ce lieu on partit pour la Nouvelle-Zélande. La baie des Iles, les îles des Amis, les îles Fidji, celles des Navigateurs, les Sandwich, l'île de Woahou, furent successivement visitées jusqu'au 27 avril 1841, où l'expédition arriva à l'entrée de la Columbia. M. Wilkes se dirigea sur le détroit de Juan-de-Fuca et alla mouiller dans le port Discovery de Vancouver, et ensuite à Nisqualy. Deux expéditions furent organisées par terre : la première traversa la chaîne de montagnes au nord du mont Ranier, gagna ensuite la Columbia, se rendit à Colville, traversa vers le sud et atteignit de nouveau la Columbia. La seconde s'y rendit par la route de Cowlitz visita le Fort-Vancouver et la vallée du

Willamette. Un nombreux détachement fut expédié du Fort-Vancouver vers la Californie en suivant le Sacramento depuis sa partie supérieure jusqu'à son embouchure dans le port San-Francisco, où le détachement rejoignit l'expédition à la fin d'octobre. L'expédition partit ensuite de ce port pour traverser la partie septentrionale du Grand-Océan, puis, rentrant dans le grand archipel indien en doublant l'île de Manille par le nord avec deux bâtiments, tandis qu'un autre, qui avait reçu l'ordre de visiter les îles Strong et Ascension, dans les Carolines, arrivait aux Philippines par le détroit de San-Bernardino, elle se réunit encore une fois à Manille; des travaux importants furent exécutés dans les détroits de Mindoro et de Basilan, dans les îles Soulou et le détroit de Balabac. M. Wilkes gagna ensuite Singapour, traversa les détroits de Banca et de la Sonde, et rentra à New-York le 9 juin 1842 après une absence de près de quatre ans.

La botanique n'a point été négligée au milieu des travaux hydrographiques les plus étendus, des observations de magnétisme et de météorologie, des recherches de zoologie, de géologie, etc., qui ont occupé les savants attachés à cette expédition. Grâce au zèle de M. Rich et des autres botanistes, près de 10,000 espèces et de 50,000 échantillons ont été recueillis dans le voyage (1); des plantes vivantes ont été rapportées

(1) Nombre des espèces collectées en différents lieux :

Madère	300	Iles Fidgi	786
Cap-Vert	60	Iles de Corail	29
Bresil	980	Iles Sandwich	883
Rio-Negro (Patagonie)	150	Orégon	1,218
Terre de Feu	220	Californie	519
Chili	442	Manille	382
Perou	820	Singapour	80
Tahiti	288	Mindanao	102
Samoa (Ile des Navigateurs	458	Iles Soulou et Mangsi	138
Nouvelles Galles du Sud	787	Cap de Bonne-Esperance	300
Nouvelle-Zelande	398	Sainte-Helene	20
Iles Auckland	50		
Tongatabou	276		9,646

ainsi que des sections de tige et des spécimens de bois, et une belle collection de dessins relatifs aux diverses branches de l'histoire naturelle. La géographique botanique a été aussi étudiée d'une manière toute spéciale. Pendant le voyage, les naturalistes eurent deux fois l'occasion de visiter, dans la saison la plus favorable, la chaîne des Andes quelque temps avant qu'elle fût couverte de neige, d'abord au Chili et ensuite au Pérou.

Voyage des vaisseaux EREBUS *et* TERROR. — Les naturalistes du voyage au pôle antarctique des bâtiments *Erebus* et *Terror* sous la direction du capitaine James-Clark Ross, ont encore rendu de grands services à la botanique. Ce voyage a eu lieu pendant les années 1839-1843 ; il avait pour but de faire des recherches sur le phénomène du magnétisme terrestre, et d'aller à la découverte dans les hautes latitudes méridionales. Les officiers étaient en outre chargés de recueillir les divers objets d'histoire naturelle que pourraient leur procurer des contrées non explorées jusqu'alors.

L'expédition mit à la voile de Chatham le 29 septembre 1839. Après avoir touché à Madère et à Sainte-Hélène, elle arriva au cap de Bonne-Espérance, le 4 avril 1840. Quittant la baie de Simon, elle continue sa route et jette l'ancre le 12 mai à Christmas-Harbour dans l'île de Kerguelen, appelée par Cook île de la Désolation, où deux mois et demi de séjour permirent de récolter toutes les plantes que Cook y avait trouvées dans son troisième voyage. L'expédition quitta cette île le 20 juillet, et arriva dans la rivière Derwent (Terre de Van-Diémen) le 16 août. Le 12 novembre, elle partait d'Hobart-Town pour son premier voyage au pôle Sud, pendant lequel on recueillit quelques plantes aux îles Auckland et à l'île Campbell. Revenue à Hobart-Town en avril 1841, l'expédition part le 7 juillet, et, après une courte visite à Sydney, elle jette l'ancre en août dans la baie des Iles (Nouvelle-Zélande) et y reste trois mois.

Le second voyage d'exploration fut commencé le 15 novembre. On mouilla à Berkeley-Sound le 6 avril 1842. Un séjour prolongé (d'avril à septembre) dans les îles Falkland (ou Malouines) permit d'explorer amplement ce groupe sous le rapport botanique. Le 21 septembre on arrive à la baie de Saint-Martin dans l'île de l'Hermite (au cap Horn), où l'on retrouve une partie des plantes recueillies pendant le premier voyage de Cook par sir Joseph Banks et Solander, et par Forster dans le deuxième voyage, ainsi que les plantes découvertes par Menzies avec le navigateur Vancouver.

Le troisième voyage de l'expédition, commencé le 17 décembre, amena les deux bâtiments *Erebus* et *Terror* à l'île Cockburn, et, après avoir navigué dans les glaces, au cap de Bonne-Espérance le 4 avril 1843.

M. le docteur Joseph Dalton Hooker, attaché à l'expédition comme aide-chirurgien de l'*Erebus*, était chargé des travaux et des recherches botaniques pendant le voyage. Trois autres officiers, MM. Lyall, le lieutenant Smith et Davis, ont contribué principalement de leur côté à recueillir des plantes. M. Lyall, botaniste à bord du navire *Terror*, a formé un herbier important, composé d'environ 1,500 espèces.

VOYAGES PARTICULIERS.

Nous avons réuni, sous ce titre, les principaux voyages entrepris dans des régions déterminées, et qui ont eu la botanique pour objet.

Nous n'avons cité qu'une petite partie des nombreux botanistes qui ont fait des voyages ou des explorations scientifiques dans les pays qu'ils habitent. Leur énumération par trop longue n'eût offert d'ailleurs que peu d'utilité ou d'intérêt.

EUROPE.

ROYAUME DE SUÈDE ET DE NORVÉGE

SUÈDE.

Rudbeck. — Olaüs Rudbeck avait entrepris, en 1695, un voyage dans la Laponie suédoise, aux frais de Charles XI, roi de Suède. Il parcourut le Lulea-Lappmark et alla jusqu'à Quickjock. Ses collections furent détruites dans le grand incendie d'Upsal, en 1702.

Élèves de Linné. —L'histoire naturelle de la Suède s'est enrichie par les voyages et les observations de plusieurs élèves de Linné. Ainsi, de 1742 à 1745, Peter Kalm explore quelques parties de la Finlande et l'Oester-Gotland ou Gothie orientale; Laurence Montin voyage en 1749 dans le Lulea-Lappmark (Laponie suédoise); J.-P. Falk et le docteur Bergius vont, en 1752, dans le Gotland (Gothie); Daniel-Charles Solander parcourt, en 1753, les Alpes de la Laponie, et se rend à Arkhangel et à Saint-Pétersbourg.

Hollsten. — De 1758 à 1766, J. Hollsten visite le Lulea-Lappmark et va à Quickjock.

O. Swartz.—Le Suédois Olaf Swartz fit, dans les mois d'été des années 1779 à 1782 inclusivement, des excursions dans les provinces de son pays natal. Il traversa les districts bornés à l'ouest par le golfe de Botnie, la Laponie jusqu'à Lulea, la Finlande et les îles d'Oeland et de Gotland. Après son retour de la Jamaïque en 1789, il fit de nouvelles excursions dans diverses parties de la Suède, visitant particulièrement les provinces septentrionales, les Alpes norvégiennes et une portion de la Laponie.

Liljeblad.—*Grondal.*—Samuel Liljeblad, en 1788, et Grondal dans la même année, visitent le Tornea-Lappmark dans la Laponie suédoise.

MM. Weber et Mohr. — Vers l'année 1803, M. le docteur Fr. Weber et M. Mohr font une excursion scientifique dans la partie méridionale de la Suède. Arrivés à Lund le 9 mai, ils en partent le 14 pour se rendre à Jonkœping et de là à Wadstena sur le lac Wetter. Ils se rendirent ensuite à Norr-Kœping, à Stockholm, à Upsal, à Vesteras, et revinrent, en juillet, par Arboga, Orebro, Skara et par le port de Warberg, où ils recueillirent quelques plantes marines.

M. Wahlenberg. —M. Wahlenberg entreprit, vers l'année 1800, un voyage dans la Laponie suédoise et se rendit jusqu'au delà de Tornéa. En 1802 il fait une nouvelle expédition vers le pôle Nord, pénètre dans la Laponie norvégienne jusqu'au cap Nord, dont il atteint l'extrémité dans le mois de juin de la même année. Il revient ensuite par Utsjocky, village le plus septentrional de la Laponie suédoise, d'où, après avoir parcouru les localités les plus sauvages, il remonte la rivière Kenri près de Tornéa, et arrive à Upsal dans le mois d'octobre M. Wahlenberg collecta dans ces excursions difficiles plus du double des plantes décrites par Linné dans sa *Flora Lapponica*. Ses voyages en Laponie se sont continués en 1807 et 1810.

M. Læstadius. — Le pasteur Læstadius a fait divers voyages dans les années 1819, 1824 et 1825. Il a visité le Jœmtland, l'Angermanland, le Wester-Botten (Botnie occidentale), une partie du Lappmark, les montagnes de Pitea, etc., et en 1822 il a fait, avec le docteur Wahlenberg, un voyage botanique dans la Scanie.

NORVÉGE.

Docteur Sperling — Le docteur Otto Sperling fit, en 1622, un voyage en Norvége. C'est le premier botaniste qui ait visité ce pays. Son voyage s'étendit jusqu'à Drontheim.

Gunner.—Vahl.—Gunner en 1759, 1764 et 1767, et le professeur Martin Vahl en 1787, visitent le Nordland et le Finmark.

M. Deinboll. — *M. Lund.* — Ces deux naturalistes ont fait également des voyages botaniques dans le Nordland et le Finmark, l'un en 1816 et l'autre en 1841.

Fabricius. — Le professeur Fabricius fit en 1779 un voyage scientifique en Norvége, mais, occupé particulièrement de zoologie, il laissa le soin de recueillir les plantes à Weber qui l'accompagnait.

Hornemann.—Wormskiold.—Docteur Smith. — En 1807, le professeur Hornemann, en société avec le lieutenant Wormskiold (connu par ses recherches dans le Groënland et par son voyage autour du monde) et le docteur Christian Smith, entreprend un voyage dans la Norvége. Ils visitent Tonsberg, Drammen, Drontheim, etc., et explorent les vallées les plus impénétrables du pays.

Christian Smith parcourut, dans la même année, les montagnes de Tellemark, d'où il rapporta une grande quantité de mousses et de lichens. En 1812, il entreprend un voyage dans les montagnes de Tellemark et du pays d'Hallingdal, visite les glaciers de la vallée de Justedal, et retourne de ces glaciers par la vallée de Walders à Drammen sa ville natale. L'année suivante, il se rend sur les hautes montagnes qui séparent les vallées de Walders, de Guldbrandsdal et de Romsdal. Il descendit vers la fin de l'été dans les vallées du Romsdal, pour s'occuper, aux environs de Molde, des productions de la mer, et traversa deux fois la chaîne des montagnes de Dovre jusque vers la frontière de la Suède et jusqu'au séjour des Lapons nomades; il retourna enfin à Drammen dans les derniers mois de l'année, chargé d'une collection considerable de mousses nouvelles.

En 1814, le docteur Christian Smith se rendit en Angleterre et voyagea en Écosse pour y étudier les mousses de ce pays.

M. Blytt. — M. le professeur Math. Blytt a visité en 1822, 1825, 1833, 1836, 1837, etc., les provinces d'Aggershuus, de Christiansand et de Bergen, Drontheim, etc.

M. Lessing. — M. Chr.-Fr. Lessing a fait une excursion botanique au Lofoden, dans ce groupe d'îles qui forme l'extrémité septentrionale de l'archipel norvégien, et dont il a donné la flore dans la relation de son voyage publiée à Berlin en 1831. M. Lessing quitte Berlin le 20 mai 1830, et se rend à Copenhague et de là à Christiania en Norvége, puis par terre jusqu'à Drontheim, et par eau jusqu'au Lofoden. Après avoir visité ces îles, il continue son voyage par les montagnes de la Norvége pour se rendre à Quickjock dans la Laponie suédoise; de là il voit Tornéa, Kemi, Geflio; va à Upsal, où il prolonge son séjour, puis à Stockholm, et au mois de décembre il était de retour à Berlin.

M. W.-D. Hooker. — M. William-Dawson Hooker entreprend dans l'été de 1836 une excursion dans les parties septentrionales de la Norvége, que peu de voyageurs ont visitées jusqu'à présent. Occupé d'ornithologie, M. Hooker cherche à rendre son voyage plus fructueux pour les sciences naturelles, et il s'adjoint MM. Christy et Walker, l'un botaniste et l'autre entomologiste. Ils s'embarquent le 28 juin, arrivent à l'île de Soroe et atteignent ensuite Hammerfest. Continuant leur route, ils visitent les mines de cuivre et le pays de Kaaflord, les rives de l'Alten, Kossikop, etc., et passent à leur retour aux îles Shetland.

M. Areschoug.—M. Areschoug de Gothembourg fit en 1837 un voyage botanique en Norvége pour y rechercher principalement les algues de la mer du Nord.

SPITZBERG ET GROENLAND.

Martens.— Frédéric Martens, chirurgien de Hambourg, fait un voyage au Spitzberg en 1671. Il herborise dans les baies des Danois et du Sud, dans le havre des Anglais, etc. Son voyage est le premier qui ait été publié sur le Spitzberg.

Martin.—Anthony-Rolandson Martin, élève de Linné, explore le Spitzberg en 1758.

Voyage du capitaine Phipps.— Le capitaine C.-J. Phipps (depuis lord Mulgrave) avait été chargé du commandement d'une expédition qui devait essayer de passer dans l'océan Pacifique par le pôle Boréal. Il montait le navire *le Race-Horse* et avait sous ses ordres un autre bâtiment monté par le capitaine Lutwidge.

Cette expédition mit à la voile au mois de juin 1773. Le capitaine Phipps fit route directement au nord, et se dirigea vers la côte occidentale du Spitzberg. La saison étant favorable, il explora toute cette côte. S'avançant ensuite vers le nord, il parvint jusqu'à l'île nommée la Petite Table, voisine des terres septentrionales du Spitzberg ; mais, arrêté par les glaces, il renonça à son entreprise et effectua son retour en Angleterre.

Dans le peu de jours que le capitaine Phipps passa au Spitzberg, et au milieu des travaux indispensables qui l'occupèrent pendant la plus grande partie de ce temps, il trouva le moyen de faire quelques recherches sur les productions naturelles de ce pays. Il a donné à la suite de la relation de son voyage une liste d'animaux et de plantes qu'il y a observés durant son séjour.

M. Keilhau. — M. le professeur Keilhau qui a fait, antérieurement à 1828, un voyage géologique aux îles Cherry et au Spitzberg, en a rapporté des plantes qui ont été décrites par M. Sommerfelt.

M. Sabine. — M. le capitaine d'artillerie Édouard Sabine a rapporté de son voyage à la mer Polaire des échantillons de plantes recueillies dans trois stations différentes. Embarqué en mai 1823 pour faire dans les hautes latitudes de l'hémisphère septentrionale des observations sur le pendule, il visita d'abord Hammerfest, situé près du cap Nord de Norvége, et se rendit de là au Spitzberg et au Groënland.

Sir W.-J Hooker, chargé d'examiner les plantes du voyage de M. Sabine, les a partagées en trois sections : 1° celles de la côte ouest du Groënland au nombre de 64 ; 2° celles du Spitzberg (23 espèces) ; 3° et les 26 espèces du cap Nord.

NOUVELLE-ZEMBLE.

Expédition de M. Baer. — Cette expédition a produit quelques résultats assez satisfaisants Chargé d'une mission scientifique par l'Académie de Saint-Pétersbourg, M. Baer devait étudier l'histoire naturelle de la Nouvelle-Zemble dans toutes ses parties. Il partit le 19 juin 1837 avec son équipage. Montés sur deux vaisseaux de petite dimension, ils descendirent la Dvina. Arrivés à son embouchure, ils y furent retenus par des vents contraires jusqu'au 30 juin ; alors une brise du sud s'élevant tout à coup les porta rapidement sur les côtes de la Laponie, où ils passèrent trois semaines, tantôt occupés à herboriser sur le rivage, tantôt faisant de vains efforts pour avancer du côté du nord, malgré les vents contraires. Enfin, le 12 juillet, ils dirigèrent leur course vers la Nouvelle-Zemble, et en cinq jours ils atteignirent l'entrée du Matotchkim-Schar, détroit qui sépare les deux îles de la Nouvelle-Zemble. Des excursions fréquentes furent faites pendant cette station dans des directions diverses pour explorer la contrée sous le rapport de l'histoire naturelle. Au milieu d'août, naviguant vers le sud, l'expédition explora le détroit de Kostin-Schar et arriva à la petite baie de Nekvatova, dans laquelle se jette la rivière du même nom, et, remontant le long des bords de ce petit fleuve, M. Baer pénétra assez avant dans l'intérieur du pays. Contrariée par les vents, qui l'empêchaient d'avancer, l'expédition quitta, le 31 août, les rivages de la Nouvelle-Zemble, et une traversée assez pénible de huit jours environ la ramena devant les côtes de la Laponie. Elle était de retour à Arkhangel le 11 septembre, rapportant une quantité considérable d'objets d'histoire naturelle.

RUSSIE.

RUSSIE BALTIQUE.

M. Fleischer. — *M. Schrenk.* — M. Fleischer a donné dans le bulletin de la société impériale des naturalistes de Moscou (1re année) la liste des plantes qu'il a trouvées dans l'Esthonie, la Livonie et la Courlande.

M. le docteur Schrenk a observé la végétation de l'île d'Hochland, dans le golfe de Finlande.

GRANDE RUSSIE

M. Schrenk. — M. le docteur Schrenk a fait, pendant l'été de 1837, et aux frais du jardin impérial de botanique de Saint-Pétersbourg, un voyage dans le pays des Samoyèdes, entre Arkhangel et la côte opposée à la Nouvelle-Zemble.

MM. Ruprecht et Savelieff. — L'exploration des régions polaires de la partie européenne de l'empire de Russie ayant été dans ces derniers temps l'objet de l'attention particulière de l'Académie des sciences de Saint-Pétersbourg, elle dut accueillir avec empressement l'offre que lui fit le conservateur de son musée botanique, M. Ruprecht, d'entreprendre à ses frais un voyage dans celles de ces régions qui sont encore le moins explorées; savoir, la partie occidentale du pays des Samoyèdes, et surtout la presqu'île de Camin ou Kanin. M. Ruprecht partit en mai 1841, accompagné de M. Savelieff, et après une absence de cinq mois, ces voyageurs furent de retour dans la capitale ayant observé presque complétement la flore de ces contrées.

RUSSIE MÉRIDIONALE.

Schober. — Guillaume Schober, jeune médecin, fut envoyé dans le midi de la Russie par l'empereur Pierre Ier. Schober parcourut, en 1717 et 1718, les rives du Volga et celles du fleuve Terek dont il était chargé d'examiner les sources thermales. Il se rendit aussi vers les bords de la mer Caspienne, et visita la partie nord-ouest de la Perse.

Docteur Lerche. — Jean-Jacob Lerche, chirurgien militaire, visita, de 1733 à 1747, plusieurs parties de la Russie méridionale. Il séjourna longtemps à Astrakhan et dans la Perse, et communiqua à Linné et à Gmelin le résultat de ses découvertes dans ce dernier pays.

Pallas. — Le désir de compléter la collection de plantes qu'il avait rapportée de son voyage en Sibérie, et l'envie de recueillir de nouvelles observations utiles, firent entreprendre à Pallas, vers la fin de l'année 1792, un voyage dans les provinces méridionales de l'empire de Russie. Il part de Saint-Pétersbourg le 1er février 1793, pour aller passer le printemps au sud du Volga, emmenant avec lui un habile dessinateur, Geissler, de Leipzig. Il se rend à Tzaritzin, et, arrivé là, il fait ses dispositions pour le voyage botanique qu'il voulait effectuer au sud du Volga, et se rend d'abord à Sarepta, d'où il continue sa route vers Astrakhan. Il prolonge son séjour dans cette ville, et en profite pour recueillir et dessiner les plantes printanières du pays. Il fait plusieurs excursions dans les steppes, et quitte le 26 août la ville d'Astrakhan pour se rendre dans les montagnes du Caucase. Il visite les lacs salés qu'il rencontre sur sa route, et arrive à Georgievsk, sur le bord de la Pod-Kouma. Le 9 septembre, il se rend à la forteresse de Constantinogorsk examine de près le Bechtau, et gravit cette montagne dont il observe la végétation.

Le 23 septembre, Pallas part de Georgievsk pour arriver avant l'hiver en Tauride ; il va à Tcherkask et à Taganrog, et de là à Pérékop, fait un voyage dans la partie sud-ouest de la presqu'île de Crimée et dans les montagnes de la côte méridionale ; il visite la montagne de Tchadir-Dagh, et explore l'intérieur de la Crimée, le long de la presqu'île de Kertch, et l'île de Taman. Ce fut la dernière occupation de Pallas pendant l'été de 1794. Le 18 juillet, il part pour retourner à Saint-Pétersbourg, va de Koslof à Pérékop, à Kherson et à Nikolaïev. Il quitte cette ville le 26 juillet, et arrive à Moscou par Koursk et Toula. Il était de retour à Saint-Pétersbourg le 14 décembre.

M. Henning. En 1816 et 1817, M. Jean Henning a recueilli des plantes dans un voyage qu'il a entrepris dans le pays des Cosaques et dans les parties de l'Ukraine qui sont situées sur le Don (Tanaïs). Il en a donné la liste en 1823, dans les Mémoires de la société impériale des naturalistes de Moscou.

Docteur Brunner. — Le docteur Brunner, de Berne, a fait, dans l'été de 1831, un voyage par Vienne et Trieste jusque dans la Crimée ; il a donné une liste des plantes de l'Hellespont et des côtes de l'Asie-Mineure. D'Odessa il est allé jusqu'à Simphéropol, et a étudié la végétation de la Crimée.

M. Parrot — M. Frédéric Parrot, professeur à Dorpat, a fait deux voyages dans la partie méridionale de la Russie. Il a visité d'abord la Crimée et ensuite les provinces situées entre la mer Noire et la mer Caspienne jusqu'à Ararat.

RUSSIE OCCIDENTALE

Gilibert.— Gilibert (Jean-Emmanuel), professeur de botanique à Lyon, avait été désigné au roi de Pologne Stanislas-Auguste pour diriger le jardin de botanique que ce prince voulait établir à Grodno, en Lithuanie. Gilibert arriva dans cette ville vers la fin de l'année 1775. Il fut appelé ensuite à l'université de Vilna pour y enseigner l'histoire naturelle et la médecine. Jusqu'en 1783 qu'il est resté en Pologne, il a herborisé dans les environs de Grodno, de Vilna, de Novogrodek, etc. Il avait précédemment exploré quelques parties des Pyrénées, et à son retour dans sa patrie il parcourut encore les environs de la ville de Lyon.

M. Besser. — La végétation de la Volhynie et de la Podolie a été étudiée par M. Besser, qui a publié en 1822 une énumération des plantes de ces pays, auxquelles il a joint celles du gouvernement de Kiew et de la Bessarabie.

RUSSIE ORIENTALE.

Gerber et Heinzelmann. — Ces deux naturalistes furent envoyés par l'impératrice Anne, en 1732, dans plusieurs parties de la Russie orientale pour y recueillir des objets d'histoire naturelle. Gerber visita les rives du Don et du Volga, et envoya à Albert de Haller un catalogue de plantes russes, sibériennes et tatariques. Heinzelmann parcourut l'Oural, le gouvernement d'Orenbourg et les steppes des Kirghiz.

Tauscher. — En 1806, Tauscher fit aux frais du comte Razoumowsky un voyage entomologique et botanique dans les steppes caspiennes jusqu'au lac salé d'Inderskoë; il en rapporta une riche collection d'insectes et de plantes.

En 1819, Tauscher entreprit un autre voyage dans le gouvernement de Saratov, à Elton et Bogdo, et de là à Tzaritzin, sur la droite du Volga ; il visita ensuite la colonie de Sarepta, assez riche en plantes.

Erdmann. — Erdmann (Jean-Frédéric) voyage en 1811 et 1815 dans l'intérieur de la Russie, et va de Kasan jusqu'à Astrakhan. Ses plantes sont entrées dans l'herbier du roi de Saxe.

Docteur Eversmann. — En 1826, le docteur Eversmann, maintenant professeur de zoologie à Kasan, entreprit, en société avec deux amis de l'histoire naturelle, M. Karin, alors jeune gentilhomme cosaque, et actuellement botaniste de profession, et M. Karelin, une excursion d'Orenbourg à Ouralsk, et de là jusqu'aux collines de sable de Naryn (ou Rynpeski), dans la partie orientale du gouvernement de Saratov. A leur retour, ils visitèrent la chaîne de montagnes connue sous le nom d'Obchtchei-Siert, entre les bassins de l'Oural et du Volga. En 1829, le même docteur Eversmann fit, aux frais de l'université, un deuxième voyage dans la steppe Caspienne, en compagnie du docteur Ludwig. Dans les mois d'avril et de mai, il traversa cette localité dans toutes les directions ; il visita le lac salé d'Inderskoé, le Kamych-Samara, les collines de sable de Naryn, le Bogdo et les environs d'Astrakhan et de Gouriev. Il parcourut jusqu'à la fin d'août l'Obchtchei-Siert, la steppe au-dessus d'Orenbourg, l'Oural méridional et les rives du fleuve Oural, jusqu'aux monts Gouberlinskaïa. De grandes collections de zoologie et un herbier très-riche furent le produit de ce second voyage.

M. de Karelin, que nous avons nommé plus haut, a recueilli de son côté des collections d'insectes et de plantes pendant le séjour de plusieurs années qu'il a fait dans la steppe Caspienne, où il était employé comme fonctionnaire.

M. Lessing.— M. Charles-Frédéric Lessing a étudié la flore de l'Oural méridional, et la végétation particulière des steppes qui avoisinent cette chaîne de montagnes

Après avoir quitté Saint-Pétersbourg le 12 juin 1832, M. Lessing arrivait à Slatousk le 5 juillet ; il visite les parties de l'Oural qui s'étendent depuis le mont Jurma au nord, et jusqu'au mont Iremel, au sud de Slatousk. Il parcourt ensuite les monts Couberlinskaïa et les environs d'Orsk, et principalement les steppes, sur la géographie botanique desquelles il a fait des observations intéressantes.

MM. Goebel, Claus et Bergmann. – Accompagné du docteur C. Claus et de M. A. Bergmann, M. le docteur Goebel a visité, en 1834, les régions orientale et méridionale de la Russie. Son principal but était d'examiner les lacs salés des steppes, les plantes alcalines qui croissent sur leurs bords, la distribution géographique de ces plantes, etc. Parti de Dorpat le 21 janvier, M. Goebel se rend dans le gouvernement de Saratov ; il visite la colonie allemande près de Kamychin, le lac salé d'Elton, arrive à Chninoï, au Kamych-Samara, continue sa route jusqu'au lac salé et à la montagne d'Inderskoë, et passe à Kalmykova et à Gouriev. Il se rend ensuite de Jamankalinsky à Chotschetaewka, en côtoyant le bord septentrional de la mer Caspienne, et fait une excursion à Astrakhan. En juin il était à Sarepta. Son retour s'effectua par Taganrog, Kertch, Taman, Simphéropol et Odessa. Il était rendu à Dorpat le 15 septembre. M. Goebel a analysé chimiquement les eaux de la mer Caspienne, de la mer d'Azof et de la mer Noire, et recueilli en même temps toutes les productions minéralogiques et botaniques de la région qu'il a parcourue.

AUTRICHE.

Voyageurs en Dalmatie. — MM. Joseph Host et Von Schonus ont parcouru la Dalmatie en 1802.

Le docteur Portenschlag, qui accompagna l'empereur d'Autriche en 1816, fit plusieurs découvertes pendant les deux mois qu'il resta dans ce pays.

Le docteur Visiani a étudié la flore de la Dalmatie, et a herborisé aux environs de Sebenico.

Le professeur Petter a trouvé plusieurs plantes rares dans le pays aux alentours de Spalatro.

La flore de Dalmatie a encore été éclairée par les recherches botaniques du général baron Von Welden, gouverneur militaire de Zara.

M. Wahlenberg. — M. Wahlenberg a fait, en 1813, un voyage botanique aux monts Karpathes, entre le Waag et le Dunajec.

M. Hornschuch. — M. le docteur H Hornschuch a visité, en 1823, avec MM. Rudolphi et Avé-Lallemant, les Alpes de Salzbourg de la Carinthie et du Tyrol.

M. Muller. — En 18-6, M. Müller, voyageur de la société d'Esslingen (*Unio itineraria*), fut chargé de visiter l'Istrie, le littoral autrichien et les Alpes de l'Allemagne méridionale. Il fut aussi envoyé en Sardaigne, et y séjourna pendant une partie de l'année 1828.

M. Biasoletto. — Le docteur Bartolomeo Biasoletto accompagne le roi de Saxe, Frédéric-Auguste, dans un voyage botanique que ce prince entreprend, en 1838, dans l'Istrie, la Dalmatie et le Montenegro. Le docteur Biasoletto, qui a publié ce voyage, donne, dans sa relation, la liste des plantes recueillies dans l'Istrie, la Dalmatie et le mont Soodrus dans les mois de mai et juin, et de celles qui ont été offertes au roi pendant le voyage par divers botanistes.

MM. Hoppe et Hornschuch.—Les docteurs David-Henri Hoppe et Henri Hornschuch ont fait un voyage à la côte de la mer Adriatique et aux montagnes de la Carniole, de la Carinthie, du Tyrol, de Salzbourg et de la Bohême, dans le but d'étudier la botanique et l'éntomologie de ces pays.

ESPAGNE ET PORTUGAL.

Tournefort. — Les premières herborisations de Tournefort, alors qu'il étudiait la médecine à Montpellier, s'étendirent jusqu'en Espagne ; il y parcourut une grande partie de la Catalogne, y retourna une seconde fois en 1681, et se rendit dans le royaume de Valence. C'est pendant cette année que Jacques Salvador l'accompagna dans ses excursions botaniques. En 1688, Tournefort fit un nouveau voyage dans lequel il étudia la végétation du reste de l'Espagne, et celle du Portugal.

Antoine et Bernard de Jussieu. — En 1716 et 1717, Antoine de Jussieu parcourut l'Espagne et le Portugal; son frère Bernard, âgé de 17 ans, l'accompagna dans ce voyage.

Loefling.—Pierre Loefling, suédois, élève favori de Linné, visite le Portugal et l'Espagne en 1751-1755; il herborise aux environs de Lisbonne et de Madrid, au port Sainte-Marie à Cadix, etc.

Thalacker. — Thalacker examine en 1801 la végétation de la Sierra-Nevada de Grenade, et visite les montagnes voisines et les diverses chaînes jusqu'à Carthagène. Les plantes qu'il a recueillies près du Picacho de la Veleta sont décrites dans les *Anales de ciencias naturales.*

M. Holl. — En 1827, une société de botanistes de la Saxe envoie M. Holl en Portugal pour y récolter des plantes. Le 2 avril M. Holl part de Hambourg, débarque le 2 mai à Lisbonne, et fait une excursion à Cintra. Il se rend ensuite à Madère.

M. Cambessèdes. — M. Cambessèdes a fait, en 1824, un voyage dans les îles Baléares visitées déjà, longtemps avant lui (en 1711), par Jean Salvador.

ITALIE

Docteur Badaro. — Le docteur J.-B Badaro, né dans le duché de Gênes, parti en 1827 pour Rio de Janeiro, et nommé directeur du jardin d'acclimatation institué dans la ville de Saint Paul, avait fait précédemment de fréquentes excursions botaniques en Italie. Entre les montagnes de Gênes et celles du lac de Côme, il avait exploré presque toute la plaine de la Lombardie autrichienne, les collines de San-Colombano et du Pavesan. Il a visité deux fois le Mont-Cenis et deux fois aussi la Sardaigne.

M. Hogg. — M John Hogg a publié un catalogue des

plantes qu'il a observées en Sicile dans le printemps de l'année 1826. Il se trouvait au mois de mai dans la province de Catane, et à Palerme dans le mois de juillet.

M. Philippi. — Le docteur R.-A. Philippi a donné, en 1852, le tableau de la végétation de l'Etna.

TURQUIE D'EUROPE.

L'abbé Sestini. — L'abbé Sestini voyage en Italie, en Sicile et en Turquie pendant les années 1774 1778. Il visite Naples, Messine, le mont Etna, Smyrne et les environs de Constantinople.

Andréossy. — Un petit nombre de plantes nouvelles de la flore byzantine sont décrites à la suite du voyage d'Andréossy à l'embouchure de la mer Noire, publié en 1818.

MM. Kinke et Manolesco. — Ont fait, en 1835, des collections de plantes recueillies pour la plupart sur le Balkan et le Rhodope dans la Romélie.

M. Boué. — De son voyage dans la Turquie d'Europe, fait en 1836-1839, M. Ami Boué, qu'accompagnait, entre autres personnes, M. Friedrichsthal, a rapporté un herbier et des collections de roches et d'insectes.

Docteur Grisebach. — Le docteur Aug. Grisebach, de Gœttingue, a publié (*Spicilegium floræ Rumelicæ et Bithynicæ*) les plantes qu'il a recueillies, en 1839, dans un voyage où il a visité une partie de la Bosnie, de la Servie, de la Bulgarie, de l'Albanie, de la Macédoine et de la Thrace, et où il a récolté plus de 2,000 espèces de plantes. Le docteur Grisebach a joint à son travail les plantes recueillies par Pestalozza dans la Bithynie, par de Friedrichsthal, dans la Servie et la Macédoine, et par Frivaldzki dans la Thrace boréale et la Macedoine australe. Ce dernier, docteur en médecine, adjoint au muséum d'histoire naturelle de Pesth, était parti pour son voyage en février 1833.

M. Thuret. — M. Gustave Thuret a séjourné à Constanti

nople pendant une année (d'octobre 1840 à octobre 1841). Il en a visité les environs, ainsi que le mont Olympe.

GRÈCE

Georges Wheler. — En 1675, Georges Wheler fit un voyage en Grèce et dans l'Asie-Mineure, d'où il revint en 1676. Il s'occupa attentivement de l'histoire naturelle et des plantes de la Grèce. Il en a observé principalement dans les îles de Corfou, de Zante, près des ruines de Troie, aux environs de Constantinople, sur le mont Olympe, à Smyrne, aux alentours du mont Parnasse, d'Athènes, etc. Il a rapporté de l'Orient plusieurs plantes qui, avant lui, n'avaient pas été cultivées en Angleterre.

John Sibthorp. — Le 6 mars 1786 le docteur John Sibthorp, accompagné du célèbre dessinateur Ferdinand Bauer, partait de Vienne, se rendant en Grèce. Le docteur Sibthorp se préparait depuis quelque temps à ce voyage, qui avait pour but l'investigation botanique de cette contrée, et surtout la détermination des plantes mentionnées par ses auteurs classiques. Après avoir touché à Messine et à l'île de Milo, Sibthorp se dirigea vers l'île de Crète, de là vers plusieurs îles de l'Archipel grec, visita Athènes et resta quelque temps à Smyrne. Il se rendit par terre à Brousse, gravit le mont Olympe de Bithynie et arriva à Constantinople, où il séjourna l'hiver suivant. Il fit, dans les mois de février et mars 1787, des excursions botaniques à Belgrade et à Buïuk-Déré. Un séjour de cinq semaines à l'île de Chypre lui donna occasion de dresser une faune et une flore de cette île. Revenu à Athènes le 19 juin 1787, Sibthorp continua ses recherches dans diverses directions. Le mont Delphi, dans l'île de Négrepont, et le mont Athos enrichirent sa collection de plantes rares. Il se rendit ensuite à Corinthe et à Patras, où il s'embarqua pour l'Angleterre le 23 septembre.

Le 20 mars 1794, le docteur Sibthorp, qui voulait compléter ses observations et ses recherches sur l'histoire naturelle de la Grèce, se met en route pour entreprendre un second voyage dans ce pays. Il se rend à Constantinople, accompagné par un aide-botaniste, M. Francis Borone. Il arrive le 19 mai, et fait ensuite une excursion dans la Bithynie et au mont Olympe. Le 9 septembre il part pour son voyage de Grèce. Il passe deux jours à examiner les plaines de Troie, se rend aux îles Imbros et Lemnos, reste dix jours au mont Athos, et arrive à Athènes. Il va à Patras et à Zante, et visite la Morée dans les premiers mois de 1795 ; le 29 avril, il était de retour à Zante et en repartait le 1er mai pour Otrante, touchant à l'île de Céphalonie et ensuite à celle de Prevesa, où retenu par les vents contraires il employa le journée du 7 mai à visiter les ruines de Nicopolis. Le docteur Sibthorp arriva malade en Angleterre dans l'automne de 1795. Il mourut à Bath peu de temps après son retour, le 8 février 1796, dans la trente-huitième année de son âge On sait que les voyages de Sibthorp ont amené la publication de la *Flora Græca*, sur laquelle nous donnerons quelques détails dans le chapitre consacré à la bibliothèque botanique de M. Benjamin Delessert.

Dumont-d'Urville — En 1819, M Dumont-d'Urville accompagnait comme officier d'état-major le capitaine Gautier commandant *la Chevrette*, et qui était chargé du relèvement des côtes et des îles de la Méditerranée. Depuis avril jusqu'à octobre il visita les îles principales de l'Archipel grec (1). En avril 1820, il fit encore partie d'une autre expédition commandée également par le capitaine Gautier, chargé de procéder à l'hydrographie du détroit des Dardanelles, du canal de Constantinople et de la mer Noire. Les nombreuses sta-

(1) C'est pendant une relâche sur la rade de Milo que M Dumont-d'Urville rencontra le pauvre pâtre qui venait de decouvrir la belle statue antique apportée en France sous le nom de Venus de Milo. Ce magnifique travail excita l'admiration de M Dumont-d'Urville, et la notice pleine d'érudition qu'il rédigea aussitôt, et qu'il transmit à M de Rivière, ambassadeur français à Constantinople, engagea ce dernier à faire à tout prix l'acquisition de ce chef-d'œuvre de l'antiquité

tions de *la Chevrette* sur les côtes de la mer Noire permirent à M. d'Urville de récolter dans ses herborisations tous les matériaux de la flore du littoral.

M. Spruner. — M. Spruner, d'Ingolstadt en Bavière, a recueilli des plantes dans la Morée, à l'île Eubée et dans le nord du royaume de Grèce. Il était de retour en 1843.

MM. Webb et Parolini. — M Webb a visité avec M. Parolini l'Italie méridionale, la Grèce, l'Asie-Mineure et les îles de Malte et de Sicile.

ASIE

Kæmpfer. — En 1683 le docteur Engelbert Kæmpfer, qui s'était rendu en Suède, partit, en qualité de secrétaire, avec l'ambassade que la cour de Suède envoyait au roi de Perse, et qui devait aller d'abord à Moscou. Kæmpfer quitte Stockholm le 20 mars, et se rend à Nerva où était l'ambassadeur. De Moscou, l'ambassade se mit en route pour la Perse. Elle s'embarqua sur la mer Caspienne, arriva sur les côtes de Perse et à Nisabat, d'où elle se rendit à Chamakhi, capitale de la province du Chirvan. Kæmpfer y resta en attendant les ordres de la cour de Perse. Il mit le temps de son séjour à profit, et l'employa à visiter le voisinage de Chamakhi, herborisant partout et observant tout ce qui lui paraissait digne de sa curiosité. Arrivé à Ispahan, il y resta près de deux années Vers la fin de 1685, Kæmpfer quitta l'ambassadeur qui retournait en Europe, et entra au service de la compagnie hollandaise des Indes-Orientales, en qualité de chirurgien en chef de la flotte qui croisait alors dans le golfe Persique. Il partit en novembre pour Gomroun ou Bender-Abbassi, et s'arrêta quelque temps à Schiras. Retenu par la fièvre à Bender-Abbassi, il consacra le temps qu'il put dérober à la maladie à des observations sur les plantes et les animaux de ce pays, et partit à la fin de juin 1688. La flotte sur laquelle il se trouvait avait ordre de toucher à divers établissements hollandais dans l'Arabie-Heureuse, dans les États du Grand-

Mogol, sur les côtes de Malabar, dans l'île de Ceylan, sur le golfe de Bengale et dans l'île de Sumatra. Il visita ces différentes contrées, et arriva à Batavia en septembre 1689, ou il passa quelques mois, se livrant à des recherches assidues sur l'histoire naturelle de ce pays. Engagé comme médecin à l'ambassade que la compagnie hollandaise envoyait chaque année au Japon, le docteur Kæmpfer s'embarqua à Batavia au mois de mai 1690, et toucha à Siam avant d'arriver au Japon. Il resta dans ce dernier pays jusqu'en novembre 1692, et revint en Europe en octobre 1693.

Pococke —L'évêque Richard Pococke commence, en 1737, ses voyages en Orient Il visita l'Égypte, ainsi que l'Arabie et quelques autres parties de l'Asie, et revint en Angleterre en 1742. Il a donné dans sa *Description of the East* la note de plusieurs plantes jusque-là inconnues.

M. de Rienzi. — M. le chevalier de Rienzi se trouvait à Bombay vers l'année 1825, arrivant de la mer Rouge M de Rienzi est connu par ses voyages au Caucase, en Barbarie, en Syrie, dans le pays des Druses, en Amérique, aux Orcades, en Grèce, etc Il a visité également les trois Arabies et l'Abyssinie. M. de Rienzi est le premier Européen qui ait exploré les contrées situées entre le mont Samen et Assab et les environs de l'ancienne Adulis

M. Coquebert de Montbret. — Coquebert de Montbret (Gustave), enlevé, jeune encore, à la science qu'il cultivait avec ardeur, avait pris de bonne heure le goût des voyages. Dans l'année 1830, il parcourut la Grèce, la Turquie, une partie de la Syrie et de l'Égypte. Revenu en France, il en repartit pour se rendre à Constantinople, et, retrouvant dans cette ville Aucher-Éloy qu'il avait connu en Égypte, ils entreprennent ensemble un long voyage dans la Syrie et l'Asie-Mineure, d'Alep à Trébizonde par la vallée de l'Euphrate et Erzeroum, traversant la Cappadoce et une partie de l'Arménie, et revenant à Constantinople par Angora et les bords de la mer Noire Gustave de Montbret retourna en France en 1831 par la Servie, la Hongrie et l'Allemagne. Son voyage avait duré deux ans.

RUSSIE D'ASIE.

SIBÉRIE.

Messerschmid. — Messerschmid, médecin et naturaliste, né à Dantzig, et recommandé à Pierre-le-Grand par le savant Breynius, ouvrit au monde scientifique les vastes trésors de la région jusqu'alors inconnue du royaume de Sibérie. Son voyage, qui commença en 1719, fut continué jusqu'en 1727, et s'étendit sur la plus grande partie de ce pays. Il parcourut les bords de l'Obi, ou Ob, et de l'Irtyche, la Daourie et les monts Ouraliens.

Jean-Georges Gmelin. — *Steller.* — Gmelin fit partie de la caravane savante chargée, en 1733, par l'Académie de Saint-Pétersbourg d'explorer la Sibérie et de pousser ses recherches jusqu'au Kamtschatka. Le navigateur Béring avait proposé, quelque temps après son retour de sa première expédition, de faire un second voyage au Kamtschatka; sa proposition ayant été agréée, Gmelin, médecin allemand, professeur à Saint-Pétersbourg et membre de l'Académie, s'offrit pour recueillir dans le cours de ce voyage tout ce qu'on rencontrerait de remarquable ou de curieux parmi les animaux, les plantes, les minéraux, etc. M. Louis de Lisle de la Croyère, aussi membre de l'Académie et second professeur d'astronomie, s'offrit également pour faire ce voyage. Quelque temps après, le savant Müller (Gérard-Frédéric), autre académicien, se présenta pour accompagner ses deux collègues et écrire l'histoire du voyage. Parmi les étudiants qui faisaient partie de l'expédition se trouvait Étienne Krascheninikoff, devenu depuis associé et membre de l'Académie impériale de Saint-Pétersbourg, et le premier Russe de naissance qui se soit distingué comme botaniste. Le capitaine Béring partit le 18 avril 1733, et les académiciens ayant obtenu la faculté d'aller par terre se mirent en route le 8 août. Ils entrèrent dans la Sibérie vers la fin de l'année, et trouvèrent au mois de janvier, a Tobolsk, le capitaine Béring. M. de la Croyère se rendit de son côté à l'embouchure de la rivière d'Ilim et à Irkoutsk, et de là, par le lac Baïkal, à Sélenghinsk et à la rivière d'Argoun. Gmelin et Müller s'embarquèrent sur l'Irtyche, en visitèrent les contrées surtout les plus orientales jusqu'à l'Obi et aux confins des Kalmouks, et s'avancèrent jusqu'à Irkoutsk. Dans l'année 1735, ils visitent les pays situés de l'autre côté du lac Baïkal Au printemps de 1736, les trois académiciens étaient rassemblés aux environs du haut Léna En 1738, Gmelin et Müller parcourent les pays arrosés par les rivières d'Angara et de Toungouska. Ils passèrent l'année suivante et toute l'année 1740 à suivre les bords du Iénisséi et à reconnaître les pays qui s'étendent entre ce fleuve et l'Obi. En 1741, ils se portèrent dans les vastes plaines des Barabintses et de l'Ichim ; ils virent en 1742 une grande partie des contrées de l'Iset jusqu'au Iaïk (Oural) dans le district d'Astrakhan. A la fin de 1742 ils quittèrent la Sibérie, et revinrent à Saint Pétersbourg vers le milieu de février 1743.

Dans le courant de ce voyage, M. Krascheninikoff avait été envoyé au Kamtschatka ; il partit d'Yakoutsk en 1737. Cette excursion donna l'occasion à ce jeune botaniste de recueillir plusieurs plantes nouvelles. En 1740, M. Müller se dirigea vers les contrées du bas Obi et de l'Iset, dans le pays de Verkhotourié et dans les montagnes où il recueillit avec soin tout ce qu'il put rencontrer en plantes, en minéraux, etc., qu'il remit à Gmelin avec les dessins qu'il en avait fait faire et toutes ses notes.

Georges-Guillaume Steller, adjoint de l'Académie, et qui avait demandé à faire partie de cette expédition, rejoignit les voyageurs à Iénisséïsk, vers la fin de 1738. Il offrit de lui-même d'entreprendre le voyage du Kamtschatka, et partit au commencement de 1739. Il fit un grand nombre d'observations tant aux environs d'Irkoutsk, dont le territoire lui fournit une ample collection de plantes, qu'au lac Baïkal au fleuve Bargousin, etc. Il fut rendu au Kamtschatka en 1740. En allant d'Irkoutsk au Kamtschatka, il observa les plantes des bords de la Léna, et à celles qu'avait ramassées Gmelin dans ces mêmes lieux il en ajouta beaucoup d'autres qu'il recueillit entre Irkoutsk et le port d'Okhta.

Steller accompagna le capitaine Béring dans la troisième expédition de ce navigateur, partie de la baie d'Avatcha, sur la côte orientale du Kamtschatka, le 4 juin 1741. Steller explora, dans le cours de ce voyage, plusieurs îles jusqu'alors inconnues. L'île de Béring lui procura seule près de 200 espèces de plantes.

Laxmann. — Le révérend Éric Laxmann, professeur à Saint Pétersbourg, fit plusieurs découvertes botaniques en Sibérie La description de ses plantes a été donnée dans les nouveaux commentaires de l'Académie impériale des sciences de Saint-Pétersbourg, en 1771 et 1774.

Falk et Georgi. — De 1768 à 1775 J.-P. Falk, élève de Linné, explore les bouches du Volga, les steppes des Kalmouks et des Kirghiz, les rives de l'Irtyche, Tomsk et Barnaoul

J.-T. Georgi. qui fit avec Falk une partie de ces excursions, et accompagna ensuite le voyageur Pallas, a parcouru le gouvernement d'Irkoutsk, les rives du lac Baïkal, la Daourie, etc.

Pallas. — En 1768, l'impératrice Catherine II charge l'Académie impériale des sciences de Saint-Pétersbourg d'envoyer, avec ceux de ses astronomes qui devaient aller en Sibérie observer le passage de Vénus sur le disque du soleil, des savants capables de rechercher et de faire mieux connaître les richesses naturelles de l'empire. L'Académie désigne pour remplir cette mission Pierre-Simon Pallas, Iwan Lepechin, J.-A. Güldenstædt, S.-G. Gmelin neveu, N Rytschkof fils, J.-T. Georgi, etc. Pallas part de Saint-Pétersbourg le 21 juin 1768, passe par Moscou, Vladimir, Mourom, Arzamas, Kazan; parcourt cette dernière province et hiverne à Simbirsk Il se remet en marche au mois de mars 1769, prend sa route par Samara et Orenbourg, arrive à Gouriev, visite les bords de la mer Caspienne, revient dans la province d'Orenbourg, et arrive à Oufa, ou il passe l'hiver. Après avoir examiné les contrées voisines, il part le 16 mai 1770, traverse les monts Ourals jusqu'à Iékatérinbourg, visite les mines de ce district, passe a Tchéliabinsk, petite forteresse dans le gouvernement d'Orenbourg, et arrive à Tobolsk au mois de décembre. En 1771, il traverse les monts Altaï, suit le cours de l'Irtyche jusqu'à Omsk et Kolyvan, se rend à Tomsk, et arrive enfin à Krasnoïarsk, ville située sur l'Iénisséï. Il part de cette ville le 7 mars 1772, prend la route d'Irkoutsk et traverse le lac Baïkal pour se rendre à Oudinsk, à Sélenghinsk et à Kiakhta. Il côtoie les rivières d'Ingoda et d'Argoun, arrive au fleuve Amour, retourne ensuite à Sélenghinsk et reste un second hiver à Krasnoïarsk. Il emploie l'été de 1773 à visiter les contrées méridionales, passe à Tara, Jaïtskoï-Gorodok, Astrakhan et Tzaritzin. Il fait de nouveaux voyages au printemps suivant, et arrive à Saint-Pétersbourg le 30 juillet 1774, après une absence de six ans et un mois.

Voyage du commodore Billings. — L'expédition ordonnée par l'impératrice Catherine II, en 1785, et placée sous le commandement du capitaine-lieutenant, depuis commodore Joseph Billings, avait pour objet principal de déterminer la longitude et la latitude de l'embouchure de la Kovyma, de décrire la situation du grand promontoire des Tchoutskis jusqu'au cap Est, de tracer une carte exacte des îles de l'océan Oriental jusque sur les côtes américaines, en un mot de perfectionner les connaissances qu'on pouvait avoir acquises sur les mers entre la Sibérie et le continent d'Amérique. M. Patrin, sur la recommandation de Pallas, avait été désigné pour accompagner le capitaine Billings comme botaniste et minéralogiste, mais sa santé ne lui permettant pas d'habiter les climats du Nord, M. le docteur Merck, médecin de l'hôpital d'Irkoutsk, fut choisi comme naturaliste de l'expédition, et il eut pour aide M. John Main, jeune médecin anglais, qui s'engagea volontairement à le suivre.

Toutes les personnes attachées à l'expédition se trouvaient réunies à Irkoutsk dans le mois de février 1786. On en partit dans le mois de mai pour se rendre à Yakoutsk, et de là à Okhotsk, à Virchnoï-Kovyma et à Nijnéi-Kovyma, où l'expédition arriva le 19 juin 1787. Elle fit ensuite une tentative dans les glaces, et revint à Nijnéi-Kovyma. Quelques excursions dans le pays, et des recherches sur l'histoire naturelle de la Kovyma, eurent lieu jusqu'au retour à Yakoutsk, d'où l'on se rendit, le 11 août 1788, à Okhotsk ; c'était dans cette ville que l'expédition devait se mettre en mer. Le 1er octobre 1789, elle entrait dans le port de Saint-Pierre-et-Saint-Paul, au Kamtschatka, et en partait dans le mois de mai. Les îles d'Ounalachka et de Kadiak, dans l'archipel des Aléoutiennes, la rade du Prince-Guillaume, furent principalement visitées jusqu'au 14 octobre 1790, où l'expédition revenait au Kamtschatka. L'expédition retourne ensuite à Ounalachka, et se rend à la baie de Saint-Laurent, sur la côte des Tchoutskis. Le 12 août 1791, le capitaine Billings quitte le vaisseau pour se rendre par terre sur les bords de la Kovyma où l'accompagnent, entre autres personnes, le docteur Merck et M. Main ; ils gagnent la côte méridionale, et arrivent, après les plus grandes difficultés, sur les bords de l'Angarka, toujours dans le pays des Tchoutskis. Le 15 janvier 1794 tous les officiers de l'expédition étaient réunis à Irkoutsk, et partaient, vers la fin du mois, pour retourner à Saint-Pétersbourg par la même route qu'ils avaient suivie en venant.

Nous avons vu, page 522, que les plantes rapportées de ce voyage par le docteur Merck se trouvaient dans l'herbier de Pallas, qui appartient maintenant au British Museum.

M. Sievers. — En 1790, M. J Sievers, correspondant de l'Académie impériale des sciences de Saint-Pétersbourg, fit partie d'une expédition envoyée aux frontières de la Chine, dans le but d'obtenir des informations sur la plante qui fourait la rhubarbe. M. Sievers explora toute la chaîne des montagnes, depuis les monts Ourals jusqu'à la Daourie, ainsi que les monts Altaï, les Kirghiz et les steppes de la Dzoungarie, recueillant un grand nombre de plantes et de graines qu'il communiqua à ses amis, et particulièrement à Pallas qui en publia quelques décades dans les *Acta Petropolitana*. Il revint à Saint-Pétersbourg en 1795.

MM. Adams et Redowski.—Une ambassade extraordinaire, destinée pour la Chine, et qui devait partir de Saint-Pétersbourg au commencement du printemps de 1805, offrait à l'Académie de cette ville une occasion trop favorable d'être utile aux sciences pour qu'elle n'en profitât pas avec empressement. Deux de ses membres adjoints furent désignés, l'un comme zoologiste et l'autre comme botaniste de l'expédition ; c'étaient MM Adams, connu par son voyage au Caucase avec le comte Mussin-Puschkin, et M. Redowski. Ils partirent de Saint-Pétersbourg avec les autres savants faisant partie de l'expédition, vers la fin de mai et le commencement de juin, avec des instructions de l'Académie, et se rendirent à Irkoutsk, lieu du ralliement de l'ambassade. Les envois fréquents et les rapports faits à l'Académie pendant cette route par les membres de l'expédition, prouvent combien ce voyage aurait pu devenir fructueux s'il eût été possible de le continuer jusqu'à Péking. Le but de la mission ayant été manqué, les naturalistes attachés à l'ambassade reçurent d'autres instructions et une destination différente. M. Adams fut envoyé à Yakoutsk pour descendre de ce point la Léna, jusqu'à son embouchure, faire des observations sur l'état physique des pays que ce fleuve arrose, et rassembler sur ce chemin et sur la côte de la mer Glaciale des objets des trois règnes de la nature. Il rapporta de son voyage un grand nombre de plantes, dont les plus intéressantes ont été décrites dans les Annales de la société des naturalistes de Moscou.

M. Redowski, parti d'Yakoutsk, traversa la haute chaîne des monts Aldan et arriva à Oudskoï-Ostrog et ensuite à

Okhotsk. Il devait se rendre de là au Kamtschatka, mais sa mort à Ijighinsk vint détruire les espérances qu'on était en droit de concevoir de ce voyage projeté. Une petite portion de ses plantes se trouve à l'Académie de Saint-Pétersbourg, une autre portion étant tombée dans les mains de M. Chamisso pendant qu'il était au Kamtschatka, ce botaniste a publié plusieurs espèces choisies parmi les plus rares. D'autres plantes nouvelles recueillies par M. Redowski ont encore été décrites par l'académicien Rudolphi.

M Adams a décrit quelques-unes des plantes de la Sibérie, surtout de la partie orientale, qu'il récolta en 1805 et 1806.

Expédition du baron de Wrangell. — Au mois de mars 1820 une expédition, sous le commandement de M le lieutenant baron de Wrangell (actuellement contre-amiral), était envoyée par l'empereur Alexandre pour s'assurer, concurremment avec une autre expédition commandée par le lieutenant de marine Anjou, s'il existait un grand continent arctique dans la mer Glaciale, et d'autre part pour relever les côtes de la mer Glaciale, de l'Olének, vers l'est, jusqu'au delà du cap Nord. Nous ne parlerons ici que de l'expédition placée sous les ordres de M. de Wrangell, auquel on adjoignit deux officiers de marine ; M. le docteur Kiber accompagna l'expédition en qualité de naturaliste.

Au mois de mars 1820, M le baron de Wrangell partit de Saint-Pétersbourg pour se rendre par terre à Irkoutsk, où il arrivait le 18 mai. S'étant embarqué sur la Léna, il descendit cette rivière jusqu'à Yakoutsk, puis il se rendit au village de Nijnéi-Kolymsk, sur la Kovyma (ou Kolyma), qui devint pendant trois ans son séjour habituel et le centre de toutes ses opérations. Durant ces trois années, M. de Wrangell, outre différentes excursions dans les environs, fait quatre grands voyages à la mer Glaciale et le long de ses côtes Dans le cours de sa première exploration, il atteignit le cap Chélagsk le 5 mars 1821 et revint après vingt-trois jours d'absence. M. Kiber explora pendant l'été les rives de l'Aniouy. Le 10 mars 1822, M. de Wrangell se mit en route pour un autre voyage ; il se rendit au cap Baranoff-Kamèn, et releva les côtes de l'Océan à partir de l'embouchure de la Kolyma. Enfin M. de Wrangell, ayant reçu l'ordre de retourner en Russie, quitta Nijnéi-Kolymsk le 1er novembre 1823. A Verkhoïansk il éprouva un froid de 42 degrés et demi Réaumur. Il arriva à Saint-Pétersbourg le 15 août 1824.

Docteur Peters. — Le médecin Peters, qui, en 1828-1830, accompagna le capitaine Hagemeister dans son voyage autour du monde, sur un vaisseau russe, a rapporté surtout des plantes du Kamtschatka.

M. Turczaninow. — M. Nicolas Turczaninow fut envoyé par l'Académie des sciences de Saint-Pétersbourg pour explorer la flore de la Sibérie orientale. Il visita, pendant les années 1828-1835, le gouvernement d'Irkoutsk, la Daourie et les steppes mongoliennes. M. Besser, qui a donné une énumération des plantes de la flore du Baïkal, a composé son catalogue sur les matériaux rapportés par M. Turczaninow. La région à laquelle appartiennent ces plantes comprend les parties méridionale et orientale de l'immense gouvernement d'Irkoutsk, en s'étendant au sud-est jusqu'à la mer d'Okhotsk, et au nord-est jusqu'au Kamtschatka. Une liste publiée par M. Turczaninow dans un journal russe indique 1,035 espèces de phanérogames et de fougères. D'autres plantes ont été ajoutées par M. Besser à son énumération ; elles sont dues en grande partie à MM. Fischer, Marschall Bieberstein et Steven.

MM. de Humboldt, Ehrenberg et Rose. — Le voyage fait, en 1829, sous les auspices de l'empereur Nicolas, par M. Alexandre de Humboldt, accompagné de MM. Ehrenberg et Gustave Rose, aux mines de l'Oural et de l'Altaï, aux frontières de la Dzoungarie chinoise et à la mer Caspienne, a donné lieu aux observations les plus importantes et à des collections géologiques, botaniques et zoologiques de l'Oural, de l'Altaï, de l'Obi, de l'Irtyche et d'Orenbourg Partis de Saint-Pétersbourg le 8 mai, la route de ces trois voyageurs fut par Moscou, Nijnii-Novgorod, et de là sur le Volga, à Kasan et aux ruines de la ville tatare de Boulgari. De Kasan ils remontent l'Oural par les vallées de Koungour et Perm. Ils emploient un mois à visiter les mines d'or de Borisovsk et les mines de malachite de Goumeselevski et de Tagilsk. Après avoir parcouru le nord de l'Oural par Verkhotourié et Bogeslavsk, ils partent de Ié-katérinbourg le 6 juillet par Tobolsk pour visiter l'Altaï et le haut Irtyche, et se rendent ensuite par le fortin de Boukh-torma et de Krasnoï-Iar à Baty, où se trouve établi un des postes chinois de la Dzoungarie.

Les collections géologiques recueillies par M. de Humboldt et déposées au Muséum de Berlin sont plus complètes que celles qui avaient été jusqu'alors rapportées de cette partie de l'Asie en Europe. M. Ehrenberg, à qui ses précédents voyages en Nubie, dans le Dongolah et en Abyssinie ont fourni de nombreux moyens de comparaison, s'est occupé de la distribution géographique des plantes entre le Volga, l'Irtyche et l'Obi, et entre le nord de l'Oural et la steppe des Kirghiz.

M. Schrenk. — M. Al. Schrenk, qui antérieurement et pendant trois années consécutives avait parcouru le pays des Samoyèdes et la Laponie russe, a visité dans ces derniers temps (en 1840 et 1841) les steppes des Kirghiz russes, le long de la frontière de la Chine jusqu'à la chaîne des monts Ala-Tau. Il a publié l'énumération des plantes qu'il a recueillies dans la Dzoungarie, et principalement dans son voyage aux lacs Balkhachi-Noor et Alak-tou-Goul, et aux montagnes élevées d'Ala-Tau et de Tarbagataï.

M. Middendorff. — Le professeur Middendorff, envoyé par l'Académie impériale des sciences de Saint-Pétersbourg, a accompli, en 1843, un voyage des plus hasardeux. Il partit de Touroukhansk sur le Iénisséi, et traversa le Tundra (désert neigeux situé vers l'océan Glacial) jusqu'à la rivière Tymurah, où il arriva dans le mois d'avril. Il atteignit la mer vers le mois d'août, mais la température était basse, et tout faisait présager des tempêtes de neige. Se sentant trop mal pour avancer, le docteur Middendorff fut obligé d'envoyer ses compagnons chercher du secours et de rester seul, malade, n'ayant pour abri qu'un trou formé par la neige, et pour toute subsistance qu'un morceau de son chien et une espèce de coq de bruyère dont il avait pu heureusement s'emparer. Dix-huit jours se passèrent dans cette cruelle situation. Enfin il se rappela qu'il possédait encore des échantillons de zoologie conservés dans l'alcool, et ayant bu quelques gouttes de cette liqueur, il se sentit en état de marcher. D'une hauteur sur laquelle il se trouvait, quelque chose lui apparut à l'horizon : c'était ses compagnons qui venaient vers lui et qui amenaient avec eux plusieurs Samoyèdes.

MONTS ALTAI.

MM. Ledebour, Meyer et Bunge. — M. le conseiller d'État Charles-Frédéric Ledebour, professeur de botanique à l'université de Dorpat, avait soumis à cette université le plan d'une expédition scientifique dans l'Altaï, et aussitôt que son projet eut été agréé par le gouvernement, il se mit en route par Saint-Pétersbourg et Moscou avec deux de ses anciens élèves, MM. les docteurs C.-A. Meyer et A. de Bunge, qui devaient le seconder dans ses recherches d'histoire naturelle. Son intention était d'arriver au printemps en Sibérie, d'y passer toute la belle saison, et de ne la quitter qu'au commencement de l'hiver. Il traversa la Russie au mois de janvier 1826, passa en hâte par les villes de Kasan, Perm et Iékatérinbourg sur l'Isct, et se rendit par la ville d'Irbit à Tobolsk : il y arriva le 26 février. De la steppe d'Ichim, M. Ledebour se dirigea vers la ville d'Omsk et atteignit Barnaoul le 9 mars. Là il fut convenu que les trois voyageurs se sépareraient pour aller explorer chacun une contrée particulière. Ainsi, tandis que M. Ledebour parcourait la partie de la steppe située entre l'Obi et l'Irtyche, et traversait les hautes montagnes situées à l'ouest et au sud-ouest de la chaîne altaïque, la vallée du Tcharych, le Koksoun, le haut Khatangha et le Bouchtarma sur les frontières de la Russie, la chaîne orientale de l'Altaï était explorée par le docteur de Bunge, qui séjourna longtemps dans les districts du bas Khatangha, de Tchouia, de Bachkaus et de Tchoulychman. Le docteur Meyer, pendant ce temps, remontait l'Irtyche jusqu'à Noor-Saisan (lac Dzaïsang), ce qui lui permit de visiter les montagnes orientales de Kourtchoum, situées dans l'empire chinois, aussi bien que le Dolen-Khara et Arkoul; de là, prenant sa route vers l'ouest, il traversa Songoripsa, la steppe des Kirghiz et particulièrement les territoires d'Ablaïkit et Semipolatinsk. Il passa ensuite sur les chaînes montagneuses de Tchinghistau, Kent, Kou, et Kar-Karali jusqu'à Altin-Sou et aux sources de la Noura. La géographie, la statistique, la zoologie et la minéralogie ne furent pas négligées dans ce voyage. Quant à ses résultats botaniques, ils sont consignés dans la *Flora Altaïca* publiée par les trois voyageurs, et qui ne contient pas moins de 1,626 espèces de plantes décrites.

A son retour de Péking, où il avait accompagné la mission ecclésiastique qui s'y rendit, M. le docteur de Bunge explora en 1832 la partie orientale de la grande chaîne des Monts Altaï avec tant de succès, qu'il en rapporta 350 espèces de plantes, parmi lesquelles plusieurs, entièrement nouvelles, sont venues former un supplément à la *Flora Altaïca* de M. Ledebour.

M. Politoff. — Un second supplément à la flore de l'Altaï a été fourni par un élève de M. Gebler, M. Politoff, qui a recueilli des plantes dans le voisinage de Noor Saisan (lac Dzaïsang), et sur les bords de l'Irtyche. Sa collection, contenant 331 espèces, a été rassemblée pendant une excursion qu'il a faite aux frais de l'Académie impériale de Saint-Pétersbourg, dans l'été de 1838.

MM. Karélin et Kirilow. — MM. G.-R. Karélin et J. Kirilow ont fait, en 1840, un voyage dans les régions altaïques et les pays qui les avoisinent. M. Karélin visita Barnaoul, et ayant envoyé son aide et compagnon, M. Kirilow, pour parcourir la pente méridionale des monts Tarbagataï, il se fixa à Semipolatinsk. M. Karélin a exploré, pendant cette expédition, des lieux peu connus, tels que les chaînes de montagnes de Tarbagataï et Mongrok, le ruisseau et le cours des eaux du Black-Irtyche, et la route qui mène de la Russie aux provinces les plus éloignées de la Chine.

L'été de 1841 devait être consacré par M. Karélin aux monts Sayansk, au delà de l'Irtyche, et à l'exploration de la Dzoungarie et des Kirghiz Semiretchinski (ou des sept rivières). L'hiver suivant, il avait le projet de se fixer dans le gouvernement d'Irkoutsk, et d'atteindre au mois de mars les rives du lac Balkach. Avant d'avoir accompli ces projets, M Karélin avait déjà récolté, outre les objets de zoologie et de minéralogie, plus de 38,000 échantillons de plantes.

Le catalogue des plantes recueillies par ces deux naturalistes, en 1840, dans les régions altaïques fait monter le nombre des espèces à 939.

CAUCASE ET GÉORGIE

M. Adams. — En 1800, le docteur Frédéric Adams accompagne le comte Mussin-Puschkin dans son voyage au Caucase et en Géorgie. Il a visité, dans les montagnes du Caucase, le pays des Ossètes, et, ayant traversé la chaîne du Caucase, il parcourut, en Géorgie, les provinces de K'arthli, Kakhéthi et Somkhéthi, et se rendit aux monts Ararat. Il a rapporté des environs de Tiflis plusieurs plantes rares.

Voyage au mont Elbrouz. — L'expédition scientifique envoyée par l'Académie des sciences de Saint-Pétersbourg à Elbrouz, en 1829, a fourni à M. Meyer l'occasion de diverses recherches dans cette partie de la chaîne du Caucase.

Le général Emmanuel, commandant en chef des provinces qui environnent le Caucase, avait formé le projet d'une reconnaissance militaire de l'Elbrouz. Le but de cette expédition était de recueillir des renseignements sur la conformation du pays, sur ses richesses en bois, en pâturages, etc. L'Académie des sciences de Saint-Pétersbourg, instruite de ce projet, et sur la demande du général Emmanuel, voulant mettre à profit pour les sciences une occasion qui pouvait ne pas se représenter de longtemps, chargea MM. Kupffer, Parrot et Trinius de rédiger un plan de voyage. M. Kupffer fut mis à la tête de l'expédition ; on lui adjoignit, pour les observations physiques, M. Lenz, membre de l'Académie, et, pour la zoologie, M. Ménétriès, conservateur du cabinet de zoologie de l'Académie. La partie botanique était confiée à M. le docteur Meyer, le même qui avait accompagné M. Ledebour dans son voyage aux monts Altaï.

Ces trois savants, partis de Saint-Pétersbourg le 19 juin 1829, rejoignirent le général Emmanuel à Stavropol. Le 21 juillet l'expédition put tenter l'ascension de l'Elbrouz.

Quelques jours après, les voyageurs quittèrent la chaîne centrale du Caucase, et, suivant le cours de la Kamara, ils gagnèrent la vallée du Kouban. Le 2 avril, l'expédition arrivait à Goriatchevodsk, où se termina le voyage au Caucase. MM. Meyer et Ménétriès résolurent de compléter au pied des montagnes leurs collections de plantes et d'animaux, et M. Kupffer reprit le chemin de Saint-Pétersbourg, où il arriva le 29 septembre

Docteur Koch. — Le docteur Charles Koch, de Iena, a publié la liste des plantes qu'il a récoltées dans son voyage à travers le Caucase, la Géorgie et l'Arménie, pendant les années 1836 et 1837.

M. Koch a entrepris depuis son retour une autre excursion à l'ouest de l'isthme du Caucase, pour y continuer les recherches scientifiques dans lesquelles il fut interrompu lors de son premier voyage. En mars 1844, il était revenu du Kourdistan et se trouvait à Tiflis, d'où il devait visiter plusieurs points inexplorés de ce pays et des provinces voisines.

M. Nordmann. — Le professeur A. de Nordmann, envoyé vers l'année 1837 par l'Académie de Saint-Pétersbourg dans les pays situés près de la côte orientale de la mer Noire, a rapporté un grand nombre d'espèces d'animaux appartenant aux diverses classes de la zoologie, et environ 13,000 échantillons de plantes, comprenant plus de 900 espèces.

Docteur Kolenati. — Le docteur Kolenati, de Prague, se trouvait, en mars 1844, dans l'Arménie russe, d'où il a envoyé plusieurs objets intéressants en botanique et en zoologie.

Szovits. — MM. Fischer et Meyer, de Saint-Pétersbourg, ont entre les mains les collections de plantes provenant du voyage exécuté, d'après l'ordre de l'empereur de Russie, par Szovits. Ce botaniste se rendit d'abord à Tauris, d'où il visita le nord de l'Adzerbaïdjan, Karabagh et l'Arménie russe. Il partit ensuite de Tiflis pour explorer la Mingrelie et l'Iméréthie, où une attaque de choléra vint malheureusement mettre fin à ses jours.

M. Steven. — Les fréquentes excursions de M. Steven dans la Tauride et le Caucase, où il est resté pendant plusieurs années, lui ont fait faire d'importantes découvertes, auxquelles sont venus s'ajouter les produits des recherches botaniques de MM. Wilhelms à Tiflis, Wunderlich à Sarepta, et celles du docteur Hansen.

M. Eichwald. — M. Eichwald a publié les plantes rares qu'il a trouvées dans son voyage au Caucase et à la mer Caspienne.

TURQUIE D'ASIE.

Rauwolf. — Léonard Rauwolf, entraîné par son goût pour la botanique et pour les voyages, parcourt successivement, en 1573-1575, une partie de la Syrie, de la Palestine, de la Mésopotamie, et recueille d'importantes observations sur ces contrées. Il se met en route le 18 mai 1573 d'Augsbourg pour Marseille, s'embarque, et arrive à Tripoli, en Syrie, à la fin de septembre ; il reste dans cette ville pendant plusieurs semaines, et s'occupe de la recherche des plantes. Il se rend ensuite à Alep, et de là à Bir ; s'embarque sur l'Euphrate le 30 août 1574, s'arrête à Rakka et à Anna, sur l'Euphrate, et retourne à Alep et à Tripoli. Il fait ensuite un voyage au mont Liban, en observe la végétation et se rend à Joppé (aujourd'hui Jaffa) et à Jérusalem. Revenu à Tripoli, il s'y embarque le 6 novembre 1575, et arrive le 12 février suivant à Augsbourg.

Sherard.—William Sherard, consul d'Angleterre à Smyrne, vers 1702, y séjourne longtemps, rassemble des échantillons des plantes de l'Anatolie et de la Grèce, et commence ainsi son grand herbier.

Buxbaum. —Ce botaniste saxon accompagne le comte Alexandre Romanzoff à Constantinople, où il était envoyé comme ambassadeur de Russie auprès de la Porte-Ottomane. Buxbaum étudie avec soin la flore des environs de Constantinople, et visite ensuite les rives de la mer Noire, l'Asie-Mineure et l'Arménie, revenant en Russie par Derbent et Astrakhan.

Hasselquist.—Frédéric Hasselquist, Suédois, élève de Linné, s'embarque pour le Levant le 7 août 1749. C'est Linné lui-même qui donna la première idée de ce voyage. Il avait représenté dans ses leçons, de la manière la plus éloquente et la plus persuasive, tout ce qu'il y aurait de mérite et de célébrité pour le jeune étudiant qui ferait un voyage en Palestine et rechercherait, afin de les décrire, les productions de l'histoire naturelle de cette contrée qui alors était inconnue. Le jeune Hasselquist résolut d'entreprendre ce voyage, aidé seulement par des souscriptions particulières. Il arrive à Smyrne le 26 novembre. Il y passe l'hiver, et se rend ensuite à Magnésie (Manika) dans l'Anatolie. Il séjourne pendant un an au Caire, et de cette ville il envoie à Linné et aux sociétés savantes de son pays quelques échantillons de ses recherches. Parti du Caire au mois de mars 1751, il prend sa route par Damiette, Jaffa et la Terre-Sainte ; va à Jérusalem avec les pèlerins, et de là à Jéricho, au Jourdain, à Bethléem, à Acre, Nazareth, Tibériade (Tabarié), Cana en Galilée, Tyr et Sidon. Il se rend ensuite à Chypre, Rhodes et Chio, d'ou il revient à Smyrne, chargé d'une quantité considérable de curiosités recueillies dans les trois règnes de la nature. Hasselquist avait ainsi rempli l'attente de son pays, mais il ne devait pas jouir du fruit de ses travaux. Arrivé malade à Smyrne, il ne put se rétablir, et mourut le 9 février 1752 dans la trentième année de son âge.

M. Fleischer. — En 1826, M. Fleischer, voyageur de la société d'Esslingen, se rendit à Smyrne et en Égypte. Une partie de ses récoltes périt, malheureusement, par le naufrage du vaisseau qui les transportait en Europe. En 1827, M. Fleischer continua à recueillir les richesses de l'Asie-Mineure, et surtout celles que lui offraient les environs de Smyrne.

M. Fellows. — M. Charles Fellows a publié en 1841, avec le récit d'une seconde expédition dans l'Asie-Mineure, les découvertes qu'il a faites dans la Lycie et la Carie. M. David Don a donné en même temps la liste de ses plantes.

Docteur Fischer. — Le docteur Fischer, qui depuis est entré au service du pacha d'Égypte, a voyagé en Syrie avec le comte Ostermann.

Il a eu occasion de faire une excursion dans l'Yémen en société, une partie du temps, avec M. Guillaume Schimper.

TURKESTAN.

M. de Meyendorff. — M. de Meyendorff, colonel au service de Russie, a rédigé, en 1825, le voyage de l'ambassade russe envoyée en 1820 dans la Boukharie. Le docteur Pander, naturaliste, et M. de Meyendorff étaient attachés à cette ambassade qui, partie d'Orenbourg le 10 octobre, protégée par une forte escorte militaire, arrivait à Boukhara le 20 décembre après avoir passé par les steppes qui s'étendent à l'est de la mer d'Aral et au delà de l'ancien Jarxates (Syr-Daria ou Sihoun).

M. Pander a tracé l'histoire naturelle de la Boukharie et du pays entre Orenbourg et Boukhara, sous les rapports géographique, botanique et zoologique

Le docteur Eversmann, qui faisait partie de cette même ambassade, quoique son nom ne figure pas dans l'ouvrage de M. de Meyendorff, a publié, de son côté, la relation de ce voyage, qu'il a accompagnée d'un supplément relatif à l'histoire naturelle.

ARABIE.

Forskal. — En 1761, Pierre Forskal, élève de Linné, accompagne Niebuhr en Arabie Frédéric V, roi de Danemark, avait décidé qu'une société de gens de lettres serait envoyée dans ce pays avec mission de s'y livrer à des recherches scientifiques. Cinq personnes furent désignées pour ce voyage. Avec Niebuhr se trouvaient le professeur Frédéric-Chrétien Von Haven, qui avait étudié à fond les langues orientales, le professeur Forskal, l'histoire naturelle, le docteur Chrétien-Charles Cramer, médecin, et Georges-Guillaume Baurenfeind. Ce dernier était chargé de dessiner et ensuite de graver les productions naturelles, les vases, les habillements, etc. Le voyage devait avoir lieu d'abord de Copenhague à Tranquebar pour gagner de là le golfe d'Arabie; mais comme ce long trajet ne donnait pas lieu à beaucoup d'observations, ils dirigèrent leur route par l'Égypte au golfe d'Arabie. Le 4 janvier 1761 ils mettent à la voile de Copenhague pour Smyrne. Après s'être arrêtés quelque temps à Constantinople, ils se mirent en chemin pour l'Égypte, le golfe arabique et l'Yémen. Ils comptaient y demeurer deux à trois ans et revenir par Bassora et par Alep, mais ils n'arrivèrent à l'Yémen qu'à la fin de décembre 1762. Niebuhr perdit en peu de temps ses compagnons de voyage. Von Haven mourut à Mokka le 25 mai 1763, et Forskal le 11 juillet à Jerim, autre ville de l'Yémen. Niebuhr, après cet événement, prit la résolution de se rendre à Bombay, mais M. Baurenfeind mourut dans la traversée près de l'île de Socotora le 29 août, et M. Cramer finit ses jours à Bombay le 10 février 1764. Niebuhr continua son voyage, se rendit en Perse et revint de Bassora par terre jusqu'à Copenhague, six ans après avoir quitté cette ville. Vahl a fait connaître une partie des plantes de ce voyage.

M. Berggren. — M. Berggren, aumônier de la légation suédoise à Constantinople, a fait en 1819 et 1820 de nombreuses excursions dans la presqu'île qui termine la Turquie d'Europe et dans la Syrie et l'Arabie, sur le littoral de la Méditerranée. Ses plantes, déterminées par G. Wahlenberg, appartiennent à deux régions : 1° à la presqu'île de Thrace et à d'autres endroits du Bosphore ainsi qu'aux environs de Buïuk-Déré (environ 407 espèces) ; 2° et à la côte occidentale de l'Asie-Mineure et surtout de la Syrie, du nord au sud ou du bord de la mer aux montagnes (205 espèces). M. Berggren est allé au mont Liban, à Damas, à Alep, à Jérusalem, à Saint-Jean-d'Acre, etc.

M. Botta. — M. Botta, naturaliste-voyageur du Muséum d'histoire naturelle de Paris, fait en 1836 un voyage dans l'Yémen. Arrivé à Hodeida, il se rend peu après à Zébid, visite une partie des montagnes et atteint le sommet du mont Saber, près de la ville de Taaz, que n'avait pas visité Forskal.

MM. Schubert, Erdl et Roth. — En 1837, les docteurs de Schubert, Erdl et Roth font un voyage en Orient, et rapportent des plantes principalement de l'Egypte et du Caire, de Tor et du mont Sinaï dans l'Arabie Pétrée, des environs d'Hebron et du mont Liban dans la Syrie.

Voyage de LA PRÉVOYANTE. — Le but principal de la mission confiée à M. Jehenne, commandant de la gabare *la Prévoyante*, était de rapporter de l'Yémen des semences et de jeunes plants du cafier de l'Arabie pour en renouveler l'espèce dans les colonies françaises. La mission de M. le commandant Jehenne, assisté de MM. Pervillé et Noël, et secondé par le zèle de M. le lieutenant de vaisseau Passama, chef de la caravane expédiée dans l'intérieur de l'Yémen, a duré plus de quatorze mois depuis le départ de M. Jehenne de Bourbon en 1841 jusqu'à son retour à Lorient le 8 décembre 1842, après avoir parcouru la mer d'Arabie et une partie de la mer Rouge, après avoir traversé deux fois l'Atlantique, s'être arrêté aux Séchelles, à Bombay, à Socotora, à Moka, à Aden, au cap de Bonne-Espérance, à Cayenne, aux Antilles, etc.

M. Passama, parti de Moka, suivit la route à travers la plaine par Yakhtoul, Rouba, Rouès, Zahari, Moushish et la ville de Hès.

PERSE.

S.-T. Gmelin. — Gmelin (Samuel-Théophile), neveu de Jean-Georges Gmelin, consacra plusieurs années à des voyages dans les provinces éloignées de l'empire russe, et s'y livra à des recherches scientifiques relatives aux trois règnes de la nature. Il fut choisi, avec le professeur Guldenstadt, pour explorer la province d'Astrakhan à l'époque où devait avoir lieu le passage de Vénus sur le disque du soleil, et il partit en juin 1768. Après avoir examiné les pays situés sur le côté occidental du Don, les provinces de la Perse au sud et au sud-ouest de la mer Caspienne, les bords du Volga et enfin la côte méridionale de la mer Caspienne, Gmelin fut rappelé à Saint-Pétersbourg. Il avait visité Bakou, Derbent et Enzili, et formé de belles collections de plantes, notamment des montagnes de Ghilan, parcourues également par C.-L. Hablizl, devenu ensuite vice-gouverneur de la Tauride, et qui voyagea dans le nord de la Perse.

Les voyages de S.-T. Gmelin ont eu lieu dans l'ordre et selon les dates qui suivent : 1° de Saint-Pétersbourg à Tcherkask, en 1768 et 1769 ; 2° de Tcherkask à Astrakhan, d'août 1769 à juin 1770 ; 3° au travers des provinces septentrionales de la Perse, de juin 1770 à avril 1772 ; 4° et enfin d'Astrakhan à Tzaritzin ; une seconde excursion en Perse eut lieu dans les années 1772 et 1774.

Lerche. — Lerche (Jean-Jacob) a publié en 1773, dans le 5° volume des *Nova Acta* de l'Académie des curieux de la nature, la description d'un certain nombre de plantes d'As trakhan et des provinces de Perse qui bordent la mer Caspienne. Il a fait plusieurs observations sur l'agriculture et la botanique des pays qu'il a visités.

MM. Parrot et Hehn. — M. Parrot se trouvait en Perse en 1829, accompagné de M. Béhaghel, minéralogiste, de M. Schiemann, savant en zoologie, et d'un botaniste, M. Hehn, tous trois étudiants de l'université de Dorpat.

Après plusieurs essais infructueux, M Parrot était parvenu à la cime de l'Ararat, et avait pu mesurer les hauteurs de cette montagne célèbre. Il avait fait niveler barométriquement toute la route qui conduit de Tiflis à l'Ararat, ainsi que celle qui va de cette ville par l'Iméréthie et la Mingrelie à la redoute Kalch sur le bord de la mer Noire. La peste qui régna dans le district d'Érivan empêcha pendant trois mois les voyageurs de poursuivre le but principal de leur expédition, mais ils employèrent ce temps à faire des observations d'histoire naturelle à Tiflis et dans le voisinage. Ils firent aussi une excursion dans les montagnes du Kakhéthi, et terminèrent leur voyage à l'Ararat, par le petit Ararat, dont ils atteignirent également le sommet.

Dans leur retour en Russie, MM. Parrot et Béhaghel exécutèrent un nivellement barométrique depuis Astrakhan, le long du Volga, jusqu'à Tzaritzin et de là jusqu'au Don et le long de ce fleuve jusqu'à la nouvelle ville de Tcherkask.

AFGHANISTAN.

Docteur Honigberger. — Le docteur Martin Honigberger a rapporté des plantes d'un voyage qu'il a fait en mai et juin 1833, alors qu'il parcourait le pays entre Dera-Ghazi-Khan et Caboul, dans le royaume de ce nom ou Afghanistan.

INDES-ORIENTALES.

Van Rheede. — Henri Van Rheede, gouverneur du Malabar, a publié les plantes de cette contrée sur des échantillons récoltés en 1674 et 1675 par les Bramines, et envoyés à

Cochin, où furent préparés les dessins et les descriptions de plantes de l'*Hortus indicus Malabaricus*.

P. Hermann. — Hartog. — Le docteur Paul Hermann, professeur de botanique à Leyde, fut envoyé en 1670 à Ceylan par la compagnie hollandaise des Indes-Orientales, pour rechercher et décrire toutes les plantes et les épices qui croissent dans cette île. Hermann y resta jusqu'en 1677.

J. Hartog, voyageur-botaniste hollandais, envoyé à Ceylan par le docteur Sherard, a formé un herbier considérable de plantes de Ceylan, qui a servi à compléter les flores de Burmann et de Linné.

Toren. — Koenig. — Rottler et Klein. — En 1750, Olof Toren fait un voyage à la côte de Malabar et à Surate. — Jean-Gérard Koenig, élève de Linné, médecin des missions de Tranquebar, arrive dans l'Inde en 1768, visite Ceylan, les côtes de Malabar et de Coromandel et Siam. — Le docteur Rottler fait, en 1798, quelques excursions dans le pays de Tranquebar avec le docteur Klein.

Leschenault de la Tour. — Leschenault de la Tour fait, de 1816 à 1822, un voyage dans plusieurs parties peu connues alors de la Péninsule de l'Inde et de l'île de Ceylan. Parti en mai 1816 avec l'expédition qui transportait les administrateurs chargés de reprendre possession et de se mettre à la tête de nos établissements d'Asie, il arrive vers la fin de septembre suivant à Pondichéry après de courtes relâches aux îles du Cap-Vert, à l'île de France et à Bourbon. Bientôt il visite Karikal, établissement français à trente lieues au sud de Pondichéry ; il en parcourt le territoire ainsi que celui des possessions anglaises situées plus au sud et les environs de la ville de Tranquebar qui appartient aux Danois. Au commencement de 1818, il part pour Salem, ville indienne à cinquante lieues environ à l'ouest de Pondichéry ; il allait y rechercher pour nos colonies plusieurs productions utiles. Là il augmenta considérablement ses collections d'histoire naturelle et rapporta avec une grande quantité de quadrupèdes, d'oiseaux, etc, un herbier d'environ 400 espèces, et 176 espèces de graines. Au mois d'octobre il part de Pondichéry pour aller explorer les montagnes des Gates et s'arrête à Coimbatour, mais il est forcé par la fièvre de retourner à Pondichéry sans avoir pu effectuer son projet de visiter les montagnes. Après s'être rétabli il retourna à Coimbatour, passant par la ville de Tritchinapali, puis il alla parcourir les montagnes des Nil-Gherry. Il resta vingt jours sur leur sommet et les explora dans différentes directions. En revenant à Pondichéry il visita la mine de Pataly, à vingt-deux lieues environ au sud-ouest de Salem Au mois de septembre 1819 il partit pour le Bengale dans le but de se procurer plusieurs plantes utiles et revint à Pondichéry en janvier 1820.

Au mois d'avril suivant, M. Leschenault entreprit un nouveau voyage; il voulait explorer le sud de la Péninsule de l'Inde et l'île de Ceylan. Il visita d'abord le district de Tanjaore et se rendit de là dans le Tondiman, contrée sauvage, couverte de forêts, de terrains vagues, et peu fréquentée par les Européens; il resta quelque temps campé près de la capitale, qui se nomme Podokottah; il se dirigea ensuite vers le district de Madura et dans les montagnes de Cottalam. Il parcourut ces montagnes, situées à douze lieues environ au nord-nord-ouest du cap Comorin, où il se procura des plants vivants de plusieurs espèces d'arbres d'une grande dimension, utiles pour la construction ou précieux par la beauté de leur bois ou par leurs produits. Il visita ensuite la province de Tinevelly, riche par ses cultures de cotonniers, et vers la fin de juillet il s'embarqua à Tutikorin pour se rendre dans l'île de Ceylan. Il séjourna quelque temps à Colombo et obtint du gouverneur anglais la permission de visiter l'intérieur de l'île; il y resta plus de trois mois et dirigea ses recherches sur plusieurs points. Au mois de février 1821 il quittait l'île de Ceylan pour retourner à Pondichéry. Au mois d'août il s'embarque et arrive à l'île Bourbon en septembre. Il y reste jusqu'en février 1822, s'embarque de nouveau, fait une relâche d'une quinzaine de jours au cap de Bonne-Espérance et arrive en France à la fin du mois de mai.

M. Royle. — J.-F. Royle, placé à la tête d'un établissement de culture fondé par la compagnie des Indes à Scharempour sur les confins des grandes plaines du Gange et de la région montueuse de l'Himalaya, a profité de sa position pour recueillir soit par lui-même, soit par les soins des personnes employées sous ses ordres, les plantes de cette partie de l'Inde. M. Royle a rapporté en Europe une collection de plantes, composée d'environ 5,500 espèces, récoltées 1° dans les plaines qui forment quelques-unes des provinces nord-ouest de l'Inde, ou des environs de Delhi jusqu'aux rives du Setledje ; 2° dans le pays montueux renfermé entre cette dernière rivière et le Gange ; 3° dans le pays de Cachemyr, et 4° dans le Kanawer. Ses recherches ayant été faites pendant plusieurs années et dans toutes les saisons, ses collections peuvent être considérées comme donnant une idée exacte et générale de la flore de cette partie de l'Inde. Les plantes de Cachemyr ont été récoltées principalement en 1828, 1829 et 1831.

M. W. Griffith. — M. William Griffith, aide-chirurgien de l'établissement de Madras, chargé maintenant de la direction du jardin botanique de Calcutta, a décrit les mousses qu'il a recueillies lors de son voyage au haut Assam, en 1835 et 1836. La découverte, faite dans ce pays, de la plante qui produit le thé de la Chine, avait attiré l'attention du gouvernement de l'Inde, et une députation, composée du docteur Wallich, de M. Mac-Clelland et de M. W. Griffith, fut chargée de faire des investigations à ce sujet. Les mousses ont été recueillies dans ce voyage, mais la plus grande portion des espèces provient des monts Kasiya, qui forment une partie de la frontière orientale de l'Inde anglaise.

M. Griffith a fait dans l'Inde plusieurs autres voyages dont la botanique a grandement profité. Nous citerons, entre autres, son voyage dans le Boutan, lorsqu'il accompagna, en

1837-1838, la mission qui visita ce pays sous le commandement du capitaine R. Boileau Pemberton et son voyage dans l'Afghanistan. En 1841 M Griffith était à Scharempour, de retour des pays à l'ouest de l'Indus, où il avait suivi l'armée pendant sa campagne et où il avait été employé comme naturaliste un an après le départ des troupes. Il a rapporté de ce voyage 1,700 à 1,800 espèces de plantes, outre une collection considérable de mammifères, d'oiseaux et de poissons. Il devait retourner ensuite à Malacca et y rester jusqu'à son retour en Europe

M. le colonel et mistriss Walker. — En 1833 et 1837, ces deux personnes ont recueilli des plantes lors d'une excursion qu'elles ont faite dans l'île de Ceylan et particulièrement au sommet du pic d'Adam.

MM. Edgeworth. — Diard. — Schmid. — M. P. Edgeworth a étudié en 1838 la végétation d'une portion des plaines des états Seikhs, dans le nord de l'Inde.

M. Diard est allé aux Indes-Orientales et dans l'Archipel indien pour y recueillir des objets d'histoire naturelle. Il se trouvait à Batavia en 1838 ; ses collections étaient riches en botanique et en zoologie. M. Diard a aussi passé une année en Cochinchine.

Le révérend Bernard Schmid, ecclésiastique de Weimar, attaché aux missions évangéliques, et qui a longtemps séjourné dans l'Inde, a parcouru les Nil Cherry et a fait avec soin des herbiers de plantes de ces montagnes ; il a visité principalement Konnor, Kota-Cherry, Outa-Kamound, etc.

M. Graham. — M. John Graham a fait connaître, par un catalogue imprimé à Bombay en 1839, les productions végétales de la présidence de Bombay.

Ce catalogue a été complété par M. Joseph Nimmo, de Bombay, à qui on doit l'introduction en Angleterre de quelques plantes rares de l'Inde. Plusieurs autres personnes ont contribué à l'établissement de ce catalogue, et nous citerons entre autres M. Law.

COCHINCHINE ET THIBET

Loureiro.—Jean de Loureiro, botaniste portugais, qui pendant plus de trente années est resté à la Cochinchine en qualité de missionnaire, a fait connaître, en 1790, les plantes de ce pays ainsi qu'une partie de la flore de la Chine. Un séjour de trois ans à Canton augmenta de beaucoup son herbier. Il partit ensuite pour l'Europe, visita pendant la traversée les côtes de Camboge, du Bengale et du Malabar, et resta trois mois dans l'île de Mozambique.

S. Turner.—Le capitaine Samuel Turner chargé, en 1783, par le gouverneur du Bengale, d'une mission à la cour du Téchou-Lama, a parcouru une partie du Boutan et du Thibet, et donné quelques renseignements sur la botanique de ces contrées.

CHINE.

A. Cleyer.—André Cleyer, de Cassel, médecin des établissements hollandais à Batavia, a visité la Chine et le Japon vers l'année 1680, et donné quelques observations sur les plantes de ce pays. Il a décrit en outre plus de 300 plantes croissant dans l'île de Java, où il a résidé plusieurs années.

J. Cunningham.—Jacques Cunningham, naturaliste anglais, partit en 1698 comme chirurgien de la factorerie établie auprès de la compagnie des Indes à Emouï ou Hia-Men, île de la Chine située dans la province de Fou-Kian. Il fit ensuite, en 1700, un second voyage avec le même titre à l'île Tchéou (Chusan des Anglais), où il résida quelque temps. Il paraît avoir été très-actif pendant son séjour à Chusan pour rassembler les productions de cette île. Il envoya à Plukenet et Petiver un nombre considérable de plantes nouvelles.

P. Osbeck.—*D'Incarville.*—Pierre Osbeck, Suédois, parti aux Indes-Orientales (années 1750-1752) comme chapelain à bord d'un vaisseau de sa nation, est un des premiers naturalistes qui ait visité la Chine et les Antilles. Le père d'Incarville, chef des missions des jésuites en Chine et à Péking, de 1742 à 1753, a fait passer à Bernard de Jussieu des plantes et des graines de diverses sortes provenant de ce pays.

A. Sparrmann.—En 1765 et 1766 André Sparrmann fait avec le capitaine Ekeberg un voyage à Canton. Partis de Gothembourg à la fin de décembre 1765, ils arrivent le 24 août 1766 à Macao, et jettent l'ancre le 26 près de Canton. Ces deux voyageurs quittèrent la Chine le 21 janvier 1767.

M. Clarke Abel. — M. Clarke Abel accompagna, comme naturaliste, lord Amherst dans son ambassade en Chine. Au milieu du mois de juillet 1816, l'expédition se trouvait à Canton. Le 9 août, l'ambassadeur se rend à Thian-Tsin avec sa suite, et arrive devant les murs de Péking le 28 août.

M. Clarke Abel recueillit des plantes pendant ce voyage, mais malheureusement toutes les collections qu'il parvint à former en Chine furent perdues dans le naufrage du vaisseau *l'Alceste*, à l'exception d'un choix d'échantillons de plantes que M. Abel avait donné, pendant qu'il était en Chine, à sir Georges Staunton, qui voulut bien les lui renvoyer à son arrivée en Angleterre.

M. Potts. — *M. D. Parks* — M. John Potts, collecteur de la société d'horticulture de Londres, avait été envoyé au Bengale et en Chine ; il est mort peu après son retour, en octobre 1822 — Dans le printemps de 1823, M. John Damper Parks fut envoyé à Canton par la même société. Sa mission eut un plein succès.

M. de Bunge. — M. le docteur Alex. de Bunge a séjourné, en 1831, à Péking, avec les missionnaires russes envoyés dans ce pays. Il y est arrivé après avoir traversé la Mongolie et les déserts de Cobi. M. de Bunge a herborisé depuis Péking jusqu'à la frontière septentrionale de la Chine et rapporté 400 espèces de plantes dont il a donné l'énumération en 1832.

M. Turczaninow. — Établi à Irkoutsk dans la Sibérie orientale, M. Turczaninow a fait connaître un certain nombre de plantes du nord de la Chine et de la Mongolie chinoise.

Docteur Th. Cantor. — M. le docteur Théodore Cantor a publié quelques notes sur la végétation de l'île Tchéou ou Chusan, qu'il a visitée en 1840 et 1841 ; il a envoyé des plantes que M. W. Griffith s'est chargé de nommer et de décrire.

M. Fortune — Au mois d'avril 1843, la société d'horticulture de Londres envoyait en Chine, pour y recueillir des plantes, M. R. Fortune. Cet horticulteur était arrivé à Hong-Kong le 27 juillet, après avoir débarqué et herborisé à Java. Il a été dans les îles près de Macao, à Kouloun, près de Hong-Kong, et se préparait, d'après les nouvelles reçues vers la fin de l'année, à visiter les provinces septentrionales.

JAPON.

Docteur de Siebold. — Pendant la longue résidence que M. le docteur de Siebold a faite au Japon (de 1823 à 1830), comme chargé, par le gouvernement hollandais de Batavia, de recueillir tout ce qu'il pourrait trouver sur la religion, l'histoire naturelle, le gouvernement, etc., du Japon, il a pu explorer cette contrée plus amplement qu'aucun de ceux qui l'ont précédé. Le jardin botanique qu'il établit à Dazima en 1824, ses voyages à la cour impériale à Yedo, deux ans après, lorsqu'il accompagna l ambassade hollandaise, et les liaisons qu'il forma avec des natifs, ont singulièrement facilité ses recherches botaniques. Dans le cours de son expédition à Yedo, surtout, il eut occasion de faire connaissance avec les médecins et les naturalistes les plus distingués du pays. Il a dû à leur appui bienveillant la collection renfermée dans son herbier et dans le jardin botanique, celle des plantes trouvées dans les différentes provinces de cet empire, et l'accumulation successive d'environ deux mille espèces qu'il n'examina pas seulement sur le terrain, mais qu'il fit dessiner en grande partie par des artistes européens et japonais Depuis son retour de Nagasaki à Batavia, en janvier 1830, retour qui eut lieu non sans de grandes difficultés et après une détention de treize mois, à cause des recherches scientifiques auxquelles M. de Siebold s'était livré pendant ses voyages dans l'intérieur de l'empire japonais, ses collections se sont encore augmentées par les envois de M. Bürger, qui a transmis en grand nombre de nouveaux matériaux pour la flore du Japon, que publie M. de Siebold.

AFRIQUE.

1. *du Petit-Thouars.* — Les voyages du chevalier A. Aubert du Petit-Thouars, dans les îles de l'Afrique méridionale, ont duré de 1792 à 1802. Il s'embarquait pour l'île de France le 2 octobre 1792. Forcé de relâcher à l'île Tristan d'Acunha, M. du Petit-Thouars y reste cinq jours, s'arrête pendant deux semaines au cap de Bonne-Espérance et arrive à l'île de France après six mois de traversée. Pendant deux années, il parcourt cette île dans tous les sens et se rend ensuite à Madagascar, où il séjourne six mois. De retour à l'île de France, il songeait à revenir en Europe, son passage même était arrêté sur une frégate, mais il ne voulut pas quitter ces parages sans avoir vu Bourbon. Il se rend dans cette île et y reste trois années. Rappelé à l'île de France par le désir de mettre ses collections en ordre, il y reste encore un an et revient dans sa patrie. Au commencement de 1802 il était arrivé à Rochefort après dix ans d'absence, rapportant un herbier de 2,000 plantes, 600 dessins, etc.

M. Lichtenstein. M. Henri Lichtenstein, professeur à Berlin, a recueilli quelques notions sur la flore de l'Afrique méridionale dans le voyage qu'il a fait en 1805-1806.

Docteur Ruppel. — Le docteur Édouard Rüppel est bien connu par ses voyages en Égypte et en Nubie. En 1817 il avait fait, jeune encore, un voyage en Égypte ; plus tard il pensa qu'on pourrait entreprendre avec fruit des excursions dans ce pays et concourir aux progrès de l'histoire naturelle et de la géographie, et il repartit accompagné de M. Hey, que la société d'Histoire naturelle de Francfort lui avait envoyé à sa demande pour l'aider dans ses explorations scientifiques. Arrivé pour la seconde fois en Égypte en 1822, M. Rüppell fit, dès le printemps, une excursion dans l'Arabie-Pétrée, puis revenant en Égypte il visita le Fayoum. En novembre il remonta dans la Haute-Égypte et alla jusqu'à Qoceyr. Il passa les premiers mois de 1823 au camp turc du Nouveau-Dongolah et visita les ruines de Napata, près de Barkal, vers la fin d'avril. Pendant ce temps, M. Hey faisait sa première excursion dans le désert d'Amboukol, où M. Rüppel passa aussi en octobre pour se rendre, avec son compagnon, au camp turc, près de Chendy, d'où il alla plus tard au camp de Gourkab, tandis que M. Hey remonta le Fleuve-Blanc ou Bahr-el-Abiad et explora une seconde fois le désert d'Amboukol. M. Rüppell retourna au Caire pour mettre en sûreté ses collections d'histoire naturelle. Revenu en Nubie vers la fin de septembre 1824, il fit la chasse aux hippopotames, dans la province de Sokkot et se rendit à la fin de l'année dans le Kordofan. Il arriva en janvier à Obéid, capitale de ce pays, fit, pendant un séjour de deux mois, une ample récolte d'objets d'histoire naturelle et revint, à la fin de mars 1825, au Nouveau-Dongolah. Ayant rétabli sa santé au Caire, il partit en 1826 pour un voyage aux golfes de Suez et d'Akaba et au couvent de Sainte-Catherine du Sinaï, aux environs duquel il fit plusieurs excursions. Épuisé de fatigue, M. Rüppell revint en Égypte et s'embarqua en mars 1827 pour l'Europe.

M. Bowdich. — Bowdich (T.-Edward) se rend en 1816 au Cap-Corse (Cap Coast-Castle), et se trouve bientôt après chargé d'une mission dans l'intérieur du royaume d'Achanti ou Ashantee (Guinée). En 1825, il forme le projet d'aller à Sierra-Leone, et de Lisbonne il s'embarque le 30 septembre pour Madère. Il fait plusieurs excursions botaniques dans cette île, ainsi qu'à Porto-Santo, et se livre à des recherches zoologiques, météorologiques et à des observations de géographie botanique. Ne trouvant aucun bâtiment qui le mène directement à Sierra-Leone, il forme le projet d'aller à Boa-Vista, et de là dans quelques autres îles du Cap Vert, espérant se rendre à sa destination par la Gambie. Il part de Madère le 26 octobre, arrive à Boa-Vista et se rend ensuite à Santiago. Ayant atteint la Gambie, il remonte ce fleuve jusqu'à l'établissement anglais de Bathurst. Il séjourne dans cette ville, fait des excursions sur les rives du fleuve, et dans l'espace de trois semaines il complète la botanique de Banjole (île Sainte-Marie, sur laquelle est située Bathurst), et visite le cap Sainte-Marie, où il recueille une collection de plantes. M. Bowdich est mort en janvier 1824, lorsqu'il se livrait à des opérations trigonométriques, et en même temps à des recherches d'histoire naturelle au fort James, et avant qu'il ait pu atteindre Sierra-Leone.

Denham, Clapperton et Oudney. — Le major Denham, le capitaine Clapperton et le docteur Oudney ont visité, de 1822 à 1824, les parties septentrionale et centrale de l'Afrique, voyage qui s'est étendu dans une partie du grand désert et de Kouka, dans le royaume de Bournou, jusqu'à Sackatou, capitale de l'empire des Fellatah.

Les plantes recueillies dans le cours de cette expédition ont été décrites par M. Robert Brown. Sur près de 300 espèces, formant le total de l'herbier, et rapportées principalement par le docteur Oudney, environ 100 appartiennent au voisinage de Tripoli ; 30 ont été recueillies sur la route de Tripoli à Mourzouk, 32 dans le Fezzan, 33 entre Mourzouk et Kouka, 77 dans le Bournou et 16 dans le Haoussah, contrée du Soudan ; ces dernières proviennent du capitaine Clapperton.

ÉGYPTE, NUBIE ET ABYSSINIE.

Prosper Alpin. — Prosper Alpin, parti en 1580 à la suite du consul vénitien qui se rendait en Égypte, reste trois années dans ce pays, et y recueille beaucoup de plantes rares, inconnues à cette époque.

Lippi. — L'infortuné Lippi (Augustin), qui accompagna M. Lenoir Duroule, envoyé de France auprès du roi d'Abyssinie, en 1701 et 1705, a voyagé en Égypte, où d'Alexandrie il s'est rendu à Rosette, au Caire et à Syout. Dans la Nubie il est allé à Korti et à Sennaar.

F Caillaud. — Frédéric Caillaud, de Nantes, a visité dans son voyage à Méroé et au Fleuve-Blanc (1819-1822) une partie de l'Égypte et de la Nubie, en traversant les pays qui suivent : le Fayoum, Syouah, Syout, en Égypte ; et en Nubie : le Dongolah, le Sennaar, le Fazoql, et Singué dans le Dar-Foq.

MM. Féret et Galinier. — MM. Féret et Galinier, lieutenants au corps royal d'état major, partis vers la fin de 1839, étaient de retour en 1843 de leur voyage d'exploration géographique en Abyssinie. Ils ont rapporté un nombre assez considérable de plantes nouvelles. M. Delile en a décrit quelques-unes provenant du royaume de Tigré, et recueillies principalement dans les provinces du Samen et d'Agamé ; sur les monts Silke et Aber ; dans le Woggera ; sur les bords et dans la vallée du Tacazzé, etc.

COTE DE BARBARIE

J. Tradescant. — John Tradescant voyagea dans diverses parties de l'Europe. Il était sur la flotte envoyée contre les Algériens en 1620. Il a recueilli des plantes dans la Barbarie et les îles de la Méditerranée.

Spottswood. — Dès 1673, le chirurgien Spottswood publiait un catalogue des plantes (au nombre de 600) croissant dans les fortifications de Tanger.

Th. Shaw. — Le docteur Thomas Shaw, chapelain de la factorerie anglaise à Alger, où il séjourna douze années, profita de l'occasion que lui procurait son emploi pour visiter une partie de l'ancienne Numidie, la Syrie et l'Égypte. Il rapporta à son retour une collection de plantes sèches. Le catalogue qu'il en a donné comprend 632 espèces.

Hebenstreit et Ludwig. — En 1731, Jean-Ernest Hebenstreit entreprenait par ordre du roi de Pologne, un voyage en

Afrique, accompagné de Chrétien-Théophile Ludwig, voyage qui avait pour but d'observer les productions naturelles de cette partie du monde. Il paraît qu'ayant exploré les environs de Tripoli et de Tunis, voyagé dans la partie du désert située entre ces deux villes, et examiné les ruines de Carthage, Hebenstreit fut obligé, à la nouvelle de la mort du roi, d'interrompre ce voyage, et de revenir soudainement en 1735.

Vahl. — Martin Vahl, Danois, un des élèves les plus distingués de Linné, entreprit, vers 1782, un voyage scientifique aux frais du roi de Danemark, et visita une partie de la Barbarie.

L'abbé Poiret. — Le voyage de M. l'abbé Poiret en Barbarie date de 1785 et 1786. Arrivé en mai 1785 à la Calle, ou Bastion de France, à 36 lieues ouest de Tunis, il parcourut les plaines environnantes, visita le Mazoule, pays à l'ouest de la Calle, se rendit jusqu'au pied de l'Atlas, et presque aux confins du désert de Saara. Revenu à la Calle, M. l'abbé Poiret fit, quelque temps après, un voyage à Bone, visita les ruines de l'ancienne Hippone, alla jusqu'à Constantine et à Bougie, et fit une excursion à l'île Tabarca.

Schousboe. — Schousboe, consul danois au Maroc, fit quelques découvertes botaniques dans ses voyages au travers de cet empire, pendant les années 1791-1793. Après Spottswood, que nous avons mentionné plus haut, Schousboe est le premier botaniste qui ait visité cette contrée.

Broussonnet. — Broussonnet a résidé à Tanger, à Salé, à Mogador, à Maroc et à Ténériffe. Il avait fait parvenir à M. Desfontaines un herbier de Maroc et des îles Canaries.

Docteur Della-Cella. — Le docteur P. Della-Cella ayant le premier d'entre les Européens traversé, en 1817, la grande Syrte, toute la Cyrénaïque et Pentapolis, donna à son retour toutes les plantes qu'il avait recueillies dans ces contrées inconnues, au professeur Viviani, qui les a décrites.

Ce professeur a divisé en trois régions distinctes la partie de la Libye explorée par le docteur Della-Cella : la première est le territoire de Tripoli ; la deuxième s'étend depuis le promontoire Triero jusqu'au pied des montagnes de la Cyrénaïque, et la troisième, depuis la grande Syrte jusqu'au Catabathmos.

Le nombre des plantes observées par M. Della-Cella et indiquées ou décrites par Viviani s'élève à 291, parmi lesquelles on compte 5 genres nouveaux et 73 espèces nouvelles.

Salzmann. — Philippe Salzmann, de Montpellier, recueille des plantes aux environs de Tanger en 1823 et 1824.

M. Roussel. — *M. Mutel.* — M. Roussel, pharmacien en chef de l'armée d'Afrique, a herborisé sur le littoral et aux environs d'Alger pendant un séjour de deux années qu'il a fait dans cette ville. Il y a recueilli principalement des plantes cryptogames.

M. le capitaine Mutel a herborisé à Bone, en 1833, dans un rayon de dix lieues autour de cette ville.

SÉNÉGAL.

Adanson. — Adanson se rend au Sénégal en 1749 ; il y reste six années occupé à recueillir les productions naturelles de ce pays, et particulièrement les plantes et les coquilles.

Embarqué le 3 mars à Lorient, Adanson arrive bientôt à l'île Ténériffe et y recueille quelques plantes ; il débarque à l'île du Sénégal et visite l'île de Sor et l'escale des Maringouins. Il fait ensuite plusieurs voyages et va à Podor, à l'île de Gorée, au comptoir d'Albréda sur la Gambie, etc. De nombreuses et fréquentes excursions lui font connaître les alentours de l'île du Sénégal, où il résidait, et le 6 septembre 1753 il s'embarque dans la rade du Sénégal pour revenir en France. Il relâche le 20 octobre à l'île de Fayal, une des Açores et y reste jusqu'au 8 novembre. Il entrait dans le port de Brest le 4 janvier 1754.

Roussillon. — *Durand.* — Roussillon, médecin, herborise au Sénégal. Embarqué au Havre dans le mois d'octobre 1788, il passe au Sénégal les années 1789 et 1790.

Durand (J.-B.-L.) a présenté quelques idées sur la végétation de la Sénégambie dans la relation, qu'il a publiée en 1802, de son voyage au Sénégal.

De Beaufort. — Le jeune lieutenant de vaisseau Henri-Ernest Grout de Beaufort, mort en 1825 sur le haut Sénégal, a accompli plusieurs explorations importantes. Après un séjour de trois années au Sénégal, de 1819 à 1821, il partit de Rochefort le 4 novembre 1823 pour une nouvelle expédition en Afrique. Arrivé au Sénégal, il se met en route dans le mois de janvier 1824 pour la Gambie. Il se porte jusqu'à Banankou ou Balankou, à peu de distance de la Falémé et à Koukongo, à 120 lieues de la bouche de la Gambie, visite les Mandings et observe plusieurs productions particulières du règne végétal; le 26 mai il était de retour à Bakel. Il explore ensuite le Bondou, le Kaarta, le pays de Kasso et le royaume de Bambouk et rentre au poste français de Bakel, dans le mois d'août 1825. Des plantes, des roches, des minéraux divers ont été ramassés par ce voyageur dans toutes ses courses.

GUINÉE.

G. Bosman. — Un négociant hollandais, Guillaume Bosman, visite une partie des côtes de la Guinée supérieure et en donne, en 1704, une description dans laquelle il cite les plantes les plus remarquables.

P.-E. Isert. — Le 16 octobre 1783, Paul-Erdmann Isert arrive dans la rade de Christiansburg, sur la côte de Guinée. Son premier voyage a lieu, dans les terres de Guinée, du fort de Christiansburg jusqu'au Rio-Volta; il se rend ensuite (année 1785) dans le royaume de Dahomey, et séjourne à Princestein et Popo, et fait en 1786 un autre voyage au royaume d'Aquapim. Isert quitte la Guinée le 7 octobre 1786 pour se rendre aux Antilles, débarque à l'île Sainte-Croix, en part le 5 avril 1787 et va aux îles Saint-Thomas et Saint-Jean, dans les Antilles danoises et aux îles françaises de la Martinique et de la Guadeloupe.

Vahl et Willdenow ont décrit plusieurs plantes nouvelles rapportées par Isert.

W. Brass. — William Brass, botaniste voyageur et dessinateur, recueillit des graines et des plantes sur la côte de Guinée pour sir Joseph Bânks et pour les docteurs Fothergill et Pitcairn. Il a visité principalement le voisinage de Cap-Corse (Guinée supérieure).

Smeathmann — Afzelius. — Smeathmann et le professeur Adam Afzelius ont recueilli des herbiers assez considérables pendant plusieurs années de résidence sur la côte de Sierra-Leone. Afzelius s'y trouvait en 1792.

U. Thonning. — Le conseiller d'État Thonning, pendant un séjour de trois ans dans la Guinée, en étudia avec soin la botanique. Non-seulement il a recueilli les plantes de ce pays, mais il a décrit sur les lieux et en détail presque toutes celles qu'il a trouvées. Son herbier fut détruit lors du bombardement de Copenhague en 1807, mais il avait auparavant communiqué une partie de ses plantes à Vahl et à Schumacher.

Docteur Christian Smith. — Le docteur Christian Smith a fait partie de la malheureuse expédition entreprise, en 1816, sous le commandement du capitaine J.-K. Tuckey, pour reconnaître le cours du fleuve Zaïre, appelé communément Congo, dans la Guinée inférieure. L'expédition partit de Falmouth le 22 mars 1816 et s'arrêta à Sant-Iago, une des îles du Cap-Vert où le docteur Smith herborisa pendant deux jours sur les montagnes. En juillet le capitaine Tuckey atteignit l'embouchure du Congo. L'expédition remonta la rivière jusqu'à une anse nommée Soondy-N'sanga. La mort du capitaine et celle des savants qui l'accompagnaient mirent bientôt fin à cette entreprise. M. David Lockart, attaché au jardin royal de Kew, fut le seul d'entre eux qui survécut; il s'était embarqué comme aide-botaniste du docteur Smith.

J.-R.-T Vogel. — Vogel part de Plymouth vers la fin de mai 1841 Il suivait, comme botaniste, une expédition envoyée en Afrique par une société fondée à Londres dans le but de répandre la civilisation parmi les peuples de l'Afrique occidentale. Théodore Vogel arrive à Madère: le 30 juin il était à Sierra-Leone; le 24 juillet, à Cap-Corse, dans la Guinée supérieure, et ensuite à Accra et au cap Noun, et touchait le 11 septembre au point de jonction du Niger avec le Tchad. On sait que cette désastreuse expédition a été fatale à plusieurs des personnes qui en faisaient partie, et que le docteur Vogel est mort le 17 décembre 1841 à l'île de Fernando-Po, où la fièvre l'avait retenu plusieurs mois.

Docteur Peters. — Le docteur Wilhelm Peters, parti dans l'automne de 1842, avec l'appui du roi de Prusse, pour un voyage scientifique dans l'Afrique orientale, était débarqué au mois de mars 1843 à Saint-Paul de Loanda, ville capitale des établissements portugais dans la Guinée inférieure, royaume d'Angola. Il avait observé la zoologie et la botanique du pays. Son voyage devait s'étendre vers la côte est, et le docteur Peters se proposait de séjourner dans la Mozambique.

CAP DE BONNE-ESPÉRANCE. — CAFRERIE.

L'abbé de la Caille. — L'abbé de la Caille entreprend en 1750 le voyage du cap de Bonne-Espérance pour y faire des observations astronomiques. Il en rapporte des plantes qui sont conservées dans l'herbier de M Adrien de Jussieu.

A. Sparrman.—Sparrman (André), naturaliste et voyageur suédois, va au cap de Bonne-Espérance en 1772, et réside à la ville du Cap, à False-Bay, etc. Peu après son arrivée, il rencontre le célèbre Thunberg, son compatriote, avec lequel il fait plusieurs excursions. Au mois d'octobre, il se rend à Paarl, au nord-ouest du Cap, et à Aphen dans le voisinage de Constance. Bientôt il s'attache aux naturalistes Forster, père et fils, qui accompagnaient le capitaine Cook, et qui étaient alors au Cap, et il fait avec eux le voyage dont nous avons tracé précédemment l'itinéraire, page 365. Revenu au Cap en mars 1775, Sparrman entreprend un voyage d'exploration dans l'intérieur des terres, et part le 25 juillet, se dirigeant à l'est, et se tenant à une certaine distance de la mer. Il visite la baie de Mossel, regagne l'intérieur jusqu'aux rives de Groote-Vis-River, limite à cette époque des territoires européens et cafres, et remonte ensuite au nord, vers Bruntgès-Hoogt, canton élevé, voisin de la chaîne de Sneeuwberg et des campagnes du Camdebo. Il était alors à trois cent cinquante lieues du Cap. Le 6 février 1776, Sparrman reprit la route de cette ville, où il arriva le 15 avril chargé de plantes et de dépouilles d'animaux.

W. Paterson. — Le lieutenant William Paterson fait quatre voyages dans le pays des Hottentots et dans la Cafrerie en 1777, 1778 et 1779.

Arrivé au cap de Bonne-Espérance dans le mois de mai 1777, il se mit en route au commencement du mois d'octobre pour un premier voyage, accompagné du colonel Gordon, qui avait déjà visité ces contrées. Ils se rendent au pays des Hottentots et reviennent au Cap trois mois après leur départ.

Paterson entreprend en 1778, et dans le même pays, un second voyage qui dure six mois. A la fin de la même année, il parcourt la Cafrerie, qui n'avait encore été visitée par aucun Européen. Il était de retour le 23 mars 1779, après une absence de trois mois.

Enfin le 18 juin 1779 il part du Cap pour la quatrième fois et se rend dans le pays des Namaquas. Ce dernier voyage dure six mois.

Pendant toutes ces explorations, le lieutenant Paterson s'occupa d'histoire naturelle et ne laissa échapper aucune occasion d'étudier la végétation des localités qu'il parcourut, et de recueillir des plantes et des graines.

John Barrow. — John Barrow arrive en 1797 au cap de Bonne-Espérance, et entreprend plusieurs excursions dans l'intérieur; du Cap il traverse le désert de Karro jusqu'à Graaf-Reynet, et se rend dans les pays des Cafres et des Boschimens; de Graaf-Reynet il revient au Cap en suivant le long de la côte maritime, et visite enfin le pays des Namaquas

M. Burchell. — Les recherches de ce voyageur opérées sur 4,500 milles de territoire, outre ses excursions latérales dans des régions où les Européens n'avaient pas encore pénétré, ont produit un grand nombre de découvertes et d'observations nouvelles.

M. Burchell débarqua au cap de Bonne-Espérance en novembre 1810, séjourna plusieurs mois dans la ville du Cap, dont il explora soigneusement les environs. Il partit ensuite pour les frontières de la colonie, dans l'intérieur et du côté du pays des Cafres. M. Burchell a visité Hottentot-Hollande, Tulbag ; a été dans le Karro, dans le Roggeveld, dans les pays des Boschimens et des Koras ou Koranas ; à Klaarwater, à Graaf-Reynet, dans les montagnes de Hamhanni, à Litakoun, ville capitale du pays des Betjouanas, etc. Il était dans cette dernière ville en juillet 1812.

J. Niven. — M. James Niven (le même auquel a été dédié le genre *Nivenia*) est resté plusieurs années au cap de Bonne-Espérance. En 1798, il fut engagé au Cap en qualité de collecteur-résident de Georges Hibbert, un des plus ardents amateurs et cultivateurs de plantes. Pendant cinq années, il se livra à des recherches assidues et envoya beaucoup de plantes nouvelles de ce pays. Revenu en 1803 et après un séjour de trois mois en Angleterre, il fut rengagé en la même qualité pour retourner en Afrique, par une société d'amateurs en Europe dont faisait partie l'Impératrice Joséphine. Il resta neuf mois au Cap.

M. Delalande. — L'administration du Muséum d'histoire naturelle de Paris ayant formé le plan d'un voyage qui aurait pour but de lui procurer plusieurs espèces d'animaux qui lui manquaient et qu'on savait exister en Afrique, désigna pour cette mission M. Delalande, attaché au Muséum. Ce naturaliste part de Paris en avril 1818, et débarque à False-Bay à dix lieues du cap de Bonne-Espérance le 8 août, accompagné du jeune Verreaux son neveu, âgé de douze ans. Dans les mois de septembre et d'octobre il recueillit une foule de plantes dans les environs du Cap. Pendant son séjour dans ce pays, M Delalande fait trois voyages dans l'intérieur . le premier à l'est, le second au nord, et le troisième aussi à l'est du Cap. Le pays qu'il visita dans son premier voyage est borné au midi par la mer, et au nord par une chaîne de hautes montagnes. Son second voyage le conduisit jusqu'à la rivière de l'Éléphant (Olifants-River) et vers le Berg-River. Dans sa troisième excursion. il débarqua à Algoa-Bay et se dirigea au nord-est jusqu'à la rivière Keiskama. M. Delalande resta huit mois dans le pays des Cafres, qu'il parcourut en tous sens, et reprit ensuite la route du Cap. Il quitta l'Afrique après deux ans de séjour, le 1er septembre 1820, rapportant, avec une collection nombreuse de zoologie, un herbier composé de 8 à 900 plantes, des bulbes de liliacées et 250 espèces de graines.

M. Berg. — *M. Bowie.* — C.-W. Berg, chef de Pharmacie du Cap, a récolté dans cette localité des plantes qui après sa mort ont été déposées au Musée de Berlin, patrie de ce jeune botaniste.

M. James Bowie, chargé de recueillir des plantes pour le jardin de Kew, a résidé plusieurs années au Cap et fait des voyages jusqu'à 200 milles dans l'intérieur.

M. Harvey. — *M. Peddie.* — M. W.-H. Harvey a étudié la botanique de l'Afrique méridionale. Il a donné à M. Zeyher tous les encouragements possibles pour continuer ses recherches dans les parties les plus éloignées de la colonie où lui-même avait pénétré, et particulièrement à Uitenhagen et Albany.

M. le lieutenant-colonel Peddie a envoyé en 1839 une collection de plantes qu'il avait recueillies lui-même à Port-Natal.

ILES D'AFRIQUE.

M. Watson. — Une excursion botanique faite dans les Açores, en 1842, par M. Hewett-C. Watson a fait connaître les plantes des îles Fayal et Pico, ainsi que de Flores et de Corvo

M. Holl. — *M Lippold.* — *M. Lemann.* — M. Frédéric Holl, de Dresde, envoyé par une société de botanistes, a parcouru l'île de Madère, visitée encore, en 1836, par les docteurs J.-F. Lippold et Charles Lemann.

MM. de Buch et Christian Smith. — Embarqués le 31 mars 1815 à Spithead près de Portsmouth, MM. le baron Léopold de Buch et le docteur Christian Smith débarquèrent, le 24 avril, à Funchal, dans l'île de Madère. Le 2 mai ils quittent cette île et arrivent le 6 à Puerto Orotava dans l'île de Ténériffe; ils font une ascension au Pic, visitent plusieurs localités de l'île et se rendent ensuite à la Grande-Canarie. Ils abordent le 29 juin au port de la Sardino sur la côte occidentale de cette île, s'établissent à Las Palmas la capitale, et retournent le 2 août à Sainte-Croix de Ténériffe. Avant de quitter ces îles, le docteur Smith visite celle de Palma et le volcan de l'île de Lancerote. Le 8 décembre les deux voyageurs étaient arrivés à Portsmouth.

Flacourt. — Étienne Flacourt, commandant de l'île de Madagascar, où il a résidé de 1648 à 1655, est le premier qui ait donné une histoire des productions naturelles de ce pays.

Poivre. — Pierre Poivre, intendant des îles de France et de Bourbon, revint dans sa patrie en 1773 après être resté six ans dans ces contrées. Poivre avait fixé sa résidence à l'île de France. Il a fait des voyages fréquents dans les Indes, à Manille, aux Moluques, à Malacca, à Pondichéry, etc.

Boos et Scholl. — En 1786 l'empereur François II envoya à l'île de France, comme collecteurs de plantes pour le jardin impérial de Schœnbrunn, les jardiniers Boos et Scholl. Ils arrivèrent en mai au cap de Bonne-Espérance. M Boos quitta le Cap en 1787, pour se rendre aux îles de France et de Bourbon, où il resta une année.

P.-R. Willemet. — Willemet (Pierre-Rémi) partit vers la fin de 1788 comme chirurgien à la suite des ambassadeur indiens envoyés par Tippoo-Saïb et qui retournaient dans leur patrie. Il relâcha à l'île de France et recueillit toutes les plantes qu'il put y rencontrer.

MM. Hilsenberg et Bojer. — M. Telfair. — M. Ch.-Théod Hilsenberg, d'Erfurt, qui fut engagé comme naturaliste dans la périlleuse expédition du capitaine Owen sur la côte orientale d'Afrique, et M. Venceslas Bojer, de Prague, aujourd'hui professeur de botanique au collége royal de l'île de France, furent envoyés par le gouvernement de l'île de France dans la province d'Émérina, située au centre de Madagascar, pour y explorer ce vaste territoire comme naturalistes. Ils y arrivèrent en mai 1822 et y séjournèrent une année.

M. Bojer a parcouru les îles Zanzibar, Pemba et Mombaza. En 1835, il fit un voyage à la côte occidentale de Madagascar et aux îles Comores. Il en rapporta un grand nombre d'espèces nouvelles. M. Bojer fut facilité dans cette expédition par le capitaine Chads qui commandait la station navale à l'île de France ; il lui a dédié un genre de plantes sous le nom de *Chadsia*.

La flore de l'île de France, sur laquelle s'est portée l'attention de M. Bojer, a été enrichie encore par les découvertes récentes de M. Charles Telfair.

AMÉRIQUE.

VOYAGES GÉNÉRAUX.

B. Cobo. — Le jésuite espagnol Barnabas Cobo, pendant cinquante-sept années qu'il résida dans les Antilles, au Mexique, et particulièrement dans le Pérou (de 1596 à 1653), s'occupa de recherches sur les productions naturelles de ce pays.

W. Houston. — William Houston séjourna longtemps aux Antilles et à la Nouvelle-Espagne. Il a recueilli des plantes dans les années 1728, 1729 et 1732 à la Jamaïque, à Cuba, à Venezuela et à Vera-Cruz

T Hœncke. — Thaddæus Hæncke, né en Bohême, botaniste du roi d'Espagne, devait en 1789 faire le voyage autour du monde avec l'expédition que commandait Malaspina; mais ayant manqué le bâtiment qui avait levé l'ancre depuis vingt-quatre heures quand il arriva à Cadix, il s'embarqua pour Montevideo, où il espérait rencontrer le vaisseau; mais ne l'ayant trouvé ni à Montevideo ni à Buenos-Ayres, il traversa l'Amérique et se rendit par les Cordillères à Santiago, au Chili. Après avoir exploré le Chili, le Pérou et Quito, il se dirigea vers la partie septentrionale de la Californie en longeant la côte jusqu'au détroit de Noutka; de là le vaisseau sur lequel il s'était embarqué fit voile pour le port de San-Blas et puis pour Acapulco. De ce dernier lieu, Hæncke fit un voyage au Mexique; de retour à Acapulco, il s'embarqua pour Tinian et Guam (îles Mariannes) et enfin pour l'île de Luçon. A son retour, il passa par les îles de la Société et débarqua à la Conception au Chili, en 1794. Il fit de nombreux voyages dans l'intérieur du pays. En 1796 il s'établit à Cochabamba, dans la province de ce nom comprise aujourd'hui dans le Buenos-Ayres, et d'où il fit également plusieurs voyages dans l'intérêt de la science. On a appris sa mort en 1817. Il n'est parvenu en Europe qu'un petit nombre de ses plantes, la plus grande partie de ses collections ayant été envoyée à Lima, en 1818, par le gouvernement espagnol.

Louis Née. — Don Antonio Pineda et Louis Née accompagnèrent le navigateur Malaspina dans son voyage autour du monde. Pineda mourut aux îles Philippines. Née, embarqué à Cadix le 30 juillet 1789, commença ses herborisations à Montevideo, et se rendit à la colonie Del-Sacramento. Il visita la côte de Patagonie et les îles Malouines. Entré dans la mer du Sud, il débarqua à San-Carlo de Chiloé et aborda successivement à Talcahuano et Valparaiso. Il se rendit ensuite à Callao et à Guayaquil. Arrivé à Acapulco, il traverse la Nouvelle-Espagne jusqu'à Mexico, voyage avec le docteur Thaddæus Hæncke aux Philippines, aux îles Mariannes, à la baie

Botanique, à l'île Babao, une des îles des Amis, et revient à Lima où les deux botanistes se séparent. Née passe à Talcahuano et à la Conception, voulant entreprendre par terre le voyage jusqu'à Buenos-Ayres. Il arrive à Santiago, se rend de là à Mendoza par les Cordillères del Valle et del Portillo, et à Buenos-Ayres par les Pampas. Il était de retour à Cadix en septembre 1794, rapportant environ 10,000 plantes, dont plus de 4,000 paraissaient nouvelles L'herbier de Née, ses dessins et ses manuscrits appartiennent au jardin de Madrid.

MM. de Humboldt et Bonpland. — Dans l'espace de cinq années (de 1799 à 1804) ces deux voyageurs célèbres ont parcouru des contrées dont une grande partie n'avait jamais été visitée par d'autres botanistes, et accompli une entreprise dont les résultats ont été des plus utiles aux sciences. Ils ont pénétré dans l'intérieur de l'Amérique méridionale depuis la côte de Caracas jusqu'aux frontières du Brésil ou du gouvernement du Grand-Para. Un grand nombre de plantes précieuses leur ont été offertes d'un côté par la chaîne calcaire de la Nouvelle-Andalousie, par les vallées de Cumanacoa, le Cocollar et les environs du couvent de Caripé, et de l'autre par les plaines immenses qui séparent des terrains cultivés des côtes les forêts épaisses de la Guyane, dans leur navigation pénible sur l'Orénoque, le Cassiquiare, le Rio-Negro, l'Amazone, etc. Ils ont pénétré par les Andes de Quindiu, dans les provinces de Popayan et de Pasto, et visité dans ces régions les bords du Cauca et le haut plateau qui s'étend d'Almaguer jusqu'à la ville d'Ibarra Une année de séjour dans le royaume de Quito leur a procuré les plantes qui se trouvent sur les cimes les plus élevées de notre globe. Au Pérou, ils ont été à l'est de la Cordillère des Andes jusqu'à la province de Jaen-de Bracamorros où, entre le Chinchipe et l'Amazone, la nature a étalé toutes ses richesses végétales (1).

MM. de Humboldt et Bonpland, arrivés au Mexique dans le

(1) Préface des *Plantes équinoxiales*.

mois de mars 1803, y ont séjourné pendant un an. Revenus par la Havane, où déjà ils s'étaient rendus en 1800, et par les États-Unis, s'arrêtant deux mois à Philadelphie et à Washington, leur débarquement en France s'effectua au mois d'août 1804. Ils en étaient partis en juin 1799.

Le nombre des plantes équinoxiales recueillies par MM. de Humboldt et Bonpland dans les deux hémisphères montait au delà de 6,200 espèces.

M. James Macrae. — Dans l'année 1824, la société d'horticulture de Londres profitant d'une occasion favorable qui se présentait de faire un voyage à la côte ouest de l'Amérique méridionale et aux îles Sandwich, y envoya un de ses collecteurs, M. James Macrae, jardinier intelligent. Il s'embarqua dans le mois de septembre, et revint en mars 1826 ayant visité successivement Rio de Janeiro et Sainte-Catherine, au Brésil, plusieurs ports sur la côte du Chili et les îles Sandwich. A son retour il débarqua à l'île d'Albemarle, une des îles Galapagos, et se rendit ensuite à Santiago, où il observa la végétation de la Cordillère.

Docteur Scouler. — Le docteur Scouler a fait en 1824 et 1825 un voyage à l'île de Madère, au Brésil, à l'île de Juan-Fernandez et aux Galapagos. Il était employé comme chirurgien à bord d'un bâtiment envoyé par la compagnie de la baie d'Hudson à la rivière Columbia. Parti de Gravesende le 25 juillet 1824, ayant pour compagnon de voyage M. Douglas, chargé par la société d'horticulture de Londres d'explorer la côte nord-ouest de l'Amérique septentrionale, le docteur Scouler arriva à Madère, où il fit plusieurs excursions avec M. Douglas. Ces deux botanistes visitent ensuite Rio de Janeiro, et se rendent, en passant le cap Horn, à l'île de Juan-Fernandez, et aux îles Galapagos, où ils arrivent dans le mois de janvier 1825, et qu'ils quittent pour se diriger vers la côte nord-ouest.

M. A. d'Orbigny. — Les explorations faites par M. Alcide d'Orbigny en Amérique, dans le cours de huit années, offrent un grand intérêt sous le rapport scientifique. Il partit de Brest en juin 1826 en qualité de naturaliste-voyageur, avec la mission d'explorer les États de Buenos-Ayres, du Chili et du Pérou, sous les divers points de vue de l'histoire naturelle et de ses applications. Arrivé à Rio do Janeiro au commencement du mois d'août il ne put se rendre à Buenos-Ayres qu'en janvier 1827; il n'y reste que quelques jours, et s'embarque sur la rivière Parana pour gagner les frontières du Paraguay. Il remonte cette immense rivière sur une étendue de plus de 350 lieues. Dans ce voyage, qui ne se prolonge pas moins d'une année, M. d'Orbigny parcourt successivement les provinces de Corrientes, des Missions, d'Entre-Rios et de Santa-Fé. Ne pouvant se rendre par terre au Chili et au Pérou à cause de la guerre civile, il se décide à partir pour la Patagonie, s'y rend par mer à la fin de 1828, et y séjourne huit mois. Revenu à Buenos-Ayres, il se dirige vers le Chili, et, dans l'impossibilité de gagner ce pays par le continent, il s'y rend en doublant le cap Horn. A peine arrivé au Chili, au commencement de 1830, la guerre civile, non moins animée qu'à Buenos-Ayres, lui fait prendre le parti de tenter un voyage dans la Bolivia (ancien Haut-Pérou); il débarque au port péruvien d'Arica, et observe d'abord le versant occidental des Andes et en gravit le sommet, visite l'immense lac de Titicaca, si fameux par les anciens temples du Soleil et de la Lune, ouvrage des Incas, dans les îles dont il est semé. Il s'avance jusque dans les belles plaines boisées où se trouve la ville de Santa-Cruz de la Sierra, et arrive dans la province de Chiquitos, qu'il parcourt en tous sens jusqu'à la rivière du Paraguay et à la ville de Matto-Grosso du Brésil. Après une excursion dans la province de Moxos, il remonte le Rio Chaparé jusqu'au pied des derniers contre-forts des Andes; s'élève bientôt après, de ravin en ravin, jusqu'à Cochabamba, passant tour à tour d'une zone torride à une zone tempérée, et de cette dernière à celle des neiges. M. d'Orbigny revient à Moxos et à Santa-Cruz, et de là il passe à Chuquisaca, capitale de Bolivia, distante de cette ville de 136 lieues, il revient à la Paz après avoir visité Potosi, et de la Paz, enfin, repassant pour la dernière fois la Cordillère des Andes, après avoir exploré trois ans toutes les parties de la Bolivia, il se trouve sur la côte du Pérou, où il s'embarque le 25 juillet 1833 pour la France, en passant par les ports d'Aréquipa, de Lima et du Chili.

« Dans cette absence de huit années, » dit M. d'Orbigny, dans l'aperçu de son voyage, auquel nous avons emprunté les détails qui précèdent, « j'ai parcouru 14,780 lieues, y compris mes voyages par terre, sur les rivières et par mer, et j'ai vu l'Amérique méridionale en sens divers, du 11° au 43° degré de latitude australe. »

M. Otto — En 1838 M. Édouard Otto, directeur du Jardin Royal de botanique de Berlin, entreprend un voyage à Cuba et dans les deux Amériques, afin d'y recueillir des objets d'histoire naturelle, et particulièrement des plantes vivantes pour le jardin botanique, et des échantillons desséchés pour l'herbier royal. Il se rend à Hambourg et s'embarque dans le mois d'octobre, accompagné du docteur Pfeiffer, de Cassel, qui allait faire un voyage scientifique à Cuba, et du docteur Gundlach, de Marbourg. Ils se rendent à la Havanne, et font des excursions dans plusieurs parties de l'île de Cuba. En septembre 1839, M. Otto, resté seul, quitte la Havanne et s'embarque pour New-York. De cette ville, et avant de partir pour la Guayra, il fait un voyage à Philadelphie. Revenu à New-York, il part en novembre pour la Guayra, et se rend de là à Caracas ; il visite la petite ville d'Orituco, séjourne à Chacao, fait une ascension dans la Silla de Caracas, point le plus élevé de la Cordillère de Caracas, se rend à la vallée d'Aragua, à Maracay, Puerto-Cabello, etc. Le 30 août 1840 il quitte la Guayra et se dirige vers Cumana ; il fait des excursions botaniques dans les environs de cette ville, se rend à San-Antonio, à Caripé, à Barrancas sur l'Orénoque, visite les Missions, les bords de l'Orénoque, Angostura, chef-lieu de la province de Guayana, et s'embarque le 4 mars 1841 pour revenir en Europe.

M. de Castelnau. — M. le comte F. de Castelnau est parti dans les premiers mois de 1843 pour un voyage d'exploration dans la portion centrale de l'Amérique du Sud. De Rio de Janeiro, l'expédition doit traverser toute l'Amérique méridionale, en suivant à peu près la ligne de partage entre les eaux qui se rendent au nord, et principalement dans l'Amazone, et celles qui coulent vers le sud, et se réunissent dans la Plata. Après avoir atteint Lima et exploré quelques contrées voisines, le retour aura lieu par un des affluents occidentaux de l'Amazone, par l'Amazone même, et enfin par la Guyane française. M. Weddel est attaché à l'expédition en qualité de botaniste.

M. de Castelnau était à Rio de Janeiro en juillet 1843. Il avait fait une excursion intéressante à Ténériffe, et une relâche au Sénégal, et visité, à son passage sur la côte d'Afrique, le pays de Dakar, ou d'Ackar. Les dernières nouvelles de M. de Castelnau étaient datées de Goyaz le 22 mars 1844. Partie de Rio de Janeiro, l'expédition avait traversé la Serra d'Estrella, une des branches de la chaîne des Orgues, puis, entrant dans la province des Mines, s'était dirigée sur Barbacena et Ouro-Preto. Ayant passé le Rio San-Francisco au port d'Abernard, elle était entrée par Santa-Anna dans la province de Goyaz, qu'elle avait traversée jusqu'à Villa-Boa.

AMÉRIQUE SEPTENTRIONALE.

BAIE DE BAFFIN. — GROENLAND.

Voyage du capitaine Ross. — Le voyage de découvertes entrepris par le capitaine John Ross sur les vaisseaux *l'Isabelle* et *l'Alexandre*, dans le but d'explorer la baie de Baffin, et de s'assurer de la possibilité d'un passage nord-ouest, a fourni quelques plantes récoltées sur les côtes de la baie de Baffin et à Possession-Bay. La liste de ces plantes a été dressée par

M. Robert Brown, sur les échantillons fournis principalement par la collection du capitaine Ross; les autres ou proviennent du capitaine Edward Sabine, ou ont été reçues de M Alex. Fisher, chirurgien de *l'Alexandre*. L'expédition dont il s'agit, partie dans le mois d'avril 1818, avait visité successivement les îles Shetland, le détroit de Davis, Waygatt ou Hare-Island, la baie du Prince-Régent, etc., etc., et opéré son retour dans le mois de novembre de la même année.

Hans Egède. — En 1721, le 12 mai, Hans Egède, ecclésiastique danois, s'embarque pour le Groënland, dans l'intention d'y former un établissement et de se livrer à l'instruction religieuse des populations qui habitent ce pays. Il avait recueilli des souscriptions particulières et partait avec le titre de pasteur de la nouvelle colonie.

Hans Egède débarqua à Ball's-River le 3 juillet de la même année, et s'établit près de Kangek dans une île qu'il appela Haabets-Oe, ou île de l'Espérance, du nom du vaisseau sur lequel il avait fait le voyage. Il resta quinze années dans ce pays, et retourna à Copenhague en 1736.

Egède est le premier qui ait donné quelques détails sur l'histoire naturelle et les plantes du Groënland.

M. Sabine. — *M. Scoresby*. — Le capitaine d'artillerie Édouard Sabine a visité, en 1823, une partie du Groënland dans son voyage à la mer Polaire. Les plantes qu'il en a rapportées proviennent de la côte occidentale de ce pays. Celles que l'on possède de la côte orientale appartiennent au voyage exécuté l'année précédente par M. William Scoresby pour prendre des renseignements sur la pêche de la baleine dans les mers du Nord.

Wormskiold. — Le lieutenant Wormskiold, navigateur danois, a rapporté des plantes du Groënland, du Kamtschatka et de la Nouvelle-Albion.

Herzberg.—M. Ernest Meyer a publié, en 1830, la description d'une assez grande quantité de plantes qu'il avait reçues, quelques années auparavant, d'un missionnaire de la société des frères moraves, nommé Herzberg. Ces plantes avaient été recueillies au Labrador, près d'Okak et de Nain.

ÉTATS-UNIS.

Banister. — *Vernon et Krieg* — Jean Banister, missionnaire et botaniste anglais, qui avait fait d'abord un voyage dans les Indes-Orientales, se fixa par la suite en Virginie, d'où il envoya, en 1680, un catalogue des plantes de cette localité.

A peu près dans le même temps, un Anglais, Guillaume Vernon, et David Krieg, médecin allemand, firent dans le Maryland un voyage qui avait la botanique pour objet. Ils revinrent après avoir formé un herbier de plusieurs centaines de plantes nouvelles qui vint en la possession de sir Hans Sloane.

Clayton. — Clayton (Jean), naturaliste anglais, fit un voyage botanique dans la Virginie en 1705, recueillit sur l'histoire naturelle de cette contrée des observations qu'il transmit à la société royale de Londres, et forma un herbier avec lequel Gronovius composa la *Flora Virginica.*

Catesby. — Marc Catesby, naturaliste anglais fait le voyage de la Virginie en 1712, et y reste sept années. A son retour en Angleterre en 1719, encouragé par diverses personnes à se rendre de nouveau dans l'Amérique du Nord pour y dessiner et décrire les objets les plus curieux d'histoire naturelle, Catesby se met en route une seconde fois. Il arrive à Charleston (Caroline du Sud) le 23 mai 1722. Dans le cours de la première année, il fait des excursions au milieu de la partie habitée du pays, s'avance vers la partie inhabitée et reste quelques mois au fort Moore, sur les bords de la Savannah. Il entreprit ensuite avec les Indiens plusieurs voyages vers les montagnes, en remontant les rivières Après avoir séjourné près de trois ans à la Caroline, et dans la Géorgie et la Floride, Catesby se rendit à la Providence, une des îles Bahama (Lucayes), et, de là, il visita plusieurs des îles voisines, et en particulier Andros, Abbaco, etc Il revint en Angleterre en 1726.

P. Kalm. — Le Suédois Pierre Kalm, élève de Linné, visite pendant trois années (1748-1751) l'Amérique septentrionale. Une idée patriotique de Linné donna lieu à ce voyage. Il savait qu'une espèce de mûrier (*Morus rubra*) croissait à l'état sauvage dans l'Amérique du Nord, et s'élevait à une grande hauteur dans les districts découverts du Canada La situation et le climat de ce pays ont beaucoup d'analogie avec ceux de la Suède. Linné proposa à l'Académie des sciences de Stockholm un voyage au Canada qui aurait pour but, entre autres choses, de faire des recherches pour savoir si le mûrier américain et le ver à soie qui s'en nourrit pourraient être transportés en Suède avec quelque avantage. Pierre Kalm, depuis professeur d'histoire naturelle à Abo, en Finlande, fut choisi pour faire ce voyage. Il partit de Gothembourg en octobre 1747, mais une violente tempête l'ayant obligé de se réfugier dans un port de la Norvége, il y fut retenu jusqu'au mois de février de l'année suivante, où il se rendit à Londres, et de là dans l'Amérique septentrionale. Il parcourut cette contrée pendant trois années, séjourna dans la Pensylvanie, le New-York, le New-Jersey et le Canada, et revint dans son pays en 1751. Le mûrier du Canada fut introduit en Suède et cultivé dans plusieurs jardins.

Les plantes de Kalm ont enrichi l'herbier de Linné, dans lequel elles existent encore, et où elles sont distinguées par la lettre K.

W. Bartram. — William Bartram parcourut le premier la partie méridionale des monts Alleghany. Sous les auspices du docteur Fothergill, M. Bartram quitta Philadelphie en 1773, et après avoir voyagé dans la Floride et la partie basse de la Géorgie pendant trois ans, il alla visiter le pays des Chérokis dans le printemps de 1776 Revenant sur ses pas jusqu'à la rivière Savannah, il se rendit ensuite par la Géorgie et l'Alabama à Mobile

Expédition du professeur Marter — En 1783 l'empereur

François II ayant décidé que plusieurs naturalistes entreprendraient un voyage dans des contrées éloignées, le professeur Marter fut chargé de diriger cette expédition, composée du docteur Stupicz, des jardiniers Boos et Bredemeyer, et de M. Moll dessinateur. Ils quittèrent Vienne dans le mois d'avril, et arrivèrent en septembre à Philadelphie d'où ils firent des excursions dans la Pensylvanie, la Virginie et la Caroline. Dans ce dernier État, le docteur Marter rejoignit le docteur Schœpf, avec qui il fit une excursion dans la Floride et de là à l'île de la Providence. M. Bredemeyer revint de la Caroline en Europe par l'Angleterre et arriva à Vienne en novembre 1784 avec une belle collection de plantes. Boos, qui pendant une résidence de huit mois dans les îles Bahama avait recueilli plusieurs plantes rares, revint à Vienne en 1785. M. Moll et le docteur Stupicz s'étaient séparés des autres voyageurs.

Vers la fin de 1784, M. Bredemeyer et le jardinier Schücht se mirent en marche, par ordre de l'empereur, pour rejoindre le professeur Marter qui était resté en Amérique. Ils visitèrent dans ce voyage plusieurs des grandes îles et une partie du continent jusqu'aux bouches de l'Orénoque, et revinrent par Amsterdam à Vienne, où le professeur Marter arriva dans la même année avec une collection de végétaux, ayant visité dans sa route, Londres et Bruxelles.

F. Pursh. — Frédéric Pursh avait conçu, de bonne heure, un grand désir de visiter l'Amérique du Nord, d'observer sur leur sol et dans leur climat les plantes qu'il connaissait de cette contrée et de faire de nouvelles découvertes. En 1799 il s'embarque pour Baltimore, dans le Maryland. De 1802 à 1805 il résida à Philadelphie, d'où il reçut et collecta des plantes de toutes les parties de l'Amérique. Au commencement de 1805 il se mit en route pour les montagnes et les territoires occidentaux des États du Midi commençant à Maryland et s'étendant jusqu'aux Carolines. Dans la saison suivante il se dirigea vers les États du Nord depuis les montagnes de Pensylvanie jusqu'à celles du New-Hampshire, et revint par la côte maritime Il fit constamment ces voyages à pied, traversant à chaque saison une étendue de plus de 3,000 milles, et sans autre compagnon que son chien; obligé fréquemment de séjourner au milieu de montagnes sauvages et d'impénétrables forêts, et bien loin de toute habitation des hommes. En 1807 Pursh fut chargé de la direction du jardin botanique de New-York. En 1810 il fit pour sa santé un voyage aux Antilles et visita les Barbades, la Martinique, la Dominique, la Guadeloupe et Saint-Barthélemy, d'où il revint en 1811. Il débarqua sur sa route à Wiscasset dans l'État du Maine, et observa sous le point de vue géographique la végétation de cette région qu'il n'avait pas visitée encore. Il revint en Europe en 1811 après une absence de près de douze années.

Quelque temps après la publication de sa Flore, qui parut à Londres en 1814, Pursh se rendit de nouveau en Amérique, avec l'intention de borner ses recherches à une partie de cette contrée très-peu explorée jusqu'alors, c'est-à dire le Canada. Il y mourut en 1820.

Enslen. — Pursh a décrit dans sa Flore plusieurs plantes nouvelles et rares qui manquaient à son propre herbier, et particulièrement des échantillons de la basse Louisiane et de la Géorgie. Ces plantes lui avaient été communiquées par Aloysius Enslen qui venait de parcourir les Etats occidentaux de l'Amérique du Nord en qualite de collecteur d'objets d'histoire naturelle du prince Lichtenstein, d'Autriche.

F.-A. Michaux. — En 1801 M. Michaux (François-André), fils du voyageur André Michaux et qui déjà avait accompagné son père en Amérique, part pour Charleston; il y arrive le 9 octobre, y séjourne, s'embarque pour New-York et visite le New-Jersey et Philadelphie. Il se dirige ensuite (juin 1802) vers les contrées de l'Ouest, parvient jusqu'à Lancastre et à Columbia, traverse les monts Alleghany et se rend à Pittsburgh au confluent des rivières Monongahela et Alleghany qui se réunissent pour former l'Ohio. De Pittsburgh il se dirige vers Wheeling, où il s'embarque sur l'Ohio pour se rendre au Kentucky, et arrive dix jours après (le 1er août) à Limestone; il visite ensuite Lexington, chef-lieu du comté de Fayette, se met en route pour Nasheville dans l'État de Tennessée; fait quelques excursions botaniques sur Roaring-River, et arrive à Knoxville, siége alors de l'État de Tennessée. Le 21 septembre il part de Jonesborough pour traverser les monts Alleghany et se rendre dans la Caroline du Nord, passant par les Iron-Mountains (montagnes de fer). De Morganton, chef-lieu du comté de Burke, il se rend par Columbia, siége du gouvernement de la Caroline du Sud, à Charleston, où il arrive le 18 octobre 1802, après avoir parcouru en trois mois et demi un espace de près de 600 lieues. M. Michaux resta dans la Caroline jusqu'au 1er mars 1803, époque à laquelle il s'embarqua pour revenir en France.

M. Robin. — De 1802 à 1806 C.-C. Robin a voyagé dans l'intérieur de la Louisiane, de la Floride occidentale et dans les îles de la Martinique et de Saint-Domingue. Les plantes de sa flore louisianaise ont été recueillies par Robin dans les parties méridionales de la Louisiane qui maintenant forment l'État de ce nom, et particulièrement près de la Nouvelle-Orléans et dans le district des Attakapas, excepté un petit nombre des environs de Pensacola (Floride occidentale).

Rafinesque. — Le Sicilien Rafinesque, arrivé en Amérique en 1802, voyagea jusqu'en 1804 dans les États de New-Jersey Pensylvanie, Delaware, Maryland et Virginie; en 1815 et 1816 principalement dans les États de New-York, New-Jersey et Pensylvanie. Son plus grand voyage dans l'Ouest commença en 1818; il parcourut deux fois les monts Alleghany à pied, et explora l'Ohio, l'Indiana, l'Illinois, le Kentucky, etc. Il continua ses excursions jusqu'en 1833, et traversa les mêmes montagnes Alleghany quatre ou cinq fois par des points différents (en Pensylvanie, dans le Maryland et dans le nord de la Virginie).

MM. Lewis et Clark.—En 1805, sur les instances du président Jefferson, MM. Lewis (Meriwether) et Daniel Clark, furent envoyés dans la partie ouest de l'Amérique septentrionale. Ils remontèrent le Missouri, traversèrent les Rocky-Mountains et descendirent la Columbia jusqu'aux rives de l'océan Pacifique. La collection de plantes faite dans les Rocky-Mountains et au milieu des chaînes des Andes septentrionales a été malheureusement perdue. Il n'est resté de ce voyage qu'une petite collection d'environ 150 espèces provenant des récoltes faites pendant le retour rapide de l'expédition. Ces plantes furent placées entre les mains de Pursh qui les a décrites.

Capitaine Pike.—A la même époque où MM. Lewis et Clark exploraient les sources inconnues du Missouri, le capitaine Zebulon Pike dirigeait une expédition chargée de remonter le Mississipi jusqu'à sa source. Il remplit en neuf mois l'objet de sa mission. A son retour il fut choisi pour commander une seconde expédition jusque dans l'intérieur de la Louisiane, et pénétra même dans le territoire espagnol. La relation de ce double voyage a été publiée en 1810, et l'on a lieu de regretter l'insuffisance des renseignements qu'elle donne sur la botanique et sur l'histoire naturelle des régions inconnues visitées dans ces deux expéditions.

M. J. Bradbury. — Quelques années après l'expédition de MM. Lewis et Clark que nous venons de mentionner, les mêmes pays qu'avaient explorés ces voyageurs furent visités par M. John Bradbury, envoyé en 1809 comme collecteur d'objets d'histoire naturelle pour le compte d'une association particulière. M. Bradbury descendit l'Ohio et examina les productions de ses rives; à Saint-Louis, où il resta pendant la saison entière de 1810, il explora avec soin la région environnante. Au commencement du printemps de 1811, il se joignit à une caravane de commerçants en pelleteries et remonta avec eux le Missouri jusqu'aux villages Mandans. Les grandes collections faites pendant ce voyage furent envoyées en Angleterre et tombèrent entre les mains de Pursh, qui les publia dans sa Flore, à ce qu'il paraît sans le consentement de M. Bradbury.

M. Nuttall. — M. Thomas Nuttall accompagna en 1811 M. Bradbury dans son périlleux voyage du Missouri. En 1816 il fit quelques excursions botaniques dans les États de Kentucky et de l'Ohio. Il parcourut ensuite le territoire de l'Arkansas, région alors inconnue. Parti de Philadelphie pour ce dernier voyage, le 2 octobre 1818, M. Nuttall se rend à Pittsburgh sur l'Ohio, s'embarque sur le Mississipi qu'il redescend jusque auprès des bouches de l'Arkansas et de la rivière Blanche, arrive à l'établissement des Indiens Chérokis, visite le pays au confluent de la Kiamesha et de la rivière Rouge, continue son voyage sur l'Arkansas jusqu'à la rivière de Vert-de-Gris, visite les Indiens Osages et redescend l'Arkansas et le Mississipi jusqu'à la Nouvelle-Orléans, où il arrive le 18 février 1820.

Dans les années 1834 et 1835, M. Nuttall a poursuivi le cours de ses explorations. Il a fait un voyage au travers du continent de l'Amérique septentrionale jusqu'à l'océan Pacifique, a séjourné dans l'Orégon (Columbia) et visité les îles Sandwich et la haute Californie.

Docteur Baldwin. — En 1811 le docteur Baldwin herborise aux environs de Wilmington (État de Delaware), se rend, vers la fin de cette même année, dans l'État de Géorgie, où il habite principalement Savannah et Sainte-Marie.

Il fait ensuite des explorations botaniques dans la Floride orientale et accompagne en 1817 MM. Rodney, Graham et Bland qui se rendaient en mission à Buenos-Ayres et dans d'autres ports de l'Amérique méridionale et s'arrête à Buenos-Ayres, Montevideo, Maldonado, San-Salvador, etc.

M. Correa de Serra. — M. Correa de Serra, secrétaire perpétuel de l'Académie royale des sciences de Lisbonne, part en 1815 pour New York et va quelque temps après à Philadelphie. Il a fait divers voyages dans l'Amérique septentrionale, s'occupant principalement de botanique.

M. Milbert. — M. Milbert, voyageur-naturaliste, correspondant du Muséum d'histoire naturelle de Paris, a fait à cette administration des envois très-considérables de graines utiles, et lui a fait parvenir des plantes vivantes destinées à être répandues en France. Il a rempli aux États-Unis d'Amérique, pendant sept ans (de 1817 à la fin de 1823), une mission qui avait pour objet de récolter et d'expédier au Muséum des produits des trois règnes. De New-York, où il résidait habituellement, M. Milbert a fait un grand nombre de voyages, qu'il a étendus jusqu'au Canada, jusqu'au lac Supérieur, et vers quelques parties de l'Ohio et du Mississipi.

Expédition du major Long. — En 1819, le gouvernement général américain envoya de Pittsburgh une expédition aux Rocky-Mountains, chargée d'explorer le Mississipi, le Missouri, et les tributaires navigables de ces deux grands fleuves. L'expédition, placée sous le commandement du major S.-H. Long, emmenait avec elle, entre autres naturalistes et officiers, le docteur Baldwin, chirurgien, qui devait plus particulièrement s'occuper de recherches botaniques. A sa mort, arrivée dans le cours du voyage, sur les bords du Missouri, le docteur Baldwin fut remplacé par le docteur Edwin James, botaniste, minéralogiste et chirurgien. Le 4 mai 1819, l'expédition s'embarque à Pittsburgh, descend l'Ohio jusqu'à son confluent avec le Mississipi, remonte ce fleuve jusqu'au Missouri, et celui-ci jusqu'aux Council-Bluffs, ou elle prend son cantonnement. Le 6 juin, elle se met en marche pour les Rocky-Mountains, suivant à l'ouest la vallée de la rivière plate jusqu'au lieu où cette rivière s'échappe des Rocky-Mountains. Arrivée à l'Arkansas, qu'elle redescend pendant environ 100 milles, l'expédition se partage en deux détachements chargés de se diriger vers le midi, l'un pour aller à la recherche des sources de la rivière Rouge, en descendant l'Arkansas, et l'autre pour explorer le pays. Ces deux détachements se retrouvent à Belle-Pointe, sur l'Arkansas, le 13 septembre 1820. L'expédition se met ensuite en marche dans la direction nord-est jusqu'à Cap-Girardeau, sur la rive droite du Mississipi, où elle arrive le 10 octobre. L'herbier recueilli dans cette expédition, et qui fut envoyé à Philadelphie, se composait de 5 à 600 espèces de plantes.

Le major Long a commandé depuis une seconde expédition, dont l'objet spécial était d'explorer le pays compris entre l'extrémité occidentale du lac Supérieur, le lac Winnipeg et le Mississipi, et particulièrement de remonter la rivière Saint-Pierre jusqu'à sa source. Les membres de l'expédition étaient MM. Keating pour la minéralogie, Thomas Say pour plusieurs branches de l'histoire naturelle, mais plus particulièrement pour la zoologie, et M. Seymour, dessinateur. Le naturaliste désigné, M. James, ne se trouva pas au rendez-vous, ce qui donne à ce voyage une moins grande importance sous le rapport de la botanique.

L'expédition se mit en route de Philadelphie le 30 avril. De Wheeping elle se dirigea au nord ouest vers l'extrémité méridionale du lac Michigan ; elle entrait le 7 juillet dans la rivière Saint-Pierre, dont l'exploration était un des buts principaux de l'expédition. Du fort Douglas les voyageurs se rendirent en canot au lac Winnipeg, puis, par la partie sud-est de ce lac, à l'embouchure de la rivière du même nom. L'expédition termina ses explorations le 15 septembre, jour où elle s'embarqua au fort William, et revint à Philadelphie par les lacs Supérieur, Huron et Érié, et par le canal d'Albany.

Charles Beyrich. — Charles Beyrich, gentilhomme prussien, a visité l'Amérique septentrionale sous les auspices de son gouvernement, et consacré la plus grande partie de son temps à la botanique Il passa l'été de 1833 principalement dans les deux Carolines et dans la Géorgie où, ainsi que dans quelques-uns des États voisins, il amassa une collection de 1300 espèces de plantes en une saison. Visitant la ville de Washington pendant l'hiver suivant, il apprit qu'une expédition militaire devait être envoyée au printemps dans le territoire indien, à l'ouest du Mississipi, et obtint la permission de l'accompagner. Il rejoignit le détachement à Saint-Louis, au printemps, et se rendit aux différents ports de la frontière. Au retour de cette expédition, et chargé de collections trouvées dans une région nouvelle et inconnue, Beyrich fut frappé par le choléra, et mourut au fort Gibson en septembre 1834.

MM. Geyer, Luders et Lindheimer. — Dans les premiers mois de l'année 1843, plusieurs botanistes se livraient à l'exploration des parties les plus intéressantes, situées à l'ouest de l'Amérique du nord. Deux de ces collecteurs, M. Charles A. Geyer et M. Lüders avaient atteint les Rocky-Mountains. Le point particulier où devait opérer M. Geyer et l'étendue de son voyage n'étaient pas décidés à l'époque de son départ de Saint-Louis. M. Lüders se proposait de passer l'hiver à une station de quelques missionnaires catholiques sur les eaux supérieures du Lewis et du Clark, ou de Great-Snake-River. Ces botanistes étant au fait de la végétation de la vallée générale du Mississipi et du Missouri inférieur devaient éviter les plantes communes et les mieux connues de cette région. Le troisième collecteur, M. le docteur Lindheimer, se proposait de consacrer quelques années à l'exploration du Texas, et il devait exclure de ses collections toutes les plantes communes de la partie sud-ouest des États-Unis.

MEXIQUE.

Hernandez. — Un des premiers et des plus coûteux voyages qui aient été entrepris en Amérique est celui du premier médecin de Philippe II, roi d'Espagne, don Francisco Hernandez, envoyé pour examiner et décrire les productions naturelles de l'Amérique espagnole. Il visita la Nouvelle-Espagne, et principalement la province du Mexique. Hernandez séjourna dans ces contrées de 1593 à 1600 (ou, selon quelques-uns, de 1571 à 1577). Son herbier et ses autres collections déposés à la bibliothèque de l'Escurial furent en grande partie la proie des flammes dans l'incendie de 1671.

MM. Schiede et Deppe.—Le docteur Schiede et son compagnon de voyage, M. Deppe, se trouvaient, dans le mois d'août 1828, à Xalapa, situé dans l'État de ce nom au Mexique. En venant d'Europe, ils avaient débarqué à la ville de Vera-Cruz et herborisé dans ses environs pendant un séjour de trois semaines. Après avoir passé plusieurs mois dans la région tempérée où se trouve Xalapa le docteur Schiede se met en route avec quelques personnes, et fait une ascension au Citlaltepetl ou volcan d'Orizaba. Le 28 novembre, nos deux botanistes quittent Xalapa et font une excursion à Papantla et Misantla. Ils étaient dans le mois d'octobre 1829 à Mexico, dont ils explorèrent également les environs.

Docteur Coulter. — M le docteur Coulter, parti pour le Mexique comme médecin de l'une des compagnies de mines établies en ce pays, a résidé longtemps dans les hautes montagnes C'est de là qu'il a envoyé à M. De Candolle une belle collection de plantes grasses, la plupart nouvelles, et qui ont été décrites par ce savant botaniste. En 1832, le docteur Coulter se trouvait dans la haute Californie, dont il visitait alors toute la partie habitée.

Voyage d'exploration à l'ouest du Mexique. — Une expédition ordonnée par le gouvernement français au territoire de l'Orégon, aux deux Californies et à la mer Vermeille, paraît avoir fourni quelques notions sur la botanique et la zoologie de ces régions. M. Duflot de Mofras, attaché à la légation de de France à Mexico, fut chargé, vers la fin de 1839, de la mission spéciale de visiter les provinces de l'ouest du Mexique, la Nouvelle-Galice, Colima, Sinaloa, Sonora, le golfe de Cortez, l'Ancienne et la Nouvelle-Californie, les postes des Américains et des Anglais à Astoria et sur l'étendue du Rio Columbia et du territoire de l'Orégon. Cette exploration a été exécutée pendant les années 1840, 1841 et 1842.

M. Liebmann. — M. Liebmann, botaniste distingué, a voyagé au Mexique pendant les années 1841, 1842 et 1843. Vers la fin de 1840 il fut envoyé dans cette contrée par le gouvernement danois, et partit accompagné d'un jardinier qui était chargé de récolter des plantes fraîches et des graines pour le jardin botanique de Copenhague. M Liebmann était à la Vera-Cruz en février 1841, et devait parcourir le pays avec M. de Karwinski. Le 9 avril, ces deux voyageurs arrivaient au village de Xicaltepec à 60 lieues de la Vera-Cruz; ils avaient fait la plus grande partie de la route à travers les sables brûlants des bords de la mer et le reste à une distance de 8 à 10 lieues des côtes; le 15 mai, ils se trouvaient dans la petite ville de Turutlan, après être restés 27 jours à Colipa, village indien, ne pouvant se loger à Misantla, où est le centre du commerce de la vanille. M. Liebmann a fait, depuis, une excursion au pic d'Orizaba. Il a séjourné sur la montagne pendant quatorze jours, dans un endroit nommé la Vacqueria del Jacal, et élevé de près de 10,000 pieds au-dessus de la mer.

AMÉRIQUE MÉRIDIONALE

COLOMBIE

Pihl. — Un chirurgien suédois nommé Pihl a visité, il y a longtemps, Porto-Bello, dans la province de Panama, et recueilli là environ 50 espèces de plantes. Le professeur Bergius, auquel ces plantes furent remises, en trouva plusieurs nouvelles qu'il a nommées dans son herbier.

P. Loefling. — Le Suédois Pierre Loefling s'embarque à Cadix le 15 février 1754 comme botaniste d'une expédition envoyée en Amérique par le roi d'Espagne. Il arrive à Cumana, capitale de la province de la Nouvelle-Andalousie, et qui maintenant fait partie de la république de Venezuela. Pendant les six mois qu'il résida à Cumana, il fit une excursion dans la Nouvelle-Barcelonne, aux missions de Piritu, vers la rivière Guayana, où il continua ses observations pendant deux ou trois mois; il se rendit ensuite à la mission de Curoni et retourna à Cumana. Au commencement de l'année

1755, il voulut aller visiter la mission de Mercrcuri ou Murucuri. Il y mourut en 1756.

Mutis. — Don Joseph-Célestin Mutis s'embarque en 1760 avec le marquis de la Vega, nommé vice-roi du royaume de la Nouvelle Grenade et arrive à Santa-Fé de Bogota. Ayant porté son attention vers les mines d'argent de la Montuosa et de Veta, dans les districts de Pamplona et Giron, il y résida quelques années, et trouva le moyen de s'occuper de l'histoire naturelle de ces districts. Quelque temps après, il résida près des mines de Sapo, au pied de la chaîne occidentale de montagnes du gouvernement de Mariquita, à peu de distance de la ville d'Ibague. Environ vers 1778, Mutis fut chargé par le roi de diriger une expédition botanique entreprise dans le but de reconnaître les richesses végétales du royaume de la Nouvelle-Grenade. Il choisit pour son aide don Éloi de Valenzuela, créole très intelligent, et, accompagné de quelques dessinateurs habiles, il se mit en route en 1783. Mais la santé de Valenzuela s'étant altérée, celui-ci fut obligé de revenir seul à Santa-Fé. Mutis, privé de son aide, se trouvait alors dans la ville de Mariquita. Là, il consacra une partie de son temps à l'examen des différentes espèces de quinquina qui croissent dans la province. Le climat de Mariquita étant contraire à la santé de Mutis, il ne put continuer à recueillir des matériaux pour sa *Flora Bogotensis*, et il retourna à Santa-Fé.

Don Francisco Zea, son élève, natif de la province d'Antioquia, fut chargé, en 1791 ou 1792, de poursuivre l'œuvre commencée par Mutis, et de voyager en différents lieux pour recueillir des échantillons de plantes et des graines; mais quelques années après (en 1797), accusé d'une prétendue conspiration, Zea fut dirigé en Espagne, où il fut bientôt honorablement acquitté. Il obtint ensuite, par l'entremise de Mutis, la permission de quitter Madrid et de se rendre à Paris pour consulter les botanistes de cette ville sur la flore de Bogota Zea revint en Espagne dans l'année 1804.

M. Justin Goudot.— En 1822, M. Justin Goudot partit pour l'Amerique avec plusieurs autres Français que le gouvernement de la Colombie appelait à Bogota pour y fonder différents établissements scientifiques ; il était attaché au muséum d'histoire naturelle de Paris, et spécialement chargé des collections zoologiques et botaniques.

M. Goudot était en 1823 sur les côtes de Venezuela, parcourant les bois des environs de Porto Cabello, encore au pouvoir de l'Espagne ; cette même année, il se dirigea sur Santa-Marta, d'où, remontant la Magdalena, il arriva à Bogota. En 1824, il traversa la Cordillère à l'est ; arrivé aux plaines du Meta, il parcourut les terres au sud, en traversant l'Ariari et le Guayabero, grands affluents du haut Orénoque, et explora la partie encore non visitée de ces plaines qui s'étendent jusqu'au pays insoumis des Andaquis.

En 1825, de Bogota, où il était revenu, M. Goudot se dirigea au nord sur les Cordillères, et visita la profonde vallée de la riche mine d'emeraudes de Muzo et ses environs ; il explora l'année suivante les montagnes au sud-ouest de la capitale, où se trouve situé le célèbre pont naturel d'Icononzo ou Pandi. En 1827, il traversa la vallée de la Magdalena, à l'ouest de Bogota, afin d'observer la riche végétation du Quindiu ; à cette époque, M. Goudot cessait d'être au service de la republique de la Nouvelle-Grenade.

M. Goudot fut assez heureux pour pénétrer, en 1829, et après plusieurs tentatives, jusqu'au Pic majestueux, appelé Pyramide de Tolima. montagne couverte de neiges et de glaces, la plus élevée, au nord de l'équateur, de toute la Cordillère, et dont le nom est encore à peu près ignoré en Europe. Ces régions de difficile accès, entièrement inconnues aux indigènes avant que M. Goudot les y conduisît, et d'où, plus tard, ils retirèrent en abondance du soufre, ont été depuis lors, a différentes reprises, le point de ses recherches. En 1830, il traversa la Cordillère centrale, visita la fertile vallée du Cauca, se dirigeant à la partie nord Deux ans après il revenait de cette vallée, traversant la même Cordillère, mais plus au nord, dans la montagne d Hervé. En 1835, il explora la vallée de la Magdalena, au sud de Honda, jusqu'à sa partie supérieure.

Son retour pour l'Europe n'ayant pu avoir lieu à cette époque, M. Goudot fut obligé de se livrer à d'autres travaux, employant toujours le temps qu'ils lui laissaient à observer les richesses naturelles des contrées qu'il habitait. Ce n'est qu'en mai 1842 qu'il put entreprendre son départ pour l'Europe, en descendant la Magdalena, se dirigeant sur Santa-Marta, où il mit à profit son séjour en visitant les montagnes de l'intérieur. Les circonstances l'obligèrent aussi de passer à Carthagène, ce qui lui permit d'examiner la végétation entre ce point et Turbaco. La saison trop avancée ne lui permit de faire aucune recherche aux États-Unis ; il arrivait enfin au Havre dans le mois de décembre 1842.

MM. Billberg et Dahlin. — Le docteur Billberg, parti de Stockholm à bord d'un bâtiment suédois qui se rendait à Carthagène, dans la Nouvelle-Grenade, recueille des plantes dans le cours de son voyage. Il débarque d'abord à Arendal, en Norvége, et ensuite à Belfast, en Irlande ; il herborise dans ces deux localités, et le 20 novembre 1825 il arrive à Carthagène ; il fait de fréquentes herborisations aux environs de cette ville, surtout sur la montagne la Popa et dans l'île Tierra-Bomba, et recueille environ 500 plantes. Il se rend ensuite à Porto-Bello, et pendant quatorze jours qu'il emploie à des courses botaniques, il récolte .00 espèces.

M. Dahlin, attaché à la même expédition comme chirurgien, a fait également un herbier de plantes de Carthagène et Porto-Bello.

MM. Jameson et Hall. — MM. William Jameson, professeur de chimie et d'histoire naturelle à l'université de Quito, et le colonel Hall, du même lieu, ont collecté plusieurs plantes nouvelles sur les parties les plus élevées de la Cordillère de la Colombie. Dans le mois de juillet 1831, accompagnés de

M. Boussingault, qui venait d'arriver à Quito pour examiner quelques points du pays, sous les rapports volcanique et minéralogique, ils font une excursion au sommet du volcan Pichincha, aux rochers de Quisca, situés près de la ferme de Sicsipamba, sur la chaîne orientale de la Cordillère. Le colonel Hall et M. Boussingault visitent ensuite le pic d'Antisana, le volcan de Cotopaxi, la vallée de Banos, le volcan de Tunguragua. Arrivés à Rio-Bamba, ils se rendent au Chimborazo, et explorent le sommet de cette haute montagne. En 1832, le colonel Hall fait un voyage à Payta, sur la côte du Pérou.

GUYANES HOLLANDAISE ET FRANÇAISE.

D. Rolander. — Daniel Rolander, naturaliste suédois, élève de Linné, passe dans la Guyane hollandaise en 1754, fait des observations de zoologie et de botanique autour de la baie de Paramaribo, et sur les rivières qui débouchent dans celle de Surinam, et revient à Stockholm en 1756, avec un journal de ses observations et un herbier considérable. Les collections qu'il fit à Surinam ont servi à Rottboell pour ses écrits sur la flore de ce pays.

Mademoiselle de Mérian. — Mademoiselle Marie-Sybille de Mérian entreprit le voyage de Surinam pour y étudier les insectes, ainsi que les plantes dont ils se nourrissent. Elle passa la mer dans le mois de juin 1699, et resta à Surinam jusqu'au mois de juin 1701.

P. Barrère. — Pierre Barrère se rend à Cayenne en 1722, y reste trois années, et publie en 1741 le dénombrement des plantes, des animaux et des minéraux qui se trouvent dans l'île de Cayenne, dans les îles de Remire, sur les côtes de la mer, et dans le continent de la Guyane.

F. Aublet. — Fusée Aublet, après un séjour de plusieurs années à l'île de France, de 1753 à 1761, fut envoyé, comme botaniste du roi, à la Guyane française, avec mission d'examiner tout ce qui se rapportait à ses connaissances, quant aux productions de cette nouvelle terre, et de rendre compte de tout ce qu'on pourrait faire pour ce pays. Aublet arriva à Cayenne le 23 juillet 1762, et se livra plus particulièrement à la recherche des plantes, les décrivant avec soin sur le lieu même où il les recueillait. Il quitta la Guyane à la fin de juillet 1764, se rendit à Saint-Domingue, y resta quelques mois, et arriva à Paris au commencement de 1765.

L.-C. Richard. — Louis-Claude Richard fut chargé, en 1781, d'une expédition dans la Guyane française et les Antilles. Il quitta la France dans le mois de mai, et après avoir passé plusieurs mois à Cayenne, où il était débarqué en décembre, il visita une grande partie de la Guyane française, la Martinique, la Guadeloupe, la Jamaïque, Saint-Thomas et la plupart des îles situées dans le golfe du Mexique. Il revint en France dans le mois de mai 1789.

BRÉSIL.

Jean de Leri. — Leri a été un des premiers à appeler l'attention des savants sur la végétation particulière de l'Amérique. Il fit partie de l'expédition que la compagnie des pasteurs de Genève envoya au Brésil en 1556 pour aider à y former une colonie de protestants. Il arriva en mars 1557 dans la baie de Rio de Janeiro, séjourna plusieurs mois dans une petite île où le fort dit de Coligny avait été construit par l'expédition. Leri visita les lieux voisins, et quitta le Brésil le 4 janvier 1558.

Marcgrave et Pison. — Georges Marcgrave, médecin allemand, né à Liebstadt, passa au service du comte de Nassau, gouverneur des établissements hollandais au Brésil, en 1636, visita les contrées voisines des côtes, depuis Rio-Grande jusqu'au sud de Pernambouc. Guillaume Pison, médecin et naturaliste hollandais qui avait suivi le comte de Nassau, concourut avec Marcgrave aux recherches scientifiques dont le résultat fut publié plus tard.

Vandelli et Velloso. — On doit à Vellozo, élève de Dominique Vandelli, de Padoue, et auteur de la *Flora Fluminensis*, la plupart des espèces de plantes des provinces de Rio de Janeiro et de Minas-Geraes que Vandelli publia en 1774 et 1788. Pendant une résidence de plusieurs années à Mariana, il recueillit et décrivit une grande partie des plantes provenant des environs de cette ville.

Docteur Ferreira. — Les collections du docteur portugais Alexandre Rodriguez Ferreira sont déposées à Lisbonne. Ce naturaliste fut envoyé en 1783 par le ministre de la marine pour faire des observations d'histoire naturelle et former des collections dans les provinces de Para, Rio-Negro et Matto-Grosso. Il arriva en octobre à Para, où il resta, ainsi que dans l'île de Marajo, pendant une année entière. L'année suivante, il remonta l'Amazone, accompagnant le gouverneur de Para, et visita le Rio-Negro et le Rio-Branco, aux limites nord-ouest du Brésil. En août 1788, il s'embarqua sur la rivière Madeira, et après un voyage pénible, qui dura treize mois, il arriva à Villa-Bella, capitale de la province de Matto-Grosso. Il retourna à Para en 1793. Là, il embarqua ses collections de zoologie, de botanique, de minéralogie, etc., pour Lisbonne, où il fut nommé directeur du Muséum d'histoire naturelle et du Jardin botanique.

Sieber. — Sieber fut le premier Allemand qui recueillit des plantes dans le Brésil. Le comte d'Hoffmansegg, connu par ses voyages en Portugal, envoya Sieber au Brésil pour collecter des insectes, et il rapporta une collection considérable de plantes sèches, quelques-unes des environs de Para, et d'autres de Villa-Viçosa (autrefois Cameta) sur la gauche du Tocantins.

Docteur Gomez. — Freijo. — Le docteur Bernardino-Antonio Gomez a décrit en 1812 plusieurs plantes intéressantes du Brésil qu'il avait recueillies pendant sa résidence dans cette contrée.

Un autre Portugais, Joam da Silva Freijo, a publié à Rio de Janeiro, en 1815, des notes sur l'histoire naturelle de la province de Ceara, où il résida plusieurs années, après avoir fait un voyage aux îles du Cap-Vert.

M. le prince de Neuwied. — M. le prince Maximilien de Neuwied visite le Brésil de 1815 à 1817, et parcourt la côte qui s'étend au nord de Rio de Janeiro jusqu'à Bahia. Ayant quitté Londres le 15 mai 1815, il arrive à Rio de Janeiro et se prépare à son voyage dans l'intérieur. Deux naturalistes, Sellow et Freyreiss, devaient accompagner M. le prince de Neuwied le long de la côte orientale jusqu'à Caravellas et l'aider dans ses recherches

De Rio de Janeiro, d'où ils partent le 4 août, nos voyageurs se dirigent vers le cap Frio par Praya-Grande, la Serra de Inua et San-Pedro ; se rendent à Villa do San-Salvador, sur la rive méridionale du Parahyba, continuent leur voyage au nord le long de la côte, arrivent au Rio Itapemirim et à Villa-Velha do Espirito-Santo, dans la province d'Espirito-Santo, séjournent dans cette ville, font une excursion au Rio-Doce, du Rio-Doce à Caravellas, au Rio d'Alcobaça et au Mucuri.

Le 25 juillet 1816, MM. Freyreiss et Sellow étant restés sur le Mucuri, M. le prince de Neuwied se rend de Caravellas au Rio-Grande de Belmonte par Porto-Seguro et Villa da Santa-Cruz, et séjourne sur le Rio et chez les Botocudos. Il fait ensuite un voyage au Rio dos-Ilheos et à San-Pedro d'Alcantara, dernier établissement en remontant le fleuve, et se dispose, dans le mois de janvier 1817, à se rendre, à travers les forêts, à Barra-da-Vareda dans le Sertao (désert) jusqu'aux confins de la province de Minas-Geraes, et de là à Bahia par Arrayal da Conquista. Il effectue ce voyage, fait un court séjour à Bahia, et s'embarque le 10 mai pour revenir en Europe.

M. Freyreiss. — M. G.-W. Freyreiss, de Francfort, employé quelque temps comme aide-naturaliste auprès de M. Langsdorff, suivit M. le prince de Neuwied dans une partie du voyage que nous venons de mentionner. Il fit aussi, aux frais du consul de Suède, des collections pour les herbiers d'Upsal et de Stockholm. Après un voyage à Minas-Geraes, il se rendit avec un de ses compatriotes, M. Sauerlander, aux Ilheos, d'où ils envoyèrent des collections d'histoire naturelle à l'institution de Senkenberg, dans leur ville natale.

MM. Mikan, Schott et Pohl. — Le mariage du prince royal Don Pedro donna lieu, en 1817, à l'expédition des naturalistes autrichiens que MM. de Martius et Spix accompagnèrent, comme on l'a vu précédemment, page 250. Le professeur J.-C. Mikan de Prague, M. Henri Schott, depuis inspecteur du jardin impérial de botanique de Schœnbrunn, le docteur Pohl, et M. Buchberger, botaniste peintre, avaient été chargés de la partie botanique du voyage. M. Mikan, pendant une résidence d'une année, observa particulièrement la flore des environs de Rio de Janeiro, et voyagea ensuite le long de la côte jusqu'au cap Frio. Il a publié quelques-unes de ses découvertes dans son bel ouvrage intitulé : *Delectus Floræ et Faunæ Brasiliensis.*

M. Schott herborisa aux environs de Rio de Janeiro et envoya des plantes vivantes au jardin impérial de Vienne. Il fit en outre plusieurs excursions depuis Rio jusqu'aux Campos sur les rivières Parahiba et Parahibuna, au travers du district de Canto-Gallo et jusqu'au Macacu. Il fut ensuite aidé par le jardinier Schucht, et un herbier de plusieurs milliers de plantes rares et intéressantes fut le résultat de ces travaux.

Le docteur Pohl entreprit un voyage plus étendu. Parti de Rio de Janeiro, il visite la ville d'Angra dos Reys, et entre dans la province de Minas-Geraes. Après avoir traversé San-Joaô-del-Rey, San-Pedro de Alcantara, Paracatu-do-Principe et les déserts du Rio San-Marco, il pénètre par les monts de Cristal (serra dos Cristaes) dans la province de Goyaz. Ayant parcouru principalement le pays qui s'étend à l'ouest du Rio-Claro, et pris sa route vers le nord, il arriva par Pilar, Trahiras, etc., jusqu'à la ville de Palma près du fleuve de ce nom. Il continue son voyage par terre jusqu'à l'extrémité de la province, et descend le fleuve Maranham ou Tocantins jusqu'à l'Aldea des Indiens sauvages, Cocal-Grande. Revenant sur ses pas, il se dirige à l'orient par Carmo, Natividade, Cavalcante, etc. ; rentre dans la province de Minas-Geraes, se rend à Villa-do Bom-Successo, et traversant le district de Minas-Novas, parvient près de la petite rivière de Jiquitinhonha jusqu'aux cataractes de Salto Grande, au delà du hameau de San-Miguel, voisin du pays des sauvages Botocudos. Il revint ensuite à Rio de Janeiro par Fanado, Villa-do-Principe et Villa-Rica.

Pohl évaluait à 40,000 le nombre des échantillons de plantes qu'il avait rapportés de ce voyage, parmi lesquels il comptait 5,000 espèces, la plupart nouvelles.

J. Raddi. — A la même époque où les naturalistes autrichiens se rendaient au Brésil, le grand-duc de Toscane y envoyait de son côté le botaniste Joseph Raddi. Ce savant séjourna au Brésil pendant les années 1817 et 1818, et y forma des collections de zoologie et de botanique.

Envoyé en Égypte pour en observer les productions naturelles, Raddi est mort à Rhodes en 1829 après avoir achevé son expédition. Il revenait alors d'Égypte en Toscane.

MM. Langsdorff et Riedel. — M. Langsdorff, qui a résidé à Rio de Janeiro comme consul général de Russie, a recueilli les productions du district de Rio, particulièrement celles de la montagne des Orgues et d'une partie de la côte à Cabo-Frio. Il s'était embarqué en 1822 avec une colonie de Badois destinée à cultiver les vastes propriétés qu'il possédait au Brésil.

Mais là ne se sont point bornés les voyages de M. Langsdorff dans cette partie de l'Amérique méridionale.

L'expédition russe qui, en 1820, fut placée sous sa direction était chargée d'explorer le Brésil sous le rapport de l'histoire naturelle. M. L. Riedel faisait partie de cette expédition comme botaniste.

Embarqué à Saint-Pétersbourg dans l'automne de l'année

1820, M. Riedel se trouva au Brésil au commencement de 1821. Ses premières recherches s'étendirent dans la province de Bahia et à la comarca dos Ilheos. Il voyagea ensuite sur les bords des rivières Una et Itahype jusqu'à ce qu'il arrivât aux immenses forêts primitives habitées par les sauvages Kamakans, et rejoignit l'expédition à Rio de Janeiro. Dans l'année 1823 il borna ses excursions à la province de Rio de Janeiro, et l'année suivante il entreprit un voyage dans la province de Minas-Geraes; il en visita les montagnes ainsi que celles du district des Diamants. De Rio de Janeiro, où il était revenu, il partit en 1825 pour la province de Saint-Paul, en suivant d'abord la rivière Parahiba. Il rejoignit M. Langsdorff à la ville de Saint-Paul, et dirigea ses recherches vers les environs de Campinas, Ytu, Sorocaba et Ypanema. L'année suivante il se rendit dans les parties méridionales de cette province, et traversa le tropique du Capricorne.

Dans le mois d'avril de la même année, il passa de nouveau à Ypanema et arriva à Porto-Feliz, où il joignit M. Langsdorff, et s'embarqua avec lui et toute l'expédition sur le Tiété. Au bout de deux mois ils atteignirent la rivière Parana et se dirigèrent vers la grande cataracte d'Urupupunga (salto du Viubu-Pungu). Après un voyage de deux mois sur le Rio-Pardo, un des tributaires du Parana, ils arrivèrent sur le sommet de la montagne Camapuan et séjournèrent un mois dans les environs, où M. Riedel recueillit une riche collection de plantes. Il s'embarque ensuite sur la rivière Cochim, descend le Taguary, arrive à l'embouchure du San Lourenço, et voyage sept mois en remontant ce fleuve. En septembre 1827, M. Langsdorff se détermine à faire un voyage sur les rivières Arinos et Topayos, et sur l'Amazone; mais, pour étendre cette nouvelle entreprise sur une plus large échelle, M. Riedel convient avec lui qu'il entreprendra un voyage séparément à Matto-Grosso, et qu'il prendra de là sa direction sur les rivières Guaporé, Mamore et Madeira jusqu'à l'Amazone; les deux voyageurs devaient se réunir après sept à dix mois de séparation à la villa de San-José do Rio-Negro. Arrivé à la villa de Borba, M. Riedel apprend que M. Langsdorff se trouvait à Santarem dangereusement malade; il se rend à San-José, espérant y trouver un navire pour Santarem ou Para; il ne peut s'embarquer que deux mois après sur un grand bateau qu'il achète. Il arrive à Santarem. M. Langsdorff avait quitté cette ville depuis quatre mois, se dirigeant sur Para. M. Riedel reste plusieurs semaines à Santarem, parcourant tous les environs, s'embarque le 15 décembre, et arrive à Para le 10 janvier 1829. Il y trouve M. Langsdorff très-malade et hors d'état de continuer le voyage qu'ils avaient projeté sur l'Amazone et le Rio-Negro. L'expédition reprend la route de Rio de Janeiro. M. Riedel reste quelques mois dans cette ville occupé à préparer une collection de plantes vivantes pour le jardin impérial de botanique de Saint-Pétersbourg, et s'embarque dans le mois de mai 1830.

Avant cette expédition, M. Riedel avait fait à ses frais un voyage dans la province de Bahia. Les plantes qu'il y recueillit, jointes à celles qu'il avait été autorisé à conserver pour lui-même dans l'expédition de M Langsdorff, s'élevaient à près de 60,000 échantillons et 8,000 espèces environ. En arrivant à Saint-Pétersbourg, il offrit cette grande collection au Musée du jardin impérial de botanique.

Chargé d'entreprendre un second voyage au Brésil, M. Riedel partit de Saint-Pétersbourg dans les premiers jours du mois de mars 1811, et visita particulièrement la province de Goyaz.

Mistriss Graham. — Une dame anglaise, mistriss Maria Graham, maintenant lady Calcott, a envoyé aux naturalistes anglais des plantes sèches et des dessins qu'elle a faits pendant son séjour au Brésil. Partie en juillet 1821, elle passe à Madère et à Ténériffe, et arrive en septembre à Pernambouc, d'où elle se rendit à Bahia et à Rio de Janeiro. Elle était dans cette dernière ville le 15 décembre. Lady Calcott revint une seconde fois à Rio de Janeiro en 1825, et fit une excursion à Santa-Cruz.

M. Burchell. — M. Burchell, bien connu par son voyage en Afrique, a parcouru le Brésil, toujours dans un but scientifique. Il avait formé le plan d'un voyage au travers du continent de l'Amérique méridionale, depuis Rio de Janeiro jusqu'au Pérou, revenant par Mendoza et Buenos-Ayres. Pour accomplir son projet, M. Burchell quitte l'Angleterre en mars 1825, accompagnant sir Charles Stuart qui se rendait à Rio de Janeiro, chargé d'une mission diplomatique. M. Burchell emportait avec lui, entre autres objets, une collection d'instruments de mathématiques et d'astronomie. Il passe deux mois à Lisbonne et dans le voisinage, et débarque en juillet à Rio de Janeiro, où il reste jusqu'en septembre 1826. Pendant ce temps il prépare des collections de botanique, d'entomologie, de géologie, etc., et se livre à des observations astronomiques et géodésiques. Il visite aussi une portion de la province de Minas-Geraes. De Rio M. Burchell se rend par mer à Santos, où il reste trois mois explorant les districts environnants. Il s'établit, à Cubatao, dans une hutte solitaire, au milieu des forêts, pour être plus à portée d'étudier les productions de la grande chaîne de montagnes au pied de laquelle il se trouve; il y reste deux mois. Il se rend ensuite à la ville de Saint-Paul (San-Paulo), presque sous le tropique du Capricorne, et de là pendant sept mois il étend ses recherches dans diverses directions. Prenant sa route vers le nord, il séjourne neuf mois à Goyaz; c'est le premier Anglais qui soit entré dans la province de ce nom. Il y passe la saison des pluies, en 1827, et continue à faire de nombreuses collections. Dans le mois d'avril 1828 il calculait que son herbier renfermait plus de 5,000 espèces; la partie entomologique était huit ou neuf fois plus considérable que celle qu'il avait recueillie en Afrique.

Des circonstances particulières l'ayant forcé de modifier le plan de son voyage, M. Burchell prend le parti, au lieu de terminer par Buenos-Ayres, de se rendre à Para et de s'y embarquer pour l'Angleterre. De Goyaz, M. Burchell se dirigea vers le nord, et en 1828 il atteignit Porto-Real. Obligé d'attendre la saison convenable pour s'embarquer et descendre la rivière, il en profita pour compléter ses observations astronomiques et former des collections dans des lieux qu'aucun voyageur scientifique n'avait encore visités. Il arriva enfin à la ville de Para en juin 1829, où il attendit, jusqu'au mois de février suivant, l'occasion de s'embarquer pour l'Angleterre.

Le nombre des plantes récoltées par M. Burchell lui-même dans leur lieu natal et dans diverses parties du monde a été évalué par lui à 15,000 espèces. Les plantes provenant de son voyage au Brésil s'élèveraient à 7,000 espèces, y compris le petit nombre de celles qu'il a recueillies dans le Portugal, à Madère et à Ténériffe.

M. Moritz — Le voyageur prussien Moritz, qui se proposait de descendre le haut Orénoque jusqu'au Rio-Negro et jusqu'à Varinas, n'ayant pu accomplir son projet, est resté plusieurs mois dans les établissements des missionnaires sur la rivière Carani ; il est revenu en Europe en 1837, rapportant avec lui des collections considérables de botanique et de zoologie qui ont été ajoutées au Muséum et au jardin botanique de Berlin.

Voyageurs divers. — Frey Leandrò de Sacramento, de l'ordre des carmélites, professeur à l'école de médecine de Rio de Janeiro, a envoyé quelques collections de plantes sèches au Muséum d'histoire naturelle de Paris et à l'Académie royale des sciences de Munich. — MM. Lund, docteur Dollinger, Luschnacht, à Rio de Janeiro ; M. Beyrich, envoyé par le jardin de Berlin, ont transmis des plantes du Brésil qui se trouvent décrites dans différents ouvrages. — M. Lhotsky a fait parvenir des plantes recueillies par le médecin A.-L. Patricio da Silva Monse pendant une résidence de plusieurs années à Cujaba. — M. le baron de Karwinski a visité Rio de Janeiro et herborisé dans les montagnes des Orgues. — Des envois de plantes sèches recueillies par le docteur Regnell, médecin et naturaliste suisse, au Brésil (Villa de Caldas), sont arrivés en Europe dans les premiers mois de l'année 1843.

PÉROU ET CHILI.

Feuillée. — Le père Feuillée, religieux de l'ordre des minimes, fut chargé, en 1708, par Louis XIV, de se rendre dans l'Amérique méridionale, afin d'y faire toutes les observations nécessaires pour la perfection des sciences et des arts, l'exactitude de la géographie, etc. Le père Feuillée s'était proposé d'utiliser ce voyage dans l'intérêt de la botanique et de la zoologie, et il avait formé le projet de dessiner les plantes les plus curieuses et les arbres dont les fruits ne seraient pas connus en Europe, d'en décrire l'histoire et de tâcher, par le moyen des Indiens, d'en découvrir l'usage et les propriétés; il voulait dessiner aussi les animaux qu'il trouverait, et les représenter dans leurs couleurs naturelles. Il fit ses recherches et ses observations pendant les années 1708-1711, visitant Buenos-Ayres, Montevideo, la Conception, Valparaiso, ainsi que Lima, Coquimbo, Cobija, Arica.

Antérieurement à cette expédition, le père Feuillée avait entrepris, en 1700, un voyage dans le Levant. De 1703 à 1706 il s'était rendu dans les Antilles, à la Martinique, à Saint-Domingue et Saint-Thomas, et avait visité sur les côtes de la Nouvelle-Espagne, Porto-Bello et Carthagène.

A.-F. Frézier. — Amédée-François Frézier s'embarque à Saint-Malo le 23 novembre 1711 pour se rendre au Chili et au Pérou. Il visite dans le Chili Valparaiso, Santiago et Coquimbo, et remonte la côte du Pérou jusqu'à Lima, s'arrêtant à Cobija, port de la ville d'Atacama, à Arica, à Pisco, à Callao, d'où il s'embarque le 9 octobre 1713 pour la Conception, passe trois mois dans cette ville, retourne en France et débarque au port de Marseille le 17 août 1714.

Joseph de Jussieu. — En 1735 Joseph de Jussieu fut choisi comme botaniste pour accompagner les astronomes de l'Académie des sciences envoyés au Pérou pour mesurer sous l'équateur un degré du méridien. Il avait mission d'étudier l'histoire naturelle des pays qu'il devait parcourir, et de faire parvenir au Jardin des plantes de Paris tout ce qu'il pourrait recueillir en graines et autres objets utiles ou curieux. Deux mathématiciens espagnols, don Georges Juan et don Antoine de l'Ulloa, avaient été désignés par leur gouvernement pour suivre les académiciens de Paris et les assister dans leurs observations. Les deux savants espagnols reçurent l'ordre de s'embarquer sur deux vaisseaux de guerre qu'on armait à Cadix pour transporter le vice-roi du Pérou à Carthagène et de là à Porto-Bello. A peu près dans le même temps les académiciens français devaient partir à bord d'un bâtiment de leur nation, et, prenant leur route par Saint-Domingue, venir joindre les Espagnols à Carthagène pour continuer le voyage tous ensemble. Le 9 juillet 1735 ceux-ci débarquent à Carthagène (ils étaient partis de Cadix le 26 mai); et vers le milieu de novembre arriva la commission française dont faisaient partie, entre autres, avec Joseph de Jussieu, les académiciens Godin, Bouguer et de la Condamine. Joseph de Jussieu avait, dans sa route, touché à la Martinique et à Saint-Domingue, d'où partirent ses premiers envois pour le Jardin des Plantes.

L'expédition s'embarque le 25 novembre à Carthagène pour se rendre à Quito par Porto-Bello, Panama et Guayaquil. Elle arrive à Quito le 29 mai 1736. Bouguer et de la Condamine, qui étaient restés à Guayaquil pour y faire quelques observations, rejoignirent leurs compagnons à Quito dans les premiers jours de juin.

Pendant le temps employé aux travaux astronomiques auxquels concourut d'ailleurs Joseph de Jussieu en mathématicien éclairé, il s'occupa de botanique activement; il se rendit à Loxa, observa les différentes espèces d'arbres qui donnent le quinquina, les caractères qui distinguent chaque espèce, le degré de vertu de chacune; il apprit aux habitants mêmes du pays a employer cette écorce avec méthode, à en reconnaître les différentes espèces, à en tirer la matière extractive, etc.

Après sept années de travaux pénibles, les astronomes se disposaient à retourner en Europe, mais Joseph de Jussieu ne put se résoudre à quitter le Pérou sans visiter les parties inconnues de ce pays qui lui offraient l'espoir de découvertes et d'observations nouvelles. Il ne commença cependant ses voyages qu'en 1747, ayant été retenu par ses fonctions de médecin et par des maladies violentes auxquelles il ne put échapper. Il parcourut plusieurs pays sauvages et inhabités jusqu'à ce qu'il arrivât au pays des Moxos. Tout ce que les provinces éloignées des côtes pouvaient lui offrir d'objets nouveaux avait été l'objet de son attention. Il se retrouva, en 1750, au Potosi, séjourna pendant cinq années dans cette province et se rendit à Lima, où il arriva vers la fin de décembre 1755. Il resta dans cette ville jusqu'en 1771, époque où il revint à Paris, après trente-six ans d'absence.

De la Condamine. — De la Condamine faisait, comme nous venons de le voir, partie de l'expédition dans laquelle figurait Joseph de Jussieu. Après avoir terminé ses travaux académiques sur les montagnes de Quito, de la Condamine se trouvait, vers la fin de mars 1743, à Tarqui, près de Cuenca au Pérou. Il en part le 11 mai, s'arrête dans les montagnes de Loxa pour y recueillir des plants de quinquina, et se rend a Jaen. De là il atteint le Maranham (l'Amazone) s'embarque dans un petit canot et se dirige vers San-Francisco de Borja. Ayant toujours suivi le cours du fleuve, et s'étant arrêté à Pauxis et à Curupa, de la Condamine arrive à la ville de Para le 19 septembre, et à Cayenne le 26 février 1744. Un an plus tard il était de retour en Europe.

Juan et Ulloa — De 1740 à 1746, don Georges Juan et don Antoine de Ulloa, que nous avons nommés plus haut, se rendent à Lima, et reviennent à Quito, font un autre voyage à Guayaquil, et de Lima où ils se rendent de nouveau, ils par tent pour l'île de Juan-Fernandez et la côte du Chili, où ils visitent la Conception et Valparaiso. Ils font enfin un troisième voyage à Lima, pour passer de là en Espagne par le cap Horn.

Voyageurs divers. — La résidence au Chili de M. Al. Cruckshanks et ses excursions étendues, d'abord à Mendoza, dans le Buenos-Ayres et ensuite à Lima et à Pasco dans le Pérou, ont produit des résultats favorables à la science. — Le major O'Brien a voyagé dans le Haut-Pérou comme naturaliste. Il s'y était rendu vers la fin de 1833. — Le naturaliste Tschudy, aidé par le roi de Prusse et d'autres souscripteurs, et envoyé à Lima pour faire des excursions dans les Cordillères du Pérou et les pays voisins, a transmis en 1840 au Muséum de Neuchâtel les objets qu'il avait recueillis jusqu'alors. Il se trouvait encore à cette époque dans les montagnes du Pérou.

URUGUAY — LA PLATA

Docteur Gillies. — Le docteur Gillies a résidé plusieurs années à Mendoza, au pied oriental des Andes ; il a fait plusieurs excursions d'abord par les Cordillères jusqu'aux bords de l'océan Pacifique, et ensuite au travers des Pampas jusqu'à l'Atlantique. Il a parcouru les hauteurs non fréquentées de Uspallata et les montagnes encore plus inconnues de San-Luis et Cordova.

M Baird. — M Baird a collecté en 1830 des plantes de Buenos-Ayres, de l'Uruguay et d'une partie de la Banda orientale.

M. Tweedie. — M. Tweedie a consacré beaucoup de temps à recueillir les productions végétales des rives de la Plata, du Parana et de l'Uruguay. Il a depuis étendu ses recherches jusqu'à Sainte-Catherine, dans le Brésil, principalement en société avec M. H.-S. Fox, envoyé anglais a Rio de Janeiro. De Buenos-Ayres ces naturalistes remontèrent l'Uruguay environ jusqu'à 60 milles, et revinrent le long de la côte de la Banda orientale, ne passant pas un seul des points où pénétrait le bâtiment sans descendre à terre et explorer avec soin les hauleurs et les vallées qui pouvaient faire espérer quelques plantes, jusqu'à ce qu'ils eussent atteint le Rio-Grande-do-Sul, où ils restèrent quelque temps avant de revenir à Rio de Janeiro. M. Tweedie a collecté plus de 1,000 espèces de plantes dans ses différentes excursions.

Il a décrit le voyage qu'il entreprit dans les mois de mars, avril et mai 1835 au travers des Pampas de Buenos-Ayres jusqu'aux Andes de Tucuman et l'excursion assez pénible qu'il fit en avril 1837 au sud de Buenos-Ayres, au delà du Rio Salado ou Saladillo jusqu'à la chaîne de montagnes appelée Serra de Tendil, pays qui, probablement, n'avait jamais été visité par un botaniste.

ILES DANS L'OCÉAN ATLANTIQUE

ANTILLES.

Hans Sloane. — Le chevalier Hans Sloane, attaché en qualité de médecin au duc d'Albemarle, qui venait d'être nommé gouverneur de la Jamaïque, s'embarque pour cette île le 12 septembre 1687, et touche à Madère, à la Barbade, à Névis et à Saint-Christophe, dont il observe les productions naturelles. Il arrive à la Jamaïque le 19 décembre, et resté bientôt sans fonctions par la mort du duc d'Albemarle survenue peu après son arrivée à la Jamaïque, Hans Sloane quitte les Antilles le 16 mars 1688, rapportant environ 800 espèces de plantes sèches et des notes sur leurs qualités et leurs usages.

Charles Plumier. — Le père Plumier, religieux de l'ordre des minimes, fut chargé une première fois par le roi Louis XIV d'entreprendre un voyage aux îles Antilles pour y examiner les établissements français et faire la recherche de tout ce que la nature produit de plus rare et de plus curieux dans ces parages. Accompagné de M. Surian, botaniste de Marseille, très-versé dans la connaissance des plantes, le père Plumier partit en 1690 et se rendit à Saint-Domingue. M. Surian y forma un herbier assez considérable qui appartient aujourd'hui, comme nous l'avons vu précédemment, page 316, à M Adrien de Jussieu. Surian et le père Plumier revinrent l'année suivante. Le père Plumier s'était acquitté si bien de sa commission, que dans la suite il fut envoyé deux fois aux frais du roi de France pour compléter l'histoire naturelle des Antilles. Il partit d'abord en 1693, revint dans la même année, et s'embarqua une troisième fois en 1695.

Pendant les années 1690 et 1693 qu'il a employées à ses deux premiers voyages, le père Plumier a dessiné, autant que possible dans leur grandeur naturelle, et décrit près de 600 plantes différentes.

Pouppé Desportes. — En 1732 Pouppé Desportes (Jean-Baptiste René) est envoyé, comme médecin du roi, à Saint-Domingue et réside au Cap-Français. Il a publié le catalogue de toutes les plantes qu'il a découvertes dans cette île pendant son séjour de seize années. C'est la première liste qui ait été donnée de ces plantes, dans laquelle Desportes n'a fait entrer cependant que les espèces officinales.

P. Browne. — Le docteur Patrice Browne, médecin et naturaliste irlandais, réside pendant plusieurs années à la Jamaïque, ne perdant aucune occasion de rassembler les matériaux les plus authentiques pour l'histoire civile et naturelle de cette île qu'il a publiée en 1756. Browne a décrit environ 1,200 espèces de plantes croissant à la Jamaïque. Il fit un second voyage aux Antilles, en 1760, et resta principalement à Montserrat et Antigua. Il y forma, pendant son séjour, un herbier qu'il donna, à son retour (1781), au docteur Ed. Hill.

Le baron de Jacquin. — Le baron Nicolas-Joseph de Jacquin, envoyé par l'empereur d'Autriche, partit de Vienne en 1754, accompagné du jardinier Van der Schot, pour se rendre dans les Antilles et dans le continent de l'Amérique méridionale, afin d'enrichir le jardin royal de Schœnbrunn des productions végétales de ces contrées. Après avoir visité la Martinique, la Grenade, Saint-Vincent, Saint-Eustache, Saint-Christophe, Saint-Martin, Saint-Barthelemy, Aruba, la

Jamaïque, Cuba, Curaçao, il revint à Vienne dans le mois de juillet 1759.

Nicolson. — Le père Nicolson, religieux dominicain, séjourne pendant près de quatre années à Saint-Domingue. Il a donné, en 1776, l'histoire naturelle de cette île.

O. Swartz. — Olaf Swartz quitte la Suède en 1783, passe une année dans l'Amérique septentrionale et se rend ensuite à la Jamaïque. Il va à Saint-Domingue et dans quelques autres îles des Antilles. En 1786 il revient à Kingston dans la Jamaïque, s'embarque pour l'Angleterre, reste quelque temps à Londres et retourne en Suède en 1789.

De Rohr. — J.-P.-B. de Rohr, directeur et inspecteur de l'agriculture dans l'île de Sainte-Croix, employa les années 1784 et 1785 à parcourir plusieurs points importants de l'Amérique, tels que la Jamaïque, la Martinique, les environs de Surinam, de Carthagène, l'île de Cayenne, celles de Sainte-Marthe, de Sainte-Croix, etc. Il avait été chargé par Christian VII, roi de Danemark, de voyager en différentes parties de l'Amérique pour y faire des recherches relatives à l'amélioration de la culture du coton dans les colonies danoises. Il recueillit avec soin toutes les plantes qu'il rencontra dans ses différents voyages, et en fit passer un grand nombre à Vahl.

De Tussac. — M. de Tussac a séjourné pendant près de seize années dans les Antilles, et particulièrement à Saint-Domingue. Il est resté dix mois à la Jamaïque, où il a rencontré un grand nombre de plantes qui avaient échappé à Patrice Browne.

M. Turpin. — P.-J.-F. Turpin, connu par ses travaux si remarquables d'iconographie végétale, parti en 1794 avec l'expédition de Brest, arrive à Saint-Domingue en même temps que M. Poiteau, qui avait suivi l'expédition organisée à Rochefort. Ces deux botanistes herborisent ensemble aux environs de Cap-Français. M. Turpin revient en France avec le bataillon du Calvados dans lequel il était incorporé. Quelque temps après il demande à retourner à Saint-Domingue ; il prit part au siége de Jacmel et parvint ensuite à se faire réclamer comme dessinateur par M. Sorel, ingénieur en chef au Port-au-Prince. Après un séjour de quelques mois dans cette ville, M Turpin revint au Cap-Français où il retrouva M. Poiteau, qui le mit en relation avec M. Stevens, consul des États-Unis. C'est aux frais de ce dernier que MM. Turpin et Poiteau s'installèrent dans l'île de la Tortue, où ils espéraient trouver des plantes plus intéressantes ou plus rares qu'aux environs du Cap. Ils restèrent près d'un an dans cette petite île et revinrent ensuite au Cap avec une assez riche collection de plantes et de dessins. M Poiteau ayant quitté Saint-Domingue pour se rendre aux États-Unis, M. Turpin resta au Cap et continua de se livrer à l'étude des plantes, mais la position de la colonie devenant de plus en plus critique, il s'embarque pour les États-Unis, arrive à New-York et se rend de là à Philadelphie. M. Alexandre de Humboldt aborda à cette époque à Philadelphie en revenant de son voyage de l'Amérique méridionale, et M. Turpin s'embarqua avec lui pour revenir en France, à la fin de 1802.

Ledru et Riedlé. — Dans le mois de juin 1796, le capitaine Baudin, à la suite d'une expédition qu'il avait entreprise de 1793 à 1795, et dans laquelle il avait visité la Chine, les îles de la Sonde, la presqu'île de l'Inde, le cap de Bonne-Espérance, etc., s'était vu, à son retour, forcé par une tempête de relâcher en Amérique à l'île espagnole de la Trinité. Il y avait déposé les restes d'une collection d'histoire naturelle sauvés du naufrage, et les offrit, à son retour, au gouvernement français qui les accepta. Le capitaine Baudin partit le 30 septembre 1796 pour aller chercher lui-même ces collections, accompagné de quatre naturalistes désignés par le Muséum d'histoire naturelle de Paris, savoir MM. Maugé et Levillain pour la zoologie, et pour la botanique MM. Ledru et Riedlé, ce dernier jardinier du Muséum. Une tempête jeta l'expédition sur les îles Canaries. Après une relâche de quatre mois à l'île de Ténériffe, l'expédition en partit le 15 mars

1797 pour se rendre à la Trinité. Arrivé à cette île, le capitaine Baudin ne put obtenir la permission d'enlever les objets d'histoire naturelle qu'il avait, en 1795, confiés à plusieurs Français qui y résidaient. Ne voulant pas revenir en Europe sans avoir justifié la confiance du gouvernement, le capitaine Baudin se détermina à relâcher successivement aux îles danoises de Saint-Thomas et Sainte-Croix et à Porto-Rico. Il appareilla de cette dernière île le 15 avril 1798 et entrait le 7 juin dans le port de Fécamp.

Les naturalistes employés à cette expédition rapportèrent un grand nombre d'objets d'histoire naturelle recueillis tant à Ténériffe qu'à la Trinité, Sainte-Croix et Porto-Rico. On y comptait particulièrement 200 échantillons de bois, environ 400 espèces de graines et 8,000 plantes desséchées en herbiers, formant 900 espèces

Euphrasen — Euphrasen, Suédois qui publia la description de Saint-Barthelemy, ainsi que des îles Saint-Eustache et Saint-Christophe (Stockholm 1798), décrivit 167 espèces de plantes.

L'Herminier. — L'Herminier (Félix-Louis), longtemps pharmacien à la Guadeloupe où il s'était rendu en 1798, a fait dans ce pays des excursions botaniques, minéralogiques et zoologiques. En 1815 il se rend dans l'île de Saint-Barthelemy, une des petites Antilles, et visite successivement Antigoa, Saba, Saint-Thomas, Saint-Eustache, etc. Il fait un voyage aux États-Unis et se rend à Charleston dans la Caroline du Sud.

M Simmonds. — Thomas-William Simmonds, botaniste et naturaliste ardent, accompagna lord Seaforth à la Barbade vers l'année 1804, et mourut bientôt après, alors qu'il était occupé à explorer l'île de la Trinité

M. Ritter — M Charles Ritter, attaché aux jardins de la cour de Vienne, part en 1819 et se rend à Saint-Domingue chargé de recueillir pour les collections impériales des plantes vivantes et des objets d'histoire naturelle Il s embarque pour l'Europe le 1er mars 1821, rapportant avec quelques plantes sèches une collection importante de bois, de végétaux vivants et de graines.

A. Plée. — Plée (Auguste), voyageur naturaliste du Muséum d'histoire naturelle de Paris, partit pour Saint-Thomas et pour les États-Unis en 1820, à l'époque où l'on venait d'établir les élèves-voyageurs du Muséum. Il visita la Martinique, Porto-Rico, Sainte-Lucie dans les Antilles, Maracaybo dans la Colombie, etc., et mourut à la Martinique au moment où, après sept années de voyage, il se disposait à revenir en France.

Voyageurs divers. — M. Parker (C.-S.), après avoir visité une partie de la Guyane hollandaise et quelques-unes des Antilles et fait plusieurs collections de plantes, eut le malheur de les perdre en 1824 dans le naufrage du bâtiment qui les rapportait. Il n'a pu sauver que quelques herbiers récoltés à la Barbade, à la Trinité et à Saint-Vincent. — Le baron de Schack, mort en 1824 à la Guayra (Amérique méridionale), a longtemps résidé dans l'île de la Trinité, d'où il a envoyé des plantes aux jardins botaniques de Glasgow et de Liverpool. — Le docteur James Macfadyen, appelé, il y a quelques années, à la direction du jardin botanique du gouvernement, qu'on avait voulu établir à la Jamaïque, a collecté pour la flore de cette île de nombreux matériaux qu'un séjour de plus de douze années lui a permis de compléter. — M. J.-C. Breutel a fait (de décembre 1840 à juin 1841) un voyage botanique aux îles de Saint-Thomas, Sainte-Croix, Saint-Jean, Saint-Christophe et Antigua.

OCÉAN ATLANTIQUE.

ILES MALOUINES.

Dom Pernety. — Dom Antoine-Joseph Pernety, bénédictin de la congrégation de Saint-Maur, fait en 1763 et 1764 un voyage aux Malouines, et visite sur sa route la côte du Brésil et particulièrement l'île Sainte-Catherine, et Montevideo dans le Rio de la Plata. Pernety accompagnait L.-A. Bougainville qui allait reconnaître ces îles et y former un établissement.

Dumont d'Urville. — Cet officier a donné la flore des îles Malouines, où il a séjourné un mois, de novembre à décembre 1822, venant de Sainte-Catherine sur la côte du Brésil, dans le voyage de *la Coquille*, que nous avons déjà mentionné page 376.

OCÉANIE.

MALAISIE.

ILES DE LA SONDE.

J. Bontius. — J. Bontius se rend vers le milieu du dix-septième siècle à Batavia pour y exercer la médecine. Il a publié des observations relatives à la botanique et à l'histoire naturelle des Indes-Orientales.

F. Valentyn. — François Valentyn, voyageur hollandais, s'attacha comme ecclésiastique au service de la compagnie des Indes. Il partit en 1685 pour Batavia, fut quelque temps prédicateur à Japara, sur la côte septentrionale de Java, et alla ensuite exercer ses fonctions à Amboine; plus tard, il se rendit à Banda (Neira), et revint ensuite à Amboine. En 1694, Valentyn retourna en Europe, puis fit, en 1706, un second voyage à Batavia, qu'il quitta dans l'année 1714 pour revenir en Hollande. Il a décrit et figuré un nombre considérable de plantes de ces contrées.

W. Marsden. — William Marsden séjourna plusieurs années à Bencoulen. Il a donné, en 1782, dans son histoire de Sumatra, quelques notices sur les plantes qui croissent dans cette dernière île.

M. Radermacher. — M. J.-C.-M Radermacher, conseiller de la compagnie hollandaise des Indes-Orientales, a donné également dans un ouvrage publié à Batavia, de 1780 à 1782, une liste assez considérable de plantes de l'île de Java.

Docteur Horsfield. — Le docteur Thomas Horsfield a publié la description des végétaux les plus rares qui font partie d'un herbier de 2,000 espèces de plantes qu'il a récoltées lui-même dans l'île de Java, et qui sont placées dans le musée de la compagnie des Indes, à Londres. M. Horsfield a résidé plus de seize années à Java, et a visité les îles voisines de l'Archipel indien. Ses recherches commencèrent en 1802 par des excursions dans l'intérieur de Java. En 1812, il fut envoyé à Banca par le gouvernement colonial; en 1818, il visita Bencoulen et Padang sur la côte ouest de Sumatra, et dans un voyage au district de Menangkabou, situé à l'est de Padang, il put collecter quelques-unes des productions botaniques et zoologiques de Sumatra. Il revint en Angleterre dans le courant de l'année 1819.

MM. Van Hasselt et Kuhl. — En juin 1820, le docteur Jean-Conrad Van Hasselt s'embarquait avec M. Kuhl pour l'île de Java. M. Kuhl avait été chargé par le roi des Pays-Bas d'explorer les possessions hollandaises des Indes-Orientales. Ces naturalistes firent différentes excursions botaniques dans l'île de Java, et, entre autres, à l'extrémité occidentale de cette île, contrée déserte et rarement fréquentée par les Européens. Tous deux moururent peu de temps après à Buiten-Zorg, ville de Java.

M. Reinwardt. — M. Reinwardt était de retour en 1822 de son voyage dans les possessions hollandaises de l'Inde, où il avait été envoyé, en 1815, par le roi des Pays-Bas Il a passé la plus grande partie de son séjour hors d'Europe, dans l'île de Java; il a fait aussi des excursions à Timor, aux îles de Banda, d'Amboine et aux Moluques. Quoiqu'il ait perdu quatre fois de suite, par des naufrages, ses collections d'histoire naturelle, il a réussi à les remplacer une cinquième fois, du moins en grande partie.

M. Spanoghe. — M.-J. B. Spanoghe, résident hollandais à Coupang, établissement hollandais de Timor, a exploré botaniquement l'intérieur de cette île en 1834, et a visité les îles voisines. Il a envoyé en Hollande un herbier qu'il avait recueilli dans cette contrée.

Docteur Junghuhn. — Docteur Korthals. — Le docteur Franz Junghuhn, dans son désir d'étudier la végétation des champignons sous les tropiques, prit du service en Hollande et s'embarqua, en 1835, à Batavia comme attaché à l'établissement hollandais dans l'île de Java. M. Junghuhn arrivait à Batavia le 7 octobre. Dans l'espace d'un mois et demi ses herborisations dans le pays entre Batavia et Weltevreden lui procurent près de 300 espèces de plantes phanérogames, et un grand nombre de graminées, de cypéracées et de cryptogames. Après un séjour à Samarang, M. Junghuhn se rendit, en 1836, à Djocjakarta, dans la province de ce nom, avec l'intention d'y rester plusieurs mois.

Le docteur Korthals était à Java en 1836, également occupé de recherches botaniques.

ARCHIPEL DES MOLUQUES

Rumphius. — Rumpf (Georges-Everhard), en latin Rumphius, s'embarque pour les Indes-Orientales, et se trouvait, en 1654, dans les possessions hollandaises des îles de la Sonde. Nommé, par la compagnie hollandaise des Indes-Orientales, au service de laquelle il fut attaché, consul et premier marchand à Amboine, il a employé les longues années qu'il a passées dans cette contrée à étudier les plantes qui s'y rencontrent, ainsi que celles des îles Moluques et des pays qui en sont voisins. Il séjourna à Amboine jusqu'à sa mort, arrivée en 1706, et recueillit lui-même en grande partie les matériaux de son *Herbarium Amboinense*.

ILES PHILIPPINES.

Kamel. — Georges-Joseph Kamel, en latin Camellus, missionnaire jésuite, envoya, vers la fin du dix-septième siècle, à quelques botanistes d'Europe, diverses plantes des îles Philippines et particulièrement de Luçon (Manille), où il résidait. Il a écrit quelques mémoires relatifs à l'histoire naturelle de ces contrées, et envoyé à Petiver, en 1701, ainsi qu'à Ray, un catalogue des plantes de l'île de Luçon.

AUSTRALIE.

NOUVELLE-GUINÉE.

Expédition du docteur Maklot. — Le docteur H.-C. Maklot, de Francfort, a voyagé, comme naturaliste, dans les colonies hollandaises. Il se trouvait à Amboine en septembre 1828, après avoir passé tout l'été à naviguer sur les côtes de la Nouvelle-Guinée. L'expédition dont le docteur Maklot était le chef, et qui se composait des vaisseaux *le Triton* et *l'Iris*, était envoyée par le gouvernement des Pays Bas. Elle avait pour but principal de chercher un emplacement convenable pour y former un établissement civil et militaire. M. Zippelius, naturaliste du gouvernement, faisait partie de cette expédition. Ayant mis à la voile le 22 avril, elle s'était dirigée sur l'île Banda (où M. Zippelius, dans plusieurs excursions, ne put découvrir plus de 10 plantes nouvelles), et de là sur la côte de la Nouvelle Guinée, où elle arriva le 21 mai, et jeta l'ancre a l'entrée du fleuve Dourga, sur la côte sud-ouest. L'expédition côtoya ensuite vers le nord, et entra dans une baie qui prit le nom d'un des vaisseaux, et fut appelée la baie du Triton. Cette baie, située près de Lobo, et non loin de Namatode, présentait une place très-favorable pour l'établissement projeté. On y construisit le fort Du Bus. M. Zippelius recueillit aux environs de Namatode beaucoup de plantes nouvelles.

Le 30 août l'expédition remit à la voile et rentra le 6 septembre à Amboine.

Ce voyage procura environ 300 espèces de plantes faisant près de 4,000 échantillons, y compris 600 exemplaires de cryptogames, 30 espèces de graines et un grand nombre de dessins, indépendamment de collections zoologiques et minéralogiques rassemblées également pendant l'expédition

Sieber. — F.-W. Sieber se trouvait, en 1823, dans la Nouvelle-Hollande, occupé à la recherche des plantes.

M. Collie. — M. Collie, un des naturalistes du voyage de découvertes du capitaine Beechey (1825 à 1828), a formé des collections considérables à Swan-River (rivière des Cygnes) et le long de la côte méridionale de la Nouvelle-Hollande jusqu'à la terre de Leeuwin.

Ch. Fraser. — M. Charles Fraser, botaniste colonial à la Nouvelle-Galles du Sud, a envoyé en Europe des plantes des bords de Swan-River, de l'île de Buache, de la baie Géographe et du cap Naturaliste. Il a donné le journal de deux mois de résidence (juillet-août 1828) sur les bords des rivières Brisbane et Logan, sur la côte orientale de la Nouvelle-Hollande, et de ses excursions avec Allan Cunningham et le capitaine Logan.

Expéditions du major Mitchell. — La botanique a profité de trois expéditions qui ont eu lieu de 1831 à 1836 dans l'intérieur de l'Australie méridionale et dans un espace d'environ 900 lieues, sous le commandement du major T.-L. Mitchell, partant de Sydney, dans la Nouvelle-Galles du Sud. La première de ces excursions avait pour objet la recherche d'une grande rivière qu'on supposait exister sous le nom de Kindour. L'expédition, partie de Sydney le 24 novembre 1831, fut dirigée vers le nord-nord-ouest de la colonie, du côté de la rivière Nammoy qui va se perdre dans des marécages au delà des plaines de Liverpool. Elle était de retour le 29 février 1832.

La seconde expédition, envoyée le 31 mars 1835, et qui dura jusqu'au 12 septembre, devait chercher à atteindre le fleuve Darling en suivant la rivière Bogan, un de ses affluents, qui coule au delà des Montagnes-Bleues; le Bogan va se jeter dans le Darling, lequel, suivant une marche du nord-est au sud-ouest, va se réunir au fleuve Murray, dont l'embouchure est sur la côte méridionale, près de l'île des Kangourous. Le major Mitchell devait suivre le Darling aussi loin que possible et revenir à Sydney. Richard Cunningham, frère du botaniste Allan Cunningham, accompagnait le major Mitchell comme naturaliste. L'article suivant, consacré à Richard Cunningham, renfermera quelques détails sur ce botaniste et sur sa fin malheureuse dans le cours de cette expédition

Le troisième voyage du major Mitchell, entrepris de mars à novembre 1836, devait compléter la reconnaissance des bords de la même rivière Darling. Il s'agissait d'atteindre, au travers des terres, le fleuve Murray, vers le milieu de son cours, et de gagner ensuite la côte méridionale, à peu près en face de la Terre de Van-Diémen. M. John Richardson suivait l'expédition comme collecteur de plantes.

M. Lindley a déterminé, dans l'ouvrage publié, en 1839, par le major Mitchell, 80 à 100 espèces nouvelles provenant de ces expéditions.

Richard Cunningham. — Richard Cunningham, nommé sur la recommandation de M. Robert Brown à la place que laissait vacante la mort de M. Charles Fraser, botaniste colonial de la Nouvelle-Galles du Sud, s'embarqua pour ce pays dans le mois d'août 1832 et arriva quelques mois après à Sydney. En 1834 Richard Cunningham accompagne une expédition envoyée par le gouvernement anglais dans la Nouvelle-Zélande. Il fait un court séjour dans la baie des Iles, et s'arrête au port de Wangaroa sur la côte nord est de l'île Eaheino-Mauwe. Il quitte l'expédition et se livre à des recherches botaniques actives qu'il continue à la baie des Iles, dont il explore les rivières et les pays voisins, aidé par les missionnaires et les natifs qu'il s'était attachés par sa bienveillance. Il s'embarque vers la fin d'avril et arrive à Sydney le 13 mai. En 1835 Richard Cunningham accompagne l'expédition confiée au major Mitchell, expédition que nous avons mentionnée dans l'article qui précède, et qui avait pour but l'exploration de la rivière Darling Au commencement d'avril il quitte Sydney, et ayant traversé la chaîne des Montagnes-Bleues jusqu'au pays à l'ouest, il arrive à Borée, station au nord-ouest de l'établissement de Bathurst. Après une marche de neuf jours, le major Mitchell atteignit le pays au travers duquel serpente le New-Year's-Creek, de Sturt (le Bogan des aborigènes), jusqu'à sa jonction avec le Darling. L'expédition poursuit sa marche, et c'est bientôt après qu'égaré et cherchant en vain ses compagnons de voyage, Cunningham tomba inopinément au milieu d'un groupe de sauvages. Il paraît que, disposés d'abord favorablement envers Cunningham, ils lui donnèrent à manger; mais son air étrange, ses paroles incohérentes, résultat de l'inquiétude et des tourments qu'il éprouvait, ne tardèrent pas à le rendre suspect à ces sauvages, et quatre d'entre eux le massacrèrent dans la nuit. Cet événement arrivait dans le mois d'avril 1835.

M. Gotsky. — En 1836 la société d'Esslingen a reçu des échantillons recueillis par M. Gotsky, principalement dans le voisinage du port Jackson et de Botany-Bay.

M. Baxter. — M. Baxter, excellent collecteur, fut envoyé par M. Francis Henchman à la côte sud de la Nouvelle-Hollande pour y recueillir des plantes. Il en a envoyé en Europe qu'il a trouvées principalement à King-George-Sound et dans le pays environnant.

TERRE DE VAN-DIÉMEN

M. Verreaux fils. — Ce voyageur a fait parvenir au Muséum d'histoire naturelle de Paris une collection de plantes qu'il a recueillies dans le cours de l'année 1843 à la Terre de Van-Diémen. Cette collection forme plus de 100 espèces remarquables par la beauté et la dimension des échantillons. M. Verreaux les a trouvées principalement à Hobart-Town, New-Norfolk, Sandy-Bay, Brown's-River, sur les monts Wellington et Nelson, etc. (1).

(1) L'administration du Muséum a bien voulu donner à M. Benjamin

ILE NORFOLK.

Bauer. — Ferdinand Bauer, qui accompagnait M. Robert Brown lors de son voyage à la Nouvelle-Hollande (voyez page 275), passa quelques mois des années 1804 et 1805 sur la petite île Norfolk située entre la Nouvelle-Hollande, la Nouvelle-Zélande et la Nouvelle-Calédonie. Il recueillit pendant son séjour et dessina sur les lieux toutes les plantes qu'il put observer dans cette île. Elles ont été décrites par M. Endlicher.

NOUVELLE-ZÉLANDE.

M. W. Colenso. — M. William Colenso a fait de fréquents voyages dans la Nouvelle-Zélande, et a souvent accompagné le botaniste Allan Cunningham lors de ses excursions scientifiques. Il a parcouru, en 1842, les parties les plus sauvages de l'île septentrionale, partant de Paihia (baie des Iles). Plusieurs plantes nouvelles decouvertes par M. Colenso ont été décrites dans les *Icones plantarum* de M. Hooker.

M. Dieffenbach. — M. E. Dieffenbach, naturaliste de la compagnie de la Nouvelle-Zélande, a publié, en 1843, ce qu'il a écrit sur la topographie de l'île septentrionale. On y trouve des notions intéressantes sur la botanique, la zoologie et la géologie de cette contrée.

M. Raoul. — Un séjour de plus de deux ans à la presqu'île de Banks a permis à M. Raoul, chirurgien de la marine, de recueillir la plupart des espèces qui composent la flore de cette partie de la Nouvelle-Zélande. A son arrivée en France, vers la fin de 1843, les collections de M. Raoul furent déposées au Muséum d'histoire naturelle de Paris. La comparaison de ces plantes avec celles de Forster et d'une partie des plantes décrites par M. Achille Richard et conservées dans le même

Delessert (en septembre 1844) une collection de doubles des plantes de M Verreaux, renfermant environ 125 espèces soigneusement préparées établissement, ont fait connaître un certain nombre d'espèces nouvelles que M. Raoul a décrites dans les Annales des Sciences naturelles.

W. Stephenson. — M. William Stephenson a envoyé en Europe des plantes qu'il a recueillies dans la Nouvelle-Zélande pendant les années 1843 et 1844. M. J.-D. Hooker, qui s'occupe de la flore de ce pays, a donné dans le *London Journal of botany* de sir W.-J. Hooker les noms des espèces qui font partie du premier envoi de M. Stephenson, et qui paraissent provenir toutes de Wellington (1).

XV.

LISTE GÉNÉRALE

DES EXPÉDITIONS ET DES VOYAGEURS-BOTANISTES DONT LES ITINÉRAIRES SONT TRACÉS DANS LES CHAPITRES QUI PRÉCÈDENT.

Nous rassemblons en une seule liste, au moyen de l'énumération suivante, les noms des naturalistes-voyageurs disséminés dans les chapitres que nous avons consacrés aux herbiers de M. Benjamin Delessert et aux voyages botaniques.

Nous avons partagé tous ces noms en cinq séries correspondant aux principales divisions géographiques du globe. Quant aux subdivisions de ces grandes régions, comme on les trouve établies aux divers chapitres qui concernent les voyages, nous n'avons pas cru devoir les rappeler ici.

(1) Ces plantes doivent entrer dans les herbiers de M. Delessert. La première distribution qui en a été faite lui est parvenue au commencement du mois d'octobre 1844.

Les noms indiqués à chaque série ont été rangés dans un ordre chronologique, à l'exception de quelques voyages sur les dates desquels nous n'avons pu trouver de renseignements précis.

Nous avons marqué d'un astérisque (*) les noms des voyageurs et des expéditions dont on peut trouver les plantes dans les herbiers de M. Delessert.

EXPÉDITIONS ET VOYAGES GÉNÉRAUX.

Belon.
Guilandin
Dampier.
Tournefort
Ant. Richard
Commerson *.
Cook.
Sonnerat.
Thunberg *
Menzies.
Vancouver.
De la Billardière *.
Olivier et Bruguière.
Clarke.
Krüsenstern.
Tilesius.
Langsdorff.
Rifaud.
Carmichael
Kotzebue.
Chamisso.
Eschscholz.
Gaudichaud *
Sieber *.
Perrottet *.
Parry.
Ehrenberg et Hemprich.
Brocchi.
G. Don.
La Coquille.
Dumont d'Urville.
Forbes.
Beechey *.
L'Adventure et *le Beagle.*
Anderson.
Darwin.
Mertens.
L'Astrolabe.
Dumont d'Urville.
Lesson.
La Chevrette.
Wrangell
Kiber.
Erman.
Meyen.
La Favorite.
Hügel.
Russegger.
Le Sulphur.
La Vénus.
Dumont d'Urville *
Wilkes.
Rich.
Erebus et *Terror.*
J.-D. Hooker.
Middendorff.

VOYAGES PARTICULIERS.

EUROPE.

Sperling.
Martens.
Wheler.
Tournefort.
Rudbeck.
A. et B. de Jussieu.
Schober
Linné *
Gerber.
Heinzelmann
Kalm.
Montin.
Loefling.
Falk.
Bergius
Haller *
Solander
Lerche.
Martin
Hollsten.
Gunner.
Phipps.
Sestini.
Gilibert
Fabricius.
Swartz.
Sibthorp.
Vahl.
Liljeblad.
Grondal.
Olivier et Bruguière.
Pallas.
Thuillier *.
Hoffmansegg *
Link.
Wahlenberg
Thalacker
Host
Schouus.
Weber et Mohr.
Tauscher.
Hornemann.
Wormskiold
Ch. Smith.
Erdmann.
Portenschlag.
Henning.
Deinboll.
Andréossy.
Dumont d'Urville
Laestadius.
Besser.
Ehrenberg et Hemprich
Blytt.
Sabine.
Cambessèdes
Hornschuch

Muller
Hoppe.
Webb *
Hogg.
Webb et Parollni.
Keilhau.
Eversmann.
Karin.
Karelin.
Holl.
Badaro.
Bory de Saint-Vincent *.
Lessing.
Brunner.
Maire *.
Lessing.
Philippi.
Ach. Richard *.
Comte Jaubert *
Splitgerber *.
Parrot.
Fleischer
Petter.
Visiani.
Kinke et Manolesco.
Goebel, Claus et Bergmann.
Durieu de Maison-Neuve *.
Fischer *.
Sanson *.
Boué.
W.-D. Hooker.
Boissier *.
Gutnick *.
Hochstetter *
Leveille *
De Forestier *
Baer.
Areschoug.
Schrenk.
W.-P. Schimper *
Bravais *.
Ch. Martins *
Biasoletto.
Welwitsch *
Grisebach
Thuret.
Reuter *.
Colmeiro *
Lund.
Ruprecht et Savelieff.
Spruner.

ASIE.

Rauwolf.
Hermann *
Hartog
Van Rheede.
Cleyer.
Kaempfer.
J. Cunningham.
Sherard.
Messerschmid
Buxbaum
J.-G. Gmelin.
Steller
Pococke.
D'Incarville.
Hasselquist
Osbeck
Toren.
Forskal.
Sparrmann.
Roxburgh *
Falk et Georgi
Pallas.
Kœnig *
Gmelin.
Laxmann.
Lerche.
Thunberg *
Patrin *
A. Michaux *
Turner.
Billings.
Merck.
De la Billardière *
Loureiro.
Sievers
G. Staunton *
Klein *
Heyne *
Hamilton *
Rottler *.
Adams.
Adams et Redowski.
Leschenault de la Tour
Clarke Abel.
Berggren.
W. Jack *.
Stamford Raffles *.
Wrangell et Kiber.
De Meyendorff.
Pander.
Eversmann.
Finlayson *.
De Siebold.
Potts *.
Ladies Amherst *.
Parks.
Bélanger *
De Rienzi.
Wallich *.
Ledebour, Meyer et de Bunge.
Fleischer.
Turczaninow
Royle.
Peters.
Jacquemont *
Szovits.
Steven.
Eichwald.
Général Emmanuel
Meyer.
De Humboldt, Ehrenberg et Rose
Parrot et Hehn.
Léon de Laborde *
Roe *
Wight *
Bové *
Coquebert de Montbret
Polydore Roux *.
De Bunge.
Aucher-Eloy *
Hohenacker *.
Wellsted *.
Honigberger.
Walker.
Ad. Delessert *
Mistriss Mariott *
Kelaart *
B. Schmid.
Fischer.
G. Schimper *
Callery *.
Chesney *.
Griffith.
Koch.
Botta.
Nordmann.
Schubert, Erdl et Roth.
Politoff.
Edgeworth.
Diard.
Comte Jaubert *.
Graham.
Karelin et Kirilow
Schrenk.
Cantor.
Kotschy *
Fellows.
La Prévoyante
Pervillé
Noël.
Law *
Boissier *
Pinard *.
Fortune
Kolenati.

AFRIQUE.

P. Alpin
Tradescant.
Flacourt.
Spottswood.
Bosman.
Lippi.
Hebenstreit et Ludwig.
Shaw.
Adanson.
De la Caille.
Masson *.
Sparrmann.
Poivre.
Paterson.
Vahl.
Desfontaines *
Isert.
Noronha *.
Poiret.
Palisot de Beauvois *.
Boos et Scholl.
Martin *.
Willemet.
Roussillon *
Brass.
Schousboe.
Smeathmann.
Afzelius.
Broussonnet.
Du Petit-Thouars.
Delile *.
Thonning.
Barrow
Niven.
Durand.
Bory de Saint-Vincent *.
Lichtenstein.
Salt *.
Burchell.
De Buch et C. Smith.
C. Smith.
Della-Cella.
Delalande.
Caillaud.
De Beaufort.
Hilsenberg et Bojer.
Denham, Clapperton et Oudney.
Rüppel.
Bowdich.
Pachô *.
Salzmann.
Leprieur *.
Verreaux *.
Néraud *.
Webb *.
J.-F. Martins *.
Webb *.
Leduc *.
Goudot *.
Ecklon *.
Zeyher *.
Drège *.
Hardwicke *.
Richard *.
G. Schimper *.
Steinheil *.
Berg.
Bowie.
Roussel.
Mutel.
Wellsted *.
Roussel de Vauzeme
Heudelot *.
Despreaux *.
Bernier *.
G. Schimper *.
Wiest *.
Telfair.
G. Schimper *.
Harvey.
Holl.
Lippold.
Lemann.
Figari *.
Kotschy *.
Bové *.
Pervillé *.
Brunner *.
Krauss *.
Hottholl *.
Gueingius *.
Gutnick *.
Hochstetter *.
Quartin-Dillon *.
Petit *.
Peddie.
Féret et Galinier.
Bory de Saint-Vincent *.
Durieu de Maison-Neuve *.
Sabatier *.
Vogel.
Watson.
Peters

AMÉRIQUE.

VOYAGES GÉNÉRAUX.

Cobo.
Houston.
Haencke.
Née.
Humboldt et Bonpland
Macrae.
Scouler.
A. d'Orbigny.
Otto.
Castelnau.

VOYAGES PARTICULIERS.

AMÉRIQUE SEPTENTRIONALE.

Hernandez
Banister.
Vernon et Krieg
Clayton.
Catesby
Egède
Kalm.
Bertram
Marter
Fraser *
A. Michaux *.
Palisot de Beauvois *.
Mocino *
Sesse *.
Cervantes *
Delile *
Bosc *
Pursh.

Easlen.
F.-A. Michaux
Rafinesque.
Robin.
Lewis et Clark.
Pike.
Bradbury.
Nuttal.
Baldwin.
Correa de Serra.
Eschscholz *
Milbert.
Ross.
Richardson *
De la Pilaye *
Major Long.
Douglas *.
J. Leconte *
Sabine.
Scoresby.
Th. Drummond *.
Berlandier *.
Herzberg.
Karwinski *.
Schiede et Deppe.
Moser *.
Voltz *.
Wormskiold.
Coulter.
Beyrich.
Andrieux *.
Frank *.
Galeotti *.
Ghiesbreght *.
Hartweg *.
Tuckerman *.
De Mofras.
Asa Gray *.
Morée *.
Liebmann.
Geyer.
Lüders.
Lindheimer.

AMÉRIQUE MÉRIDIONALE

De Leri.
Marcgrave et Pison
H. Sloane.
Plumier.
Madem. de Mérian.
Feuillée.
Frezier.
Barrère.
Pouppé Desportes.
J. de Jussieu.
Juan et Ulloa.
De la Condamine.
Aublet.
Loefling.
Rolander.
P. Browne.
De Jacquin.
Mutis.
Pernety.
Leblond *
Nicolson.
Vandelli et Velloso.
Ruiz *
Pavon *.
Dombey *
L.-C. Richard.
O. Swartz.
Ferreira.
De Rohr
De Tussac.
Ledru et Riedlé.
Poiteau *
Turpin.
Euphrasen
L'Herminier.
Leandro de Sacramento.
Wiles *
Brown *.
Pontbieu *.
Dancer *
Pihl.
Simmonds.
Gomez.
Freijo.
Prince de Neuwied.
Freyreiss.
Aug. de Saint-Hilaire *.
Poiteau *.
De Martius *
Mikan.
Schott
Pohl.
Raddi.
Sellow *.
Caldcleugh *
Miers *.
Ritter.
Salzmann *
Sieber.
Claussen *
A. Plée.
De Schack.
Dumont d'Urville.
Langsdorff et Riedel.
Mistriss Graham.
J. Goudot.
Ramon de la Sagra *
Heward *.
Parker.
Burchell.
Billberg et Dahlin.
Wydler *
Weigelt *.
Poeppig *
Bertero *.
C. Gay *
Bridges *
Blanchet *
Gabriel *.
Leprieur *.
Mathews *.
Arsène Isabelle *
Gomez *.
Baird.
Macfadyen.
Jameson et Hall.
Vauthier *.
O'Brien.
Tweedie.
Bâcle *.
Schomburgk *.
Funck *.
G. Gardner *.
Lund.
Dollinger.
Luschnacht.
Beyrich.
Sylva Monse.
Karwinski.
Regnell.
Moritz.
Gillies.
Cruckshanks.
Splitgerber *.
H. Delessert *
Guillemin *.
Linden *.
Tschudy.
Cuming *.
Breutel.
Hostmann *.

OCÉANIE

Bontius.
Rumphius.
Valentyn.
Kamel.
Radermacher.
Marsden.
White *.
Caley *.
Horsfield.
Paterson *.
Robert Brown *.
Leschenault de la Tour*.
F. Bauer.
Reinwardt.
Gouv. King *.
Cap. King *.
A. Cunningham *.
Roe *.
Van Hasselt.
Kuhl.
Blume *.
Sieber *.
Collie *.
Moerenhout *.
Fraser.
Maklot.
Anderson *.
Lhotsky *.
Mitchell.
Rich. Cunningham.
R. Gunn *.
Baxter.
Gotsky
Junghuhn.
Spanoghe.
Cuming *.
Korthals.
Preiss *.
J. Drummond *
Dieffenbach.
Zollinger *.
Colenso.
Callery *.
Raoul.
Verreaux *.
Stephenson *.

TROISIÈME PARTIE.

BIBLIOTHÈQUE BOTANIQUE

DE M. BENJAMIN DELESSERT.

XVI.

BIBLIOTHÈQUE BOTANIQUE

DE M. BENJAMIN DELESSERT.

DES BIBLIOTHÈQUES SPÉCIALES.

La marche progressive des sciences et l'impulsion donnée aux études depuis le commencement du dix-neuvième siècle, en réagissant sur la botanique elle-même, ont augmenté d'une manière considérable le nombre des ouvrages destinés à répandre la connaissance des plantes. On ne se doute guère, en général, de la multitude de livres imprimés publiés jusqu'à présent sur les diverses parties de la botanique; mais, à l'exception des institutions et des musées consacrés à l'histoire naturelle où sont rassemblés les livres de cette nature, on ne les trouve, dans les autres établissements publics, que mêlés et confondus avec des masses d'ouvrages étrangers les uns aux autres par leurs matières. Nos grandes bibliothèques, vastes dépôts des produits de l'esprit humain, n'ont en vue que la réunion dans un même local de tous les écrits livrés à la publicité; elles ne peuvent s'occuper de réunir et de compléter aucune série d'ouvrages sur telle ou telle branche des sciences, et souvent elles sont riches en livres curieux ou rares, mais dont l'utilité et l'usage sont extrêmement bornés. Nous aurions besoin qu'une disposition mieux entendue des masses de livres qui encombrent nos bibliothèques publiques vînt débrouiller le chaos et la confusion qui y règnent, et ce serait un règlement bien important et bien utile, sans aucun doute, à l'avancement des études en tout genre, que celui qui prescrirait la création de *bibliothèques spéciales*, c'est-à-dire de bibliothèques consacrées exclusivement à une branche des connaissances humaines, et dont le nombre serait naturellement déterminé par les diverses divisions que nécessitent les progrès actuels des sciences et ceux même de la littérature. A la difficulté qu'on éprouve, dans le système actuel des bibliothèques générales, de trouver avec promptitude les ouvrages demandés par les lecteurs, se joint encore l'inconvénient de ne pouvoir rien classer d'une manière méthodique, et d'ignorer par conséquent ce qui manque à quelque partie pour la compléter aussitôt que possible. Peut-être est-ce à cette circonstance qu'il faut attribuer la pénurie qui se fait remarquer dans les bibliothèques publiques, auprès desquelles on réclame souvent en vain des ouvrages utiles et qu'on devrait être sûr de rencontrer au moins dans ces grands établissements.

Sur la construction d'une grande bibliothèque : projet de M. Benjamin Delessert.

M. Delessert avait entrevu depuis longtemps la possibilité de suppléer à l'insuffisance que présentent, au moins pour certaines parties, les grandes collections générales de livres, et son goût pour l'histoire naturelle l'avait conduit à entreprendre par ses propres efforts la création d'une bibliothèque destinée exclusivement à renfermer les ouvrages écrits sur la botanique, ouvrages très-coûteux pour la plupart et dont quelques-uns ne se rencontrent qu'avec peine. Un grand amour de la science pouvait seul aider à triompher des embarras et des difficultés qu'entraînait une pareille idée, et à faire quelque chose de véritablement utile. Tous les soins de M. Delessert ont donc été dirigés sans relâche vers ce but, et il possède maintenant, on peut le dire, la plus riche bibliothèque que l'on connaisse dans aucune spécialité scientifique.

Les soins indispensables à la réunion de tant d'ouvrages sur une même science avaient amené M. Benjamin Delessert à étudier la meilleure disposition qu'il conviendrait de donner aux édifices destinés à contenir de nombreuses collections de livres, et c'est une heureuse idée que celle émise par lui, il y a quelques années (en 1835 et en 1838), dans ses deux *Mémoires sur la Bibliothèque royale*, lorsqu'il y propose la construction d'un bâtiment circulaire et d'une rotonde où aboutiraient huit galeries consacrées aux grandes divisions de la bibliothèque. En adoptant cette disposition circulaire, ou ce qu'on appelle la forme panoptique, les conservateurs et les lecteurs se trouveraient placés au milieu de la rotonde, où viendraient se rejoindre les diverses galeries. Ces galeries seraient formées par des murs disposés en rayons divergents, et qui des deux côtés recevraient des corps de bibliothèque. Une telle combinaison permettrait de placer deux fois plus de livres que dans le système ordinaire, et ces livres auraient encore l'avantage d'être plus rapprochés du centre, ce qui rendrait plus faciles et le service et la surveillance de la bibliothèque. Cette surveillance serait, en même temps, plus complète, puisque le chef ou conservateur de la bibliothèque, installé au milieu de la rotonde, verrait d'un coup d'œil l'extrémité de toutes les galeries ainsi que toutes les personnes qui y circuleraient.

Au moyen de cette disposition, on pourrait, selon M. Delessert, placer 800,000 volumes dans un espace de 1,900 toises carrées, tandis que si l'on construisait pour le même usage, et d'après l'ancien système, quatre galeries autour d'un carré long, il ne faudrait pas moins d'un espace de 11,250 toises carrées, ou 11 arpents.

Quant aux divisions des matières, M. Delessert en indique huit, occupant les huit galeries proposées. Pour obtenir un ordre plus méthodique encore, chacune de ces coupes pourrait être subdivisée en plusieurs parties, ce qui, aux avantages d'une bibliothèque générale, ajouterait ceux des bibliothèques spéciales. Une autre facilité résulterait, d'après M. Delessert, de l'arrangement qu'il applique à la Bibliothèque royale, qu'il suppose devoir contenir 800,000 volumes : cette collection, quelque nombreuse qu'elle paraisse, serait alors à la portée des lecteurs, car on peut évaluer à 20 toises seulement la plus grande distance qu'il faudrait parcourir pour aller chercher un livre, tandis qu'avec le système actuel de bâtiments carrés ou de galeries transversales, où des volumes peuvent être placés à une distance de 225 toises, on est obligé, dans certains cas, de faire, en comptant l'aller et le retour, un chemin de 450 toises, ou près d'un quart de lieue.

Mieux que personne M. Benjamin Delessert était en état d'émettre un avis sur un pareil sujet, et sa collection d'ouvrages purement botaniques offre un bel exemple de ce qui pourrait être tenté sous le rapport des bibliothèques spéciales.

DISPOSITION DE LA BIBLIOTHÈQUE BOTANIQUE DE M. DELESSERT

Nous avons vu, dans la première partie de ce livre, les plantes de l'herbier de M. Delessert classées et rangées, et nous avons pu apprécier l'étendue considérable de cette collection ; il nous reste maintenant à jeter un coup d'œil sur la bibliothèque qui renferme les ouvrages généraux et particuliers écrits à diverses époques et dans des langues différentes sur toutes les plantes, depuis l'humble mousse jusqu'au palmier gigantesque, et sur toutes les parties de la science depuis les livres les plus élémentaires jusqu'aux plus hautes dissertations scientifiques.

Plusieurs galeries du musée de M. Delessert sont occupées par les livres classés aussi méthodiquement que le permet le format d'ouvrages si différents et si variés. Le format qui tend de plus en plus à s'agrandir par suite des perfectionnements apportés dans la fabrication du papier, est tellement exagéré pour quelques-uns des volumes de la bibliothèque, que leur placement est devenu impossible même dans les corps de bibliothèque qui reçoivent les plus grands in-folios d'autrefois.

Pour mieux saisir l'ensemble de cette grande réunion de livres, nous partagerons les matières dont ils traitent en plusieurs divisions : la première comprendra les *livres élémentaires* qui nous enseignent les principes sur lesquels reposent l'étude et la connaissance de la botanique, et nous donnent les moyens de distinguer et de classer les plantes. Viendra ensuite la *physique végétale*, qui s'occupe de la structure intérieure des végétaux, et nous fait pénétrer dans les mystères de leur organisation. Ces notions indispensables une fois acquises permettent d'étudier isolément les plantes, de les déterminer à l'aide des livres où leur classification et leur signalement sont établis, et voici, après les *ouvrages généraux descriptifs*, les *flores* qui ont pour objet la description des plantes appartenant à une localité déterminée, et les *monographies*, c'est-à-dire les mémoires qui traitent, d'une manière toute spéciale, d'un objet particulier, et qui en présentent l'histoire complète. Ailleurs, les végétaux seront observés sous un point de vue différent : celui de leur dissémination à la surface de la terre, ce qui amène l'examen des causes physiques qui influent sur l'existence de telle plante ou de tel groupe de plantes dans une localité ou une région indiquée, et constitue cette branche de la science, à laquelle on a donné le nom de *géographie botanique*.

La *botanique appliquée* considère les végétaux dans leurs rapports avec l'homme Elle se subdivise en plusieurs sections, que leurs noms désignent suffisamment, tels que botanique *médicale*, *agricole*, *industrielle*, etc

Les *poëmes*, les *histoires* de la science, les *éloges*, etc., composent une sorte de littérature botanique que nous ferons entrer dans une section séparée.

Les ouvrages consacrés aux plantes *cryptogames* et aux végétaux *fossiles*, formeront encore de nouvelles divisions Après les *dictionnaires* d'histoire naturelle, les *journaux* de botanique, les *mémoires* des Académies et des Sociétés savantes, nous arrivons aux *traités généraux*, aux livres qui s'occupent de l'*histoire naturelle des pays*, et aux nombreuses relations de *voyages*, qui toutes ont un rapport plus ou moins direct avec la botanique.

Envisagées de cette manière, les grandes divisions que nous venons d'établir pourraient, afin d'être mieux saisies, se trouver rapprochées comme nous essayons de le montrer dans le tableau suivant.

I. BOTANIQUE PROPREMENT DITE.

A. Ouvrages sur les plantes prises en général.

Étude générale de la botanique...			*Botanique élémentaire*
Étude des diverses branches. Les plantes considérées sous le rapport....	de leur structure.......		*Anatomie et physiologie.*
	de leurs formes.	Phytographie générale.	*Descriptions et figures.*
		Phytographie spéciale..	*Flores* *Monographies.*
	de leurs stations..		*Géographie botanique.*
	de leur application...		*Botanique médicale* — *agricole* — *industrielle.*
Littérature botanique			*Poèmes.* *Histoire.* *Discours* *Éloges*

B. Ouvrages sur deux classes de végétaux prises en particulier.

Plantes croissant de nos jours; à fleurs indistinctes.....	*Cryptogames.*
Plantes de l'Ancien-Monde.	*Fossiles.*

II. HISTOIRE NATURELLE GÉNÉRALE.

Ouvrages rassemblés en recueils...		*Dictionnaires.* *Journaux.* *Mémoires de sociétés savantes*
Ouvrages séparés. .	scientifiques. .	*Traités* *Dissertations.*
	topographiques.	*Histoire naturelle des pays.* *Voyages.*

DES OUVRAGES DE LUXE ET A FIGURES.

La bibliothèque renferme des livres d'une grande rareté et d'un très-grand prix, et à cet égard nous exprimerons nos regrets de voir des sommes énormes employées à la confection d'ouvrages de luxe, imprimés, il est vrai, sur un magnifique papier, ornés de planches dessinées avec art et revêtues du coloris le plus brillant, mais dont le prix élevé ne les fait arriver que dans les mains d'un petit nombre de personnes, et les met souvent même hors de la portée et des moyens des établissements publics. En cherchant à donner une perfection inutile à des ouvrages composés évidemment dans l'intention de concourir aux progrès de la science, leurs auteurs manquent le but qu'ils se sont proposé, puisque la cherté et la rareté de ces livres n'en répandent pas l'usage, et qu'il est toujours très-difficile, sinon impossible, de les consulter. « Il est à craindre, » disait un grand naturaliste, « qu'il y ait moins de botanistes, maintenant qu'une bibliothèque de botanique coûte autant que plusieurs métairies. » Depuis l'époque où Cuvier a prononcé ces paroles (il y a plus de trente ans), ces sortes d'ouvrages se sont encore multipliés. Selon nous, on ne devrait pas faire consister le luxe dans l'extrême perfection de la gravure, dans la beauté de la typographie ou du papier, mais dans l'exactitude des figures, et dans le nombre et la fidélité des détails et des analyses. Par les frais que leur nature même entraîne nécessairement, les ouvrages à planches sont déjà assez coûteux pour qu'on ne vienne pas encore en élever le prix sous le prétexte de porter au plus haut point leur perfection matérielle.

Aussitôt qu'on a voulu fixer l'attention sur les plantes, on a songé à les représenter par des figures plus capables qu'aucune description à donner une idée précise de leurs formes et de leur aspect et à répandre la connaissance des végétaux, sans être obligé de recourir à des échantillons impossibles à multiplier et à faire circuler en grand nombre.

On cite un manuscrit de Dioscoride, conservé dans la bibliothèque impériale de Vienne, comme le plus ancien ouvrage que l'on connaisse, dans lequel se trouvent des dessins de plantes, manuscrit dont on fait remonter l'époque au troisième siècle de l'ère chrétienne. Quant aux planches gravées, on ne tarda pas, après l'invention de l'imprimerie, à les introduire dans les ouvrages de botanique. Elles furent d'abord exécutées sur bois, genre de gravure qui, au reste, paraît avoir même précédé l'imprimerie. On trouve dès le quinzième siècle un exemple de l'impression des figures avec le texte, dans un *Krauterbuch* ou *Herbarius*, in 4°, de la bibliothèque de M. Delessert, et qui remonte à l'année 1485. Cet ouvrage, qui forme un corps de matière médicale, est écrit en langue allemande, caractères gothiques. Les figures qu'il donne de plantes et d'animaux, figures qui peut-être ont été empruntées à un livre plus ancien imprimé à Augsbourg en 1475 ou 1478, ou même quelques années plus tôt, sous le titre de *Puch der Natur*, sont assez grossièrement gravées et peintes. Il en est de même, quant à l'imperfection de la gravure, d'une petite édition de 1522, d'un livre attribué à Æmilius Macer, sur les propriétés des plantes, écrit en vers latins. Nous trouvons de meilleures figures dans un petit in-folio d'Hieronymus Braunschwig, imprimé à Francfort en 1535, et intitulé : *Distillierbuch* dont le texte est orné de gravures de plantes ainsi que d'instruments et ustensiles la plupart propres à la distillation.

Othon Brunfels, médecin et botaniste de Mayence, est le premier qui ait donné des dessins faits d'après nature et avec le plus de précision, dans son *Kreuterbuch* publié à Strasbourg en 1532.

Les figures sur bois que Léonard Fuchs a jointes au texte de l'un de ses ouvrages (*De Historià Stirpium commentarii*, *Basileæ*, 1542), réimprimé un grand nombre de fois et traduit dans toutes les langues de l'Europe, ont acquis une certaine célébrité. Les plantes, gravées au trait avec une grande netteté et une sorte d'élégance, y sont représentées dans leur grandeur naturelle, ce qui est déjà un perfectionnement. Les dessins en sont dus à Albert Meyer et Henri Füllmaurer, et les gravures en bois à V.-R. Speckle.

Les figures de Matthiole, dans l'édition publiée à Venise en 1565, peuvent passer pour des chefs-d'œuvre (1).

Charles de l'Écluse, en latin Clusius, botaniste distingué, né à Arras, a publié dans un de ses ouvrages, en 1576, plus de 200 planches bien exécutées. C'est à lui qu'on doit l'introduction en Europe du marronnier d'Inde (*Æsculus Hippocastanum*) qu'il reçut parmi d'autres plantes de l'ambassadeur impérial à la Porte-Ottomane, en 1576, époque où l'Écluse dirigeait le jardin botanique de Vienne (2), mais cet arbre ne commença à être cultivé en France que vers l'année 1615.

Les derniers ouvrages que nous venons d'indiquer et qui existent dans la bibliothèque de M. Delessert, ne sont pas les seuls qui aient été publiés dans le seizième siècle ; nous citerons entre autres :

Herbarum imagines vivæ, in-4°. Francfort, 1536 ; *Herbolario volgare*, in-8°. Venise, 1539 ; *Le grant herbier en Françoys*, imprimé à Paris en 1545 ; ouvrages où les planches sont gravées d'une manière plus ou moins rude.

L'édition de 1583 du Voyage en Orient de Léonard Rauwolf, renferme quarante-trois planches gravées sur bois comme dans les ouvrages précédents. Ce sont les premières figures qui

(1) Matthiole a été un des meilleurs commentateurs de Dioscoride. Son ouvrage, imprimé pour la première fois en 1554, a eu 17 éditions, et si l'on en croit un des correspondants de cet auteur, on en vendit 32,000 exemplaires avant l'année 1561. (*Pulteney.*)

(2) L'Écluse est mort en 1609, dans sa quatre-vingt-quatrième année. Quand on sait à combien de calamités il fut en proie pendant sa vie, on est surpris qu'il ait pu atteindre jusqu'à cet âge avancé. Sa jeunesse est tourmentée d'abord par des accès de fièvre des plus dangereux et par une hydropisie. Plus tard une chute de cheval lui brise la jambe droite et le bras droit. Il éprouve ensuite une fracture du cou-de-pied gauche. A 63 ans, une luxation de la cuisse droite, mal réduite, le rend incapable de marcher. D'autres infirmités, résultat de sa vie sédentaire, viennent encore l'accabler dans sa vieillesse ; et cependant, toujours calme au milieu de tant de maux, il ne perdit rien de son humeur enjouée et de son ardeur pour la science

aient fait connaître plusieurs plantes médicinales utiles mentionnées par les anciens.

On trouve un exemple de planches gravées en taille-douce et insérées dans le texte avec des renvois pour l'intelligence du discours, dans l'*Arcana naturæ detecta* de Leeuwenhoek, imprimé en 1695.

Parmi les éditions les plus curieuses de quelques ouvrages conservés dans la bibliothèque de M. Delessert (1), on remarque celle de l'*Historia plantarum*, traduction latine de Théophraste, édition princeps, Turvisii 1484, et Garcia del Huerto ou ab Horto, *Coloquios dos simples*, ouvrage très-rare et fort estimé, le premier qui ait été imprimé à Goa (Hindoustan) en 1565.

Fabio Colonna (en latin Fabius Columna), de la noble famille des Colonna, en Italie, savant botaniste napolitain, a donné le premier des figures en taille-douce qu'il avait dessinées et gravées lui-même sur cuivre, exemple suivi bientôt après par Richer de Belleval en 1605, Renealmus en 1611, Prosper Alpin en 1629, et par plusieurs autres auteurs. Dans son *Phytobasanos*, publié à Naples en 1592, et à Florence en 1744, Fabius Columna a essayé de déterminer quelques plantes des anciens. Son *Ecphrasis* a été publié plusieurs années après (1616). Il est aussi l'auteur d'un curieux ouvrage sur la *Purpura* des anciens, où il croit avoir retrouvé l'espèce de coquillage qui leur fournissait la belle couleur rouge appelée pourpre. Ces ouvrages, et le premier surtout, sont très-rares.

Le *Panphyton Siculum*, ou *Historia plantarum Siciliæ*, est un petit in-folio extrêmement rare (on prétend qu'il n'en existe plus que trois exemplaires complets) du père François Cupani, moine franciscain et botaniste de Sicile. La mort de Cupani, arrivée en 1711, a laissé imparfait son *Panphyton* qui

(1) Il est bien entendu, quoique nous ne l'exprimions pas toujours, que les ouvrages mentionnés dans le cours du présent chapitre font partie de la bibliothèque botanique de M. Delessert.

devait être plus considérable. La seconde édition en a été publiée à Palerme, en 1715, par un de ses élèves, Antoine Bonanni, qui s'est approprié l'ouvrage. L'édition de Bonanni, la seule qui soit entrée dans le commerce, contient 168 planches; elle se trouve dans la bibliothèque de M Delessert. On sait que, dans un mémoire qu'il a fait paraître en 1822, M. Bertoloni, de Bologne, a appliqué les noms linnéens aux diverses planches de cette édition.

La plus grande partie des figures que nous venons de citer ont été imprimées en noir; quelques-unes seulement sont coloriées. On ne saurait dire exactement à quelle époque on commença à enluminer les figures sur bois. L'*Herbarius* de 1485 et le *Kreuterbuch* de Brunfels, mentionnés plus haut, et plusieurs autres ouvrages que nous avons sous les yeux, présentent des figures coloriées, mais il est difficile de déterminer si les ouvrages qui offrent ces enluminures ont été publiés tels, ou si cet ornement ne leur a pas été donné plus tard par des amateurs.

Il ne paraît pas que les anciens aient eu l'idée de tirer en couleur leurs planches gravées. Le seul ouvrage que nous ayons vu citer, comme imprimé le premier par ce procédé, qui n'exige après coup qu'une légère retouche au pinceau, est celui de Jean Martyn, *Historia plantarum variorum*, publié à Londres en 1728, et dont les dessins sont du célèbre peintre de fleurs Van Huysum. Après cet ouvrage, nous citerons les planches botaniques (*Picturesque botanical plates*), de R.-J. Thornton (1799), imprimées avec un grand luxe de couleurs, et la *Pomona britannica* de George Brookshaw (Londres 1812).

Bulliard s'est servi, un des premiers, pour les enluminures de son *Herbier de la France*, d'une méthode qui exige, pour chaque objet, autant de planches que de couleurs Redouté y substitua le mode de tirage en couleur avec une seule planche, procédé qu'il a grandement perfectionné, comme l'attestent ses magnifiques ouvrages. Quel talent fut plus souple, plus élégant, plus varié que celui dont ce peintre célèbre a donné tant de preuves dans ses *Liliacées*, ses *Roses* et son *Choix de fleurs*, dans les *Plantes rares de Malmaison et de Navarre*, dans le *Jardin de la Malmaison*, etc., etc.

PLANTES IMPRIMÉES.

Un autre procédé que celui des planches gravées a été imaginé pour reproduire aussi exactement que possible l'aspect et la forme des végétaux Nous voulons parler de l'impression de la plante opérée sur le papier avec la plante même.

Tous ceux qui ont feuilleté des collections de plantes sèches ont pu remarquer certains échantillons qui, après leur pression et un long séjour dans l'herbier, ont laissé sur le papier une empreinte reproduisant exactement leur forme, empreinte due à l'humidité de ces plantes ou à un suc visqueux qu'elles pouvaient renfermer. On a cherché à imiter artificiellement cette empreinte, soit en gommant ou huilant la plante, et en déposant sur cet enduit de la couleur en poudre, soit en recouvrant la plante d'une couleur quelconque, ou simplement d'encre d'imprimeur, et lui faisant subir sur une feuille de papier blanc un peu humide une pression suffisante pour que toutes les parties enduites de cette teinte soient appliquées et laissent leur empreinte sur le papier. Ce procédé réussit parfaitement pour certaines plantes, les fougères, par exemple, dont il reproduit avec netteté l'aspect et les nombreuses divisions des feuilles, mais pour le plus grand nombre des autres l'empreinte de la fleur ou du fruit est nécessairement d'une grande imperfection, et c'est un inconvénient que ne sauve pas même le soin que l'on a pris, dans quelques collections de ce genre de figures, de retoucher et colorier après coup ces organes que la plus faible pression écrase et dénature.

Les premiers essais de ce mode de représentation, peu usité de nos jours, remontent à une époque déjà assez éloignée. Ad. Spigel en fait mention dans son *Isagoge* publié en 1606. Nous avons sous les yeux un volume de Kniphof, médecin et botaniste allemand, publié à Erfurt en 1733, sous le titre de *Botanica in originali*, in-folio, donnant les figures de 200 plantes officinales, assez imparfaitement imprimées en noir. Plus tard, de 1747 à 1764, le même auteur fit paraître, sous le même titre, 12 centuries nouvelles de plantes, mais cette fois, retouchées au pinceau, ce qui dissimule un peu la rudesse de l'impression. L'*Ectypa vegetabilium* de Ludwig (1760), reproduit des figures imprimées et coloriées de la même manière

La bibliothèque de M. Delessert renferme d'autres ouvrages qui présentent des exemples de ce genre d'impression.

Un beau volume sur le système vasculaire des feuilles (*Die Nahrungs-Gefase in den Blattern*, etc.), publié par le graveur J.-M. Seligmann en 1748, donne 36 planches contenant des exemples de feuilles de différents arbres, dépourvues de leur parenchyme, et imprimées en rouge avec une pureté et une précision, qui ne laissent rien à désirer. On peut y observer et y suivre à la loupe même les plus petits vaisseaux dans toutes leurs ramifications, ce qu'aucun dessin ne pourrait donner avec autant de légèreté et d'exactitude.

Marcellin Bonnet, de Carcassonne botaniste peu connu, commença, il y a trente ou quarante ans, la publication d'un recueil intitulé : *Facies plantarum*, dans lequel les plantes sont imprimées en couleur avec beaucoup de soin ; il n'en a paru que trois livraisons renfermant 45 planches. C'est un livre qu'on rencontre difficilement, parce qu'il n'a été tiré qu'à un petit nombre d'exemplaires.

A la suite d'un ouvrage ayant pour titre : *Botanische Schattenrisse* (*Silhouette botanique*), un auteur allemand a publié 70 figures de diverses feuilles de plantes imprimées en noir, mais ces figures, toutes mal venues, sont de beaucoup inférieures aux spécimens donnés par Graumüller en 1809, dans sa méthode pour imprimer les plantes (*Neue Methode von Pflanzenabdrucken*.

D'autres plantes en noir, et qui ont très-bien réussi, appartiennent à une collection de plantes imprimées avec des échantillons qui paraissent provenir de l'île de Java, et principalement de Sourabaya. Ce recueil, imprimé probablement par Van Her, forme un volume grand in-folio, et renferme 240 planches.

M. Kunth a donné à la bibliothèque de M. Delessert un choix de plantes du voyage de MM. de Humboldt et Bonpland, composé de 240 espèces ; mais, imprimées sans doute avec promptitude et au milieu des embarras d'un voyage plein de difficultés et de périls (1), elles n'offrent pas la même régularité et la même netteté que dans le recueil précédent. Les noms des plantes y sont écrits de la main de MM. Bonpland et Kunth, ce qui donne un intérêt tout particulier à cette collection.

On avait eu l'idée, il y a quelques années, de chercher à obtenir une empreinte de la plante sur une pierre lithographique, empreinte qu'on aurait pu ensuite transporter sur le papier par les procédés ordinaires de l'impression. L'essai de cette méthode n'a donné que des résultats imparfaits. Elle offrait d'ailleurs des difficultés d'exécution qui tiennent à la nature même de l'objet destiné à servir de prototype.

REVUE DES PRINCIPAUX OUVRAGES DE LA BIBLIOTHÈQUE BOTANIQUE DE M. DELESSERT.

Sans vouloir mentionner ici tous les ouvrages rares ou précieux qui composent la bibliothèque du musée botanique de M. Delessert, nous allons parcourir les différentes divisions

(1) « La petitesse des canots dans lesquels nous avons été renfermés des mois entiers, a écrit M. de Humboldt, le climat brûlant de ces régions, la multitude d'insectes venimeux, l'humidité de l'air, qui est l'effet des pluies continuelles, et le manque de papier, que l'on éprouve souvent malgré toutes les précautions, sont des obstacles que ne peuvent sentir que ceux qui se sont trouvés dans des situations semblables. »

que nous avons établies plus haut, et nous nous arrêterons sur quelques-uns seulement des principaux ouvrages que renferme chacune de ces divisions. Mais il est bien entendu que l'ordre dans lequel nous citons tous les ouvrages, et la place que nous leur assignons dans nos diverses énumérations, ne peuvent servir d'indice pour apprécier la valeur scientifique de chacun d'eux, appréciation inutile, que nous ne voulons point faire, et qui serait d'ailleurs difficile pour une série de travaux qu'on ne saurait comparer entre eux, et dont chacun se recommande par un mérite particulier.

BOTANIQUE PROPREMENT DITE.

Botanique élémentaire.

Peu d'ouvrages anciens contiennent des notions raisonnées sur la botanique. Longtemps cette science ne fut que l'art de distinguer une plante d'une autre, et d'y attacher les vertus médicinales qu'on pouvait lui attribuer. Les modernes ont donné à la botanique un caractère plus élevé quand ils ont voulu étudier l'organisation des plantes, et traiter avec méthode deux points particulièrement négligés par les anciens : l'anatomie et la physiologie végétales. Les livres qui ont en vue de nous enseigner les principes sur lesquels repose l'étude de la botanique acquièrent de l'importance quand on voit les savants les plus distingués dans cette science ne pas dédaigner de tracer aux commençants la route qu'ils doivent suivre. Ainsi l'ont fait A.-P. De Candolle, dans sa *Théorie élémentaire* et son *Organographie*, dans sa *Théorie* surtout, livre écrit depuis 25 ans, qu'on lit encore avec plaisir, et qui restera, alors même qu'il aura été dépassé ; M. Auguste de Saint-Hilaire, dans sa *Morphologie*, leçons pleines de science et agréablement écrites, où l'auteur nous fait assister à toutes les phases de la métamorphose des plantes, théorie ingénieuse qui désormais est appelée à servir de base à l'ensei gnement (1); M. Adrien de Jussieu, dans son *Cours élémentaire de Botanique*, où sont rassemblés avec méthode tous les faits acquis à la science, et que distingue un style simple, clair et précis ; M. Achille Richard, dans ses *Nouveaux Éléments de Botanique* si recherchés par les nombreux élèves qui suivent ses cours à la faculté de médecine de Paris, et nous pourrions citer, à la suite de ces noms, les noms d'autres savants étrangers, tels que MM. Kunth, Link, Lindley, Bischoff, Endlicher, Alph. De Candolle, qui ont, eux aussi, renfermé tous les éléments de la science dans des ouvrages écrits avec une grande précision et une méthode parfaite.

Anatomie et physiologie végétales.

Ceux qui veulent pénétrer plus avant dans la structure intime des végétaux, étudier l'action de leurs organes, connaître les phénomènes de la vie végétale et les lois des transformations ou métamorphoses des plantes, peuvent consulter les savants écrits d'Aubert du Petit-Thouars, de MM. De Candolle, Treviranus, Meyen, Mirbel, Mohl, Unger, Amici, Meneghini, etc., les Mémoires de physiologie de M. Dutrochet, l'*Organographie* de M. Gaudichaud, les *Recherches anatomiques*

(1) Goethe a le premier nettement exposé et développé cette théorie des transformations réciproques de tous les organes des végétaux, transformations par suite desquelles certaines parties du végétal revêtent des formes qui peuvent faire considérer chacune de ces parties comme le produit de la métamorphose de l'autre. Cette idée avait été entrevue bien avant Goethe, mais il était réservé à cet illustre poëte de l'éclairer, de l'étendre et de lui donner toute l'autorité de son génie. M. De Candolle, qui ne connaissait pas l'ouvrage de Goethe, avait désigné dans sa Théorie élémentaire, sous le nom de dégénérescence, le même phénomène que Goethe avait nommé métamorphose.

La Russie réclame l'honneur de cette découverte; elle en attribue la priorité à Gaspard-Frédéric Wolf, de Berlin, membre de l'Académie des sciences de Saint-Pétersbourg, qui, en 1759, consacra sa dissertation inaugurale à une théorie sur le développement des plantes. Goethe n'a connu cet ouvrage qu'après la publication de la première édition de sa métamorphose.

et physiologiques sur la Garance et le *Mémoire sur le Gui* de M. Decaisne; ces derniers, remarquables par les belles analyses tracées par l'auteur lui-même, qu'on sait être botaniste aussi distingué que dessinateur habile.

D'autres noms pourraient être ajoutés ici et augmenter la liste de ces ouvrages dans lesquels les points les plus importants de la physique végétale sont exposés avec ordre, où se trouvent débattues les questions les plus élevées, ou se trouvent indiqués les faits les plus concluants.

Phytographie générale.

Les livres de botanique élémentaire et de physiologie végétale sont en bien petit nombre, comparés à la masse considérable des ouvrages où les plantes, prises individuellement, sont décrites et figurées. Les noms de *Genera* et de *Species* sont donnés quelquefois aux écrits qui ont pour objet d'indiquer les noms et les caractères distinctifs soit de tous les *Genres* seulement, soit de toutes les *Espèces* de plantes connues, rangées d'après un système ou un ordre méthodique quelconque. Les autres ouvrages phytographiques qui entrent dans la catégorie qui nous occupe, prennent différents titres, selon la nature du sujet qu'ils traitent, ceux-ci décrivant principalement ou les plantes cultivées dans un jardin botanique, ou un certain nombre d'espèces choisies et étudiées d'une manière plus particulière ; ceux-là, les plantes recueillies dans des voyages scientifiques.

Dans les *Genera* et les *Species*, nous remarquerons, indépendamment de ceux de Linné, le *Genera* d'Antoine-Laurent de Jussieu où il a posé pour la première fois d'une manière fixe les principes de la méthode naturelle, méthode qui, en se généralisant, devait donner un nouvel essor aux sciences d'observation, et à laquelle le nom de Jussieu restera désormais attaché.

En franchissant l'intervalle qui nous sépare de cet ouvrage

de M. de Jussieu pour arriver à une époque plus récente, nous trouvons le beau *Genera* de M. Endlicher, disposé également selon la méthode naturelle, mais avec les modifications de détails qu'ont dû apporter à cette méthode les découvertes faites depuis la publication du *Genera* de M. de Jussieu. M. Meisner, de Bâle, a publié un *Genera plantarum vascularium*, où les caractères des genres sont exposés dans des tableaux synoptiques très étendus.

Quant aux *Species*, le grand ouvrage entrepris par M De Candolle sous le titre de *Prodromus*, et que sa mort est venue interrompre, est continué par M. Alp. DeCandolle, son fils. Plusieurs savants botanistes ont bien voulu prêter leur concours pour l'achèvement de cette œuvre immense, travail pénible où s'est usée la vie de M De Candolle. M. Kunth a commencé, il y a plusieurs années, une *Enumeratio plantarum*, mais ce *Species* est encore bien loin d'être achevé. Le *Synopsis plantarum* de Persoon et le *Systema vegetabilium* de Sprengel sont encore estimés, malgré l espace de temps qui s'est écoulé depuis leur publication.

M. Steudel, par son *Nomenclator botanicus*, M. Walpers, par son *Repertorium*, rendent de grands services aux botanistes, le premier en classant dans un ordre facile les nombreux synonymes qui surchargent la science, le second en rassemblant dans un seul corps d'ouvrage toutes les espèces décrites par différents auteurs depuis l'apparition du Prodromus de M. De Candolle.

Un grand nombre d'ouvrages descriptifs et iconographiques que l'on trouve dans la bibliothèque de M. Delessert se distinguent par leur importance et par la beauté des planches qui les accompagnent, et peuvent être consultés avec fruit aussi bien par le savant et l'artiste que par l'homme du monde. Ainsi les précieux travaux de Martius et de Pohl nous donnent une idée de la végétation luxuriante du Brésil, et le premier de ces auteurs, en nous transportant au milieu des forêts vierges de cette contrée, reproduit à nos yeux toutes les magnificences de cette végétation si active, en même temps qu'il nous fait connaître l'organisation si curieuse des palmiers, ces rois jusqu'alors peu connus de l'empire végétal.

Ici c'est Wallich qui décrit et figure les plantes les plus rares de l'Asie (*Plantæ asiaticæ rariores*) ; c'est Royle qui, dans ses *Illustrations of the botany of the Himalayan Mountains*, nous fait connaître l'histoire naturelle de ces prodigieuses montagnes placées comme une barrière entre les possessions anglaises dans l'Inde et le territoire de la Chine ; c'est Siebold et Zuccarini (*Flora Japonica*), dont les belles planches font apparaître à nos yeux les plantes du Japon, et surtout un des plus beaux arbres de ce pays, le *Paulownia imperialis*, destiné chez nous à une grande célébrité comme plante d'ornement.

Là se font encore remarquer, parmi les ouvrages descriptifs et iconographiques, les belles publications de Ventenat et de Humboldt et Bonpland ; la *Flore Portugaise*, par Hoffmansegg et Link, ouvrage non achevé, mais qui n'en reste pas moins hors de ligne par le soin et le fini apportés à l'exécution des figures ; les graminées de Host (*Icones Graminum Austriacorum*), la *Révision des Graminées* de Kunth, les *Icones plantarum rariorum Hungariæ*, de Waldstein et Kitaibel, les *Nova Genera* de Pœppig et Endlicher, etc.

Et maintenant que la famille des orchidées nous fournit en abondance les plantes les plus singulières par leur aspect, par leur forme, par leur organisation, et que ces fleurs, quelquefois si magnifiques et si brillantes, commencent à s'introduire dans les serres et deviennent un objet de culture pour de grands amateurs, il nous faut mentionner le beau choix d'orchidées (*Sertum Orchidaceum*), que M. Lindley a réunies en un volume in-folio, comprenant 49 espèces figurées, et les orchidées du Mexique (*The Orchidaceæ of Mexico and Guatemala*), de James Bateman publié avec le plus grand luxe, et remarquable par la dimension de son format et la splendide exécution des 40 planches qu'il renferme. Ce dernier ouvrage, déjà rare, puisqu'il n'a été tiré qu'à 125 exemplaires (ce qui ne fait que quelques exemplaires en plus du nombre de ses premiers souscripteurs), et que les planches ont été détruites après l'impression, ne compte que trois souscripteurs sur le continent ; ce sont MM. de Humboldt à Berlin, Torlonia à Rome, et Benjamin Delessert à Paris.

On remarque encore, dans les livres consacrés à des descriptions de plantes, l'*Hortus Eystettensis*, publié en 1613 par Basile Besler, aux frais de Jean Conrad de Gemmingen, évêque d'Eichstædt en Bavière, et contenant les figures des plus belles plantes du jardin qu'il avait établi près de son palais et dans lequel il cultivait un grand nombre de plantes rares, l'*Herbarium Amboinense* de Rumphius, l'*Hortus indicus Malabaricus* de Van Rheede; Andrews, *Botanist's Repository;* l'Héritier, *Sertum Anglicum;* les *Icones* de Cavanilles, et celles de Schmidel; les *Symbolæ botanicæ* de Vahl et de Presl; les *Collectanea botanica* de M. Lindley, les *Atakta botanika* et *Iconographia generum plantarum*, de M. Endlicher, les *Meletemata botanica* de MM. Schott et Endlicher, ce dernier ouvrage tiré à 50 exemplaires seulement; les *Illustrations of Indian botany* de M. Wight, les *Icones plantarum* de sir W.-J. Hooker, etc.

M. J.-S. de Kerner, conseiller aulique et professeur d'histoire naturelle à Stuttgard, a publié une suite de dessins originaux, coloriés, accompagnés d'un texte imprimé et qui maintenant font partie de la bibliothèque de M. Delessert. La collection entière de ces dessins comprend, outre les *Raisins* et les *Melons*, les *Genera plantarum*, composés de 200 dessins, et l'*Hortus sempervirens*. Ce dernier ouvrage a été publié dans l'origine (le tome Ier porte la date de 1795) en 71 volumes ou livraisons de 12 planches et 12 feuilles de texte. Le prix de chaque volume lors de sa publication était de 450 fr., ce qui mettait le tout à plus de 30,000 fr. On l'offrait il y a quelques années pour 10,000 fr. Mais ce dernier prix est encore, et de beaucoup trop élevé pour un recueil dont la plus grande partie des figures est empruntée à des ouvrages déjà connus. L'Hortus est relié en 18 volumes grand in-folio.

Parmi les recueils périodiques publiés à Londres, et qui reproduisent les figures coloriées des plantes d'ornement les plus rares et les plus curieuses cultivées dans les serres et jardins d'Angleterre, nous mentionnerons particulièrement les *Botanical Magazine* et *Botanical Register*, format in-8°, dont les livraisons, d'un prix modéré, paraissent chaque mois avec la plus grande exactitude et depuis un grand nombre d'années. En effet, le premier et le plus ancien de ces recueils, le *Botanical Magazine*, date de l'année 1787. Il a été fondé par William Curtis, auteur de la *Flora Londinensis*. Son but était d'initier les gens du monde et les jardiniers à la connaissance scientifique des plantes qu'ils cultivent. A la mort de W. Curtis, arrivée en 1799, ce recueil fut continué par le docteur John Sims jusqu'en 1826. La partie botanique en est maintenant confiée à sir W.-J. Hooker. Au 1er octobre 1844, il avait été publié sans interruption 4,119 figures accompagnées chacune d'un texte où la plante est décrite, avec diverses observations botaniques et horticulturales.

Le *Botanical Register*, qui doit son origine à une mésintelligence survenue entre les propriétaires du *Botanical Magazine* et quelques-uns des patrons de ce dernier recueil, a fait paraître en mars 1815 son premier numéro, disposé sur le même plan que le *Botanical Magazine*. La partie botanique, dirigée alors par John Bellenden Ker, à qui le *Botanical Magazine* a dû pendant longtemps sa réputation scientifique, est confiée aujourd'hui à M. John Lindley, dont le talent et l'habile rédaction ont maintenu le succès de l'ouvrage. 2,182 plantes y ont été figurées depuis le 1er mars 1815 jusqu'au 1er octobre 1844.

Le *Magazine of Botany*, de Paxton, et le *Floral Cabinet* de MM. Knowles et Westcott, publiés, l'un et l'autre, avec un certain luxe de coloris et de papier, font encore partie de la bibliothèque de M. Delessert.

Nous dirons quelques mots de deux autres recueils du même genre et qui ont cessé de paraître. Le *Botanical Cabinet* avait été établi en 1818 par MM. Loddiges, célèbres pépiniéristes à Hackney, comme un moyen de faire connaître au public les plantes qui entraient dans leurs cultures. C'est un recueil sans prétention, dont le texte est borné à quelques indications brèves sur les plantes qui y sont figurées au nombre de 2,000. Le vingtième et dernier volume de cette collection porte la date de 1833.

Le *British Flower-Garden*, dirigé par Robert Sweet, a paru dans l'intervalle des années 1823-1838. Publié comme les *Botanical Magazine* et *Register*, il renferme 712 figures contenues dans 7 volumes in-8°.

Phytographie spéciale.

Flores.

Le nombre des ouvrages consacrés à la description des plantes d'une localité déterminée est assez considérable, et si nous en jugeons par la quantité de ceux qui se trouvent au musée botanique de M. Delessert, l'Allemagne serait la partie de l'Europe dans laquelle on aurait publié le plus grand nombre de *Flores;* on en compterait même davantage qu'il n'en existe pour la France et l'Angleterre réunies. Il serait trop long de citer toutes celles de ces Flores qui se recommandent par la méthode et par une critique savante; nous n'en mentionnerons qu'un petit nombre, mais nous allons nous arrêter particulièrement d'abord sur plusieurs ouvrages précieux ou remarquables qui appartiennent à la catégorie qui nous occupe en ce moment.

Nous placerons en première ligne la *Flora Græca* de Sibthorp comme offrant quelques particularités assez curieuses

Le docteur John Sibthorp avait depuis longtemps formé le projet de visiter la Grèce dans le but de rechercher et de déterminer les plantes indiquées par les auteurs classiques de cette contrée. Nous avons vu déjà, page 406, que le docteur Sibthorp était parti en 1786, emmenant avec lui le célèbre dessinateur Ferdinand Bauer, et qu'il était mort au retour d'un second voyage qu'il avait fait en Grèce.

Par son testament en date du 12 janvier 1796, le docteur Sibthorp légua à l'université d'Oxford un bien-fonds dont le revenu devait être consacré à la publication de la *Flora Græca* en 10 volumes in-folio, avec 100 planches gravées et coloriées par chaque volume, et d'un *Prodromus* composé de texte seulement. Le docteur Smith (sir James-Edward) fut choisi par les exécuteurs testamentaires pour diriger cette publication, dont le plan avait été tracé par le docteur Sibthorp. A l'exception d'une partie des dessins, rien n'était préparé encore pour la *Flora*, et le docteur Smith eut à faire le travail de détermination et de critique des plantes. Le premier volume parut en 1806. La mort du docteur Smith, arrivée en 1828, n'arrêta pas l'ouvrage. Il avait achevé alors la sixième centurie et la première partie de la septième. M. Lindley fut chargé de continuer la publication de la *Flora Græca*, et le huitième volume, dont la première moitié parut en 1833, porte le nom de ce dernier botaniste, qui a terminé l'ouvrage dans le courant de l'année 1840. Au lieu des 1,000 planches annoncées, il n'en a été publié que 966, ce qui s'explique par la mort de Ferdinand Bauer, qui eut lieu avant qu'il eût pu achever ses travaux. Quant à la rente léguée par Sibthorp, il a voulu qu'une somme annuelle de 200 livres sterling (5,000 fr.) en fût distraite après l'achèvement de la *Flora Græca*, pour fonder une chaire d'économie rurale à l'université d'Oxford, le reste devant être employé en achat de livres pour le professeur.

La *Flora Græca* a été tirée à trente exemplaires seulement pour autant de personnes qui se sont engagées à payer chaque volume 25 liv. st. (625 fr.). A ce prix, l'ouvrage complet reviendrait aux souscripteurs à 6,250 fr. L'exemplaire de ce bel ouvrage en la possession de M Delessert est le seul qui se trouve en France.

La *Flora Danica* présente des particularités d'une autre nature. Publiée aux frais du roi de Danemark, elle fut commencée par Georges-Chrétien Œder, d'Anspach, élève de Haller et professeur de botanique à Copenhague, où il avait été appelé par Struensée. Ce ministre avait conçu le plan de la Flore de Danemark, et c'est sous ses auspices qu'Œder, après avoir voyagé pendant cinq ans en Norvége, fit paraître, dans l'année 1761, le prospectus de l'ouvrage accompagné d'un spécimen. La Flore devait contenir toutes les plantes qui croissent spontanément dans les pays danois. Le premier fascicule de la *Flora Danica* porte la date de 1761. Dix livraisons furent mises au jour depuis cette époque jusqu'en 1772, où Œder fut envoyé en Norvége. Le célèbre Otto-Frédérick Müller, plus zoologiste que botaniste, qui succéda à Œder, publia les fascicules 11-15 renfermant les planches 601-900. En 1785 le professeur Martin Vahl, élève de Linné, continua l'ouvrage en y apportant quelques perfectionnements. Dans l'intérêt de la Flore, il visita les parties du royaume les moins connues des botanistes. Vahl a publié les fascicules 16-21 (planches 901-1260).

Le professeur Jens Wilken Hornemann, de Copenhague dirigea, à partir de l'année 1805, la publication de la *Flora Danica* jusqu'en 1841 où on lui adjoignit Salomon Drejer, auteur d'une flore de Copenhague Tous deux étant morts, l'un en 1841 et l'autre en 1842, MM. J.-E. Schouw et J. Vahl ont publié en 1843 un fascicule déjà préparé en partie par MM. Hornemann et Drejer. Ainsi, au 30 juin 1843, époque de l'apparition de cette dernière livraison, et après quatre-vingt-deux années, la *Flora Danica* est parvenue au quarantième fascicule et à la planche 2,400, le tout formant 13 volumes in folio de planches gravées et coloriées. En évaluant à près de 5,000 espèces (1,600 Cotylédonées et 3,200 Acotylédonées le nombre des plantes qui croissent en Danemark.

le travail projeté sur la flore de ce pays ne serait arrivé, en 1845, qu'à la moitié seulement, ce qui donnerait encore, si cette publication continue à suivre la même marche, quatre-vingts années au moins à parcourir avant que l'ouvrage soit complétement achevé

La collection des ouvrages du baron de Jacquin (Nicolas-Joseph) fait partie de la bibliothèque de M Delessert. Le respectable Jacquin, né à Léyde, et qui étudia successivement à Anvers, à Louvain, à Rouen, à Paris, fut contemporain de Linné et vécut longtemps encore après ce grand naturaliste (Jacquin est mort en 1818). Il alla s'établir à Vienne, s'y occupa de médecine et de botanique, et fut chargé par l'empereur François Ier, qui l'avait pris en amitié, de dresser le catalogue des plantes du jardin impérial de Schoenbrunn. Il fit ensuite un voyage aux Antilles, et c'est à son retour qu'il écrivit son *Historia stirpium Americanarum*. De 1770 à 1786 il publia son *Hortus Vindobonensis*, 3 vol. in-f°, tiré à 162 exemplaires seulement (celui de M. Delessert porte le n° 15), sa *Flora Austriaca*, 5 vol. in-f°, un de ses ouvrages les plus rares, ses *Miscellanea Austriaca* et ses *Collectanea*.

Léopold II lui confia la direction du jardin de Schoenbrunn, et mettant à profit les moments de loisir que lui laissait cet emploi, Jacquin fit paraître son bel ouvrage intitulé *Hortus Schoenbrunnensis*, ses *Icones plantarum rariorum*, sa *Monographia Oxalidum*, etc. Vers la fin de sa vie, il s'occupa de la fructification des asclépiadées, et publia l'histoire de la singulière famille des stapéliées en 1 vol. in-f° (*Stapeliarum descriptiones*). L'intérêt qu'il portait à ces plantes était si grand, qu'à son lit de mort et après être resté plusieurs jours sans pouvoir parler ni faire aucun mouvement, il trouva la force de s'informer, un matin du mois d'août, « s'il y avait encore quelque *Stapelia* en fleur. »

Jacquin dessinait et peignait les plantes. Un volume assez remarquable, qui se trouve dans la bibliothèque de M. Delessert est un des exemplaires originaux, d'une grande rareté, peint par Jacquin lui-même, de son *Historia stirpium Americanarum*. C'est un fort volume in-f° publié à Vienne en 1780. 12 copies seulement en ont été exécutées par Jacquin. Le roi d'Espagne, qui désirait posséder un de ces volumes, ne put se le procurer, quoique Jacquin eût écrit la lettre la plus pressante au docteur Salichetti, médecin du pape, pour l'engager à céder l'exemplaire qui était en sa possession. Ce volume contient 137 pages de texte et 264 dessins en couleur. La bibliothèque de Dresde en a payé un exemplaire 1250 fr. en 1818. Celui de M. Delessert, avant qu'il arrivât dans ses mains, paraît avoir été mis à prix à 1750 fr.

Centuria plantarum Rossiæ meridionalis, prœsertimTauriæ et Caucasi. Pars I, Charkoviæ, 1810, grand in-f° ; seul exemplaire qui se trouve en France d'un ouvrage publié par les soins de M. Marschall Bieberstein. Cette belle centurie de planches peut servir de complément à la *Flora Taurico-Caucasica* du même auteur, publiée de 1808 à 1819 en 3 volumes in-8°. Il n'a été tiré de la *Centuria plantarum* que 70 exemplaires ; les planches en sont gravées et coloriées avec le plus grand soin. L'exemplaire qui appartient à M. Delessert a été acheté à Vienne en 1837 ; c'est celui que l'empereur Alexandre avait donné en cadeau au prince Razoumovsky. M. Steven, qui a fait de fréquentes excursions aux montagnes du Caucase, dont il connaît bien les productions naturelles, a pris une part distinguée à la rédaction de cette magnifique flore. Elle doit être continuée par les soins de l'Académie impériale des sciences de Saint-Pétersbourg.

Les *Icones* du professeur et conseiller d'État Ledebour trouvent naturellement leur place ici (*Icones floram Rossicam imprimis Altaicam illustrantes*). Ce sont les illustrations de la *Flora Altaïca* du même auteur, publiée à Berlin en 1829-1833, 4 volumes in-8°, et placée au premier rang parmi les ouvrages de ce genre. Les plantes altaïques furent collectées par M. Ledebour, assisté des docteurs de Bungo et Meyer, pendant un voyage dont nous avons tracé l'itinéraire a la page 419

Les Icones, en 5 volumes in-f°, comprennent 500 planches lithographiées et coloriées. M. Ledebour a ajouté aux plantes décrites dans cet ouvrage quelques autres espèces rares ou peu connues appartenant à la flore de la Russie asiatique.

Flora Javæ et *Rumphia*, par M. Blume.—M. Blume, chargé du service de santé des armées de la Hollande dans ses possessions de l'Inde, est resté plusieurs années à Java, occupé à recueillir des matériaux pour la flore de cette contrée. Il avait commencé à Bruxelles, de 1828 à 1830, et sous la protection du gouvernement des Pays-Bas, la publication d'un grand ouvrage intitulé *Flora Javæ*. Ses matériaux étaient nombreux, car son herbier ne renfermait pas moins de 3,000 espèces de plantes. Déjà une grande partie de son ouvrage, exécuté avec un soin remarquable, avait paru lorsque les événements politiques survenus en Belgique en 1830 le forcèrent d'en suspendre la publication. Depuis, M. Blume a entrepris de décrire sur le même plan les végétaux les plus rares et les plus intéressants de tout l'archipel des Indes. Il a donné à son recueil, arrivé au deuxième volume et enrichi, comme la *Flora Javæ*, de planches magnifiques, le titre de *Rumphia*, du nom du savant *Rumphius*, auteur de l'*Hortus Amboinensis*.

Deliciæ Floræ, etc. — Scopoli (Jean-Antoine), auteur de la *Flora Carnoliaca* et de plusieurs autres ouvrages sur diverses branches de l'histoire naturelle, a publié en 1786 les *Deliciæ Floræ et Faunæ Insubricæ*, in-f°. On a signalé dans cet ouvrage une méprise assez singulière que nous relaterons ici, méprise qui n'ôte rien cependant au mérite du livre et ne peut nuire à la réputation de son savant auteur.

Chacune des planches des *Deliciæ Floræ* est dédiée à un personnage différent dont le nom et les qualités sont inscrits au bas de la planche même. Scopoli avait cru devoir faire cet honneur, avec quelque raison peut-être, à un libraire distingué de Londres, M. Benjamin White. Celui-ci avait pris pour enseigne le portrait d'Horace, ce qu'indiquaient ses adresses par les mots *B. White at Horace's Head* (*B White, à la tête d'Horace*); mais Scopoli qui probablement ne connaissait pas la langue anglaise, s'imagina que M. *Horace Head* était un associé de M. White, et dédia en conséquence à ces deux individus conjointement une des planches d'insectes qui font partie des *Deliciæ Floræ*. L'artiste partagea l'erreur de Scopoli, et grava sur son cuivre (1re partie, planche XXIV) cette légende : *Auspiciis Benjamini White et Horatii Head, bibliopol. Londinensium.*

Les ouvrages suivants sont encore consacrés à des flores locales ou à la partie botanique de plusieurs voyages de long cours.

Dans la première série, il est juste de rappeler la *Flora Londinensis* de Curtis, continuée par sir W.-J Hooker, dont on ne saurait trop louer les planches, qui devraient être citées plus souvent, et qui se distinguent par leur beauté et leur exactitude ; la *Flora Boreali-Americana* de sir W.-J. Hooker, celle de Sénégambie (*Floræ Senegambiæ tentamen*), publiée, en 1830-1833, sous les auspices et aux frais de M Benjamin Delessert, par MM. Guillemin, Perrottet et Achille Richard ; la flore de la côte de Coromandel (*Plants of the coast of Coromandel*) par le docteur Roxburgh, la *Flore d'Oware et de Benin* de Palisot de Beauvois ; les *Flora Peruviana* de Ruiz et Pavon ; *Rossica*, de Pallas ; *Sibirica*, de Gmelin, *Napolitana*, de Tenore ; *Monacensis*, de Schrank ; la *Flora Española*, de Quer ; la *Flore des Antilles*, de Tussac ; les *Illustrationes Floræ Novæ-Hollandiæ*, de Ferdinand Bauer.

La deuxième série nous présente la partie botanique magnifiquement illustrée des voyages autour du monde de l'*Uranie* et de *la Bonite*, par M. Gaudichaud ; de *la Coquille*, par MM. Bory de Saint-Vincent et Adolphe Brongniart ; la botanique du voyage du capitaine Beechey, par sir W.-J Hooker et Walker-Arnott ; du *Voyage au Pôle sud et dans l'Océanie*, du capitaine Dumont d'Urville, par M Hombron ; la botanique du voyage antarctique des vaisseaux *Erebus* et *Terror*, par M. J.-D. Hooker, celle du *Sulphur*, par M. George Bentham; le *Voyage dans le midi de l'Espagne*, de M. Edmond Boissier, etc.

M. Loudon.— Nous appellerons un moment l'attention sur quelques travaux de M. J.-C. Loudon, de cet infatigable écrivain connu par un grand nombre de publications périodiques, qui a attaché son nom à des ouvrages prodigieux par leur étendue et par les recherches qu'ils ont nécessitées.

En même temps qu'il dirigeait deux journaux scientifiques, le *Magazine of natural history* et le *Gardener's Magazine*, M. Loudon faisait paraître successivement, en 4 gros volumes in-8°, contenant ensemble 4,800 pages de l'impression la plus compacte, ses Encyclopédies du Jardinage, des Plantes, de l'Agriculture, et l'Encyclopédie de l'Architecture des fermes, maisons de campagne, etc. L'Encyclopédie des Plantes (*Encyclopædia of Plants*) donne à elle seule les figures, gravées sur bois, d'une petite dimension, il est vrai, et intercalées, au milieu du texte, de 16,740 espèces de plantes. Les 3 autres volumes renferment près de 4,000 figures gravées de la même manière.

Depuis la publication de ces Encyclopédies, M. Loudon a entrepris et achevé l'*Arboretum et Fruticetum Britannicum*, in-8°, dans lequel on compte, indépendamment de 332 planches gravées à part et consacrées à reproduire le port des arbres mentionnés dans l'ouvrage, 2,546 figures réparties dans les 2,694 pages des 4 volumes.

En voyant cette énorme masse d'écrits où l'auteur a montré de l'érudition et une grande connaissance des choses, on ne peut comprendre comment un seul homme a pu suffire à de tels travaux, et la surprise redouble quand on sait que M. Loudon était privé du bras droit, que son bras gauche avait éprouvé une contraction, et qu'il ne lui restait que deux doigts de la main gauche qui ne fussent pas entièrement paralysés.

Plantes peintes en Chine. — Une belle collection de plantes peintes en Chine et au Japon, et composée de plusieurs volumes, nous semble présenter encore un certain intérêt scientifique et de curiosité, soit comme offrant la représentation d'un grand nombre de végétaux qui croissent dans ces contrées, soit comme spécimen de la manière d'y peindre les productions naturelles. Les noms y sont écrits en langue chinoise ou japonaise, et accompagnés, dans quelques-uns des recueils, de longues annotations. Un de ces volumes contient 404 figures de plantes peintes d'après un ouvrage original tiré du cabinet de l'empereur de la Chine, et qui avait été rédigé par un missionnaire, habile médecin et botaniste. Ce missionnaire avait réuni en 18 volumes tout ce qu'il y a de plus curieux et de plus intéressant sur les plantes, arbres, etc., qui sont propres à la Chine ou que la médecine emploie dans le pays. Le volume que possède M. Delessert, et qui a été envoyé en Europe par le père Cibot, missionnaire à Péking, est une copie faite d'après cet ouvrage, copie assez faible, à ce qu'il paraît, en comparaison de l'original, mais qui présente néanmoins, dit le père Cibot, des informations plus complètes et plus sûres que celles qu'on pourrait trouver dans les livres imprimés.

Monographies.

Les monographies présenteraient une liste étendue d'excellents ouvrages à citer ici. Outre les Mémoires de M. De Candolle sur différentes familles de plantes, Mémoires qui sont de savantes monographies, nous nous bornerons à mentionner le *Species Astragalorum* de Pallas, la *Geraniologia* de l'Héritier, l'*Histoire naturelle des Orangers* de MM. Risso et Poiteau, *A Description of the genus Pinus* de M. Lambert; les *Mémoires sur les Conifères et les Cycadées* de MM. Louis-Claude et Achille Richard, l'*Histoire des Plantes grasses* de De Candolle avec les figures de Redouté; les monographies des *Euphorbiacées*, *Rutacées*, *Malpighiacées*, etc., de M. Adrien de

Jussieu ; les *Rubiacees* de M. Achille Richard, les *Campanulées* de M. Alphonse De Candolle, les *Rhamnées* de M. Adolphe Brongniart, les *Labiées* de M. Bentham, les *Orchidées* de M. Lindley, les *Mémoires sur la famille des Lardizabalées* par M. Decaisne, les beaux mémoires de M. P.-W. Korthals, publiés à Leyde dans les *Verhandelingen over de Natuurlijke Geschiedenis*, etc. ; une monographie (manuscrite) du genre *Magnolia* avec 22 dessins originaux, par J.-Th. Descourtilz.

W. Roscoe. *Scitaminées*. — C'est un fait assez remarquable qu'un ouvrage de botanique d'une certaine importance soit l'œuvre d'un littérateur, poëte et historien. William Roscoe, auteur d'une monographie de la curieuse famille des scitaminées (*Monandrian plants of the order Scitamineæ*), s'était fait distinguer dès son jeune âge par des poésies pleines de talent. Sa *Vie de Laurent de Médicis*, publiée en 1795, et son livre intitulé : *Vie et pontificat de Léon X*, qui parut en 1805, lui assurent une place distinguée parmi les historiens modernes. Très-versé dans la jurisprudence de son pays, il fut admis au barreau comme avocat. Il prit une part active aux débats qui eurent lieu en 1787 sur la question de la traite des nègres, et défendit avec force la cause des esclaves, pour laquelle il avait déjà exprimé sa sympathie dans un poëme qu'il écrivit à l'âge de 19 ans. Il ne resta pas non plus étranger aux discussions qu'amenèrent plus tard les événements politiques dans son pays, et à la réforme des lois pénales, comme le témoignent les pamphlets qu'il fit paraître en différentes occasions. L'étude de la botanique l'avait néanmoins constamment occupé ; il consacra les dernières années de sa vie à sa belle monographie des scitaminées, qui ne fut achevée que peu de temps avant sa mort, arrivée en 1831. Son goût pour les beaux-arts s'est manifesté par diverses publications particulières, et il a dessiné lui-même une partie des planches de ses scitaminées. Cet ouvrage n'a été tiré qu'à 150 exemplaires.

Géographie botanique.

La géographie botanique réclame ici les noms de Humboldt, Schouw, Meyer, pour leurs ouvrages qui ont contribué à faire prendre à cette partie de la science une marche rationnelle.

Botanique appliquée

Nous trouvons, en premier lieu, pour la partie médicale les *Plantæ medicinales* de Nées d'Esenbeck, et celles du docteur Hayne (*Getreue Darstellung und Beschreibung*, etc.), deux ouvrages qui peuvent servir de base à l'étude des plantes officinales; ces plantes y sont, en effet, décrites avec soin, surtout dans le dernier, où la plupart des espèces sont traitées comme le seraient de petites monographies. On peut ajouter à cette catégorie le grand ouvrage de Plenck, *Icones plantarum medicinalium*, les *Medical Botany* de Woodville, *American medical Botany* de J. Bigelow, *Materia indica* d'Ainslie, les *Éléments d'histoire naturelle médicale* de M. Achille Richard, la *Phytographie médicale* de M. Roques, le *Dictionnaire universel de matière médicale* de MM. Mérat et Delens, le *Dictionnaire des Drogues* de MM. A. Chevallier, A. Richard et Guillemin, l'*Histoire abrégée des Drogues simples* de M. Guibourt, la *Flora medica* de M. Lindley, les plantes officinales des pharmacopées de Prusse par M. Kunth (*Anleitung zur Kentniss*, etc.), et d'Autriche (*Die medicinal Pflanzen*) par M. Endlicher, le *Systema materiæ medicæ vegetabilis Brasiliensis* de M. de Martius; le *Cours d'histoire naturelle pharmaceutique* de M. Fée, etc.

Nous mentionnerons ici un ouvrage plus ancien qu'aucun de ceux que nous venons de citer, à cause de quelques particularités qui se rattachent à son auteur; il s'agit de l'*Herbarium Blackwellianum*.

Élisabeth Blackwell était femme du docteur Alexandre Blackwell, médecin anglais. Celui-ci, qui s'était fait imprimeur à Londres, fut mis en prison pour dettes. Madame Blackwell, quoique restée dans l'indigence, s'efforça d'adoucir la position de son mari. Elle entreprit de publier 500 plantes médicinales, qui devaient être dessinées, gravées et coloriées en grande partie par elle-même. Cet ouvrage parut d'abord en 1737 et 1739 en 2 volumes in-f° sous le titre de *Curious herbal*, etc. Il eut plusieurs éditions. Le produit qu'en retira madame Blackwell contribua, dit-on, à procurer la liberté à son mari, après une détention de deux ans. On a ajouté plus tard à cet ouvrage un supplément, et le nombre total des planches a été porté à 600.

Le docteur Blackwell s'était rendu en Suède, où il s'occupait d'agriculture et pratiquait la médecine. Arrêté à la suite de la saisie d'une correspondance avec la Russie, il fut malheureusement impliqué dans la conspiration qui avait pour but de changer l'ordre de succession au trône suédois, et mourut sur l'échafaud, en 1747, protestant avec force de son innocence.

Parmi les livres qui se rangent dans la partie horticole ou agricole, nous citerons les *Transactions of the horticultural Society of London*, le *Gardener's Magazine*, les *Annales de la Société royale d'horticulture de Paris*, le *Tropical agriculturist* de G. Richardson Porter, le *Ladies' Flower-Garden* de mistriss Loudon, etc., et nous mentionnerons particulièrement le beau travail de M. Matthieu Bonafous : *Histoire naturelle, agricole et économique du Maïs*.

Plusieurs ouvrages consacrés à la représentation et à l'histoire des fruits *comestibles* doivent être nommés à la suite des précédents : les Pomologie et Fructologie du Hollandais Jean Herman Knoop (*Vruchten en Gewassen*), la *Pomona Austriaca*, la *Pomona Franconica* de Meyer, la *Pomona Britannica* de George Brookshaw, le *Traité des arbres fruitiers* avec les belles planches de MM. Poiteau et Turpin. Nous ajouterons, après ces grands ouvrages, le *Pomological Magazine*, le *Jardin fruitier* par L. Noisette, le *Pyrus Malus Brentfordiensis* ou description d'un choix de pommes, par Hugh Ronalds, donnant une figure de chaque variété dessinée sur pierre par miss Ronalds, et coloriée avec beaucoup de finesse et de vérité. Nous dirons à ce sujet que pour de telles figures le crayon lithographique l'emporte peut-être sur le burin par l'espèce de velouté qu'il produit et qui se fond mieux sous les diverses teintes de couleur que ne le feraient les traits plus secs de la gravure.

Nous ne mentionnerons pas tous les autres ouvrages qui pourraient rentrer dans la section de la botanique appliquée tels que des traités sur l'indigo, sur diverses fabrications, sur la botanique forestière, etc., et nous terminerons cette catégorie par la citation des plantes économiques de J.-S. Kerner (*Abbildung aller œkonomischen Pflanzen*) représentées en 800 planches coloriées, et d'un ouvrage (*Icones lignorum*) donnant les figures de plus de 400 espèces de bois, chacun en forme de petite planchette coloriée avec soin.

Comme exemples d'une application assez curieuse des plantes aux arts industriels, on trouve dans la bibliothèque de M. Delessert quelques volumes renfermant des échantillons de papiers fabriqués avec différents produits végétaux. Le papyrus des anciens est peut-être le premier essai que l'on puisse citer du genre d'industrie au moyen duquel les fibres ou les tissus végétaux sont soumis à différentes préparations d'où résulte un papier propre à écrire. Le papier de Chine, dont on fait aujourd'hui un si grand usage, est fabriqué dans le pays avec des écorces d'orme et du mûrier à papier (*Morus papyrifera*), avec des jeunes pousses de Bambou, etc. Chaque province, au reste, a son papier particulier fait avec différentes plantes. Celui du Japon provient de l'écorce du mûrier à papier. La substance connue sous le nom impropre de papier de riz, et qui est employée de préférence au papier pour certaines sortes de dessins et pour faire des fleurs artificielles, est due à une plante de la famille des légumineuses, l'*Aeschynomene paludosa* de Roxburgh.

Au Mexique, on fabrique du papier avec le maguey (*Agave*

Cubensis de Jacquin), et il y a quelques années qu'un acte du congrès mexicain défendait de se servir de papier autre que celui qui serait fait avec cette plante.

Un grand nombre de végétaux pourraient sans doute être utilisés de cette manière. On l'a déjà tenté avec des plantes de différentes sortes, et en essayant de remplacer par la paille et le bois le chiffon, dont la consommation devenait immense. On a fait entrer dans la fabrication du papier les feuilles ou les sommités du chanvre, l'écorce du tilleul, les mousses, la pulpe de pomme de terre, etc.

Plusieurs échantillons de différentes sortes de papiers fabriqués en Chine et dans l'Inde, et de papier fait en France avec l'écorce du mûrier à papier, existent, comme nous l'avons dit, dans la collection de M. Delessert. On y trouve également un petit volume (*Œuvres du marquis de Villette*) in-12, imprimé en 1786 et, tout entier, sur du papier de guimauve. Ce volume est terminé par des échantillons de papiers fabriqués avec l'ortie, le houblon, la mousse, le roseau, plusieurs espèces de conferves, la racine de chiendent, le chardon, différentes écorces, etc.

Poëmes sur les plantes.

Les plantes ont été chantées et célébrées par les poëtes à diverses époques et dans presque toutes les langues. Nous avons cité plus haut une édition de 1522 du poeme latin (*De viribus herbarum*) attribué à Æmilius Macer. Abraham Cowley a publié également un poëme latin sur les plantes en 1678 (*Plantarum libri VI*). En 1712 un jésuite napolitain, F.-E. Savastano, fit paraître des éléments de botanique en vers latins : *Botanicorum seu Institutionum rei herbariæ libri IV;* le père Rapin est connu par son poëme sur les jardins (*Hortorum libri IV*). Le professeur Vigo a composé un poëme latin sur les truffes (*Tubera terræ carmen*), qui a été traduit en vers italiens. Le *Botanic Garden* de E. Darwin, médecin, botaniste et poëte, a eu un grand succès en Angleterre. Une partie en a été traduite en français par M. Deleuze sous ce titre : *les Amours des plantes*. Le marquis Spolverini a donné, en italien, un poëme sur la culture du riz (*La Coltivazione del Riso*). En français, *Les Jardins* de Delille et *Les Plantes* de Castel doivent être indiqués particulièrement à la suite des précédents ouvrages.

Plantes cryptogames.

Les différents livres que nous venons de passer en revue renferment les descriptions et les figures des plantes les plus parfaites, de celles qui forment la végétation des forêts et des plaines et l'ornement de nos parterres, ou que nous faisons servir à nos besoins et à nos jouissances ; et si nous nous reportons maintenant à des objets placés plus bas dans l'échelle de la végétation, c'est-à-dire aux plantes marines dont la plupart se font admirer par le tissu le plus délicat et la couleur la plus éclatante, aux mousses et aux lichens qui tapissent les rochers et les arbres, aux champignons, les uns si agréables au goût, les autres d'un emploi si funeste, aux fougères si remarquables par leur organisation et l'élégance variée de leur feuillage, d'autres ouvrages, réunis dans la bibliothèque de M. Delessert, viennent appeler notre attention, et s'offrir à l'étude des personnes qui se livrent à l'observation minutieuse et difficile des végétaux cryptogames. Ainsi nous trouvons :

Dans les *Plantes marines* : la *Nereis Britannica* de Stackhouse, les fucus de Dawson Turner : *Fuci or colored figures*, etc. ; l'*Hydrophytologia Danica* de Lyngbye, les *British Confervæ* de Dillwyn, les *Algæ Britannicæ* de Greville, l'*Histoire des Hydrophytes* récoltées par Dumont d'Urville et Lesson dans le voyage de la corvette *la Coquille* et décrites par M. Bory de Saint-Vincent ; l'ouvrage sur les algues de M. Kützing : *Phycologia generalis oder anatomie*, etc., *der Tange*.

Dans les *Mousses* et les *Lichens* : les belles publications de sir W.-J. Hooker : *Musci exotici* et *British Jungermanniæ* ; la

Muscologia Britannica de MM. Hooker et Taylor, le *Species Hepathicarum* de Lindenberg, la *Briologia Europæa* de MM. Bruch, W.-P. Schimper et Th. Gümbel.

Dans les *Champignons :* ceux de Schaeffer, qui le premier publia des figures coloriées de ces sortes de plantes ; les beaux ouvrages de Sowerby (*English Fungi*), de Greville (*Scottish cryptogamic Flora*), de Krombholz (*Naturgetreue Abbildungen, etc., der Schwàme*), de Corda (*Icones fungorum*), les *Cryptogames des écorces officinales* de M. Fée.

Et dans les *Fougères :* celles de Schkuhr (*Vier und Zwanzigst Klasse*, etc.), les *Filices Britannicæ* de Bolton, les *Icones Filicum* de Hooker et Greville, les *Genera Filicum* de M. Hooker, illustrés d'après les dessins originaux de Francis Bauer, les *Filices* de Raddi, les *Analecta Pteridographica*, et les *Farrnkräuter* de M. Gustave Kunze.

A côté de ces divers ouvrages figurent les travaux également distingués de plusieurs savants cryptogamistes, tels que Acharius, Agardh, Berkeley, Bridel, Fries, Gmelin, Harvey, Hedwig, Holmskiold, Kaulfuss, Montagne, Persoon, Presl, Vaucher, Vittadini, Viviani, etc., et différentes publications sur les cryptogames accompagnées des échantillons de plantes en nature, et que nous avons déjà mentionnées pages 288 et suivantes.

Avant de terminer la revue bibliographique de cette partie de la botanique, nous dirons quelques mots sur un ouvrage de M. Corda (*Pracht-Flora europaeischer Schimmelbildungen*), un des plus curieux qui aient été publiés sur une tribu de la grande famille des champignons, les mucédinées, peu étudiées jusqu'alors sous le rapport de leur structure et de leur développement. Le groupe des mucédinées renferme ces végétaux qui croissent ordinairement sur les substances en décomposition, et qui sont plus généralement connus sous le nom de moisissures. M. Corda a voulu nous donner, à l'aide d'un puissant microscope, une idée de ces plantes infiniment petites dont quelques-unes ne s'offrent à l'œil que sous l'aspect d'une tache sans aspérités. Il a choisi et dessiné lui-même 25 espèces des plus remarquables par leur singularité et leur élégance, et les a représentées énormément grossies. Les figures en sont toutes coloriées.

Plantes fossiles.

On sait de quelle importance est pour l'histoire de notre globe l'étude des corps organisés dont on trouve des restes dans les profondeurs de la terre, et combien la géologie est redevable aux fossiles, animaux et végétaux, qui lui fournissent les matériaux à l'aide desquels elle repeuple le globe et construit les plus magnifiques théories. Ce n'est qu'au moyen de ces débris pétrifiés, survivant, immobiles, aux grandes catastrophes qui ont agité la terre, que nous pouvons nous faire une idée des révolutions et des changements successifs qu'elle a éprouvés, nous rendre compte des principaux phénomènes qui se lient à l'histoire naturelle de notre globe, et constater l'existence des races diverses qui sont venues tour à tour le peupler. Les plantes, non moins que les animaux, ont été d'un grand secours pour résoudre certaines questions, pour expliquer certains faits sur lesquels aucune donnée positive ne nous serait parvenue sans leur témoignage irrécusable. A l'étude des plantes fossiles se rattachent, en effet, des inductions sur la formation des terrains, sur les causes qui sont venues à diverses époques modifier l'enveloppe extérieure du globe, sur l'état de l'atmosphère à chacune de ces époques; et ce n'est pas sans un vif intérêt que la science est amenée à comparer notre végétation actuelle avec les débris qui nous apparaissent de la végétation de l'Ancien-Monde.

Depuis quelques années, des savants d'un grand mérite ont observé cette nature fossile, et l'obscurité qui enveloppait l'antique flore du globe commence à se dissiper. Mais une telle étude présentera toujours de grandes difficultés. L'état d'imperfection de ces vestiges de plantes qu'on trouve renfermés dans les couches de la terre, l'absence ou l'isolement des organes principaux sur lesquels reposent nos classifications actuelles, ne permettent de saisir aucun des caractères par lesquels nous distinguons les plantes qui croissent aujourd'hui sous nos yeux ; il y faut suppléer par des observations particulières, et indépendamment de la considération des formes extérieures des végétaux fossiles, y ajouter l'examen de leur structure interne, examen difficile et qui, vu la rareté des échantillons, explique pourquoi l'étude de ces végétaux a été longtemps négligée. Peu de botanistes s'en occupent en Europe, et des collections nombreuses et variées en ce genre ne peuvent convenir qu'à un grand établissement ou à une grande institution publique. Le musée de M. Delessert ne possède que quelques échantillons de ces plantes, mais on y trouve une partie des ouvrages publiés sur les végétaux fossiles dont l'étude a été grandement éclairée par les travaux particuliers de M. Adolphe Brongniart.

HISTOIRE NATURELLE GÉNÉRALE.

Dictionnaires.—Journaux.—Mémoires de sociétés savantes.

Tous les dictionnaires connus d'histoire naturelle, et surtout la belle et rare *Cyclopædia* d'Abraham Rees, en 45 volumes in-4°, les journaux botaniques anciens et nouveaux, et parmi ces derniers la *Linnæa*, la *Flora*, le *Botanische Zeitung*, les *Annales des Sciences naturelles*, le *Journal of Botany* de sir W.-J. Hooker, les *Annals and Magazine of natural history*, le *Journal of natural history* publié à Boston ; le *Tijdschrift*, etc., rédigé à Leyde par MM. Van der Hoeven et de Vriese, font également partie de la bibliothèque botanique de M. Delessert ; nous y ajouterons les collections complètes du *Bulletin universel des sciences*, de Férussac, et de la *Bibliothèque universelle de Genève* ; les *Anales de Ciencias naturales*, les *Philo-*

sophical Magazine, Edinburgh philosophical Journal, et *Journal of Science*, etc.

Entre autres recueils ou collections de mémoires publiés par des sociétés savantes, nous mentionnerons les *Acta Upsaliensa* et *Helvetica*, les *Transactions of the linnean Society of London*, les *Nouvelles Annales* et les *Archives du Muséum d'histoire naturelle de Paris*, les Annales du Muséum de Vienne (*Annalen des Wiener Museums*); les *Annalen der Wetteravischen Gesellschaft*, les mémoires de l'Académie des curieux de la nature de Bonn (*Acta Academiæ*, etc.); ceux de l'Académie impériale des sciences de Saint-Pétersbourg, de l'Académie royale des sciences de Bavière (*Abhandlungen der mathematisch-physikalischen Classe*, etc.), le *Museum Senckenbergianum*, les *Transactions of the medical and physical Society of Calcutta*, les *Mémoires de la Société de physique et d'histoire naturelle de Genève*, le *Bulletin de la Société impériale des naturalistes de Moscou*, etc., et une collection de mémoires ou recueils des travaux de diverses sociétés et académies de province.

Histoire naturelle des pays. — Voyages.

Nous mentionnerons ici, comme appartenant à ces deux catégories :

Les deux ouvrages de Hans Sloane et Patrice Browne, consacrés à l'histoire naturelle de la Jamaïque. Ce dernier, enrichi de figures dessinées par le célèbre Ehret, le meilleur artiste de son temps pour la botanique, est devenu assez rare, les exemplaires restés chez le libraire après la première vente du livre ayant été tous brûlés.

L'*Histoire naturelle du Japon*, par Kæmpfer; *the Natural history of Norway*, par Pontoppidan, et, publiées tout récemment, l'*Histoire naturelle des îles Canaries*, par MM. P.-B. Webb et S. Berthelot, l'*Historia fisica, politica y natural de la isla de Cuba*, par M. Ramon de la Sagra, etc.

Une collection considérable de voyages entrepris dans

toutes les parties du monde, les uns dans le but d'étudier les productions naturelles des contrées éloignées, les autres dans une intention différente, mais où la botanique figure d'une manière plus ou moins étendue, complète les diverses divisions de la bibliothèque botanique de M. Delessert que nous voulions successivement passer en revue, divisions tracées largement, mais qui pouvaient suffire pour l'objet que nous nous proposions.

STATISTIQUE DE LA BIBLIOTHÈQUE.

Le nombre total des volumes conservés dans la bibliothèque de M. Delessert s'élève au chiffre de 6,000. Comme nous venons de le voir, cette bibliothèque renferme, en quantité considérable, des ouvrages écrits sur toutes les parties de la botanique, et si l'on voulait, à l'aide seulement de cette grande collection, établir une espèce d'inventaire de la science, on trouverait que les ouvrages de toute nature, quelle que soit leur importance, publiés jusqu'à présent, et dont le nombre peut être porté à 4,330, se répartissent à peu près de la manière suivante dans chacune des divisions que nous avons indiquées plus haut, savoir :

Botanique élémentaire	270
Anatomie et physiologie végétales	290
Phytographie générale (descriptions et figures)	940
— spéciale { flores	640
— spéciale { monographies	260
Géographie botanique	40
Botanique appliquée	640
Littérature botanique	180
Ouvrages sur les plantes cryptogames	360
— sur les plantes fossiles	20
Dictionnaires, journaux, mémoires d'académies	210
Traités et dissertations sur l'histoire naturelle générale	50
Histoire naturelle des pays et voyages	360
Ouvrages qui ne rentrent dans aucune des catégories ci dessus	90
	4,330

Tous ces ouvrages, fruits des travaux de 2,500 auteurs différents, sont écrits dans les diverses langues de l'Europe et surtout en français et en latin, ainsi que le montre le tableau suivant :

Ouvrages	français	1,645
—	latins	1,433
—	allemands	560
—	anglais	491
—	italiens	130
—	espagnols et portugais	33
—	suédois et danois	17
—	hollandais	14
—	polonais et russe	2
		4,330

Un catalogue général de tous les livres, classés par ordre alphabétique d'auteurs, permet de s'assurer promptement si tel ouvrage demandé existe dans la bibliothèque. Bientôt un catalogue méthodique qui se prépare facilitera plus encore les recherches et les travaux des personnes qui fréquentent le musée de M. Delessert, en leur offrant, dans un ordre systématique, la liste de tout ce qui aura été écrit sur tous les sujets quelconques propres à la botanique, soit que les ouvrages aient été publiés à part, soit qu'on les trouve renfermés dans des recueils particuliers, tels que journaux scientifiques, mémoires de sociétés savantes, etc.

Les mémoires, dissertations, thèses, etc., et généralement toutes les brochures qui ne se composent que d'un petit nombre de pages d'impression, ne sont point conservés isolément dans la bibliothèque de M. Delessert ; elles sont réunies en volumes reliés, et présentent une collection de *Mélanges* qui, sous différents titres, à cause de la diversité des formats, s'élève à 150 volumes contenant 12 à 1500 brochures de toute sorte. On les retrouve aisément, selon le besoin, en consultant le catalogue de la bibliothèque qui indique pour chacune de ces brochures le volume de *Mélanges* dans lequel elle est insérée.

COLLECTION D'AUTOGRAPHES.

Pour savoir quelle foi il doit avoir dans la détermination d'un genre ou d'une espèce de plante, ou dans une annotation manuscrite qu'il rencontre et qui n'est pas signée, le botaniste au milieu de ses recherches attache souvent une grande importance à l'écriture de l'étiquette qui peut lui apprendre le nom de l'auteur de l'observation. Les savants qui ont parcouru et consulté les herbiers de la collection de M. Delessert, et qui les ont enrichis de notes sont en assez grand nombre, mais leur écriture, par cela même, n'étant pas toujours bien connue, l'authenticité d'une détermination ou d'une note ne se trouve pas constatée d'une manière certaine. Pour rendre les recherches plus faciles et ôter toute indécision à cet égard, M. Delessert s'occupe, depuis plusieurs années, de réunir, autant qu'il peut se les procurer, les lettres, manuscrits ou étiquettes autographes de toutes les personnes qui se sont fait un nom dans la botanique. Cette collection est devenue assez considérable pour fournir de nombreuses et précieuses indications. Indépendamment des notes que l'on trouve éparses dans l'herbier, plus de 200 étiquettes conservées à part et les autographes de près de 300 botanistes de toutes les époques, de toutes les célébrités, sont classés soigneusement dans la collection dont il s'agit. L'énumération complète de ces diverses personnes serait ici sans intérêt, mais nous donnerons une idée suffisante de la collection quand nous dirons qu'on y voit figurer les noms des Adanson, Robert Brown, J. et N.-L. Burmann, Cavanilles, De Candolle, Grew, Haller, Hooker, Jussieu, Kunth Linné, Pallas, Pavon, Richard, H. Sloane, J.-E. Smith, Thunberg, Tournefort, Vaillant, Van Royen, etc., etc.

Les originaux des *Lettres sur la Botanique* de J.-J. Rousseau sont conservés dans la famille de M. Delessert, où se trouve également le petit herbier que Rousseau avait formé lui-même pour mademoiselle Delessert (depuis madame Gautier), et que nous avons déjà mentionné à la page 44.

XVII.

CONCLUSION.

On a pu juger, par l'étendue des diverses notices qui précèdent, de l'intérêt que présentent les nombreuses collections que M. Benjamin Delessert prend le soin de rassembler avec tant de sollicitude, et qu'il ouvre à la science avec un si généreux abandon. Les détails dans lesquels nous sommes entrés permettront également d'apprécier ce qu'il a fallu de soins, d'efforts, de persévérance pour accomplir une telle œuvre et la poursuivre sans relâche et avec succès pendant une longue suite d'années.

Des collections de la nature de celles que M. Delessert a ainsi rassemblées ont besoin, pour offrir tout le degré d'utilité possible, de remplir, entre autres conditions indispensables, celles d'être réunies toutes ensemble, d'être tenues au courant des publications et des découvertes nouvelles, et classées de manière à faire trouver promptement et facilement ce que l'on cherche. Ces conditions, on les rencontre dans le musée de M. Delessert. Au point où il en est arrivé, ce musée est devenu comme un centre où viennent aboutir les communications et les correspondances des botanistes étrangers, et l'on peut dire, au reste, que les écrivains et les voyageurs travaillent encore pour la science lorsqu'ils enrichissent cet établissement des produits de leurs travaux ou de leurs explorations.

Un conservateur est attaché au cabinet botanique de M. Delessert Il est chargé de mettre en ordre et de classer les différents matériaux qui y arrivent presque journellement, et d'en faciliter l'usage aux personnes qui fréquentent ce cabinet. On n'y est admis que d'après une autorisation spéciale, et ceux qui l'obtiennent ont l'avantage de jouir, aux heures d'études, de cette liberté d'action et de recherches si utile dans les compositions littéraires, indispensable surtout dans les travaux botaniques; et comme le même local renferme à la fois l'herbier et la bibliothèque, chacun peut y puiser à son gré et compulser *en même temps* un grand nombre de plantes et de livres, avantage inappréciable qu'on ne saurait demander aux établissements publics ouverts à tous les visiteurs sans exception

Non content de mettre de telles ressources à la disposition des botanistes, dont il facilite ainsi les études et les recherches, M. Delessert a voulu témoigner de l'intérêt qu'il porte aux arts et aux artistes, et il a entrepris la publication d'ouvrages importants écrits sur la science qu'il affectionne, dans le but d'y faire concourir les arts du dessin et de la gravure, qui prêtent un secours si efficace à la botanique. La flore de la Sénégambie (*Floræ Senegambiæ tentamen*), rédigée par MM. Guillemin, Perrottet et A. Richard, dont le premier volume, publié de 1830 à 1833, renferme 72 planches dessinées par MM. J. Decaisne et Vauthier, et gravées sur pierre par M. Vielle, les *Archives de Botanique*, placées sous la direction de Guillemin, les *Icones selectæ plantarum*, sont entre les mains de toutes les personnes qui s'occupent sérieusement de la science. Les *Icones selectæ*, recueil destiné à faire connaître les plantes les plus rares ou les plus remarquables, forment aujourd'hui 5 volumes, et le dernier est à peine achevé, que déjà les matériaux se préparent pour la continuation de cette œuvre importante. Les 500 planches contenues dans les cinq volumes qui ont paru jusqu'à présent ont été dessinées par madame E. Delile et par MM. Turpin, Decaisne, Riocreux, Borromée, Node-Véran et Heyland, et gravées avec le plus grand soin par mesdames Rebel, Massard, Taillant et Noiret, et MM. Dien, Mougeot, Plée, etc.

Les sciences et les arts, livrés à leurs propres forces, ne peuvent exister sans appui, et ceci est vrai par rapport aux sciences naturelles principalement. Celles-ci reposent sur l'observation d'objets matériels qui ne sont pas à la portée de tous, et dont la réunion ne peut être opérée qu'à grands frais. Il est peu de travaux en botanique qui ne réclament l'examen d'une foule d'objets souvent très-rares, et l'on sait quelles difficultés attendent quiconque veut approfondir le moindre sujet et faire connaître ensuite le résultat de ses recherches consciencieuses. Ces difficultés sont encore plus grandes pour l'homme peu favorisé de la fortune et qui, à chaque pas qu'il veut faire, est arrêté dans sa marche. Que de savants laborieux, mais placés dans une humble situation, se sont vus contraints de renoncer à des travaux qui devaient les honorer eux et leur pays! Combien d'autres, dans le débit d'un ouvrage qui ne s'adresse qu'à un petit nombre de personnes, ne rencontrent qu'une faible compensation à des veilles pénibles, à des frais dispendieux! Comment venir en aide à de tels hommes? Sans doute les gouvernements trouvent, dans la haute position où ils dominent la société, les moyens de faire accepter les moindres secours destinés à encourager ou à faciliter des travaux utiles ; mais un particulier ne jouit pas toujours de la même prérogative, et il ne peut d'ailleurs en user qu'avec de grands ménagements pour ne pas éveiller d'honorables susceptibilités. C'est sous l'influence de cette idée que M. Benjamin Delessert a agi lorsqu'il a voulu recueillir tous les documents précieux que renferme son musée botanique, et mettre de si nombreux et si rares matériaux à la disposition de tous ceux que l'amour de la science porterait à en faire usage, au savant déjà introduit dans le sanctuaire comme à l'élève qui voudrait y pénétrer. A l'un comme à l'autre, M. Delessert offre un appui généreux, et par là s'établit une douce confraternité entre des hommes que leur position personnelle éloignerait souvent et que rapproche toujours une conformité de travaux et d'opinions scientifiques Par là, encore, se trouve rempli un désir de M. Delessert, le but constant des efforts de toute sa vie, celui d'être utile, et il a réussi en offrant aux amis de la botanique l'encouragement le plus certain, le plus noble et le seul, par conséquent, qui soit en rapport avec la dignité de la science et celle des hommes d'intelligence appelés à la cultiver.

APPENDICE.

M. Verreaux. — M Stephenson. — M. Torrey. — Quelques collections de plantes sont venues, pendant l'impression de cet ouvrage, s'ajouter au grand herbier de M. Benjamin Delessert. Déjà nous avons mentionné (pages 499 et 501) les plantes de M. Verreaux, de la Terre de Van-Diémen (Tasmanie) et celles de la Nouvelle-Zélande de M. William Stephenson. Depuis, M. John Torrey a bien voulu envoyer à M. Delessert deux collections provenant de l'Amérique septentrionale, et nommées avec exactitude, l'une de plantes récoltées aux Rocky-Mountains et dans les pays voisins, pendant une expédition commandée par le lieutenant Fremont, et l'autre de plantes rares venant principalement des États méridionaux, et parmi lesquelles se trouvent des échantillons de l'Illinois, du Kentucky, du haut Missouri, de l'Arkansas, de la Louisiane, etc.

M. de Heldreich. — M. Théodore de Heldreich, jeune botaniste connu par ses voyages en Sicile, a envoyé à Genève un petit nombre de collections de plantes de la Morée et de l'Attique. Une de ces collections fait maintenant partie de l'herbier de M. Delessert Les plantes de M. de Heldreich proviennent de la Messénie et de la Laconie, surtout des chaînes du Malevo et du Taygète, où il a passé tout l'été de 1844. Une faible portion de ces plantes a été récoltée en Attique dans l'automne de 1843 et au printemps de 1844. Les déterminations spécifiques ont été faites par M. Edm Boissier.

M. de Heldreich se propose de continuer l'année prochaine ses excursions botaniques. Il explorerait, selon les circonstances, Candie ou Chypre, ou le littoral opposé, et les montagnes de l'Anatolie, et visiterait pendant plusieurs années la riche chaîne du Taurus, à peine effleurée par MM. Kotschy et Boissier, dans sa partie la plus occidentale.

M. Zollinger. — Un nouvel envoi de plantes de Java, recueillies par M. Henri Zollinger (Voyez page 269), est parvenu à M. Delessert. Il se compose de 450 espèces, parmi lesquelles s'en trouvent un grand nombre qui proviennent du mont Salak. L'envoi prochain renfermera, outre les plantes du Panggurango et du Gédé, le résultat d'une excursion faite par M. Zollinger dans les parties orientales de Java, beaucoup moins connues que la partie occidentale.

M. Martins. — M. Ch. Martins a envoyé à M. Delessert plusieurs plantes du Mont-Blanc. Dans l'ascension qu'il a faite au sommet de cette montagne, à la fin d'août 1844, avec MM. Bravais et Lepileur, M. Martins s'est attaché à recueillir toutes les plantes phanérogames qui croissent aux Grands-Mulets, rochers élevés de 3,100 mètres au-dessus de la mer et isolés au milieu des neiges éternelles du Mont-Blanc. Il en a rapporté 17 espèces.

MM. Hilsenberg et Bojer. — Docteur Lyall. — L'herbier de sir W.-J. Hooker, mentionné page 525, renferme des plantes de Madagascar, envoyées par MM. Hilsenberg et Bojer, ainsi que par M. le docteur Lyall, qui séjourna longtemps comme résident à la cour de Tannanarivou. Un certain nombre d'espèces, recueillies par M. le docteur Lyall, ont été décrites par MM. Lindley et Grisebach dans leurs ouvrages sur les orchidées et les gentianées.

Herbier d'Adanson. — L'herbier d'Adanson est en la possession de M. Doumet, son petit-fils, qui réside à Cette

Plantes d'Aublet. — M. le comte de Tristan, à Orléans, possède des échantillons des plantes recueillies par Aublet à la Guyane française (Voyez pages 525, 555 et 475), ainsi que les dessins originaux de quelques-unes des plantes figurées dans l'ouvrage d'Aublet.

Koenig. — Nous rétablissons ici quelques détails omis par erreur sur un naturaliste auquel la botanique de l'Inde est grandement redevable et dont le nom a été mentionné dans l'article que nous avons consacré aux herbiers de la compagnie des Indes, page 126. Jean-Gérard Koenig, élève de Linné, se rendit dans l'Inde vers l'année 1768, en partie comme médecin de la mission danoise, établie à Tranquebar, dans le Karnate, et plus encore pour se livrer à des recherches sur l'histoire naturelle de cette contrée. Koenig se trouvait à Tranquebar en 1769. Employé pendant plusieurs années comme naturaliste du nabab d'Arcot, il résida fréquemment à Madras, visita les établissements anglais situés sur la côte et fit des excursions dans les montagnes près de Vellore, d'Ambour, etc., ainsi qu'un voyage à l'île de Ceylan. Au mois d'août 1778, il alla dans le détroit de Malacca et à Siam, et à la fin de 1779 il rapportait de ce voyage plusieurs objets nouveaux d'histoire naturelle. En avril 1780, il fit une excursion à Trincomalé, et l'année suivante une seconde excursion à Colombo.

En 1784, Koenig se rendant à Calcutta fit un séjour à

Vizagapatam. Il y revint en avril 1785 et partit pour Jagrenatporoum, où il mourut le 26 juin. Il avait légué ses manuscrits et ses plantes à sir Joseph Banks.

Pendant son séjour dans l'Inde, l'exemple et les leçons de Koenig répandirent parmi ses compagnons le goût de la science. Bientôt des naturalistes tels que Jones, Fleming, Hunter, Anderson, Berry, John, Roxburgh, Heyne, Klein, Hamilton (Buchanan), Rottler, etc., marchèrent sur les traces de Koenig, et de là l'origine des travaux botaniques de la société des Frères-Unis. Plusieurs des personnes que nous venons de nommer formèrent une association dans le but de concourir à l'avancement de la botanique. Des plantes recueillies dans toute la Péninsule et à Ceylan, étaient souvent examinées et nommées en commun par la société qui ajoutait ordinairement à chacune de ses déterminations spécifiques le mot *Nobis*.

Koenig avait entretenu une correspondance avec Linné et d'autres botanistes éminents de l'Europe. Plusieurs de ses communications, venues de l'Inde, ont été publiées dans les transactions des sociétés de Copenhague et de Berlin, ou insérées dans les ouvrages de Retz et d'autres auteurs.

Errata. — Le mot Brésil a été omis, comme titre, au milieu de la page 225, immédiatement après l'article consacré au voyageur Leblond.

Le nom d'Hilsenberg a été écrit par erreur Hilsenger aux pages 326 et 327.

D'autres variations sans importance ont eu lieu dans l'orthographe de quelques noms d'hommes et de pays. Le lecteur pourra facilement y suppléer.

FIN.

TABLE GÉNÉRALE

DES NOMS D'HOMMES ET DE PAYS ET DES TITRES D'OUVRAGES

CITÉS DANS CE VOLUME.

NOTA. Les noms d'hommes sont en PETITES CAPITALES et les noms de pays en romain ; les titres d'ouvrages et les noms de navires employés à des expéditions sont en *italiques*.

B

D

E

F

G

I

J

K

M

Q

R

S

T

U

V

FIN DE LA TABLE GÉNÉRALE

Paris. — Imprimerie SCHNEIDER et LANGRAND, rue d'Erfurth, 4

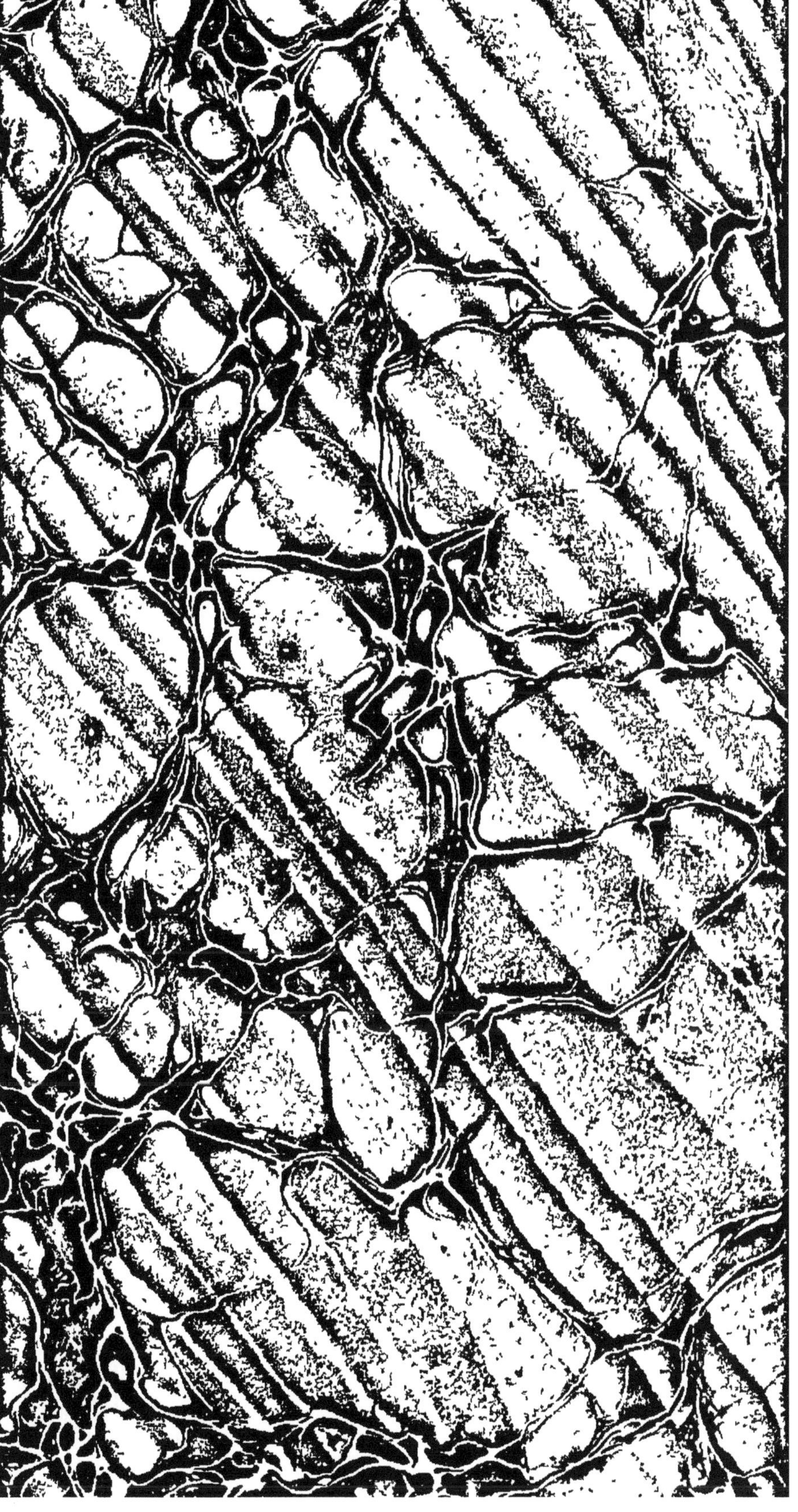

www.ingramcontent.com/pod-product-compliance
Ingram Content Group UK Ltd.
Pitfield, Milton Keynes, MK11 3LW, UK
UKHW012000240726
13965UKWH00001B/64

9 782013 479387